elefante

conselho editorial
Bianca Oliveira
João Peres
Tadeu Breda

edição
Tadeu Breda

preparação
Natalia Engler

revisão
Laura Chagas

capa & projeto gráfico
Bianca Oliveira

diagramação
Livia Takemura

Daniel Braga Lourenço

Qual o valor da Natureza?

—

Uma introdução à ética ambiental

Aos meus queridos
filhos, Antonio e Laura.
Comecei a preparar
este trabalho quando
vocês ainda eram apenas
um sonho. Sejam sempre
generosos e procurem
lutar contra a exploração
dos mais vulneráveis.

Prefácio 9

Introdução 15

Esclarecimentos preliminares 29

Bibliografia 415

Agradecimentos 441

Sobre o autor 444

1. A posição ambientalista tradicional: sustentabilidade e antropocentrismo 51

2. Biocentrismo e o valor inerente da vida 75

2.1 Biocentrismo de tipo igualitário 76
2.2 Biocentrismo não igualitário 104
2.3 Biocentrismo mitigado: o *animalismo* 111

3. As posições ecocêntricas 163

3.1 Aldo Leopold e a *ética da terra* 164

3.1.1 Leopold e a questão da eliminação dos predadores 170
3.1.2 "Pensando como uma montanha" 173
3.1.3 A valorização da experiência da *wilderness* 182
3.1.4 O axioma leopoldiano 192
3.1.5 Fundamentos da ética da terra e a teoria dos "sentimentos morais" 195
3.1.6 A ética da terra: tensões com o biocentrismo e com o direito dos animais 222
3.1.7 Mais algumas ponderações sobre a ética da terra 268

3.2 A plataforma do movimento da ecologia profunda (*deep ecology*) 291

3.2.1 A abertura para a espiritualidade e seus problemas 298
3.2.2 A autorrealização, o igualitarismo biosférico e o componente holístico da ecologia profunda 333
3.2.3 A aproximação das posições ecocêntricas com o organicismo e os "direitos da natureza" 376

4. Conclusão 405

Prefácio

Em maio de 2008, Daniel Braga Lourenço publicava a sua dissertação de mestrado sob o título *Direito dos animais: fundamentos e novas perspectivas*, livro de referência da ética animal e que, como tal, tem servido de guia para a compreensão dessa inovadora, complexa, sólida e revolucionária filosofia. Agora, onze anos depois, Daniel disponibiliza a edição da sua tese de doutorado, *Qual o valor da natureza? Uma introdução à ética ambiental*. Com este trabalho, o autor amplia seu espectro de investigação, passando a englobar a análise da ética biocêntrica e da ética ecocêntrica, nomeadamente, a ética da terra e a ecologia profunda. Este livro, assim como o primeiro, está vocacionado, pela sua excelência, a ser paradigma na área.

Daniel Braga Lourenço é uma voz autorizada, pesquisador analítico, percuciente, incansável, refinado, ostenta as qualidades indispensáveis ao acadêmico de ponta, a humildade que impulsiona o avanço pela produção de conhecimento, e exigida pela serenidade da reflexão séria, crítica e densa. A complexidade do tema — envolto em sutilezas e variadas implicações, muitas vezes não dimensionadas adequadamente, além de plurivocidades e equivocidades terminológicas, de abordagens nebulosas e, por vezes, de confusões conceituais — demandava um estudioso competente e dedicado a fim de perscrutar o objeto em profundidade e trazer clareza de compreensão. O desafio não poderia encontrar alguém mais talhado a ele.

A problemática — como aqui tratada, com o cotejamento em diálogo de diversos autores, das vertentes teóricas em concorrência — havia recebido até agora escassa atenção por parte da academia brasileira, quase um deserto no meio jusfilosófico. A revisão bibliográfica empreendida é uma das mais detalhadas, vastas e feita com um esmero ímpar. A contribuição oferecida é flagrante, explicativa da formação e das concepções que capitaneiam o debate, indo, na verdade, bem além de "uma introdução à ética ambiental". As conclusões e proposições refletem o amadurecimento do autor e fazem ouvir a singularidade da sua própria voz em meio às outras.

É desnecessário dizer da atualidade do assunto e da sua premência para o direito, uma vez que a literatura jurídica é tão carente deste aporte de base. Promovendo a incorporação da ética ambiental, a obra de Daniel Braga Lourenço estimula, pelas lentes da filosofia do direito, meditar sobre a fundamentação da teoria do direito, do direito constitucional, dos direitos fundamentais, do direito ambiental. Para ficarmos com o último, como seria possível direito ambiental sem ética ambiental? Seria um direito ambiental limitado, raso, autocentrado, legalista, pobre. Neste livro, o direito ambiental localiza a discussão atinente à sua sustentação filosófica — sua legitimidade —, capaz de ensejar uma relevante alteração de perspectiva tanto em termos hermenêuticos quanto de *lege ferenda*.

Quando está a se ampliar o consenso de que é indispensável reformular o *status* jurídico dos animais; quando a Constituição do Equador e a Lei da Mãe Terra na Bolívia preveem direitos da natureza;[1] quando a ministra do Supremo Tribunal Federal (STF) Rosa Weber afirma que a Constituição adotou a matriz biocêntrica e que "os animais possuem uma dignidade própria que deve ser respeitada";[2] quando alguns sustentam que a Constituição Federal de 1988, ao reconhecer que animais são sencientes, teria reconhecido também a eles a condição de sujeito de direitos;[3] quando há quem veja na Constituição (e em leis infraconstitucionais)

1 OLIVEIRA, Fábio Corrêa Souza de. "Direitos da natureza e Direito dos Animais: um enquadramento", em *Revista do Instituto do Direito Brasileiro*, ano 2, n. 10, 2013.

2 Voto da Ministra Rosa Weber na Ação Direta de Inconstitucionalidade (ADI) nº 4.983, p. 73 do acórdão.

3 LEVAI, Laerte. *Direito dos Animais*. Campos do Jordão: Mantiqueira, 2004.

a acolhida da matriz ecocêntrica;[4] quando outro integrante do STF, Luís Roberto Barroso, escreve: "embora ainda não se reconheça a titularidade de direitos jurídicos aos animais [...]";[5] quando o mesmo ministro assevera que os animais, enquanto seres sencientes, têm "pelo menos o direito moral de não serem submetidos à crueldade";[6] quando há quem aceite que animais e a natureza possuem *interesses juridicamente tuteláveis*, em relação aos quais os seres humanos teriam *deveres fundamentais*, mas ao mesmo tempo põe em dúvida a existência "de direitos (subjetivos) fundamentais dos animais ou da natureza";[7] quando há quem defenda que o ordenamento jurídico reconhece que a vítima do crime de maus-tratos aos animais são os próprios animais, o que significa admitir que animais são titulares, ao menos, de um direito, o direito de não ser maltratado, de não sofrer crueldade;[8] quando há quem sustente uma perspectiva denominada *antropocentrismo alargado*;[9] quando *habeas corpus*

4 KRELL, Andreas Joaquim. *Comentários ao art. 225 da Constituição do Brasil.* (Orgs. J. J. Gomes Canotilho, Gilmar Ferreira Mendes, Ingo Sarlet & Lenio Streck). São Paulo: Saraiva, Almedina, 2018, p. 2.179.

5 Voto do Ministro Luís Roberto Barroso na ADI nº 4.983, p. 55 do acórdão.

6 *Idem.*

7 SARLET, Ingo & FENSTERSEIFER, Tiago. "Algumas notas sobre a dimensão ecológica da dignidade da pessoa humana e sobre a dignidade da vida em geral", em SARLET, Ingo (org.). *A dignidade da vida e os direitos fundamentais para além dos humanos*. Belo Horizonte: Forum, 2008, p. 205.

8 STRECK, Lenio. "Quem são esses cães e gatos que nos olham nus?", em *Revista Consultor Jurídico*, 6 jun. 2013. Na doutrina estrangeira, na mesma perspectiva, ZAFFARONI, Eugenio Raúl. "La Pachamama y el humano", em *La naturaleza con derechos: de la Filosofía a la Política*. Quito: Abya-Yala, pp. 25-138, 2011.

9 LEITE, José Rubens Morato & FERREIRA, Maria Leonor Paes Cavalcanti. "Estado de Direito Ambiental: o antropocentrismo alargado e o direito da fauna", em *DBJV Mitteilungen*, nº 2, 2004, pp. 27-39. Disponível em <https://www.dbjv.de/dbjv-high/mitteilungen/04-02/DBJV_Mitteilungen_02-2004.pdf>.

são impetrados em favor de animais;[10] quando se propõe ação judicial em nome da Bacia Hidrográfica do Rio Doce, isto é, na salvaguarda dos direitos do rio (da natureza);[11] percebe-se evidentemente a importância central de *Qual o valor da natureza?*.

O que significa dizer que a Constituição adotou o biocentrismo ou o ecocentrismo? Afirmar que os animais têm dignidade própria? Quais os impactos de tais assertivas? Não é difícil notar o terremoto nos alicerces do sistema jurídico conforme tradicional e majoritariamente percebido. O que entender quando Tom Regan conclama os ecocentristas *to take rights seriously*, ou seja, a levar os direitos a sério? É possível sustentar que o Rio Xingu tem direito a que se respeite integralmente a sua existência e à regeneração dos seus ciclos vitais, e simultaneamente concluir que a usina de Belo Monte pode ser construída? "Pensar como uma montanha", como sugeriu Aldo Leopold, é a melhor forma de pensar? O que compreender por *igualitarismo biosférico*? Quando Arne Naess diz que o vegetarianismo é compatível com a ecologia profunda, como se dá esta relação? Quando o STF declara a inconstitucionalidade da farra do boi, da rinha de galo e da vaquejada e, depois, a constitucionalidade do sacrifício de animais em rituais religiosos,[12] há, para lembrar Ronald Dworkin, coerência, integrida-

10 O próprio autor deste livro advogou *habeas corpus* no Tribunal de Justiça do Rio de Janeiro em favor de Jimmy, um chimpanzé aprisionado na Fundação Jardim Zoológico de Niterói. O *habeas corpus* foi negado por unanimidade após um longo voto do relator.

11 A ação judicial, proposta em face do estado de Minas Gerais e da União, foi impetrada pela Associação Pachamama em novembro de 2017. Em setembro de 2018, a petição inicial foi indeferida. No caso pioneiro, julgado em 2011 no Equador, a Corte Provincial de Justiça de Loja reconheceu o Rio Vilcabamba como detentor de valor próprio, sujeito de direito.

12 LOURENÇO, Daniel Braga. "A liberdade de culto e o direito dos animais não humanos", em *Revista de Direito Constitucional e Internacional*. São Paulo, v. 13, nº 51, pp. 295-318, abr.-jun. 2005.

de?[13] Afinal, quais os critérios para determinar o que é certo e errado, moral e juridicamente?

A obra que o leitor tem em mãos o convida a meditar sobre essas e tantas outras questões, exatamente aquelas que antecedem e fornecem fundamentação ao direito, tópicos que, por mais complexos e incomodativos que sejam, são incontornáveis. Ao longo do percurso, o leitor possivelmente irá notar que não é o mesmo das primeiras páginas.

Este livro vem a sanar uma danosa lacuna na doutrina jurídica brasileira e, também por isso, passa a ser essencial a todos aqueles que trabalham com o direito. Sem embargo, seu universo de leitores é muito mais amplo, do filósofo ao biólogo, do antropólogo ao ecologista, do educador ao sociólogo. Na verdade, a recomendação da leitura é generalizada.

Fábio Corrêa Souza de Oliveira
é professor da Faculdade de Direito da Universidade Federal do Rio de Janeiro (UFRJ) e dos programas de pós-graduação da Universidade Estácio de Sá, no Rio de Janeiro, e da UniFG, em Salvador.

13 Para um exame acerca da procedência do reconhecimento da titularidade de direitos a animais frente às normas jurídicas, ver OLIVEIRA, Fábio Corrêa Souza de. "Direito e Ética Animal: uma leitura a partir da categoria Romance em Cadeia, de Ronald Dworkin", em *Direito, democracia e sustentabilidade. Anuário do Programa de Pós-Graduação Stricto Sensu em Direito da Faculdade Meridional.* Passo Fundo: IMED, pp. 163-88, 2015.

Nenhum floco de neve se sente responsável numa avalanche.

Stanislaw Jerzy Lec
(1909–1966)

Introdução

A presente obra tem por finalidade apresentar as aproximações e tensões existentes entre as principais teorias éticas que pretendem dar conta da complexa relação do homem com o mundo natural. Nesse sentido, a grande pergunta que iremos examinar é justamente a que dá nome ao livro: qual o valor da natureza? Possuiria a natureza valor meramente instrumental para os seres humanos ou teria ela valor próprio, intrínseco? Em que constitui cada um desses valores e quais são as consequências derivadas de sua aceitação e adoção?

Pretende-se, portanto, contribuir para organizar criticamente a "taxonomia" do debate moral relativo ao valor da natureza, bem como analisar de que forma poderá ele vir a influenciar ou mesmo demandar a modificação de nosso comportamento, seja mediante o estabelecimento de deveres indiretos com relação ao mundo natural, seja pelo próprio reconhecimento de uma subjetividade moral (ou jurídica) titularizada pela própria natureza ou pelos seus elementos constituintes. Embora o debate central da ética ambiental não seja propriamente novo ou uma exclusividade de nosso tempo,[1] privilegiaremos as construções teóricas mais recentes. Este livro não se propõe, portanto, a realizar um percurso histórico dessas visões ao longo do tempo, mas a expor como os principais autores contemporâneos formulam e tratam essas questões.

A consolidação teórica dos direitos fundamentais coincidiu com a emergência de respostas sociais e institucionais às

1 Desacordos sobre a permissibilidade de utilizar animais para alimentação, ou sobre o valor do mundo natural, por exemplo, integram a nossa tradição filosófica há pelo menos três mil anos.

exigências da crescente crise ecológica[2] e da necessidade de proteção do meio ambiente pelo Estado e pela coletividade. O desenvolvimento da ciência e da tecnologia passou a acarretar a pulverização e a distribuição absolutamente imprevisível dos riscos e das incertezas — com a noção de "sociedade de risco" (Beck, 1992) — sem respeito a eventuais diferenças sociais, econômicas ou geográficas.[3] A particularidade dos impactos ambientais é que, embora a humanidade, de uma forma ou de outra, sempre tenha convivido com eles, a especificidade, a origem e a abrangência dos novos riscos a que estamos submetidos são todos frutos de uma "incerteza manufaturada" — ou, nas palavras do sociólogo alemão Ulrich Beck, de uma (auto) destruição criativa do homem —, o que sobreleva a importância dos mecanismos de informação e de tentativa de controle dos cenários de adversidade ambiental.[4]

2 A etimologia do vocábulo "crise" (do latim *crisis* e do grego *krisis*), além do sentido de seleção, julgamento, possui um significado de separação, discriminação. Talvez esta segunda acepção da palavra "crise" esteja relacionada às origens da referida crise ambiental na medida em que em seu cerne se encontra a afirmação da dicotomia homem vs. mundo natural ou natureza vs. cultura. Por outro lado, talvez o vocábulo "crise" seja inapropriado para designar o cenário ambiental atual, pois tradicionalmente carrega o sentido de evento imprevisível e temporário, características que definitivamente não fazem parte desse estado de coisas, razão pela qual entendo ser mais pertinente falar em colapso ambiental.

3 A corrente da justiça ambiental alerta para o fato de que a relação homem-natureza é marcada pelo fenômeno da assimetria econômica, social e política. Nesse sentido, trabalha, por exemplo, com o conceito de "racismo ambiental", segundo o qual há uma alocação de riscos e maior impactação justamente em parcelas e seguimentos sociais mais vulneráveis e fragilizados do ponto de vista socioeconômico. O acesso à natureza e à distribuição dos modos de usufruir da qualidade ambiental seriam marcados pela desigualdade (Acselrad, Herculano & Pádua, 2004).

4 Beck fragmenta o risco em três etapas históricas distintas: (a) risco na sociedade pré-industrial (riscos eminentemente naturais); (b) risco na sociedade industrial (riscos naturais passam a conviver com riscos fabricados pelo homem, mas com escala local ou regional e normalmente contíveis); (c) risco na modernidade (riscos produzidos pelo homem em larga escala, imprevisíveis, invisíveis, complexos e incertos, gerando cenário de grande insegurança) (Beck, Giddens & Lash, 2004).

Ao longo da história, a intensificação dos processos de desenvolvimento econômico e industrial modificou definitivamente diversas sociedades e marcou a necessidade de introdução de mecanismos regulatórios mais efetivos, principalmente, conforme mencionado, diante de riscos cada vez maiores, mais imprevisíveis e incontroláveis. Especialmente após a Segunda Guerra Mundial, testemunhou-se uma explosão de novas tecnologias e o surgimento de uma cultura eminentemente urbana, centrada no uso do automóvel e de diversos outros mecanismos voltados ao incremento de uma determinada noção de conforto e bem-estar individual.

Nesse cenário, a libertação das privações rooseveltiana[5] estimulou a criação de novas demandas de mercado e a sedimentação de um padrão de vida baseado numa sociedade em que tanto a produção quanto o consumo são massificados. A expansão dos mercados e o desenvolvimento de novos bens — e, paralelamente, de renovadas necessidades — foram constantemente reforçados por meio da inovação tecnológica e de uma mentalidade racionalista, em seu sentido mais instrumental (*paradigma reducionista*, no qual tudo é quantificado ou quantificável), que valoriza a ideia de um impossível progresso linear infinito.[6]

Ao lado dessas mudanças nos padrões de produção e consumo, começaram a surgir cada vez mais situações emergenciais relacionadas à degradação ambiental, que colocaram por terra o mito de uma natureza supostamente inesgotável. Esses desastres ambientais colaboraram para o surgimento de

5 Em sua mensagem anual ao Congresso dos Estados Unidos em 1941, Roosevelt justifica o envolvimento do país no conflito mundial com base na garantia de quatro liberdades fundamentais: liberdade de opinião e expressão (*freedom of speech*), liberdade de culto (*freedom of worship*), liberdade das privações (*freedom from want*) e liberdade dos temores (*freedom from fear*).

6 Um exemplo paradigmático dessa mudança se deu a partir da ênfase conferida aos produtos petroquímicos, incluindo plásticos, pesticidas, aditivos alimentares, detergentes e solventes. A sociedade que emerge desse modelo de crescimento se tornou, nesse sentido, não só "plastificada", como também largamente dependente da energia elétrica e do transporte automotivo.

respostas institucionais regulatórias sobre o uso da natureza. Nos Estados Unidos, a criação do National Environmental Policy Act [Política nacional do meio ambiente], em 1969; do Clean Air Act [Lei do ar limpo], em 1970; do Clean Water Act [Lei da água limpa], em 1972; do Marine Mammal Protection Act [Lei de proteção dos mamíferos marinhos], em 1972; do Endangered Species Act [Lei de proteção às espécies ameaçadas], em 1973, entre tantos outros,[7] são exemplos de reação e enfrentamento estatal em relação à modificação prejudicial da qualidade ambiental.

A partir da década de 1960, o próprio movimento ambientalista, inserido no cenário da contracultura,[8] passou a exigir respostas mais efetivas à degradação da natureza. Um exemplo bastante ilustrativo dessa tomada de posição foi a publicação da obra *Primavera silenciosa*, de Rachel Carson, em 1962. Na ocasião, a autora denunciava os efeitos deletérios da

7 Pode-se citar ainda a descoberta de resíduos tóxicos no Love Canal e na Times Beach no final da década de 1970 (que culminou com a criação da política federal de resíduos perigosos, o Hazard Waste Cleanup System), a explosão da Bophal Union Carbide em 1984 (surgimento da legislação sobre planos de emergência para desastres tóxicos) e o derramamento de petróleo do Exxon Valdez em 1989 (que provocou a edição do Oil Pollution Act [Lei de poluição por petróleo], de 1990). Ao longo do tempo, diversos outros graves acidentes chamaram a atenção do público para a problemática ambiental, tal como ocorreu com os casos Lago Lanoux, na França (1917); Trail Smelter, nos Estados Unidos (1941); cidade de Seveso, na Itália (1976); petroleiro Amoco Cadiz, na costa francesa (1978); usina nuclear de Chernobyl, na União Soviética (1986); barragem de Gabcíkovo-Nagymaros, na Hungria (1997); petroleiro Prestige, na costa da Galícia (2002); *papeleras* uruguaias (2006); e o mais recente vazamento da British Petroleum no Golfo do México (2010).

8 A contracultura representou uma mobilização social de contestação às instituições, com valorização de ideias libertárias e busca de novos parâmetros comportamentais. Teve início na década de 1950 com a chamada Geração Beat, formada por intelectuais, artistas e escritores que contestavam o consumismo e o otimismo norte-americanos no pós-guerra.

utilização indiscriminada de herbicidas e pesticidas sintéticos nas lavouras (Carson, 2010).[9]

A partir da metade final dos anos 1960, proliferaram publicações sobre a necessidade de um novo compromisso que fundamentasse o valor do mundo natural, independentemente dos seres humanos.[10] Em 1967, o historiador Lynn White Jr. produziu um artigo seminal intitulado "The Historical Roots of Our Ecological Crisis" [As raízes históricas de nossa crise ecológica], no qual afirmava que a tradição judaico-cristã contribuía decisivamente para o aprofundamento da crise ambiental (domínio sobre a natureza justificado teologicamente a partir da elevação simbólica do homem como imagem e representante direto da divindade) (White, 1967). O problemático dualismo entre o homem e o restante do mundo natural estabelecido a partir dessa matriz cultural trouxe, segundo White, um paradoxo constituído pelo fato de que a tecnologia (vista como uma tentativa de controle sobre a natureza) não resolve, mas, antes, colabora para agravar a crise ambiental. Ainda que a postulação de White tenha recebido inúmeras respostas, inclusive de segmentos religiosos que propunham uma compreensão menos despótica da mensagem bíblica,[11] ela colaborou para chamar a

9 Carson dedica um capítulo às características carcinogênicas de determinados produtos químicos. As denúncias sobre as consequências deletérias do DDT na saúde humana e no meio ambiente levaram a que fosse banido em vários países. No Brasil, a restrição veio a partir de medidas dos ministérios da Agricultura e da Saúde, e consolidou-se com a edição da Lei 11.936, de 2009.

10 São exemplos de obras referenciais sobre o tema — algumas de cunho filosófico, outras ecológicas, e algumas mais ligadas ao ativismo ambiental: *Animal Machines* [Máquinas animais], de Ruth Harrison (1964); *Unsafe at Any Speed* [Inseguro em qualquer velocidade], de Ralph Nader (1965); *The Population Bomb* [A bomba populacional], de Paul R. Ehrlich (1968); *Manual de operação para a espaçonave Terra*, de R. Buckminster Fuller (1969).

11 Duas das primeiras respostas religiosas ocorreram com John B. Cobb, em *Is It Too Late? A Theology of Ecology* [É tarde demais? Uma teologia da ecologia] (1972), e I. G. Barbour, em *Western Man and Environmental Ethics* [O homem ocidental e a ética ambiental] (1973).

atenção para a existência de um problema axiológico, valorativo, no relacionamento entre o homem e a natureza.

White foi seguido por Thomas Colwell Jr., que publicou o artigo "Some Implications of the Ecological Revolution for the Construction of Value" [Algumas implicações da revolução ecológica para a construção de valor], e pela conferência organizada por William T. Blackstone na Universidade da Georgia, em 1971 — encontro que talvez tenha sido o primeiro com maciça participação de filósofos para discutir direta e criticamente a temática ambiental.[12]

A produção na área seguiu firme. Ainda em 1971, tivemos a publicação de "Has Nature Any Right to Life?" [Tem a natureza algum direito à vida?], de Earl F. Murphy. No ano seguinte, em 1972, David M. Atkinson colaborou para o debate com "The Relationship Between Man and Nature: Moral Endorsement and Legal Recognition of Environmental Rights" [A relação entre homem e natureza: endosso moral e reconhecimento legal dos direitos ambientais]. A obra *Animals, Men and Morals* [Animais, homens e moral], editada por Stanley e Rosalind Godlovitch, também de 1972, catapultou as discussões filosóficas sobre a questão dos limites morais da utilização de animais pelo homem. Christopher Stone, no mesmo ano, publicou o artigo "Should Trees Have Standing?" [Deveriam as árvores possuir capacidade processual?], posteriormente revisado e lançado na forma de livro, argumentando em favor de direitos fundamentais para "objetos naturais" tais como árvores, rios e florestas.[13] Logo depois, em 1973, Peter Singer publicou uma resenha sobre o livro *Animals, Men and*

12 Três anos mais tarde, em 1974, foram publicados os artigos apresentados na conferência, com organização de William Blackstone, sob o título de *Philosophy and Environmental Crisis* [Filosofia e a crise ambiental] (1974).

13 Em 1964, Clarence Morris publicou o artigo "The Rights and Duties of Beasts and Trees: A Law Teacher's Essay for Landscape Architects" [Os direitos e deveres de animais e árvores: ensaio de um professor de direito para paisagistas] (talvez a inspiração direta para "Should Trees Have Standing", de Stone).

Morals, a qual intitulou de "Animal Liberation" [Libertação animal], que foi transformada em livro e publicada com o mesmo nome em 1975. Richard Routley, com *Is There a Need For a New, an Environmental, Ethic?* [Precisamos de uma nova ética ambiental?], e Arne Naess, com o artigo "The Shallow and the Deep Long-Range Ecology Movement" [O superficial e o profundo movimento ecologista de longo alcance], ambos de 1973, também ingressaram no diálogo atinente ao valor moral da natureza. Em 1974, foi a vez de John Passmore com a conservadora, mas curiosa obra *Man's Responsiblity for Nature* [A responsabilidade do homem pela natureza], e de Laurence Tribe, com *Ways Not to Think About Plastic Trees: New Foundations for Environmental Law* [Maneiras de não pensar em árvores de plástico: novos embasamentos para o direito ambiental]. Holmes Rolston III, em 1975, elaborou o importante artigo "Is There an Ecological Ethic?" [Existe uma ética ecológica?], seguido por John C. Lilly, em 1976, com o seu *The Rights of Cetaceans under Human Laws* [O direito dos cetáceos sob a lei humana], e por Peter Singer e Tom Regan com *Animal Rights and Human Obligations* [Direitos animais e obrigações humanas]. Um pouco mais perto dos anos 1980, em 1977, tivemos *The Moral Status of Animals* [O *status* moral dos animais], de Stephen Clark. Richard Knowles e Michael W. Fox organizaram, em 1978, a obra *On the Fifth Day: Animal Rights and Human Ethics* [No quinto dia: direitos dos animais e ética humana]. David Favre, em 1979, contribuiu com *Wildlife Rights: The Ever-Widening Circle* [Direitos da vida selvagem: o círculo cada vez mais amplo]. No mesmo ano de 1979, tivemos a publicação de *Gaia: A New Look at Life on Earth* [Gaia: um novo olhar sobre a vida na Terra], de James Lovelock. *Animal Rights and Human Morality* [Direitos dos animais e moralidade humana], de Bernard Rollin, surge em 1981, e *The Case for Animal Rights* [A defesa dos direitos dos animais], de Tom Regan, em 1983, entre tantos outros que se seguiram.

O clamor popular por uma maior atenção às questões ambientais e o progressivo aumento do número de publicações na área reforçaram-se mutuamente nesse período. Dentre as características do movimento que se instalava, estava uma tomada de consciência por parte do público no sentido de que o meio ambiente representava um sistema vivo, interligado, e não um mero estoque de *commodities*. Tal sensibilidade conferiu ao movimento ambientalista certa coesão para que fossem trilhados novos caminhos.[14] Tardiamente, mais de um século depois da Revolução Industrial, percebeu-se que a civilização possuía um poder de alteração e de destruição do mundo natural sem precedentes (Botkin, 1992) — e que, portanto, a proteção do ambiente consistia em uma questão fundamental. Pouco a pouco, com base na necessidade de implementação de políticas públicas voltadas primordialmente a assegurar uma qualidade de vida mais satisfatória para os seres humanos, entraram de vez na agenda ambiental global temas relacionados ao uso dito "sustentável" dos recursos naturais e à manutenção dos ecossistemas.

No entanto, a assimilação institucional e jurídica desse debate ficou atada à perspectiva do bem-estar existencial do próprio homem. Nessa linha, a adoção do marco jurídico--constitucional socioambiental resulta de um projeto político de consolidação dos direitos humanos sob o enfoque do "desenvolvimento sustentável". A noção de sustentabilidade, com a tutela integrada do ambiente e dos direitos individuais, sociais e econômicos, embora extremamente importante, costuma resultar em um olhar voltado exclusivamente à promoção da dignidade existencial humana, constituindo o meio ambiente mero instrumento para a consecução desse objetivo. A expressão se tornou muito celebrada (*buzzword*) e, ao mesmo tempo, deliberadamente vaga (*fuzzword*), tendo facilitado um processo de entorpecimento social a respeito dos reais problemas ambientais e do valor do mundo natural (Cornwall & Eade, 2010). A natureza e seus elementos

14 Richard N. L. Andrews, em *Managing the Environment, Managing Ourselves: A History of American Environmental Policy* [Gerenciando o meio ambiente, gerenciando a nós mesmos: uma história da política ambiental norte-americana] (New Haven: Yale University Press, 1999, p. 217).

estruturais permanecem confortável e dogmaticamente classificados como instrumentos de promoção da qualidade de vida do ser humano, com valoração moral meramente reflexa ou indireta. O âmbito de proteção do direito à vida, assim como o próprio conceito de "mínimo existencial material ecológico" — compreendido como uma extensão ambiental do princípio da dignidade humana, diante do quadro de risco ambiental —, projeta sua eficácia em direção ao homem e somente a ele.

De acordo com essa visão largamente predominante, a essência coisificada da natureza não desaparece, portanto, com a passagem do Estado liberal para o Estado socioambiental de direito. Constata-se, ao contrário, que a corroboração do modelo clássico do liberalismo elege, de forma genérica, como pré-condição para a participação na comunidade moral, a posse da autonomia ou da autoconsciência (ou consciência de si). Essa tese largamente aceita representa, na realidade, um desdobramento moderno implícito da concepção de pertencimento (*oikeiosis*) estoica,[15] por meio da qual a participação na arena política e moral estaria adstrita aos seres eminentemente racionais e linguísticos. Conforme mencionado, a natureza e seus elementos constituintes estariam, de acordo com essa lógica, alijados por princípio da possibilidade de possuir valoração moral própria, inerente. A ecologia penetrou a dignidade do homem, mas o conceito de dignidade não foi, via de regra, ampliado para abraçar outras dimensões que não as estritamente humanas.

15 Sobre o conceito de *oikeiosis* e sua influência no pensamento filosófico relativo aos animais não humanos e à natureza, ver Gary Steiner, em *Anthropocentrism and Its Discontents: The Moral Status of Animals in the History of Western Philosophy* [Antropocentrismo e suas mazelas: o *status* moral dos animais na história da filosofia ocidental] (2005).

O paradoxo dessa constatação é o de que a expansão conceitual da dignidade humana,[16] a rigor, traz em si um conteúdo de exclusão do não humano, dado que somente o homem participaria da dimensão da subjetividade e, por consequência, da comunidade moral. A despeito, portanto, da tendência de constitucionalização das normas ambientais, e da criação de todo um arcabouço normativo-institucional voltado à tutela da qualidade ambiental, os novos arranjos institucionais do dito Estado socioambiental carregam em seu âmago o mesmo antigo paradigma antropocêntrico, ou seja, trazem em si uma limitação teórica que projeta o homem — ou alguns homens — como sendo os únicos entes merecedores de atenção moral e jurídica.[17] Nessa linha, parafraseando o jurista belga François Ost, a natureza, permanece "à margem da lei" (Ost, 1995).

16 Segundo afirma Vicente de Paulo Barreto (2010, p. 58), "a ideia de que a pessoa possui uma dignidade que lhe é própria deita raízes na história da filosofia ocidental. Antes mesmo do texto clássico de Picco della Mirandola, *Discurso sobre a dignidade do homem* (1486), a questão encontrava-se na obra de Aristóteles, Santo Agostinho, Boécio, Alcuíno e Santo Tomás de Aquino, indicando como através dos tempos agregaram-se valores à ideia de pessoa que terminaram por objetivar a ideia de dignidade humana".

17 Tal como indica Fernando Araújo (2003, p. 53), "as concepções teleológica e hierárquica da natureza e das relações sociais já levaram, ao longo da história — e desgraçadamente levam ainda —, a diversas afirmações que não se confinam ao estatuto dos não humanos, e que hoje se revelam patentemente absurdas: a 'ilusão finalista' de que as marés existem para propiciar a entrada e saída dos navios dos portos, de que os papagaios e os touros só existem para nosso entretenimento, de que as árvores só existem para nos proporcionar sombra e frutos, de que os suínos só existem para nossa alimentação e os cavalos para nosso transporte, de que algumas raças humanas são inferiores e estão predispostas ao serviço das outras, de que as mulheres existem para servir os homens ou para agradar-lhes. Proposições teleologistas que não se distinguem das classificações propostas por Aristóteles, as quais, ao admitirem uma escala de participação na 'alma racional' a partir de uma base de teleologismo antropocêntrico e androcêntrico, subalternizavam a condição das mulheres e tornavam concebível a condição de 'escravo natural', de alguém naturalmente predisposto à servidão, dentro da própria espécie humana".

De outro lado, a proposta da ética ambiental seria revolucionária no sentido de fundamentar o valor intrínseco da natureza e de seus elementos estruturantes, fazendo com que a arena da comunidade moral deixe de ser um palco ocupado exclusivamente pela humanidade. O filósofo norte-americano Tom Regan (1981) chega a afirmar que, para que algo pudesse ser considerado verdadeiramente como ética ambiental, deveria partir do pressuposto da existência de entidades naturais não humanas (e até mesmo não conscientes ou sencientes)[18] com valoração inerente.[19] Trata-se de um empreendimento filosófico voltado à justificação de teorias do valor aplicadas ao mundo natural. "Em vez de simplesmente aplicar teoria moral, a ética ambiental tem se dedicado primariamente a modificá-la" (Cooper, 1998, citado por Naconecy, 2003, p. 10), no sentido de expandir a categoria dos pacientes morais.

As questões atinentes ao valor da natureza demandam um novo arcabouço epistemológico e um novo paradigma de compreensão do mundo natural (e do próprio fenômeno jurídico), pois não há mais como negar a imbricação entre ética e meio ambiente, ou entre ética e ecologia. A ética representa, nessa linha, o fundamento da própria condição humana, e a condição humana, por sua vez, necessita pensar e repensar (*logos*) sobre o lugar que ocupa no mundo, sua "casa", seu *oikos*.[20]

Em outro sentido, pode-se dizer que, fundamentalmente, tudo o que é humano é ecológico, e tudo o que é ecológico é humano (Possamai, 2010). Não há lugar para uma ruptura. A demarcação de uma fronteira nesse ponto inaugura a própria crise ambiental original que cinde sujeito e objeto, homem e natureza, em um projeto prometeico de supervalorização

18 O conceito de senciência será abordado posteriormente.

19 Se Regan estiver correto, e se a ética possui o caráter relacional como pressuposto (como devo agir frente ao "outro"?), a forma com que o ambientalismo convencional se relaciona com a natureza (tratando-a meramente como "recurso") não se enquadraria como uma modalidade efetiva de ética ambiental.

20 A esse respeito, ver Souza (2007, p. 109).

da técnica como meio de apreensão e submissão do mundo natural (Adorno & Horkheimer, 1986, p. 16).

Tal como se mencionou, a presente obra se insere no cenário relativo ao debate sobre a evolução dos modos de pensar o mundo natural, analisando criticamente as alternativas teóricas relacionadas ao valor do meio ambiente e de seus componentes essenciais, abordando as tensões e as aproximações existentes entre as principais correntes éticas tradicionalmente ligadas ao pensamento ecológico. Justifica-se a partir da constatação de que a literatura filosófica e jurídica não tem tratado de maneira adequada os sistemas morais que pretendem fundamentar perspectivas éticas não antropocêntricas. Tal como afirma o jurista grego Costas Douzinas, se por um lado a evidência do domínio do homem sobre a natureza e de sua própria reificação está em todos os lugares (Douzinas, 2009, p. 218), por outro, a compreensão da odisseia intelectual das novas ideias e concepções de mundo que se contrapõem a esse marco teórico poderá vir a auxiliar os futuros viajantes com um senso fundamental de perspectiva e direção no campo onde se unem natureza e moralidade.

Esclarecimentos preliminares

Antes de ingressarmos propriamente nas alternativas teóricas apresentadas pela ética normativa aplicada à relação homem--natureza, é importante que abordemos, ainda que rapidamente, alguns pressupostos teóricos que alimentarão as teses e críticas desenvolvidas nesta obra, a saber:

(a) a justificativa e as questões decorrentes da opção pela nomenclatura "ética ambiental";
(b) a escolha, no âmbito da metaética, pelo objetivismo moral;
(c) a delimitação conceitual, no campo das teorias do valor, do valor intrínseco e do *status* moral; e
(d) o problema do objeto e das fontes de pesquisa.

O primeiro ponto a ser esclarecido diz respeito ao nome escolhido para dar o título a este livro. A escolha pelo termo "ética ambiental" se revela problemática em muitos aspectos.[21] A expressão "meio ambiente", que dá origem ao termo "ambiental", é tormentosa. Apresenta uma redundância terminológica evidente, já que "meio" e "ambiente" designam, simultaneamente, aquilo que está no entorno, apontando para

21 A própria conceituação de ética é complexa. Embora na história da filosofia não haja consenso sobre tal ponto, nem sobre a eventual distinção do campo de investigação da ética e da moralidade, abraçarei a ideia central de que ética é ciência da moral, é filosofia moral. Nesse sentido, representa uma tentativa de investigar crítica e racionalmente os nossos comportamentos e seus efeitos perante terceiros. Todavia, por questões de facilitação da compreensão do texto, ao longo da obra utilizarei os termos ética e moral indistintamente.

os objetos ou a região ao redor de qualquer coisa (no francês antigo, *environner* significa circundar).

Talvez seja por essa razão que alguns autores prefiram a denominação alternativa "ética ecológica" para designar o ramo da ética aplicada ao mundo natural. O autor canadense Patrick Curry, por exemplo, intitula sua obra de *Ecological Ethics* [Ética ecológica] (2011) e justifica a opção pela qualificação "ecológica" em vez de "ambiental" a partir da ideia de que a palavra "ambiente", por designar justamente aquilo que nos rodeia, implicitamente reforçaria o narcisismo humano de julgar que o circundante é aquilo que está ao redor da humanidade, que possui valoração instrumental em relação às demandas humanas — ponto de partida do homem como centro exclusivo das preocupações morais. Em resumo, para Curry a palavra "ambiental" possuiria uma conotação necessariamente antropocêntrica.[22]

A mesma observação vale para o próprio direito. Alguns autores preferem a terminologia direito ecológico em vez de direito ambiental, como foi o caso dos professores Sérgio Ferraz (1972) e Diogo de Figueiredo Moreira Neto (1975), dois dos pioneiros a escreverem sobre o tema no Brasil.

De outro lado, a principal justificativa para a escolha de uma terminologia que privilegia o termo "ambiente" em detrimento de "ecológico" repousaria no fato de que seria arbitrário restringir o campo de estudo, limitando-o aos elementos naturais, com exclusão daquilo que sofreu intervenção antrópica. O ambiente, nessa linha, seria algo conceitualmente mais abrangente que a natureza, incorporando não só a preocupação com o mundo natural propriamente dito, mas também com o mundo alterado pelo agir humano. Existiria, portanto, um ambiente natural composto pelos

22 É provável que o primeiro a utilizar a expressão "ética ecológica" tenha sido Holmes Rolston III no já citado artigo "Is There an Ecological Ethic?" (1975). Outra menção relevante do termo pode ser ainda colhida em Erazim Kohák, *The Green Halo: A Bird's-Eye View of Ecological Ethics* [O halo verde: uma visão sobre a ética ecológica] (2000).

animais, pela flora, as águas, o solo, o subsolo e a atmosfera, e um ambiente artificial, produto da ação humana, como os centros urbanos, as aglomerações humanas, os edifícios, os monumentos, as obras de arte etc.[23]

Essa classificação do meio ambiente, por muitos compartilhada, tem como alicerce teórico o tradicional dualismo entre homem e natureza.[24] Essas dicotomias ou cosmovisões binárias se prestam a demarcar identidades por oposição. Por vezes, também são ventiladas na forma dicotômica: razão-emoção, natureza-cultura, civilização-barbárie, mente-corpo, sujeito-objeto, interno-externo, homem-mulher, material-espiritual, homem-animal, entre outras. A distinção que fraciona o espaço do natural e do artificial suscita uma série de outras questões.[25] A principal delas talvez seja a de que se parte de uma pressuposição de que o homem está deslocado, apartado hierarquicamente da natureza, daí o porquê de sua intervenção produzir algo que supostamente não é natural, que não é dado, mas, ao contrário, processado, manufaturado, produzido e obtido por meio da técnica. De acordo com essa proposta, a natureza, portanto, traduziria uma ideia externa ou exterior ao homem, algo que é

23 No âmbito do direito, tal compreensão se faz notar no julgado da Ação Direta de Inconstitucionalidade (ADI) nº 3540, relatada pelo ministro Celso de Mello e julgada em 1º de setembro de 2005, quando o Supremo Tribunal Federal destacou a existência de uma visão mais abrangente de meio ambiente ao afirmar que "meio ambiente traduz conceito amplo e abrangente das noções de meio ambiente natural, de meio ambiente cultural, de meio ambiente artificial (espaço urbano) e de meio ambiente laboral".

24 O vocábulo "natureza" é conceitualmente amplo. Remete a uma ideia geral de *physis*, de fonte de todas as demais coisas que existem. A visão tradicional confere à natureza uma ideia de dado fenomênico, de algo espontâneo, enquanto o "artificial" é produto de uma agência criadora, deliberada.

25 A interessante tese da filósofa Keekok Lee (1999) é a de que a maior parte dos seres humanos modernos não se sente totalmente à vontade no ambiente natural. Por conta disso, desejam humanizar a natureza por meio da ciência e da tecnologia. Esse processo de humanização do que é natural (tese dualista) torna a natureza um artefato, algo obsoleto e incômodo que deve ser substituído.

contingente, instrumental, que tem como finalidade última criar condições adequadas para a vida humana no planeta. Trata-se do assujeitamento da matéria para a produção da civilização.

Podemos citar dois rápidos exemplos práticos sobre a mencionada separação: quando castores represam um rio para construir seus diques, produziriam algo natural; quando são homens os que realizam a mesma conduta, isso é tido como artificial; ou, ainda, quando pássaros nidificam nas árvores estariam agindo naturalmente (o ninho integraria os processos naturais esperados para a reprodução das aves), mas, quando são os seres humanos que constroem suas casas, estariam atuando sobre o mundo natural de maneira artificial (casas fazem parte de um meio ambiente artificializado, descaracterizado pela intervenção humana).

Ao que tudo indica, tal distinção é muito mais de grau e, consequentemente, também de efeitos ou impactos, do que propriamente ontológica. Na origem, tanto represas produzidas a partir da ação de castores quanto aquelas fabricadas pelo homem — ou ninhos de aves, assim como as casas humanas — são essencialmente naturais.

Esta obra partirá, portanto, de uma perspectiva crítica a essa separação. Adota-se uma premissa essencialmente monista, ou de uma metafísica essencialmente naturalista, segundo a qual a natureza representa tudo o que existe. Talvez a ideia, um tanto quanto romantizada, de uma natureza selvagem, pura ou intocada como caracterizadora do que é natural deva ser contextualizada diante da permanente e poderosa presença modificadora do homem. Parece mesmo que estamos, nesse sentido, diante de um processo sem retorno de humanização da natureza, mas que não retirará seu predicado natural.

O homem, portanto, atua no mundo como um ente tão natural como os demais. A cultura, compreendida como fenômeno que emerge da natureza, é, também, ontologicamente natural. É importante ressaltar que tal pressuposto nada diz para a análise sobre os eventuais limites do agir humano, ainda que tomado como essencialmente natural, sobretudo em razão do debate sobre a considerabilidade moral de entes naturais individuais ou mesmo de sistemas coletivos naturais. A conduta humana, que é natural no sentido proposto, pode, pois, ser moralmente equivocada em relação aos resultados lesivos que pode acarretar ao próprio homem e aos demais entes naturais.[26]

Não fosse suficiente essa primeira questão, temos também uma indagação relativa ao escopo da ética ambiental, que, na visão de alguns, estaria umbilicalmente atado a concepções que privilegiam a alocação do valor intrínseco nos sistemas naturais, globalmente considerados, em vez de em entes individualmente considerados. Penso que essa conexão necessária entre ética ambiental e ecocentrismo, tal como veremos na sequência do trabalho, não é verdadeira e tampouco correta.

Ao contrário, pragmaticamente, percebe-se que a maior parte das publicações que se consideram pertencentes ao campo da ética ambiental se abre ao debate a respeito de correntes da ética normativa ligadas ao "individualismo moral".[27] A esse respeito, podemos citar o exemplo da mais prestigiada revista de ética aplicada ao meio ambiente, lançada

26 A filósofa norte-americana Donna Haraway (2009) explora as fronteiras do humano a partir da contraposição do natural e do artificial com a poderosa metáfora do ciborgue, híbrido de máquina e organismo, que simboliza, dentre outras coisas, as fronteiras entre o humano e o animal, entre o orgânico e o inorgânico, entre o natural e o artificial, as quais ficam cada vez mais sutis graças à tecnologia. Seríamos entidades puramente biológicas ou marcadas pela cultura e pela técnica?

27 O "individualismo moral" pode ser compreendido como a visão que postula que o valor intrínseco de um determinado ente está diretamente relacionado a propriedades ou capacidades inerentes (psicológicas, fisiológicas ou cognitivas, tais como, tipicamente, a senciência, a consciência ou a autonomia) do indivíduo em questão, capacidades estas que não são dependentes do pertencimento à espécie ou das relações que esse indivíduo mantém. Dois dos autores mais diretamente relacionados ao termo "individualismo moral" são o filósofo norte-americano James Rachels (1990) e, mais recentemente, o inglês Jeff McMahan (2005). Para muitos, a ética ambiental e a ética animal não pertencem a um mesmo campo de investigação teórico. Como exemplo, na Universidade Federal do Rio de Janeiro (UFRJ), temos o Centro Ambiental, que já recebeu anteriormente o nome de Centro de Ética Animal e Ambiental.

em 1979, que recebe o nome de *Environmental Ethics*. Entre seus inúmeros artigos, incluem-se discussões relacionadas, por exemplo, à ética animal,[28] que se insere no âmbito das teorias éticas de cunho marcadamente individualista. O mesmo vale para as principais publicações na área sobre ética ambiental, que incluem o debate sobre visões outras que não apenas as de cunho ecocentrado coletivista.

Assim é que, apenas por uma questão de facilitação de entendimento e compreensão, respeitando a utilização terminológica mais tradicional, e cientes dos problemas a ela relacionados, adotaremos o termo "ética ambiental" para designar as reflexões acerca do relacionamento moral entre o homem e o restante do mundo natural.[29] Tal opção, mais uma vez, tem como justificativa apenas o prestígio da expressão mais corrente, observadas as ressalvas anteriormente apontadas e outras existentes.

Outro ponto importante a ser destacado é o de que, embora a presente obra não tenha por escopo ingressar no debate acerca de discussões metaéticas[30] concernentes ao estatuto das asserções (linguagem moral) e dos juízos morais e ao

28 Vale antecipar que alguns autores consideram inapropriada a inclusão da ética animal como um ramo da ética ambiental, justamente por entender que a ética ambiental estaria necessariamente relacionada com concepções não individualistas de valor. Não entendemos dessa forma e procuramos empregar uma conceituação mais ampla à ética ambiental, de modo a abarcar os importantes debates trazidos pelo animalismo.

29 A noção de relação não tem como pressuposto a cisão entre homem e natureza. Indica apenas os processos de integração havidos entre os entes naturais, incluído o homem.

30 Embora não estejamos totalmente convencidos acerca da separação entre ética normativa e metaética, consideramos que a metaética representaria as considerações que fazemos *sobre* a ética (por exemplo, como funcionam os conceitos que mobilizamos na formulação das questões éticas; se a ética seria objetiva ou subjetiva; se haveria a possibilidade de uma razão prática; qual seria o papel das emoções nos juízos morais etc.), enquanto a ética normativa seria o que pensamos *na* ética. Historicamente, embora desde sempre tenham ocorrido reflexões metaéticas (como no diálogo entre Sócrates e Eutífron a respeito da piedade), um dos marcos de sistematização da área consiste na obra de G. E. Moore, *Principia Ethica* [Princípios éticos], de 1903.

significado da própria moralidade,[31] assumiremos um ponto de partida objetivista.

As pessoas — e mesmo os grupos sociais — normalmente possuem diferentes interpretações a respeito do que constitui um problema e das razões pelas quais os problemas passam a ser relevantes. A própria construção da categoria "natureza" ou "natural" é complexa e, em algum sentido, culturalmente condicionada. Tal como destaca o filósofo norte-americano Dale Jamieson (2002), as pessoas valorizam a natureza de forma díspar. Algumas entendem que ela possui pouco ou nenhum valor; outros a romantizam, valorizam determinados locais ou espécies como especialmente atrativas e importantes, chegando a estabelecer conexões espirituais com o mundo natural. Os escritores britânicos John Muir e Oscar Wilde, por exemplo, eram contemporâneos e ilustram esses entendimentos diferenciados sobre o valor do mundo natural. Enquanto Muir falava sobre "a verdade e a beleza imortais da Natureza" e clamava, numa concepção mística, pelo "amor maternal ancestral" da natureza presente em cada um de nós,[32] Wilde a comparava de modo absolutamente desfavorável em relação às criações artísticas humanas.[33]

31 Por uma questão de clareza terminológica, cabe uma observação final a respeito de determinados conceitos que serão usualmente empregados no decorrer deste trabalho. A expressão "não humanos" se referirá em princípio não apenas aos animais, o que significa dizer que quando houver necessidade de especificação em relação a estes, poderá ser utilizada a expressão "animais não humanos". A utilização da expressão "não humanos", seja para animais ou outros entes, não é, todavia, isenta de problemas, já que nomeia algo a partir do que ele não é, mas foi escolhida por possibilitar a invocação da humanidade sempre que estivermos diante do outro, como num lembrete fatal dessa origem compartilhada que une todos nós. Embora com problemas, a expressão "animais não humanos" poderá, por mera simplificação, ser por vezes substituída por "animais", que, a seu turno, também carrega questionamentos semelhantes.

32 Disponível em: <www.goodreads.com/author/quotes/5297.John_Muir>. Acesso em: 20 ago. 2018.

33 "O que a Arte verdadeiramente nos revela é a ausência de design da natureza, sua curiosa crueza, sua extraordinária monotonia, sua

Compartilhamos da concepção segundo a qual, embora descritivamente possam ser percebidas diferentes formas de interação com o mundo natural, há como fundamentar a existência de valores morais objetivos que determinam normativamente modos de agir e pensar a respeito da relação homem-natureza. A assunção de uma posição relativista,[34] por partir do pressuposto de ausência de objetividade dos comandos morais, aproxima as alternativas teóricas propostas pelas diversas correntes da ética normativa a questões de mera opinião ou gosto pessoal.

Assumimos a posição que, propositadamente, não desenvolveremos nesta obra, segundo a qual o valor autônomo ou intrínseco das criaturas (ao menos as sencientes) não só independe dos interesses humanos ou de sua utilidade para os seres humanos (valor não antropocêntrico), como é também independente do juízo valorativo humano incidente sobre elas (valor não antropogênico, ou seja, possuir valor não é o mesmo que ser avaliado, pois o valor existiria independentemente do avaliador).[35]

Isso faz com que nos aproximemos claramente de uma postura ligada ao objetivismo moral (existência de verdades morais objetivas), bem como do realismo moral (visão que se baseia na existência de fatos morais autônomos) e do cognitivismo (concepção segundo a qual os julgamentos morais expressam nossas crenças sobre o que os fatos morais

• • •

absoluta falta de acabamento [...]. A Arte é o nosso protesto espirituoso, nossa tentativa educada de ensinar à Natureza seu devido lugar" (Oscar Wilde citado por Jamieson, 2002, p. 225).

34 Normalmente essa visão está associada a uma posição não cognitivista, que afirma que alegações a respeito de valores ou obrigações não podem se qualificar como verdadeiras ou falsas, já que seríamos incapazes de alcançar a verdade sobre tais alegações. Não haveria, nesse sentido, qualquer grau de objetividade alcançável, além das pessoas que comungam eventualmente da mesma opinião.

35 Seria mesmo bastante estranho ou contraintuitivo afirmar que deveríamos aguardar a chegada dos vertebrados no universo para que o florescimento e o bem-estar de outras criaturas pudessem possuir valor próprio, ou imaginar que, acaso não houvesse humanos para avaliar, essas experiências de vida não possuiriam valor.

representam e que podemos acessar esses fatos morais por meio da argumentação e da reflexão racionais).[36] Em síntese, pensamos ser possível sustentar coerentemente que o valor intrínseco constitui uma propriedade objetiva, existente por si própria de maneira independente e acessível racionalmente. Adotar posicionamento diverso (não objetivista e não cognitivista) significa tornar a ética normativa uma arena na qual as asserções morais constituem nada mais que mera questão de opinião ou gosto pessoal. Os eticistas ambientais, especialmente após a década de 1970, têm adotado postura similar, sustentando posições cognitivistas e objetivistas,[37] que normalmente prescrevem e justificam a alocação do valor intrínseco em determinados entes naturais.

Nesse sentido, cabe, sinteticamente, esclarecer a questão relativa ao "valor intrínseco" e sua relação com as "teorias do valor". Conforme se demonstrará no capítulo 1, o ambientalismo tradicional está fundamentalmente alicerçado sobre uma posição antropocêntrica, ou homocentrada, por meio da qual apenas os seres pertencentes à espécie humana integrariam a comunidade moral na qualidade de detentores de valoração intrínseca. Nessa linha, a humanidade representaria a única fonte de valor moral direto, e a proteção do meio ambiente, da natureza e de seus elementos constituintes apenas seria efetivada no sentido de proporcionar uma qualidade de vida mais satisfatória para os seres humanos.

A consequência imediata de assumirmos esse ponto de partida é a de pensar o mundo natural como possuindo valor apenas de ordem instrumental ou reflexa. A própria nomenclatura "recursos naturais", muito presente no direito ambiental,[38]

36 Os não cognitivistas afirmam que as asserções morais são incapazes de atingir a verdade sobre os valores e obrigações que propõem.

37 Sobre este ponto, ver Rolston III (1983).

38 A denominada lei que institui a Política Nacional do Meio Ambiente (PNMA), Lei nº 6.938, de 1981, em seu art. 3º, III, define os recursos ambientais como sendo "a atmosfera, as águas interiores, superficiais e subterrâneas, os estuários, o mar territorial, o solo, o subsolo, os elementos da biosfera, a fauna e a flora".

denota claramente essa concepção instrumentalizada do mundo natural. A degradação ambiental, nesse sentido, tem um grande apelo público e político por denotar a perda de uma oportunidade ou utilidade da natureza pela humanidade. No entanto, o problema dessa visão, como bem destaca o filósofo norte-americano Joseph DesJardins (2006, p. 130), é o de que:

> enfatizar somente o valor instrumental da natureza significa dizer que a natureza é mantida como verdadeira refém dos interesses e das necessidades humanas, e isso evoca a necessidade de realizar concessões e transações entre interesses humanos que podem se modificar e competir entre si ao longo do tempo.

Deve-se ressaltar que há diferentes sentidos e utilizações possíveis para o conceito de consideração moral na terminologia filosófica. Há autores que propõem uma distinção entre *status* moral (*moral status*) e significação moral (*moral standing*).[39] Para os fins da presente obra, utilizaremos a expressão "consideração moral"[40] para designar genericamente o estatuto moral de um determinado ente, que servirá para medir o grau da sua importância moral. Se uma entidade deve ser considerada moralmente — especialmente se também possui valor próprio, seja como agente, seja como

39 Christopher W. Morris (2011), por exemplo, entende por significação moral um valor especial que alguns seres possuem, valor este que demanda uma justificação também especial; por outro lado, *status* moral indicaria apenas que algo possui algum tipo de valor. Nessa linha, todas as coisas possuiriam algum tipo ou nível de *status* moral — obras de arte, cidades, belezas naturais, montanhas, árvores, animais, pessoas etc. —, mas apenas algumas possuiriam significação moral.

40 A noção de "consideração moral" possui conexão com a de "consideração jurídica" no sentido de que ambas se referem a um estatuto diferenciado que intitula o seu possuidor a um tratamento — moral ou jurídico — especial. Embora haja conexão entre ambas, não há, na prática, identidade entre elas. Na maior parte das vezes, entidades que gozam de estatuto moral não são protegidas diretamente pelo direito na qualidade de sujeitos de direitos.

paciente moral —, não a podemos tratar do modo que queremos. A maior parte dos filósofos procura explicar a considerabilidade moral em termos de posse de interesses. Em nossas deliberações, seremos obrigados a considerar seus interesses e a levar em conta o seu valor, bem como suas necessidades e bem-estar.

O discurso moral sempre incorpora a preocupação em demarcar o que é o valor e quais entes são, nesse sentido, valiosos. O filósofo britânico George Edward Moore (1998) afirmou que a função primeira da ética seria estabelecer o que é bom, se algo possui valor em si mesmo e em que grau possui este valor. Nesse ponto, torna-se relevante demarcar, em linhas gerais, a compreensão por nós adotada do que seja o valor intrínseco, já que normalmente é um conceito utilizado para especificar ou demarcar um sentido forte para a considerabilidade moral.

Pode-se afirmar que o estatuto moral de um determinado ente será imediatamente afetado pelo fato de possuir relevância moral direta (que passaremos a denominar de "valor intrínseco"), ou apenas indireta ("valor instrumental"). Naconecy (2003, pp. 25-6) propõe, didaticamente, a seguinte distinção entre valoração intrínseca, inerente e instrumental:

> "Valor intrínseco" (independente ou autônomo) é o valor que um ser possui em si mesmo, devido ao que ele é e às suas propriedades não relacionais, derivado da natureza do seu portador. Algo tem valor intrínseco quando é um fim em si mesmo. Se x tem valor intrínseco, então x é um bem mesmo em um mundo com ausência de consciência, e a destruição de x não pode ser justificada pelo valor das consequências dessa destruição, nem corrigida pela substituição por outro x, do mesmo tipo e qualidade. Há concepções rivais a respeito da garantia ou não de obrigações morais para uma entidade descrita como tendo valor intrínseco. Alguns teóricos supõem a permutabilidade entre valor autônomo e estatuto moral, enquanto outros apontam que esse valor envolve o bem de algo, mas não necessariamente um bem moral. As diferentes éticas discutem o escopo das descrições do valor não instrumental de não

humanos e tratam de justificar por que seus bens têm importância moral. O oposto de valores intrínsecos — os valores extrínsecos — inclui valores inerentes e instrumentais.[41]

"Valor inerente" é o valor que merece ser respeitado por si mesmo, porquanto deriva, por exemplo, de propriedades estéticas, de organização, ou de ser resultado de processos naturais. Esse valor é independente do expectador ou valorador, potencial ou atual, ou seja, de atitudes subjetivas, de preferências ou de estados mentais de outros seres. Assim, a tese de que x tem valor intrínseco não necessariamente implica que x tem valor inerente. As questões relativas aos valores não instrumentais podem conduzir à discussão entre metaéticas objetivistas e subjetivistas: se algo tem valor autônomo mesmo num universo no qual a consciência esteja ausente, ou se as coisas no mundo que podem ser consideradas valiosas por si mesmas só o podem ser por intermédio das relações com aqueles seres com a capacidade de valorizá-las. Os termos "valor intrínseco" e "valor inerente" não são unívocos na filosofia ambiental. Alguns teóricos chamam o valor inerente de intrínseco e o intrínseco de objetivo; outros simplesmente assumem ambos como interpermutáveis, opondo-os ao conceito de valor instrumental.[42] É possível, também, a fim de se contornar as dificuldades de tal discussão, tratar-se apenas da fundamentação não instrumental de valores ambientais.

"Valor instrumental" é o valor atribuído a um ser em virtude de se constituir apenas como meio para outro valor, ou para um estado de coisas desejável para além dele mesmo. Algo tem valor instrumental quando é apenas útil para outro ser e, portanto, não

41 Partindo da ideia de que alguns entes naturais possam possuir valor intrínseco e outros, não, há ainda que se ressaltar que alguns podem possuir maior valor intrínseco que outros. O valor intrínseco não é uma medida única, do tipo tudo ou nada. Compartilhamos da percepção de que o valor intrínseco pode ser maior ou menor a depender da posse de atributos moralmente relevantes.

42 Sabendo da não uniformidade do tratamento conceitual desses termos, para os efeitos desta obra utilizaremos indistintamente os termos "valor intrínseco" e "valor inerente" para nos referirmos ao valor autônomo (valor em si mesmo) que um determinado ente possua independentemente de propriedades relacionais.

demanda deveres éticos. O valor instrumental é contrastado com o valor intrínseco ou inerente, e essa dicotomia é ponto de partida nos debates sobre o *status* moral de entidades não humanas e nos cálculos de avaliação em ética ambiental.

Em resumo, poderíamos dizer que o valor instrumental representaria uma função da sua utilidade e residiria basicamente na capacidade de ser usado para obter outra coisa que é, por sua vez, desejada ou valorizada.[43] O valor instrumental de um objeto repousa não no próprio objeto, mas no uso que este objeto possa ter em relação a terceiros (quando o uso ou utilidade acabar, o objeto poderá ser substituído ou descartado).[44]

Mary Anne Warren (1997, p. 4) traz um exemplo bastante singelo que bem ilustra essa distinção em termos de atribuição de valor:

> Seria acaso moralmente errado reduzirmos uma pedra a poeira para nosso mero entretenimento? A maior parte das pessoas talvez

43 Alguns autores propõem uma distinção entre "valor instrumental" e "valor extrínseco". O valor extrínseco diria respeito ao valor que depende de um fator externo ao ente que o detém. Tal situação ilustraria a hipótese das obras de arte, que teriam valor extrínseco na medida em que a existência de tal valor depende das reações de outros seres sensíveis à apreciação estética ou cultural. O valor instrumental, por sua vez, para quem sustenta tal distinção, seria o valor que surge a partir da utilidade da existência da própria entidade que o titulariza. Um martelo possuiria valor instrumental na medida em que coisas são criadas a partir do seu uso. Não adotaremos essa distinção entre valor instrumental e extrínseco no desenvolvimento do presente trabalho.

44 Jamieson (2010, pp. 118-20) propõe quatro sentidos para valor intrínseco: (a) valor intrínseco como valor máximo — o que possui valor instrumental é valioso apenas por ser favorável à percepção do que é de valor intrínseco; (b) valor intrínseco como o ingresso que admite algo à comunidade moral — possuir valor intrínseco é condição necessária e suficiente para ser objeto de preocupação moral primária; (c) valor intrínseco como valor inerente — o valor de algo depende inteiramente do que é natural da coisa em si mesma; (d) valor intrínseco independe de quem avalia — existem certas coisas que possuem valor próprio em sentido objetivo, mesmo que ninguém nunca as valorize.

diga que não haveria um problema moral neste fato, a menos que estejamos diante de circunstâncias especiais. Talvez essa pedra pertença a alguém e carregue valor sentimental em termos de ser uma recordação de algum momento da vida dessa pessoa. Talvez essa pedra contenha um fóssil de ossos de animais pré-históricos que seria importante do ponto de vista do conhecimento científico, ou uma gema preciosa que poderia ser vendida para ajudar pessoas em necessidade. Nestes casos, poderíamos dizer que seria errado destruir a pedra sem propósito algum. Todavia, a maior parte de nós consideraria tal ato errado pelo fato de que ele potencialmente causa uma lesão, ou implica uma perda de benefícios relevantes tendo em vista os seres humanos. A pedra, em si, não parece constituir o tipo de ente a quem devemos obrigações morais diretamente. Em defesa do senso comum pode ser apontado o fato de que, até onde sabemos, pedras são inanimadas e insensíveis. Em outras palavras, não estão vivas nem são capazes de sentir prazer ou dor. Não possuem desejos ou preferências que podem ser frustradas ao tratá-las de um modo ou de outro. Uma pedra não se importa se persiste em um estado físico inalterado por um bilhão de anos, ou se é imediatamente despedaçada. Não possui necessidades, interesses, bem-estar ou um bem em si mesmo que poderíamos levar em conta em nossas deliberações morais. Seria, no entanto, errado matar uma criança inocente para mero divertimento? Neste caso, a maior parte das pessoas diria que sim, e se surpreenderiam até mesmo pelo simples fato de a questão ser colocada. Uma criança é presumidamente portadora de um *status* moral muito forte, praticamente idêntico ao de seres humanos adultos.

De forma geral, portanto, há um consenso sobre o estatuto moral das entidades que ocupam posições polarizadas, tal como no exemplo, entre pedras comuns (valor instrumental) e crianças (valor intrínseco).[45] Seria permissível fazer quase

45 Evidentemente, esse consenso pode ser pontualmente prejudicado pela constatação de que ainda há determinados grupos que procuram fazer distinções morais entre pessoas de etnias, classes, idades e credos diversos.

tudo — ou tudo — com uma pedra comum, enquanto em relação a uma criança teremos uma vasta gama de restrições de comportamento em razão de suas características específicas. O *status* moral seria, nesse sentido, dependente não só das propriedades intrínsecas, mas também da relevância dos danos que, por sua vez, constitui função dos seus efeitos nocivos sobre a entidade que os sofre.

Por uma questão de honestidade intelectual, deve-se lembrar que nem todas as correntes filosóficas aceitam a categoria "estatuto moral", seja por entenderem que seria uma categoria em si antropocêntrica e elitista, mesmo quando aplicada aos próprios seres humanos (Birch, 1993), seja por compreenderem que a noção de valor intrínseco não consegue explicar totalmente o conceito de consideração moral,[46] ou mesmo por rejeitarem o compromisso da alteridade (egoísmo ético).

A presente obra sustentará a importância da noção de consideração moral — embora reconheça suas limitações — a partir das noções centrais de valor intrínseco e da posse de interesses. Tal como afirma o filósofo norte-americano David DeGrazia (2008, p. 183), "dizer que x possui estatuto moral é dizer que: (a) agentes morais possuem obrigações morais diretas em relação a x; (b) x possui interesses; e (c) as obrigações são baseadas fundamentalmente na posse desses interesses".

A existência da noção de considerabilidade moral e, mais estritamente, de um estatuto moral, presta-se não só a delinear nossas obrigações morais para com outras entidades em sentido negativo (formatação das obrigações de não fazer: não interferir, não lesar etc.), mas também em sentido positivo (formatação das obrigações de fazer: de ajudar sempre que isso for possível e não representar risco excessivo para quem ajuda). O reconhecimento de obrigações morais em relação a uma determinada entidade implica que a violação desse estatuto

46 As filósofas norte-americanas Christine Korsgaard (1983) e Frances Kamm (2006), por exemplo, preferem trabalhar com a noção de valor próprio ou valor como fim em si mesmo (de origem kantiana). A condição de um determinado ente ou objeto pode prover uma razão para a limitação da conduta em relação a este ente ou objeto.

represente um mal relativo a essa própria entidade, e não simplesmente para um terceiro:

> Suponha que você saia de férias e deixe sua casa aos cuidados de um amigo, que então aproveita sua ausência para vender seus utensílios domésticos. Um erro moral acaba de ser cometido, mas, evidentemente, é um erro contra você, não contra seu fogão ou sua geladeira, que não possuem qualquer *status* moral. Se você tivesse, no entanto, deixado seu porquinho de estimação aos cuidados desse mesmo amigo e ele o tivesse vendido para um abatedouro local, então seria muito menos claro que o erro moral teria sido dirigido somente a você. E se tivesse deixado seu bebê com esse amigo e ele tivesse também vendido seu filho para o mercado negro de crianças, quase ninguém duvidaria de que o erro moral teria sido cometido contra você e também contra a criança. (Warren, 1997, p. 10)

Embora exista dissenso sobre a conceituação do que vem a ser o valor intrínseco, dizer que um ser possui valor intrínseco significa assumir que esse ser tenha, ao menos em algum sentido, mesmo que amplo, interesses válidos e relevantes a serem protegidos. O critério para a titularização de interesses é tradicionalmente medido como uma função da vulneração do bem-estar experimental do indivíduo afetado, algo que será posteriormente debatido com maior rigor. Em todo caso, em princípio, abstraindo-se por ora dos critérios de atribuição específica de interesses com base nas distinções apontadas, tratar um ente com valor intrínseco de forma meramente instrumental, principalmente nas situações e hipóteses em que há ausência de consentimento e presença de potencialidade de lesão relevante a esses mesmos interesses, seria algo moralmente objetável.

O que será discutido, nas diferentes perspectivas da ética aplicada às relações entre homem e natureza, será a determinação dos critérios a partir dos quais algo contará moralmente. Nesse sentido, poderemos elaborar e justificar a existência de critérios mais restritivos ou ampliativos sobre quem ocupa uma posição na comunidade moral. Exemplificativamente, pode-se estabelecer que algo possui valor moral se for senciente — ou, em sua versão mais restritiva, "se e somente se for senciente". No lugar de senciência é possível pensar em racionalidade, autonomia, entre outros atributos, ou todos eles somados.

Outro debate interessante e difícil se dá em relação à admissão ou não de diferenciação de graus de valor moral. Para os fins da presente obra, reconhecendo o dissenso e a complexidade do tema, admitiremos que o valor intrínseco não é uno: partiremos do pressuposto de que admite gradações. Essa admissão de gradação não representa, em si, uma discriminação prejudicial aos entes que eventualmente possam ser alocados em estratos menores de valoração intrínseca. Antes, significa uma forma de reconhecer que os próprios critérios, propriedades e atributos normalmente elencados para justificar a considerabilidade moral são complexos e incluem graus de complexidade diversos (senciência, razão, autonomia, posse de linguagem articulada, produção de cultura etc.).

Ainda no contorno dos esclarecimentos iniciais, deve-se mencionar que esta obra possui uma limitação acerca das suas fontes, e outra relativa ao seu escopo. A primeira limitação, relativa às fontes, decorre do fato de que foram utilizados como referência para a presente pesquisa autores, pensadores e filósofos ocidentais. A limitação "geográfica" e a consequente exclusão do pensamento oriental[47] como fonte direta de pesquisa não se deu a partir do critério de relevância teórica. Certamente há inúmeros pensadores asiáticos e africanos que poderiam contribuir de maneira muito rica e relevante para os problemas ora investigados, mas isso demandaria uma ampliação do trabalho — e mesmo um conhecimento linguístico — que não foram originariamente planejados. Tal como afirma Jamieson (2002, p. 12), a seletividade no tratamento das

47 A exclusão é apenas parcial, pois, tal como se analisará durante o trabalho, muitos autores ligados à ecologia profunda (*deep ecology*) se aproximam em muitos momentos do pensamento oriental.

questões e dos autores não revela desvalor, mas sim concessão à finitude da vida, dos livros e da atenção concentrada.

Em igual sentido, destacamos que o trabalho, evidentemente, não pretende exaurir o exame das correntes da ética normativa aplicadas ao meio ambiente. Não foram abordadas todas as posições que hoje dialogam no âmbito da ética ambiental. Apenas para citarmos três rápidos exemplos, não serão abordadas diretamente as posições provenientes da justiça ambiental, da sociobiologia e do ecofeminismo. Novamente, essas exclusões tiveram de ser tomadas apenas em virtude da extensão da pesquisa, fator que limitou também os temas a serem enfrentados. Assuntos como responsabilidades para com o futuro (equidade intergeracional), ética das mudanças climáticas, pressão ambiental e controle populacional, governança global e ética cosmopolita, entre tantos outros, também ficaram de fora do escopo da obra.

Conforme se mencionou, o objetivo principal do presente trabalho é tentar descrever, de maneira crítica, as aproximações e os tensionamentos existentes entre as principais correntes da ética ambiental. Dentro de cada uma delas, procurou-se enfatizar as contribuições-chave dos autores referenciais. No caso em que a abordagem a respeito dessas posições dependa de um esclarecimento epistemológico ou metafísico referente à fundamentação teórica adotada por determinado autor, procuraremos fornecer isso ao leitor, ainda que, como indicado, a obra não tenha por pretensão examinar diretamente a metaética e as reflexões a ela correlatas.

As mencionadas correntes da ética normativa ambiental serão descritas a partir de seus principais referenciais teóricos, tendo sido privilegiados, quando possível, os autores mais contemporâneos. A obra, portanto, não pretende, igualmente, realizar uma revisão rigorosa da evolução histórica da ética aplicada à natureza.

Nesse sentido, por fim, cabe esclarecer que as correntes da ética ambiental a serem descritas ao longo da presente obra como alternativas para a alocação do valor intrínseco (os denominados *ismos*: antropocentrismo, biocentrismo e ecocentrismo) são todas reveladoras de um problema metafísico central consistente na eleição de critérios de demarcação de fronteiras morais que conduzem, necessariamente, a exclusões. Em certo sentido, a opção por uma corrente ou por outra será baseada numa suposição metafísica sobre a realidade que implicará a adoção de critérios para a definição da "considerabilidade moral" (para alguns, não haveria critérios independentes para que se prefira uma perspectiva à outra, pois todas têm suas inevitáveis carências, todas são ideações).

Ainda que, de fato, exista um problema consistente na determinação de critérios independentes para essa finalidade, pois todas as posições possuem suas vicissitudes, levando-se em consideração que existe um espectro praticamente infindável de opções normativas, poderíamos estabelecer que determinados processos de justificação da delimitação da comunidade moral podem ser melhores (no sentido de serem mais consistentes e justificáveis) que outros.

Na sequência, passaremos a analisar os modos de ver e interagir com a natureza, desde uma visão que a toma como perene, interminável e colocada à disposição do homem (antropocentrismo), até outras concepções (biocentrismo e ecocentrismo) que demarcam um espaço de responsabilidade e de reconhecimento para com a sua alteridade. O objetivo central da obra é apresentar de que forma essas posições dialogam entre si, demonstrando suas aproximações e tensões teóricas e práticas.

1. A posição ambientalista tradicional: sustentabilidade e antropocentrismo

O ambientalismo clássico, tradicional, alia-se a uma visão de moralidade que sustenta a existência de valor intrínseco apenas para os membros da espécie humana. Dito de outro modo, o ambientalismo traduz usualmente uma perspectiva moral antropocentrada — ou homocentrada —, priorizando valores e práticas que promovam os interesses, as necessidades e as demandas humanas em detrimento de outras espécies e da natureza como um todo, que, nesse sentido, possuiriam apenas valor instrumental.

No campo da ética normativa, seja na área das teorias morais (quais espécies de coisas são boas, quais atos são bons e quais são as relações entre o certo e o bom), ou na ética aplicada ou prática (avaliação de condutas particulares como boas ou más), tem havido um constante alerta por parte dos filósofos ambientais sobre a insuficiência teórica dessa posição. Para alguns, a ideia de valor meramente instrumental da natureza obstaculizaria de início a possibilidade de sequer se falar em ética ambiental. Tal como afirma o climatologista norte-americano Andrew Light (2002, p. 428), as perspectivas axiologicamente antropocêntricas são antiéticas no sentido de negar a existência do outro.

Tomando como pressupostas as discussões mais sofisticadas e robustas sobre o conceito de ética, cabe afirmar que ele está vinculado à análise racional das condutas dos agentes morais no sentido do correto ou equivocado tratamento das demandas, interesses ou valores de terceiros afetados por essas condutas. Além de *normativa* (por estabelecer normas e padrões incidentes sobre o agir), a ética é *relacional* (não é um projeto de engrandecimento pessoal. Essas duas características ou esses dois elementos fundantes da ética (normatividade e alteridade) ficam expostos na explicação fornecida por Naconecy (2006, pp. 15-6):

> É próprio da dimensão humana que sejamos obrigados a tomar decisões e explicá-las. A Ética, como um campo da Filosofia, pretende dar conta racionalmente do mundo moral. Isso significa que as contribuições da Biologia, Psicologia, Sociologia, História, Antropologia, Economia etc. são insuficientes para o fenômeno ou a lógica da Moral. A razão disso é que tais ciências adotam uma perspectiva meramente empírica da conduta humana e dos conteúdos morais, limitando-se a descrever e explicar o comportamento das pessoas e da sociedade, à luz dos instintos biológicos, forças sociais, contingências históricas etc. A tarefa principal da Ética, por seu turno, é justificar a existência da moral e oferecer uma orientação para as decisões humanas, nas difíceis areias movediças de cada situação concreta. Adotar uma ética significa estar disposto a julgar certas ações como preferíveis a outras. Trata-se de como conduzir nossa vida de maneira justa, do que seria bom que acontecesse, de como agir bem. Qualquer concepção ética irá operar com princípios, valores, ideias, normas de conduta, preceitos, proibições e permissões, na forma de um sistema mais ou menos coerente. A intenção é fornecer uma justificação racional de um quadro geral de princípios morais básicos. A partir disso ela pretende orientar nossa conduta (aconselhando ou determinando), isto é, ser normativa ou prescritiva. A Ética, assim, funciona como uma bússola moral. [...] Algumas de nossas escolhas só dizem respeito a nós mesmos: onde devo morar, a que horas devo dormir, se devo fazer uma tatuagem etc., mas as escolhas que serão importantes para a Ética Prática são aquelas que afetam os outros. Essas escolhas são chamadas de escolhas morais, e devem ser avaliadas por critérios morais.

Em relação ao elemento da alteridade, fica evidente a necessidade de tomar e justificar os critérios por meio dos quais será alocado o valor intrínseco. A posição centrada no valor exclusivo do homem, denominada de antropocentrismo em sentido forte (clássico, extremado ou radical), sustenta que somente o homem possui valor próprio (antropocentrismo em sentido normativo), não havendo qualquer limite direto na utilização da natureza, colocada à sua disposição para satisfazer suas necessidades e preferências (antropocentrismo teleológico). Uma teoria de valor será, nesse sentido, portanto, antropocêntrica, quando afirmar que somente experiências, estados, necessidades e preferências humanas possuem valor intrínseco.

Uma ética que se propõe ambiental nesse sentido representaria, na visão de Tom Regan, uma ética "para o uso da natureza" (alguns se referem ao uso adequado ou ao melhor uso dos recursos naturais). O ponto nodal é que o meio ambiente deva ser gerido e cuidado de tal modo a garantir a maximização e o prolongamento temporal da realização das satisfações humanas, sejam elas de cunho intelectual, estético, moral, espiritual, psicológico ou mesmo fisiológico. Se, por exemplo, uma determinada atividade minerária pudesse vir a destruir ou danificar gravemente uma área alvo de apreciação estética (por exemplo, uma área considerada de "beleza natural"), poderia ser censurada por destruir objetos naturais que contribuem para uma experiência (humana) estética prazerosa.[48] A determinação do que seria certo ou errado é referenciada unicamente a partir da experiência humana de mundo.

A rejeição do antropocentrismo pode ser encarada sob os vieses *ontológico* e *ético*. Ontologicamente, podemos dizer que há um sentido de rejeição à noção da especialidade humana frente às demais criaturas. Seres humanos não ocupariam um lugar especial: o mundo não se importa particularmente em como os homens são ou em como nos autorepresentamos (Bhaskar, 1989). Eticamente, rejeita-se a discriminação prejudicial (ou o privilégio arbitrário) com base nos interesses de uma espécie determinada (falta de justificabilidade para a diferenciação de tratamento).

48 Uma questão interessante é que poderíamos igualmente encontrar razões instrumentais para justificar a atividade neste caso em função da felicidade que geraria nos acionistas da empresa mineradora em razão dos elevados lucros advindos da exploração.

O antropocentrismo em sentido moderado (ou fraco), embora também afirme a elevação moral do homem frente aos demais entes, colocaria alguns limites à livre utilização do mundo natural, tendo em vista aspectos relacionados aos projetos humanos, como é o caso das preocupações ambientais relacionadas: (a) à economia (conservação de matérias-primas e energia, por exemplo); (b) à estética ou ao paisagismo (proteção de locais de beleza cênica natural); (c) científica (acesso ao patrimônio genético da flora e da fauna para desenvolvimento de fármacos e novas tecnologias); e (d) à recreação (conservação de áreas naturais para lazer e entretenimento humano), entre tantas outras. Assim é que essa posição admitiria uma crítica ao uso desmedido ou excessivo da natureza, por violar uma crença racional compartilhada (senso comum) no sentido de que devemos viver em equilíbrio com o meio ambiente (a preservação se justificaria em relação a determinados aspectos por corroborar a noção, tomada a partir de uma perspectiva humana, de que limitar o uso, naquele caso, seria justificável).

O filósofo norte-americano Bryan Norton (1984) é um dos autores que sustenta que o pressuposto de que a ética ambiental necessita ser não antropocêntrica constitui um equívoco, pois a existência do valor intrínseco na natureza seria dependente da percepção, dos interesses e dos julgamentos humanos. De acordo com Norton, o antropocentrismo em sua visão mais branda seria atraente para o ambientalismo, pois não demandaria mudanças substanciais ou radicais de comportamento e, ao mesmo tempo, daria conta de justificar a existência de obrigações para com o mundo natural que iriam além da mera satisfação direta de preferências humanas. O debate sobre o uso dos recursos ambientais poderia se dar sem apelo ao valor intrínseco de entidades não humanas.

A noção prevalente no âmbito da cosmovisão centrada na valorização da experiência humana de mundo é a de que a própria vida humana seria especial em razão das suas propriedades inerentes. O filósofo norte-americano Ronald Dworkin (2009), ao tratar da problemática atinente a casos difíceis que dizem respeito ao início e ao fim da vida (aborto e eutanásia) em seu livro *Domínio da vida*, alerta para a dificuldade de solucioná-los em razão de uma visão compartilhada a respeito da "sacralidade" da vida humana. O termo sacralidade empregado por Dworkin não possui necessariamente uma compreensão de origem religiosa: representaria, na realidade, secularmente, tudo aquilo que é, de alguma forma, tornado inviolável, indisponível, inacessível ao uso ordinário. Nessa linha, o aborto e a eutanásia comumente significam uma "profanação" mediante o rompimento desse mito do "sagrado". A vida humana seria singular a ponto de proibir qualquer comparação, e merecedora de respeito a partir do complexo investimento criativo que representa — tanto do ponto de vista biológico quanto humano.

Normalmente, as éticas que se pretendem antiantropocêntricas são vistas como profanadoras desse valor sagrado da vida humana. Na realidade, essa é uma compreensão equivocada. A grande parte das correntes alternativas ao antropocentrismo não redundará, nem implicará, em misantropia ou em necessária desvalorização da vida humana.[49] Em verdade, quase todas sustentam que, em casos verdadeiramente limítrofes — em que há conflito real —, a vida humana deve ter prioridade. A questão é que o eventual reconhecimento da prioridade para a vida humana, nessas situações, não deve estar necessariamente associado ao não reconhecimento do valor intrínseco de outras entidades não humanas.

Entendemos, portanto, que essa classificação que propõe uma subdivisão do antropocentrismo entre antropocentrismo em sentido forte e antropocentrismo moderado, que é feita inclusive por alguns autores do direito ambiental, não traz

49 O próprio Dworkin alerta para o fato de que existe uma compreensão no sentido de que o próprio valor da vida humana não é necessariamente uniforme. Para alguns, o valor intrínseco da vida humana estaria associado à qualidade da vida, não faria parte da natureza humana em si mesma. Em determinadas hipóteses, portanto, a manutenção de uma vida humana que perdeu de maneira significativa e definitiva sua qualidade poderia representar um atentado contra essa vida (profanação de sua "sacralidade").

grande contribuição, pois em ambos os casos o que se vê, com distinções muito sutis, é a instrumentalização da natureza em nome da garantia de uma maior qualidade da vida humana.

O antropocentrismo moderado colapsaria no antropocentrismo forte, pois, no final das contas, as metas e os limites de uso da natureza são tomadas a partir de preferências e necessidades humanas. Outra fraqueza da posição moderada reside em tomar como base a racionalidade compartilhada para determinar o que deve ou não ser feito em termos de limitação do uso da natureza. Essa racionalidade compartilhada poderia ser modificada para adequar-se a fatores como conforto, riqueza e poder. Considerando que sejam as preferências *per se* que determinem racionalmente o que deveríamos fazer, poderíamos certamente encontrar razões para preferir, por exemplo, um "mundo de plástico".

Mais do que isso, a concepção de um antropocentrismo escancarado, claro, radical, pode ser menos nefasta e prejudicial, no sentido de que a hierarquia brutal que propõe torna-se visível, permitindo, assim, espaço para a rebeldia, a revolta, a contrariedade. A sua versão *light*, suave, mais palatável, no entanto, pode ser mais perniciosa por encobertar as reais relações de poder e dominação existentes e, com isso, tornar o fenômeno mais impenetrável, porque mostra-se aparentemente menos agressivo ao senso comum ao criar uma zona de conforto e segurança. Nesse sentido, o comando aparentemente mais leve proveniente do antropocentrismo moderado, na realidade, pode ser mais sombrio e totalizante. Pode "forçar" as pessoas a segui-lo sem exatamente que elas sintam que estão fazendo isso.[50]

50 Não negamos a existência de uma perspectiva humana de mundo, que em certo sentido é inescapável para os indivíduos humanos. Alguns preferem denominar esse fenômeno de antropocentrismo epistêmico ou perspectivo. Nosso ponto de vista será sempre humano, pois pertencemos à espécie humana, e haverá interesses que perseguimos em razão dessa experiência de mundo. Isso não deve ser confundido com o antropocentrismo ontológico (ou normativo), que normalmente conduz à exclusão da preocupação com interesses legítimos

Na filosofia, a concepção antropocêntrica sempre fez eco ao senso comum da natureza-objeto. Desde Aristóteles até os eticistas contemporâneos, sempre se viu com reservas a ideia de alargamento da comunidade moral para além dos seres humanos. Em sua clássica obra de 1974, *Man's Responsibility for Nature*, já referenciada anteriormente, John Passmore, reagindo a propostas mais ampliativas, estabelece os fundamentos de uma ética ambiental centrada na prevalência humana que são endossados, dentre outros, por Kristen Shrader-Frechette e William Frankena (e, em alguma medida, com variações, por Andrew Light, Eugene Hargrove, Ben Minteer e Don Marietta).[51]

É sintomático e alarmante observar o grande nível de aderência daqueles que trabalham com o direito ambiental à representação dualista da natureza, comumente reproduzindo, irrefletidamente, sem maiores justificativas, a moralidade tradicional de cunho marcadamente antropocentrado. A supremacia ontológica do humano é estabelecida por essas pessoas sem maiores pudores acadêmicos.

A definição do que se deve compreender por natureza; o que é o valor; quais entes devem ser valorados; e como devemos valorá-los são questões centrais provenientes da ética e que devem necessariamente alimentar as políticas ambientais e os processos decisórios na gestão e no âmbito do direito. A questão da natureza, colocada nesses termos, exige um investimento reflexivo. Por essa razão, não se concebe como se poderia compreender adequadamente o direito ambiental sem examinar séria, profunda e criticamente as teorias que

• • •

de outras espécies (discriminação prejudicial) por razões puramente arbitrárias (especismo) ou à tentativa de especificar diferenças supostamente relevantes que invariavelmente favorecem os seres humanos (chauvinismo humano) (Hayward, 1997).

51 Não faremos uma recuperação histórica, no âmbito da filosofia, dos pensadores que procuraram consolidar essa cosmovisão centrada no homem. Para uma abordagem mais detalhada e aprofundada sobre esse tema, sugere-se a leitura dos capítulos iniciais de Lourenço (2008).

orientam as discussões a respeito do valor do mundo natural.[52] Não há como pensar em soluções ambientais efetivas ignorando o ponto de partida sobre o valor da natureza e de seus elementos constituintes. No entanto, infelizmente, tal como se afirmou, grande parte dos autores passa ao largo dessas discussões e as tem, equivocadamente, como desimportantes, desnecessárias ou, quando muito, apenas periféricas. Alguns exemplos são bastante ilustrativos para demonstrar esse modo simplificado de enxergar as relações entre seres humanos e natureza.[53] A "máquina antropológica" do filósofo italiano

52 O professor Sergio Ferraz (1972, p. 2), um dos primeiros a tratar do tema no Brasil, já em 1972 conceituou direito ecológico como o "conjunto de técnicas, regras e instrumentos jurídicos organicamente estruturados, para assegurar um comportamento que não atente contra a sanidade do meio ambiente".

53 Os autores do direito ambiental, além de, em sua maior parte, ficarem reféns de uma visão estritamente antropocêntrica, usualmente tratam os conceitos provenientes da ética ambiental de forma pouco cuidadosa, atécnica e confusa. Sirvinskas, por exemplo, afirma: "antropocentrismo, ecocentrismo e biocentrismo são concepções genéricas atribuídas pelos cientistas em face da posição do homem no meio ambiente. Antropocentrismo coloca o homem no centro das preocupações ambientais, ou seja, no centro do universo. Ecocentrismo, ao revés, posiciona o meio ambiente no centro do universo. Biocentrismo, por sua vez, procura conciliar as duas posições extremadas, colocando o meio ambiente e o homem no centro do universo" (Sirvinskas, 2010, p. 72). Para o ministro do Superior Tribunal de Justiça (STJ) Antônio Herman Benjamin, "é mister notar que, na perspectiva do direito, antropocentrismo e não antropocentrismo não são, até certo ponto, fatalmente excludentes" (Benjamin, 2001, p. 169). Ainda segundo Benjamin (1998, p. 48), "do texto de lei, bem se vê que o conceito normativo de meio ambiente é teleologicamente biocêntrico (permite, abriga e rege a vida em todas as suas formas), mas ontologicamente ecocêntrico (o conjunto de condições, leis, influências e interações de ordem química, física e biológica)". Por sua vez, Romeu Thomé (2014, p. 60) sugere que "a corrente ecocêntrica (ou biocêntrica) considera o ser humano como mais um integrante do ecossistema, na qual a fauna, a flora e a biodiversidade são merecedores de especial proteção e devem ter direitos semelhantes aos dos seres humanos". Frederico Amado (2013, p. 7) menciona que "o antropocentrismo e o ecocentrismo são favoráveis ao consumo humano de animais, mas por premissas diversas".

Giorgio Agambem é visível mesmo para os que pouco enxergam.[54] No direito ambiental, a proposta de definir o espaço do humano, ou o que é próprio do humano, é feito de maneira descuidada, permitindo a construção de uma espécie de biografia autorizada[55] em que a autodefinição é a regra, em um processo que isola o homem do mundo e do próprio homem.

Paulo de Bessa Antunes (2011, p. 20), por exemplo, afirma:

> Pretende-se que o *Direito Ambiental* represente a ruptura do antropocentrismo. Sustenta-se que, ao proteger a vida, em especial a vida animal e vegetal, o *Direito Ambiental* teria reconhecido novos sujeitos de direito. [...] Tal raciocínio é primário, pois deixa de considerar uma questão essencial e inafastável, que é o fato de que o Direito positivado é uma construção humana para servir propósitos humanos.

Antunes chega ainda a dizer com toda a veemência que "no centro de gravitação do direito ambiental se encontra o Ser Humano" (Antunes, 2011, p. 18), que o direito ambiental "existe em função do Ser Humano e para que ele possa viver melhor na Terra" (Antunes, 2011, p. 26); e ainda: "entendo que o direito ambiental pode ser definido como um direito que tem por finalidade regular a apropriação econômica dos bens ambientais" (Antunes, 2011, p. 11).

54 A subtração do aspecto natural da condição humana representaria autêntica condição de possibilidade para estabelecer um antagonismo entre o homem e os demais seres. Essa cisão se dá por meio da máquina antropológica (ou antropogênica) explicitada detalhadamente no livro *The Open: Man and Animal* [A abertura: homem e animal] como um mecanismo autocriador — uma máquina destinada a reproduzir o reconhecimento do humano (Agambem, 2004).

55 Aqui a metáfora é com a noção de "autobiografia" introduzida pelo filósofo francês Jacques Derrida (2002).

Na verdade, entre outros graves problemas, tais como a falta de justificabilidade e consistência,[56] há uma clara confusão entre dois fenômenos absolutamente distintos: *antropogenia* e *antropocentrismo*. A antropogenia diz respeito à fonte de uma determinada ideia ou conceito. É possível dizer, como faz o referido autor, que o direito é um produto da experiência cultural humana, ou ao menos o direito em um sentido estrito do termo.[57] Todavia, não decorre automaticamente da afirmação de que o direito pretensamente tenha origem entre seres humanos o fato de que só seria aplicável entre seres humanos. Uma coisa é identificarmos os responsáveis pela construção de um determinado conceito (que pode ser e normalmente é uma fonte antropogênica), outra totalmente distinta é a identificação da abrangência da aplicação desse mesmo conceito. O fato de a humanidade ter possivelmente criado o direito, assim como a ética, a matemática e a biologia, não significa que as "leis" (normas) jurídicas, éticas, matemáticas ou biológicas se apliquem somente a seres humanos.

No mesmo sentido de Antunes, posiciona-se Fiorillo (2013, pp. 52-5), para quem:

> A Constituição Federal de 1988, ao estabelecer em seus princípios fundamentais a *dignidade da pessoa humana* (art. 1°, III) como fundamento destinado a interpretar todo o sistema constitucional, adotou visão (necessariamente com reflexos em toda a legislação infraconstitucional — nela incluída toda a legislação ambiental) explicitamente antropocêntrica [...]. De acordo com essa visão, temos que o direito ao meio ambiente é voltado para a *satisfação das necessidades humanas*. [...] Dessa forma, a vida que não seja humana

56 O autor não se livra do ônus de demonstrar, justificar ou provar, simplesmente estatuindo supostas regras sobre a abrangência do direito ambiental.

57 Os estudos provenientes da etologia demonstram que outras espécies também fazem uso de regras de comportamento e estabelecem uma hierarquia social bastante complexa. Dependendo do sentido e da abrangência que se queira atribuir ao termo "direito", há alguma dúvida sobre se seria acertado dizer que se trata de um produto exclusivo da experiência humana.

> só poderá ser tutelada pelo direito ambiental na medida em que sua existência implique garantia da sadia qualidade de vida do homem, uma vez que, numa sociedade organizada, este é destinatário de toda e qualquer norma. [...] Na verdade, o direito ambiental possui uma necessária visão antropocêntrica, porquanto o único animal racional é o homem, cabendo a este a preservação das espécies, incluindo a sua própria. [...] Com isso, obrigamo-nos à reflexão do que seja cruel, na medida em que, se concluirmos que matar um animal é agir com crueldade, chegaremos ao absurdo de que a Constituição Federal estaria proibindo práticas comuns que garantem nossa subsistência. [...] Aludido fato [vedação de abate cruel de animais], em última análise, retrata a presença da visão antropocêntrica no direito ambiental, porquanto não se submete o animal à crueldade em razão de ele ser titular do direito, mas sim porque essa vedação busca proporcionar ao *homem* uma vida com mais qualidade.

O horizonte limitado de tais perspectivas, em vez de elevar simbolicamente o homem, o reduz a um ser binariamente deslocado da natureza, um autômato movido unicamente pelo próprio interesse e pela autorrealização. Mais do que isso, recuperando os filósofos alemães Theodor Adorno e Max Horkheimer, poderíamos explicar que o contingenciamento homem-natureza tornou-se fonte de uma catástrofe, subvertendo o propósito inicial do Renascimento: libertar os seres humanos do medo. A colocação do homem como *mestre-dominador-soberano* em um cenário de ausência de controle real sobre os rumos do mundo natural transforma o homem em um refém do próprio mundo que cria. Esse empreendimento de conquista que nunca se realiza (homem sempre frágil diante das forças da natureza) proporciona um retorno pré-moderno ao mito e à violência. Esse apagar da tensão dialética entre o mundo humano e o não humano promove a necessidade de demarcar a fronteira binária entre um e outro campo — e as primeiras vítimas desse processo são os próprios seres humanos. A metafísica da subjetividade convive permanentemente com a exclusão dos grupos tidos como inelegíveis para a comunidade moral (mulheres, pessoas com deficiência, crianças, idosos, negros, povos nativos, estrangeiros, homossexuais, entre tantos outros).[58] As cosmovisões antropocentradas, em algum sentido, portanto, postulam uma visão irracional e pessimista da natureza humana (homem como um ser preocupado unicamente consigo mesmo e eternamente aprisionado pelo risco e pelo medo).

Ao longo da presente obra, serão expostas as flagrantes vulnerabilidades desse posicionamento. Procuraremos expor as razões pelas quais esse tipo de cosmovisão se mostra absolutamente insuficiente, do ponto de vista teórico, pela falta de consistência e justificabilidade mas, principalmente porque é frágil e superficial do ponto de vista da filosofia moral.

Essa cansativa e monocórdica repetição de que o homem é o centro das atenções foi normativamente consolidada no âmbito do direito a partir da necessidade de justificar o uso praticamente irrestrito da natureza. Temos, como exemplo, a declaração final da Conferência das Nações Unidas sobre o Meio Ambiente Humano, mais conhecida como *Declaração de Estocolmo*, de 1972, que, em seu princípio primeiro, estatuiu:

> O homem tem o direito fundamental à liberdade, à igualdade e ao desfrute de condições de vida adequadas em um meio ambiente de qualidade tal que lhe permita levar uma vida digna e gozar de bem-estar, tendo a solene obrigação de proteger e melhorar o meio ambiente para as presentes e futuras gerações.

O caput do art. 225 da Constituição Federal brasileira inspirou-se nesse princípio da *Declaração de Estocolmo* para afirmar que:

> Todos têm direito ao meio ambiente ecologicamente equilibrado, bem de uso comum do povo e essencial à sadia qualidade de vida,

58 Embora não seja alvo da presente obra, seria válido perguntar para quem a proteção ambiental é pensada e realizada. A filósofa australiana Val Plumwood (1993) afirma que o antropocentrismo desempenha na teoria da ética ambiental papel análogo ao do androcentrismo na teoria feminista e o etnocentrismo nas teorias antirracialistas.

> impondo-se ao Poder Público e à coletividade o dever de defendê-lo e preservá-lo para as presentes e futuras gerações.

Esse comando constitucional é usualmente interpretado no sentido de estabelecer o objetivo de *equilíbrio ecológico* como forma de promoção da dignidade da pessoa humana. Não seria nem mesmo necessário reiterar que a lógica desse discurso é a de afirmar que o vocábulo "todos" deve ser compreendido como referindo-se somente aos destinatários humanos.

A natureza instrumentalizada, coisificada, torna-se meio para atender a meta de uma qualidade de vida satisfatória e plena da humanidade. Esse ideal é repetido na declaração final da Conferência das Nações Unidas sobre o Meio Ambiente e o Desenvolvimento, ocorrida em 1992, no Rio de Janeiro, conhecida como *Declaração do Rio*, que estabelece, em seu princípio nº 1, que "os seres humanos estão no centro das preocupações com o desenvolvimento sustentável. Têm direito a uma vida saudável e produtiva, em harmonia com a natureza".

A partir desse conceito, como fazem, exemplificativamente, os autores anteriormente citados, Antunes e Fiorillo, também Cristiane Derani (1997, p. 71) afirma que "o tratamento legal destinado ao meio ambiente permanece necessariamente numa visão antropocêntrica porque essa visão está no cerne do conceito de meio ambiente". Jorge Miranda (1993, p. 167) também se filia a esse posicionamento ao estabelecer que "os direitos, liberdades e garantias pessoais e os direitos econômicos, sociais e culturais têm a sua fonte ética na dignidade da pessoa, de todas as pessoas". Não se pode entender exatamente o que Miranda tenta afirmar, mas certamente está ligado à ideia de que o conceito legal de meio ambiente não é, em princípio, alicerçado em premissas homocentradas. Pelo contrário, o art. 3º, I, da Lei da Política Nacional do Meio Ambiente (Lei 6.938, de 1981), afirma que, por meio ambiente, deve-se entender "o conjunto de condições, leis, influências e interações de ordem física, química e biológica, que permite, abriga e rege a vida em todas as suas formas", embora sempre com o freio principiológico antropocentrado constante do art. 2º, I, do mesmo diploma legal, que assegura "a manutenção do *equilíbrio ecológico*, considerando o meio ambiente como um *patrimônio público* a ser necessariamente assegurado e protegido, tendo em vista o *uso coletivo*" (grifos nossos). O relatório *Nosso futuro comum*, da Comissão Mundial sobre Meio Ambiente e Desenvolvimento, mais conhecido como *Relatório Brundtland*, de 1987, define o desenvolvimento sustentável como aquele que atenda as necessidades humanas presentes sem comprometer o acesso das gerações futuras a esse "patrimônio" ambiental.

Após a Constituição de 1988, tivemos diversas manifestações dessa concepção simplista de sustentabilidade em âmbito legislativo. A título meramente exemplificativo, vemos o caso da Lei 10.257, de 2001, que, em seu art. 2º, I, afirma, no âmbito das diretrizes gerais da política urbana, "a garantia do direito a cidades sustentáveis, entendido como o direito à terra urbana, à moradia, ao saneamento ambiental, à infraestrutura urbana, ao transporte e aos serviços públicos, ao trabalho e ao lazer, para as presentes e futuras gerações".

Tal constatação decorre do fato de que a própria história da regulação ambiental sempre indicou esse caminho instrumentalizador da natureza a partir da ideia de que seria necessário limitar a liberdade humana, tendo em vista a necessidade de conservação de recursos naturais. Trata-se da lógica conservacionista. Para tornar a explicação clara, no caso dos ditos "bens difusos" (como vimos, de acordo com a Constituição brasileira, o meio ambiente e os seus elementos constituintes são considerados "bens de uso comum do povo"), a utilização de um recurso por uma pessoa reduz a capacidade de utilização das demais.

Imagine-se uma atividade como a pesca. Em princípio, todos têm acesso à atividade pesqueira, e os peixes são tidos como recursos naturais não exclusivos: seriam, portanto, bens comuns. Todavia, sempre que alguém pesque, haverá, proporcionalmente, menor quantidade de peixes disponível para a coletividade. Daí o porquê de se introduzir a lógica da necessidade de *uso eficiente* dos recursos comuns, raciocínio que subsidiará, justamente, a construção da mencionada ideia de sustentabilidade ou de desenvolvimento sustentável.[59]

A "tragédia dos comuns" — ou dos bens comuns — é um caso clássico que destaca o conflito entre a necessidade de uso racional desses bens e os interesses individuais. Em 1833, o economista britânico William Foster Loyd tratou do seguinte caso, que foi recuperado em 1968 pelo ecologista norte-americano Garret Hardin. Em resumo, o caso trata da pastagem de ovelhas em áreas comuns, denominadas terras comunais (*commons*), de propriedade coletiva. Nesses locais, qualquer pessoa pode levar seus animais para pastar livremente. Com o passar dos anos, graças ao aumento populacional, a quantidade de ovelhas também aumenta, mas a área das terras comunais se mantém inalterada. Com isso, há um desgaste do solo e esgotamento do capim, essencial para a alimentação dos animais. Tal processo afeta duramente a atividade lanífera, fazendo com que muitas famílias percam o sustento. A ideia é a de que as pessoas dedicariam pouca atenção aos problemas coletivos ou públicos. Assim, dois mecanismos entrariam em ação simultaneamente: (a) a regulação estatal, restringindo a liberdade individual em nome do bem comum; e (b) a privatização dos bens públicos, na medida em que os proprietários teriam maior interesse em preservar bens particulares.

59 O uso moderno da expressão "sustentável", no sentido costumeiramente empregado para qualificar o desenvolvimento econômico, é identificado a partir da obra de Hans Carl von Carlowitz (1645-1714), intitulada *Sylvicultura oeconomica, oder haußwirthliche Nachricht und Naturmäßige Anweisung zur wilden Baum-Zucht*, publicada em 1713, na qual utiliza-se inicialmente o termo *pfleglich* no sentido de cuidado, mas um cuidado específico de permitir o uso contínuo, estável e sustentável (*nachhaltig*). Em 1809 há o registro da expressão sustentabilidade (*Nachhaltigkeit*) no *Dictionary of the German Language* [Dicionário da língua alemã], de Joachim Heinrich Campe, como consistindo em "tudo aquilo a que nos apegamos quando todo o resto perde o sentido". No latim, a origem etimológica da palavra provém de *sub* + *tenere* (manter a capacidade de suporte).

Em relação ao item (b), a hipótese denominada "o paradoxo do elefante e do boi", relatada pelo economista norte-americano Gregory Mankiw (2001, p. 239), ilustra essa concepção da necessidade de definição dominial da propriedade como peça fundamental para a conservação dos bens públicos. Para Mankiw, os elefantes são um bom exemplo de exploração acelerada dos recursos naturais por meio da chamada "caça predatória" (o próprio nome "caça predatória" é bastante curioso: haveria caça não predatória?). Infelizmente, o marfim de suas presas tem um preço muito elevado no mercado internacional e, mesmo que a prática da caça seja proibida, muitos elefantes continuam sendo cruelmente abatidos. Haveria, no caso, um círculo vicioso: o preço do marfim é um agente motivacional para que mais elefantes sejam caçados e, à medida que mais elefantes são caçados, o preço do marfim tende a aumentar — o aumento do preço e a redução do número de elefantes estão associados de modo a fomentar a caça. Mesmo com a criação de áreas de reserva, a chance de o caçador ser efetivamente detido e preso é muito pequena, sendo baixos os riscos individuais em relação aos benefícios financeiros. No caso dos rebanhos bovinos, o fator preço parece agir de outra maneira. O aumento do preço da carne faz com que novas pessoas sejam incentivadas a praticar a pecuária e a aumentar a criação de bois. A diferença fundamental dos dois casos estaria na propriedade de elefantes e bois. Elefantes seriam bens difusos e bois, privados. Em relação aos bens privados, os custos individuais da perda de um animal são monetariamente estimados, enquanto que, no caso dos elefantes, isso não ocorre. Uma solução sugerida pela economia seria a de permitir a caça de elefantes em propriedades privadas: elefantes seriam tratados como bens privados e seus proprietários teriam enorme incentivo para combater a caça ilegal e preservar a espécie.

Esses exemplos demonstram com clareza que toda a lógica regulatória, quando aplicada ao meio ambiente para buscar o denominado "uso racional dos recursos naturais", está inserida dentro de uma cosmovisão nítida e claramente antropocentrada, economicista, que não vê maiores problemas em privatizar e instrumentalizar a natureza. A própria economia surge a partir de um paradoxo entre os desejos humanos e os recursos disponíveis para satisfazê-los.[60] Diante disso, seria necessária a criação de uma ciência que otimizasse a utilização dos recursos, visando maximizar a utilidade humana. Segundo o economista Marco Antônio Sandoval Vasconcellos (2000, p. 15):

> A *Economia* é uma ciência social que estuda como o indivíduo e a sociedade decidem utilizar recursos produtivos escassos, na produção de bens e serviços, de modo a distribuí-los entre várias pessoas e grupos da sociedade, com a finalidade de satisfazer às necessidades humanas.

No entanto, conforme já se articulou, a lógica conservacionista (por exemplo, não comerei toda a comida estocada na geladeira de uma só vez porque acabarei com o estoque de suprimentos e passarei fome)[61] não consubstancia uma tomada de posição ética no sentido propriamente ambiental:

60 O psicanalista alemão Arno Gruen (citado em Grober, 2012, p. 9) descreve a "insanidade da normalidade" como um empreendimento autodestrutivo da humanidade característica da modernidade. O normal se torna continuamente anormal, e vice-versa, quando perdemos o sentido do que é correto e do que é errado. A palavra "eco + nomia" carrega o *nomos* (medida), enquanto a "eco + logia" carrega o *logos* (estudo, visão) da casa, da morada. Nesse sentido, o *logos* deve instruir o *nomos* sobre como a casa deve ser construída, e sobre quais são seus alicerces.

61 Há um conflito entre a visão de que a natureza existe para o bem do homem e a que propõe interpretar o domínio como um autêntico direito de uso. De acordo com a primeira vertente, se Deus fez tudo para o homem, seria um pecado alterar a obra divina (e.g. tecnologia como um mal). Já para a segunda interpretação, uma vez que tudo está sob o domínio do homem, podemos explorar amplamente a natureza. A ciência seria um meio de acessar as leis divinas. Pierre Hadot, na obra *O véu de Ísis*, relata essa simbologia que se encontra subjacente ao desvelamento da natureza pela ciência. Podemos utilizar essas duas visões como uma analogia para a divisão que usualmente se faz entre o *preservacionismo* (adeptos, via de regra, da não interferência em determinados sistemas naturais) e o *conservacionismo* (que em

> É correto atirar em um elefante para utilizar o marfim em peças de decoração? É correto cortar uma árvore centenária para tirar uma foto das pessoas dançando sobre o toco que sobrou sobre o chão? Provavelmente não. O que exatamente há de errado nessas coisas, então? Essa é uma questão mais complexa, e há controvérsia no âmbito da ética ambiental sobre como deveria ser respondida. Uma abordagem é denominada de conservacionismo. A ideia do conservacionismo é a de que elefantes e árvores são um recurso precioso, tão precioso que devem ser conservados. Devem ser utilizados sabiamente, levando-se em consideração os custos e benefícios para as futuras gerações tanto quanto para a nossa própria vida. Cortar uma árvore centenária para tirar fotografias do que restou é um desperdício: um desperdício de madeira e de potencial turístico. Mas, e se o corte da árvore não configurar um desperdício? Suponhamos que a madeira fosse utilizada de modo eficiente e o toco fosse explorado turisticamente e se tornasse uma verdadeira atração? Tal conduta ainda seria errada? As árvores não mereceriam mais respeito que isso? (Schmidtz, 2012b, p. 449)

De acordo com a visão ambientalista tradicional, os entes não humanos de quaisquer tipos ou espécies não possuem *status* moral independente. Seu valor é tão somente relacional (medido em função de necessidades, interesses e demandas humanas). Para o professor Juarez Freitas (2011, p. 135), "nesse diapasão, grife-se que a sustentabilidade, como diretriz constitucional, precisa significar fazer o uso conveniente, prevenido e precavido dos custos externos presentes e futuros dos recursos próprios e planetários". A questão passa a ser: até quando podemos continuar a explorar os recursos naturais sem destruí-los de uma só vez para que possamos continuar a explorá-los indefinidamente?

> Ao fundamentar todos os argumentos no autointeresse, os ambientalistas garantiram seu próprio fracasso quando o autointeresse pode ser percebido como residindo em algum outro lugar [...].

• • •

linhas gerais advoga a possibilidade do uso, desde que racional, dos recursos naturais).

> Ultrapassadas as aparências, os empresários e os ambientalistas são parceiros; diferem apenas quanto ao melhor uso que deveríamos dar ao mundo natural. (Evernden, 1985, p. 10)

Esse projeto de dominação da natureza ficará tanto mais facilitado quanto forem encontradas explicações para embasar o domínio humano sobre o mundo natural. Nesse sentido, há que se observar que a filosofia, notadamente a filosofia ocidental, de modo geral, reverberando o senso comum, formatou modos explanatórios da realidade a partir da prevalência da experiência humana de mundo. O cuidado que se deve ter aqui é o de imputar aos filósofos a responsabilidade pela construção do edifício do antropocentrismo. Na realidade, eles apenas consolidaram esse discurso (atitude de legitimação), existente de forma independente e anterior ao surgimento da própria filosofia como tal.

O sucesso e a aceitabilidade do ambientalismo parecem ter ocorrido com a perda de sua identidade. De fato, a postura conservacionista, hoje predominante, é herdeira de um *ethos* antropocêntrico que foi mantido mesmo a partir de uma interpretação menos despótica da concepção de domínio da natureza.

As concepções das mais diversas tradições religiosas, principalmente as de cunho monoteísta, consagram uma cosmovisão que expressamente privilegia o homem em relação ao restante da criação. A ideia de diáspora do homem com o mundo natural é flagrante e está presente, por exemplo, já no primeiro capítulo bíblico do *Gênesis*, do qual se colhem os significativos versículos: "Deus disse: 'Façamos o homem à nossa imagem, como nossa semelhança, e que eles dominem sobre os peixes do mar, as aves do céu, os animais domésticos, todas as feras e todos os répteis que rastejam sobre a terra'" (Gênesis 1, 26-28; Bíblia Sagrada de Jerusalém, 1986, p. 32).[62]

62 É interessante observar que à época da redação das narrativas constantes do "Antigo Testamento", na Mesopotâmia, o homem já havia iniciado a transformação ativa da natureza por meio da domesticação de animais e plantas. O *Gênesis* serve como claro mecanismo de justificação de tal conduta: o homem não domina a

A doutrina da gestão racional da natureza (*stewardship*) surge no contexto de uma releitura desse comando de dominação existente entre o homem e o mundo natural, passando o homem a ocupar uma posição de tutor, de administrador desses recursos colocados divina e teleologicamente à sua disposição.[63] Passmore, em *Man's Responsibility for Nature* (1974), sustenta que as teorias éticas tradicionais, predominantes, não necessitariam de substituição, mas de mera remodelação, no sentido de se acomodar a essa visão, que exigiria uma administração "mais esclarecida" e não despótica.[64]

Ícones do ambientalismo, embora prestigiados, repetiram essa visão, tendo contribuído para chamar a atenção da sociedade para os problemas ambientais, mas pouco para efetivamente modificar o *modus operandi* da relação do homem com o mundo natural. A bióloga norte-americana Rachel Carson é um bom exemplo desse fenômeno. Conforme já se mencionou, sua obra *Primavera silenciosa*,[65] de 1962, é um verdadeiro alerta para os efeitos nocivos dos produtos químicos em relação ao ambiente e à saúde humana. Seu foco primário são os pesticidas sintéticos, como o DDT, com efeitos cumulativos

• • •

natureza porque o *Gênesis* assim o determina, mas, antes, o *Gênesis* desafoga sua consciência.

63 A crença de que tudo aquilo que existe foi criado e colocado à disposição do homem consubstancia o que se denomina por antropocentrismo teleológico, que está normalmente vinculado ao antropocentrismo normativo, corrente que limita o escopo da moralidade aos homens, única e exclusivamente.

64 Em nossa obra *Direito dos animais* (Lourenço, 2008), já citada, passamos em revista, com maior profundidade, as posições filosóficas que procuraram justificar a dominação do homem sobre o mundo natural.

65 O nome *Primavera silenciosa* se origina do silêncio derivado da morte dos pássaros. A autora deixa isso claro nesta passagem: "Em áreas cada vez maiores dos Estados Unidos, a primavera chega agora sem ser anunciada pelo regresso dos pássaros, e as manhãs, outrora preenchidas pela beleza do canto das aves, estão estranhamente silenciosas. Esse súbito silenciar do canto dos pássaros, essa obliteração da cor, da beleza e do encanto que as aves emprestam ao nosso mundo se deu de forma rápida e insidiosa, sem ser notada por aqueles cujas comunidades ainda não foram afetadas" (Carson, 2010, p. 96).

na cadeia trófica (o pesticida se deposita no plâncton, em seguida nos peixes que se alimentam do plâncton, depois nos pássaros aquáticos que comeram esses peixes). Seu livro gira em torno de cinco temas principais:

> (a) Os seres humanos não têm controle sobre a natureza, são apenas uma de suas partes. A sobrevivência de uma parte depende da saúde de todos na *teia da vida*.
> (b) A industrialização, em geral, e o setor químico, em particular, estão provocando sério e crescente impacto negativo sobre o meio ambiente.
> (c) Pesticidas e herbicidas não apenas causam danos ao ambiente, mas também prejudicam o corpo humano, que é permeável e está constantemente exposto a toxinas.
> (d) Os cidadãos não deveriam confiar cegamente em empresas e governos que trabalham visando seus próprios interesses, mas sim interpelar ambos, caso pareça que estão sendo mal dirigidos.
> (e) Deveríamos ser prudentes e não supor que substâncias fazem bem só porque são legais, lucrativas ou desenvolvidas para o progresso da ciência. (Visser, 2012, p. 12)

Por meio dessas conclusões, Carson (2010, p. 83) afirma seu "desagrado" com o projeto de conquista da natureza:

> À medida que o ser humano avança rumo a seu objetivo proclamado de conquistar a natureza, ele vem escrevendo uma deprimente lista de destruições, dirigidas não só contra a Terra em que habita como também contra os seres vivos que a compartilham com ele. A história dos séculos recentes tem suas páginas negras — a matança do búfalo nas planícies do Oeste, o massacre das aves marinhas efetuado pelos caçadores mercenários, o quase extermínio das garças por causa de sua plumagem. Agora, a essas devastações e a outras semelhantes, estamos acrescentando um novo capítulo e um novo tipo de devastação — a matança direta de pássaros, mamíferos, peixes e, na verdade, de praticamente todas

as formas de vida selvagem por inseticidas químicos pulverizados indiscriminadamente sobre a terra.

Na mesma obra, contudo, Carson deixa claro que não seria partidária de um *individualismo moral alargado* como muitos poderiam, em princípio, acreditar. A autora não vê qualquer problema em tratar os animais como objetos ao: (a) realizar divisões duvidosas sobre categorias de "bons" e "maus" animais — na verdade, animais desejáveis ou não pelos homens: "esses sprays, pós e aerossóis são agora aplicados quase universalmente em fazendas, jardins, florestas e residências — produtos químicos não seletivos, com o poder de matar todos os insetos, os 'bons' e os 'maus'" (Carson, 2010, p. 24); (b) qualificar determinadas espécies como "pestes": "alguns [produtos químicos] se originam de pulverizações de florestas que podem abarcar entre oito e doze mil quilômetros quadrados de um único estado com uma pulverização dirigida contra uma única peste" (*idem*, p. 48); (c) não se posicionar contrariamente aos experimentos realizados com animais para testar o grau de toxicidade de determinados compostos químicos, tomando um ponto de partida apenas descritivo em relação ao tema: "em animais usados em experiências, os inseticidas à base de hidrocarbonetos clorados atravessaram livremente a barreira da placenta, o tradicional escudo protetor entre o embrião e as substâncias nocivas ao corpo da mãe" (*idem*, p. 35), ou neste outro trecho: "acreditava-se que esse efeito destrutivo, conhecido desde 1948, fosse limitado aos cães, pois não foi observado em experimentos com animais como macacos, ratos ou coelhos" (*idem*, p. 55); (d) preocupar-se com a contaminação dos seres humanos e não dos animais mortos em razão do envenenamento proposital das águas de um reservatório: "quando os praticantes da pesca de uma área querem melhorar a pesca em um reservatório, persuadem as autoridades a jogar quantidades de veneno para matar os peixes indesejáveis [...]. A comunidade [...] é forçada ou a beber água contendo resíduos venenosos ou pagar impostos para o tratamento de água para remover os venenos [...]" (*idem*,

p. 56); (e) não enxergar problema moral na caça e na pesca: "as aves aquáticas também foram atraídas para o lago. Devido à presença dos salgueiros e dos castores que deles dependiam, a região era uma área recreativa muito atraente, com excelente caça e pesca" (*idem*, p. 68); e (f) justificar o consumo de animais: "em algumas partes do mundo, o cultivo de peixes em lagos fornece uma fonte de alimentos indispensável" (*idem*, p. 129), ou "isto também se aplica ao caranguejo gigante da Flórida e a outros crustáceos que apresentam importância econômica direta como alimento para os seres humanos" (*idem*, p. 134), entre outras passagens.

Na realidade, a autora muito se aproxima de uma visão ecocentrada (concepção que trataremos com maior rigor no capítulo 2), aproximação bastante comum entre os ambientalistas tradicionais, tendo em vista que a meta última a ser alcançada é o *equilíbrio ecológico*, seja em nome da própria manutenção dos processos vitais naturais — caso em que haverá alocação de valoração intrínseca na própria natureza como um todo ou em entes coletivos como ecossistemas e espécies —, seja em nome da própria valorização da experiência humana na Terra, por meio do aprimoramento do bem-estar e da qualidade de vida — visão antropocêntrica clássica. O problema central dessa concepção, dita também holista, é o de que:

> a sustentabilidade focada exclusivamente nos ecossistemas é confortável porque esfumaça o indivíduo no todo e, desta feita, fica esvanecido o dever perante cada um, obnubilado o valor intrínseco de cada ser, independente do valor das relações estabelecidas (*holisticamente*). Nessa esteira, sustentabilidade pode traduzir a estratégia de preservar para coisificar. (Lourenço & Oliveira, 2012, p. 303)

O próprio uso inflado do termo "sustentabilidade" revela essa perda de conteúdo material. Como dissemos, tudo se torna sustentável. Em *Alice através do espelho*, Lewis Carroll traz o personagem Humpty Dumpty, cujo *nominalismo* (não há coisas ou conceitos universais, somente coisas particulares, específicas) se faz evidente quando afirma para Alice, debatendo o episódio dos "desaniversários" e o significado da palavra "glória": "quando eu uso uma palavra, ela significa exatamente o que quero que ela signifique, nem mais nem menos" (Carroll, 2009, p. 157). A falta de critério de Dumpty — ou o solipsismo dessa construção — impressiona Alice, para quem, desse modo, podemos fazer as palavras significar aquilo que queremos que elas signifiquem. O mesmo fenômeno parece ocorrer com a palavra "sustentabilidade" ou com o termo "desenvolvimento sustentável". Ao que tudo indica, não conseguimos mais recuperar o conceito genuíno diante de sua diluição linguística e emprego abusivo.

Há argumentos um pouco mais sofisticados em relação ao antropocentrismo. Um deles, proveniente de Bryan Norton (1991, p. 240), afirma que "as políticas que servem aos propósitos da espécie humana como um todo a longo prazo tenderão a favorecer os 'interesses' da natureza, e vice-versa, pois nenhum valor humano pode ser protegido sem que seja também protegido o contexto no qual se desenvolve". John O'Neill (1986, p. 24) também sustenta que "o florescimento de muitos outros seres vivos deve ser promovido porque são constitutivos de nosso próprio florescimento".

O problema dessas concepções ainda persiste na tese da alocação do valor intrínseco (ou inerente). Os autores procuram buscar justificativas para a atribuição de valor próprio aos seres humanos, mas não justificam as razões pelas quais os entes não humanos não o possuem. Além disso, parece duvidoso que a mera proteção direta a nossos interesses possa efetivamente promover indiretamente a adequada e efetiva proteção dos "interesses" naturais, na medida em que são multifacetados e nem sempre perceptíveis. O florescimento humano realmente dependeria do florescimento de todas as outras formas de vida, como sugere O'Neill? Uma grande quantidade de seres vivos está atualmente em processo de extinção, muitos sequer serão identificados antes que isso ocorra, e é pouco plausível que todos sejam constitutivos do bem-estar humano.

A cosmovisão centrada exclusivamente no homem falha, portanto, ao não dar conta do fato de que há obrigações diretas em relação ao mundo natural, ou a parte dele, e que essas obrigações possuem fundamentos independentes dos interesses, das demandas e dos valores humanos. O antropocentrismo, do ponto de vista de uma proposta de ética aplicada à natureza, mostra-se insuficiente no sentido de traduzir uma ética normativa minimamente sustentável.

2. Biocentrismo e o valor inerente da vida

Tal como o próprio nome indica, a principal postulação proveniente do biocentrismo é a de que todos os organismos vivos possuem valor intrínseco, são fins em si mesmos. Não somente seres humanos, mas todos os seres vivos, animais, vegetais e até mesmo micro-organismos, pelo mero fato de serem vivos (o critério fundamental é a essência biológica), possuiriam um interesse fundamental em realizar suas potencialidades biológicas. Seriam centros teleológicos de vida: “por exemplo, danificar uma planta, ou agir contra seus interesses, é agir no sentido de impedir seu florescimento ou frustrar suas finalidades biológicas próprias” (Elliot, 1995, p. 10).

2.1 Biocentrismo de tipo igualitário

Fica claro, portanto, que o biocentrismo representa um movimento de expansão da comunidade moral para além da humanidade. Albert Schweitzer (1875-1965), ganhador do Prêmio Nobel da Paz, foi um dos precursores dessa ampliação biocêntrica dos horizontes morais. Schweitzer (citado por Free, 2000, pos. 74-808) relata que desde a tenra idade se incomodava com o tratamento dispensado aos animais:

> Desde muito menino sofria com a miséria do mundo. Nunca realmente compreendi a ingenuidade e o prazer de viver das crianças. Acredito mesmo que muitas delas se sintam da mesma forma, embora externem um comportamento simples e aparentemente feliz. Sofria particularmente por conta dos animais e com a alta carga de sofrimento que passavam. A visão de um velho cavalo manco sendo arrastado por um homem enquanto outro lhe castigava com uma vara — estava sendo conduzido para o abatedouro de Colmar — me atormentou por muito tempo.

Para o referido pensador, a sociedade moderna, com o advento da industrialização e da Revolução Científica, afastou-se decisivamente da visão que conectava a boa vida ao equilíbrio natural, gerando uma polarização indevida entre o homem e a natureza. Essa crença perdida era denominada pelo autor de "afirmação do mundo e da vida" (*world-and-life-affirmation*). Sua intenção era a de tentar reaproximar natureza e ética, e tentou concretizar essa reaproximação por meio da teoria da "reverência pela vida". Após se formar em medicina, Schweitzer decidiu morar em Lambaréné, no Gabão, para oferecer serviços médicos às pessoas mais necessitadas. Viajando por um rio do país africano, ele descreve de maneira quase mística o "exato momento em que, ao pôr do sol, passávamos por uma manada de hipopótamos", quando "surgiu na minha mente, de maneira absolutamente inesperada e improvável, a frase 'reverência pela vida'" (Schweitzer, 1990, p. 130).

Mas o que exatamente significava a "reverência pela vida" mencionada pelo médico alemão? Schweitzer afirmava: "sou vida que quer viver, no meio da vida que quer viver" (Schweitzer, 1990, p. 130). A ética começaria a partir desse movimento de reconhecimento pleno do outro:

> Aquele que se tornou um ser pensante sente uma compulsão para dar a toda vontade de viver a mesma reverência pela vida que concede a si próprio. Ele experimenta todas as outras vidas na sua própria. Aceita como sendo bom preservar e promover a vida, bem como permitir o seu mais amplo florescimento, e como mau destruir e lesar a vida, reprimir a vida que possui a potencialidade de desenvolvimento. Esse é o princípio fundamental e absoluto da moralidade. (*Idem*, p. 131)

Conforme se verá, ao menos em um sentido fundamental, há uma aproximação da tese da reverência pela vida com o ideal de *autorrealização* dos ecologistas profundos no sentido de busca do florescimento das potencialidades de cada ser. Em uma singela passagem, Schweitzer deixa entrever toda a sua preocupação com as mais tênues e frágeis formas de vida:

> Um homem é realmente ético quando obedece ao dever de ajudar a todas as formas de vida que puder, e quando se conduz no sentido de evitar lesar qualquer ser vivente. Ao assim proceder, ele não indaga sobre o quão longe esses seres vão em sua capacidade de sofrer. Para ele, a vida, pelo mero fato de ser vida, é sagrada. Não quebra nenhum cristal de gelo que reluz ao Sol, não arranca folha alguma das árvores, não pisoteia as flores do campo ou os insetos ao caminhar. Se trabalha sob a luz da lamparina em uma noite de verão, prefere manter as janelas fechadas a ver os insetos caírem um após o outro em sua mesa com as asas queimadas. (Citado por Free, 2000, pos. 281-808)

A construção teórica de que a vida carrega um valor em si mesma e a ideia de que todas as formas de vida possuem valoração intrínseca é bastante interessante. Mas até onde, efetivamente, vai o dever de respeitar essas outras formas de vida, na visão de Schweitzer?

> Estaria Schweitzer sugerindo que a vida de um vírus ou de uma bactéria seria tão valiosa quanto uma vida humana? Deveríamos dispensar à vida de uma formiga o mesmo nível de respeito que a uma vida humana? Se não, ele oferece uma fórmula para resolver conflitos entre a vida humana e a vida, digamos, do vírus da aids? Schweitzer viveu sua vida de uma forma que muitas pessoas considerariam excessivamente exigente. Ele faria todos os esforços para evitar matar até mesmos mosquitos, levando-os para fora de seu quarto em vez de esmagá-los com as mãos. Até mesmo mosquitos que eram vetores de doenças recebiam o mesmo tipo de tratamento. Ele resistiu, por exemplo, a utilizar o DDT, pois desconfiava que o pesticida matava indiscriminadamente os insetos. No entanto, Schweitzer não era ingênuo a respeito da necessidade de matar outras vidas, especialmente para dar conta de concretizar o princípio da reverência por outras vidas. Para manter a vida, outra vida deve ser sacrificada como alimento. Ele também concordava em retirar a vida de um animal para terminar com a sua agonia e sofrimento. Isso, no entanto, não significava que Schweitzer defendesse algum tipo de fórmula ou regra a ser aplicada em casos de conflito para estabelecer prioridades. Tal hierarquia enfraqueceria o seu princípio geral de "reverência pela vida" por trazer um critério normativo que seria maior que a própria reverência. (DesJardins, 2006, p. 133)

Em outra passagem, o biocentrista revela a sua preocupação com o mandamento do "não matarás", deixando claro que, em caso de inescapável necessidade, poderia ser violado:

> A maior experiência da minha juventude foi a influência do princípio bíblico do "não matarás". Todo o restante era secundário em relação a ele. Dessas experiências que usualmente me envergonhavam, nasceu a convicção de que teríamos o direito de trazer dor e morte a outro ser vivo somente em caso de inescapável necessidade, e que todos nós deveríamos sentir o horror que está presente no ato de torturar e matar. (Citado por Free, 2000, pos. 82/808)

Deveríamos indagar concretamente quais seriam os casos de "inescapável necessidade". Schweitzer entendia, por exemplo, que a alimentação seria uma área em que poderia haver a justificação para matar animais. O biógrafo James Brabazon relata que, embora simpatizante do vegetarianismo, Schweitzer somente teria se aproximado efetivamente dessa dieta no final da vida. Esse é um bom tópico para ilustrar que, na prática, o *igualitarismo biocêntrico* pretendido por Schweitzer não poderia certamente merecer esse nome, por violar justamente a ideia da igualdade como conceito moral (presentes interesses semelhantes, soluções semelhantes devem ser implementadas) em situações fáticas em que não há efetivamente a configuração da inescapabilidade. O ato de comer animais, em situações normais nas quais não haja um conflito real de tudo ou nada, na qual não esteja configurado um *estado de necessidade*, representa a condescendência com a destruição de um bem próprio, fundamental, primário, de entidades não humanas que não seriam admitidas no caso da transposição da mesma situação aplicada a seres humanos — como matar seres humanos para alimento nas mesmas situações.

Como compatibilizar a reverência pela vida com a instrumentalização de outros seres vivos para finalidades humanas? Em duas passagens, Schweitzer deixa claro que a sua visão realmente era, ao menos, desigual na distribuição do valor dos indivíduos humanos e não humanos, pois admitia, com mitigações, os serviços animais e a própria experimentação animal:

> Quando os animais são colocados a serviço do homem, todos devem estar preocupados com o sofrimento que se possa provocar ao realizar esse serviço. Nenhum de nós deve permitir nenhuma forma de se causar dor se ela é previsível, mesmo que a responsabilidade deste ato não seja diretamente nossa. [...] Aqueles que experimentam em animais por meio de cirurgias para testar medicamentos ou inocular doenças visando com isso ajudar a humanidade com os resultados obtidos nunca devem permitir acomodação das suas consciências a respeito dessas atividades. A cada momento devem considerar se sacrificar um animal pelo homem é realmente necessário. Em caso positivo, devem tomar medidas preventivas

> no sentido de mitigar a dor tanto quanto possível. (Free, 2000, pos. 296/808; 366/808)

Schweitzer, curiosamente, propõe uma espécie de compensação por meio da culpa pelos danos infligidos aos animais utilizados na experimentação científica:

> O simples fato de que o animal, como vítima da pesquisa, tenha, por meio de sua dor, fornecido serviços à humanidade, cria uma nova e única relação de solidariedade entre ele e nós. O resultado é que uma nova obrigação é colocada sobre nós no sentido de promover o melhor bem-estar a todas as criaturas em todas as circunstâncias. Quando ajudamos um inseto, tudo o que fazemos é tentar remover alguma parcela da culpa que carregamos por esses crimes contra os animais. (*Idem*, pos. 370/808)

A ética da reverência pela vida tal qual proposta pelo pensador alemão se aproxima da ética das virtudes: preocupa-se mais em descrever traços comportamentais desejáveis que propriamente normas para orientar a conduta humana na vida real. Uma pessoa moralmente boa seria "tomada" pela reverência à vida, que então passaria a ser um projeto de aprimoramento individual. É um atributo que visa a sensibilizar o indivíduo para uma necessidade de mudança de comportamento, para uma reconstrução das obrigações que ele possui em relação aos demais seres vivos.

Conforme critica Mike Martin (2007, pp. 39-40), a virtude da compaixão seria efetiva para determinar uma modificação comportamental em relação aos animais? A compaixão demandaria, por exemplo, a adoção do vegetarianismo?

> A recusa de Schweitzer de realizar julgamentos diferenciais em relação à vida senciente e não senciente obscurece a urgência dessa questão [vegetarianismo]. É notório que Schweitzer somente tornou-se vegetariano no final da sua vida, quase quatro décadas depois de ter construído a tese da reverência pela vida. Se vacas e repolhos são igualmente sagrados, por que comer um deles

> levantaria mais problemas que o outro? Uma vez que reconheçamos diferenças morais entre a vida senciente e a vida não senciente, especialmente no caso da produção atual de criação de animais nos moldes intensivo e industrial, a questão certamente deveria ter sido alvo de sérias reflexões no âmbito da ética da reverência pela vida. [...] Novamente, parece paradoxal que Schweitzer tenha muito a dizer contra a caça esportiva e quase nada a respeito da alimentação e de outras necessidades.

Mais adiante, no item 3.1.5, "Fundamentos da ética da terra e a teoria dos 'sentimentos morais'", abordaremos com mais detalhes e maior rigor os problemas relacionados à adoção da ética das virtudes como base para a ética ambiental.

Paul Taylor é outro nome que se sobressai quanto às postulações biocêntricas. Sua obra *Respect for Nature* [Respeito pela natureza], publicada em 1989, é tida como uma das defesas mais sofisticadas dessa posição, ao fundamentar as relações entre os seres humanos e os outros organismos vivos pelo respeito por toda a vida: "o ponto central da teoria da ética ambiental que defendo é o de que as ações são corretas e os traços de caráter, moralmente bons, em virtude de expressarem ou incorporarem certo tipo de atitude moral, a que denomino de respeito pela natureza" (Taylor, 1986, p. 80).

Para compreender exatamente o que Taylor quer dizer, é necessário partir de dois pontos fundamentais que devem ser conjugados: (a) a atitude de respeito pela natureza; e (b) a perspectiva biocêntrica da natureza.

O conceito de bem para um determinado ente desempenha um papel essencial no que se refere à atitude de respeito pela natureza. Em relação a esse tópico, Taylor distingue entre coisas que possuem um bem em si mesmas e coisas que não possuem este valor. Um ser humano adulto é um modelo paradigmático de um ente que possui um bem em si mesmo, ainda que em determinadas ocasiões, em razão da ausência de capacidade, de potencialidade de autodeterminação, sejam outros seres humanos que tomem as decisões no sentido de promover o bem para este indivíduo. Um ser humano adulto pode ser prejudicado ou beneficiado diretamente pelas ações de terceiros. Não faria o menor sentido postularmos a mesma conclusão para um saco de areia:

> Um modo de saber quando alguma coisa pertence à classe de entidades que possuem um bem em si mesmas consiste em verificar se faz sentido falar do que é bom ou ruim para aquela coisa em questão. Se podemos dizer, acertadamente ou não, que alguma coisa é boa para uma determinada entidade, ou é ruim para ela, sem qualquer referência a nenhuma outra entidade, então é porque ela possui um bem em si mesma. Quando falamos que praticar atividade física diariamente seria algo positivo, bom, para uma determinada pessoa, falamos isso sem necessidade de referência a qualquer outra pessoa. Não há necessidade de referência a um terceiro para que sejamos compreendidos. De outro lado, se dissermos que manter uma máquina bem lubrificada é bom para a máquina, devemos fazer referência ao propósito desta máquina para que sejamos compreendidos com exatidão. Tal como no caso do saco de areia, esse propósito não é atribuível à máquina em si, mas àqueles que a fizeram ou a utilizam. Não integra o bem próprio da máquina ser adequadamente lubrificada, mas o bem de certos seres humanos para quem a máquina é um meio para seus fins. (Taylor, 1986, p. 61)

A partir dessa ideia, de existência de coisas com valor em si mesmas e coisas sem valor em si mesmas, Taylor afirma outra distinção, desta vez em relação ao conceito de *valor objetivo* (ou real) e *valor subjetivo* (ou aparente). O bem de alguma coisa não necessariamente coincide com o bem que aquela coisa possa eventualmente acreditar que possui. Haveria uma diferença entre a percepção subjetiva do bem e a realidade objetiva desse bem. O que importa para a ética biocêntrica tayloriana são os seres que possuem bens em si mesmos, verificados a partir de um ponto de vista objetivo. Isso é fundamental para afirmar a inclusão de seres que sequer pensam ou podem avaliar criticamente as suas próprias necessidades ou desejos (seres que possuam crenças sobre o seu próprio bem em sentido subjetivo) na comunidade moral. Taylor é bastante claro ao desvincular a posse de *interesses*, no sentido de *interesses preferenciais* relacionados a desejos e metas conscientes, como condição necessária para que um determinado ser possua valor próprio. A sua visão de interesses está mais ligada à concepção de uma busca, mesmo que inconsciente, por condições de promoção das potencialidades biológicas de cada ser, de busca de um bem-estar experimental em sentido básico:

> Embora possuir interesses seja uma característica de algumas entidades que possuem um bem próprio, seria tal fato [a posse de interesses] condição para todas as entidades que possuem um bem em si mesmas? Parece-nos que a resposta é negativa. Existem algumas entidades que possuem um bem em si mesmas, mas não podem ser descritas, ao menos em sentido estrito, como possuidoras de interesses. Elas possuem um bem em si mesmas porque faz sentido falar que podem ser beneficiadas ou prejudicadas.[66] As coisas que acontecem a elas podem ser julgadas, do ponto de vista dessas próprias entidades, de modo a que cheguemos à conclusão de lhes serem favoráveis ou desfavoráveis. Ainda assim, não são seres que conscientemente perseguem objetivos ou tomam medidas para alcançar esses objetivos. Não possuem interesses porque não estão interessadas, ou não se preocupam, com o que lhes acontece. Não podem experimentar satisfação ou insatisfação, nem realização ou frustração. Tais entidades são representadas por todos os seres vivos que não possuem consciência ou, caso possuam, não têm a habilidade de realizar escolhas entre alternativas colocadas à sua disposição. Elas incluem todas as formas de vida vegetal e as formas mais simples da vida animal. (Taylor, 1986, p. 63)

66 Na visão de Taylor, beneficiar um ser significa trazer ou preservar as condições que lhe sejam favoráveis ou evitar a ocorrência de uma situação sabidamente prejudicial. Prejudicar esse mesmo ser significaria, ao contrário, fazer surgir uma condição desfavorável ou eliminar uma condição que lhe seja favorável.

Assim, de acordo com Taylor, para saber se alguma coisa está de acordo com os interesses de um determinado ser, não indagamos se este ser possui efetivamente interesse naquilo. Indagamos se aquela coisa irá, de fato, aumentar o bem-estar geral do ser em questão: "trata-se de uma questão objetiva porque não é determinada por crenças, desejos, sentimentos ou interesses conscientes desse ser" (Taylor, 1986, p. 63).

Uma vez feita essa distinção entre as duas espécies de valor (objetivo e subjetivo), deixaríamos de lado o valor subjetivo para chegar ao ponto de afirmar que, de uma perspectiva objetiva, todos os organismos vivos possuem um bem próprio por serem *centros teleológicos de vida*:

> Existir como um centro teleológico de vida significa dizer que seu funcionamento interno, bem como suas atividades externas, são todos orientados a um determinado fim, possuindo a tendência constante de manter a existência do organismo através do tempo e de habilitá-lo exitosamente a executar aquelas operações biológicas por meio das quais reproduz sua espécie e se adapta continuamente a eventos e condições ambientais mutáveis. É a coerência e a unidade dessas funções de um organismo, todas direcionadas à realização do seu bem, que o tornam um centro teleológico de atividade. Física e quimicamente, é nas moléculas de suas células que essa atividade ocorre, mas o organismo como um todo é a unidade que responde ao ambiente e atinge (ou potencialmente tenta atingir) o fim de sustentar sua própria vida. (Taylor, 1986, p. 121-2)

Em síntese, atribuiríamos valor moral à potencialidade de desenvolvimento biológico natural de organismos vivos. Agir contra a realização dessa potencialidade seria agir contra o bem próprio perseguido por esse mesmo ente. O atentado contra as possibilidades de uma boa vida, ou uma vida normal, ou mesmo a eliminação da própria vida, seriam fatos encarados como piores, do ponto de vista moral, que o próprio impedimento de existir (e.g. utilização de técnicas contraceptivas). Essa visão, para Taylor, possibilitaria alcançarmos o ponto de vista do ser em questão sem necessidade de antropomorfizá-lo. Poderíamos realizar julgamentos objetivos sobre o que seria considerado desejável ou não em relação a esse ente. O próprio Taylor (1986, p. 66-7) dá um exemplo concreto para ilustrar essa hipótese:

> Em relação a uma borboleta, por exemplo, poderíamos hesitar em falar de seus interesses ou preferências e, provavelmente, negaríamos prontamente que ela é capaz de, por si mesma, valorar qualquer coisa como boa ou desejável. Todavia, uma vez que compreendamos o seu ciclo de vida e as condições ambientais de que ela necessita para sobreviver de modo razoável, não teremos qualquer dificuldade de estabelecer o que é benéfico ou prejudicial para ela. [...] Mesmo quando consideramos organismos muito simples, tais como protozoários unicelulares, faz todo sentido para qualquer pessoa minimamente informada do ponto de vista biológico falar do que é benéfico ou prejudicial a eles, bem como sobre quais mudanças ambientais podem ser favoráveis ou desfavoráveis à manutenção de sua existência. Quanto maior o conhecimento que adquirimos relativamente a esses organismos, melhor equipados estamos para julgar sobre o que seria do seu interesse ou contrário a estes interesses.

Conforme foi dito, dentro dessa concepção, mesmo que o organismo em questão não possua qualquer nível de consciência que lhe permita acessar autonomamente os seus próprios interesses e demandas, como ocorre no caso de um micro-organismo ou de um vegetal, existiria um valor objetivamente acessível sujeito a apreensão pelos seres humanos.

Tal como afirma Goodpaster (1978), a capacidade para os estados mentais relacionados ao prazer e ao sofrimento seriam meros mecanismos colocados à disposição de algumas formas de vida para realizar seus próprios fins. A senciência,[67] ou a capacidade de estados mentais relacionados a sensações primárias (tais como prazer e dor, entre outros), seria apenas um dos meios possíveis para a apreensão das informações ambientais.

67 O conceito de senciência, sua extensão e seus problemas serão analisados com maior detalhamento quando tratarmos do animalismo.

Uma espécie de adaptação biológica como a senciência não deveria ser vista como o único critério de considerabilidade moral. A vinculação entre a capacidade de experimentar (no sentido que a senciência exige) e a posse de interesses não seria necessária, pois existiriam seres que têm interesses, mas não a capacidade de experimentar. O critério da senciência pode parecer atrativo e plausível, segundo Goodpaster, apenas por tratar de organismos que, na maior parte das vezes, são assemelhados aos seres humanos.

O critério baseado na vida seria o único não arbitrário e, de acordo com Taylor, todas as criaturas vivas possuem um bem próprio justamente em decorrência de serem centros teleológicos de vida:

> Todas as considerações se aplicam também às plantas. Uma vez que separamos o conceito de valor objetivo do conceito de valor subjetivo, não haveria qualquer problema em afirmar o que significa beneficiar ou prejudicar uma planta, estar preocupado com o seu bem ou agir em direção ao seu atingimento desse bem. Podemos agir intencionalmente com o propósito de auxiliar a planta a crescer e florescer, e podemos assim agir porque temos uma preocupação genuína com o seu bem-estar. Como agentes morais, podemos pensar que temos a obrigação de não destruir ou danificar uma planta. [...] Nada a respeito de como devemos tratar as plantas implica a assunção de que possuam interesses no sentido de titularizar objetivos conscientes ou desejos. (Taylor, 1986, pp. 67-8)

Conforme já se assinalou, para Taylor, a posse de interesses no sentido experimental do termo, de realização das potencialidades biológicas de cada indivíduo, seria uma condição necessária para a considerabilidade moral. Se, nesse sentido, um determinado ente não pode ser prejudicado ou beneficiado, não há bem-estar atingido. Entes inanimados tais como rochas ou sedimentos não teriam valor próprio, e sim, apenas instrumental em relação a outros organismos. Nessa mesma linha, Taylor chama a atenção para o fato de a sua ética ser *individualista*.

Uma população de entidades qualificáveis como centros teleológicos de vida não possui um bem próprio, independente do bem de seus membros. Promover metas coletivas, visando com isso a beneficiar uma determinada espécie, pode ser algo que não coincida com a promoção do bem de um determinado componente desta espécie concretamente: "a espécie dos ursos polares (*Thalarctos maritmus*) é uma classificação de um grupo de mamíferos, não de um indivíduo em particular. O termo espécie é um nome de classe e as classes não possuem bens em si mesmas, somente seus membros" (Taylor, 1986, p. 69). Ele rejeita, portanto, que entidades naturais coletivas, como espécies, ecossistemas, rios e montanhas, possuam estatuto moral (há uma rejeição expressa do holismo ecocêntrico, rejeição esta que será devidamente caracterizada nos capítulos a seguir). Máquinas e robôs igualmente estariam fora do âmbito de consideração da tese de Taylor.

Por questão de clareza terminológica, é importante ressaltar que o autor traça uma distinção entre as expressões "valor intrínseco" (*intrinsic value*), "valor inerente" (*inherent value*) e "valor próprio" (*inherent worth*). O valor intrínseco compreende a situação em que seres humanos, ou qualquer outro ser consciente, alocam valor positivo em um evento ou condição em suas vidas, a qual entendem ser valiosa ou boa. A experiência é julgada como proveitosa e o seu valor, portanto, seria intrínseco. O "valor inerente" estaria relacionado ao valor que reservamos para objetos ou locais (tais como obras de arte, lugares históricos etc.) que acreditamos que devem ser preservados por sua significação afetiva, estética, cultural ou histórica. O valor inerente para Taylor seria dependente da existência de um avaliador. O "valor próprio" seria o valor atribuído a determinadas entidades que possuem um bem próprio a ser tutelado ou protegido, independente de qualquer valor instrumental ou inerente que ela possa ter e independente de referência ou relação com qualquer outro bem de titularidade de qualquer outro indivíduo.

Embora essas distinções sejam variáveis e os termos, utilizados com sentidos diversos a depender do autor, é relevante observar a conexão que Taylor pretende trazer entre ser vivo e possuir valor próprio. Tomar a considerabilidade moral a partir do reconhecimento do valor próprio dos seres vivos implicaria em: (a) afirmar que as entidades com valor próprio merecem consideração moral; (b) determinar que todos os agentes morais possuem um dever *prima facie* no sentido de promover ou preservar o bem próprio desse ente como um fim em si mesmo. Como se verá, e como o próprio autor admite, neste ponto o valor próprio da ética do respeito pela natureza identifica-se com o valor inerente da teoria de Tom Regan, quando trata dos direitos dos animais em *The Case for Animal Rights* (1983). Nesta segunda consequência, Taylor se aproxima, analogamente, da deontologia ao estabelecer que:

> Em primeiro lugar, se o valor próprio é atribuído a qualquer criatura selvagem somente em virtude de fazer parte da comunidade biótica de um determinado ecossistema, então cada animal selvagem ou planta possui o mesmo *status* como sujeito moral em função de quem obrigações morais são devidas por parte dos agentes morais. Qualquer que seja a espécie, nenhuma deve ser tida como superior à outra e devem ser merecedoras de igual consideração.
>
> Em segundo lugar, cada ser que ocupa essa categoria jamais deve ser tratado como um mero meio para as finalidades humanas, pois ao assim procedermos esvaziaríamos o seu *status* de titular de valor próprio.
>
> Em terceiro lugar, a promoção de cada bem individual deve ser tida como uma meta final a ser alcançada para o bem do ser que titulariza o valor próprio.
>
> Em quarto, trata-se de uma questão de princípio reconhecer que agentes morais devem tratar tais entes com igual consideração. O dever de respeito é devido independentemente da afeição por estes entes (Taylor, 1986, p. 78-79).

Fica claro que Taylor adota uma visão *biocentrada* (todos os seres vivos são centros teleológicos de vida e possuem valor próprio em sentido objetivo) a partir de um *individualismo* (somente indivíduos são sujeitos morais) *igualitário* (todos os portadores de valor próprio o têm por igual).

Anteriormente, afirmou-se que seria necessário conjugar dois pressupostos fundamentais para a compreensão da teoria proposta por Taylor: (a) a atitude de respeito pela natureza; e (b) a perspectiva biocêntrica da natureza. Em relação ao segundo ponto, cabe dizer que a ideia é de que a significação moral do mundo natural depende da maneira como olhamos para toda a natureza e como nos encaixamos nela. A atitude de respeito pela natureza dependeria, nesse sentido, da adoção da perspectiva biocêntrica para conseguir justificar-se como tal. Segundo o pensador biocentrista, "a perspectiva biocêntrica fornece o pano de fundo explanatório e justificatório que dá sentido e motiva uma pessoa a aderir a essa atitude (de respeito pela natureza)" (Taylor, 1986, p. 99).

Os postulados que envolvem tal perspectiva biocêntrica seriam, na visão de Taylor, de quatro ordens:

(a) a crença de que os humanos são membros da *Comunidade de Vida da Terra*, no mesmo sentido como também outros seres vivos são membros dessa *Comunidade*.[68]

(b) a crença de que a espécie humana e todas as outras espécies são elementos inseridos em um sistema de interdependência, no qual a sobrevivência de cada organismo, bem como as suas chances de alcançar ou

68 A crença de que os humanos são membros da Comunidade de Vida da Terra baseia-se no fato de que: (1) os humanos são entes biológicos contingentes; compartilhamos com outros organismos necessidades biológicas que não estão totalmente sob nosso controle. Somos todos, de alguma forma, vulneráveis em relação à manutenção das condições para nossa existência; (2) compartilhamos a mesma origem biológica e, portanto, possuímos vínculos existenciais com as demais criaturas vivas; (3) somos recém-chegados ao planeta. A Terra já estava plena de vida antes do surgimento da espécie humana; (4) a humanidade não constitui o propósito último da vida na Terra; (5) dependemos das outras formas de vida; sem elas, nossa existência estaria comprometida.

não o seu bem-estar pretendido, é determinada pelas condições físicas do ambiente e pelas relações que cada organismo estabelece com outros seres vivos.

(c) a crença segundo a qual todos os organismos vivos são centros teleológicos de vida, no sentido de que cada um deles representa um indivíduo em busca de seu próprio bem, à sua própria maneira.

(d) a crença de que os humanos não são inerentemente superiores a outros seres vivos. (Taylor, 1986, pp. 99-100)

Todavia, Taylor esteve atento para o fato de que o bem de um determinado indivíduo pode não coincidir com o bem de outros indivíduos ou espécies, gerando situações de conflito. O autor procura construir *regras gerais* (princípios sob a forma de deveres gerais de conduta) derivadas da necessária atitude de respeito pela natureza, e *regras especiais procedimentais* que lidam concretamente com as apontadas situações de conflito.

Em relação às regras gerais, teríamos: (a) *não maleficência*: dever negativo de abstenção, por parte de agentes morais (e.g. um leão que abate e se alimenta de uma zebra não violaria esse dever, por não ser um agente moral),[69] de lesão a qualquer

69 Taylor faz uma distinção importante no que se refere à lesão provocada por animais colocados sob a dependência e controle do homem. Dá o exemplo de um falcão, retirado da natureza e treinado para abater outras aves sob o comando de seu tutor humano no âmbito de uma atividade de caça recreativa/esportiva. Nesse caso, embora a morte de uma ave seja provocada por outro animal, o ato é errado moralmente em razão da conduta do caçador humano que controla esse animal. Essa implicação é curiosa quando aplicada à questão da intervenção na predação. Embora Taylor não tenha abordado essa hipótese, tudo indica que também consideraria como moralmente objetável que um tutor de um felino, digamos um gato, não interviesse para impedir que seu animal matasse outro animal, como um rato ou um inseto, em seu jardim. Esse caso difere da situação do falcão, pois não há propriamente um comando, um controle imediato do tutor sobre o felino. É uma questão curiosa, que envolve suprimir um instinto natural de predação presente nos felinos. A colocação do animal sob o vínculo de dependência em relação a um humano, no

entidade que possua valor próprio (não requer ações positivas no sentido de prevenir o dano ou aliviar o sofrimento); (b) *não interferência*: dever negativo que envolve que não interfiramos na busca dos bens próprios a cada organismo (respeito à liberdade). Em razão desse fato, não devemos aprisionar, restringir ou escravizar outros seres ou fazer qualquer coisa que possa negar a eles o acesso aos seus bens vitais[70]. No âmbito deste dever, não temos a obrigação positiva de auxiliar esses organismos a atingir sua finalidade ou potencialidade biológica, exceto quando há um dano em andamento provocado por nossas próprias ações (homem como causador de uma restrição ou impedimento). Em razão disso, em princípio, o dever de não interferência envolve não manipularmos, controlarmos ou modificarmos os ambientes naturais ou alterarmos seus mecanismos funcionais e relacionais; (c) *fidelidade*: o dever de fidelidade se aplicaria somente aos animais selvagens, no ambiente natural. As práticas de caça e pesca envolvem que os animais sejam iludidos ou enganados com a intenção de lhes causar algum tipo de dano vantajoso para quem pratica essas atividades (evidentemente, a caça e a pesca também envolvem a quebra dos deveres de não maleficência e não interferência);[71] (d) *justiça restitutiva*: esta regra demanda que os humanos que tenham por alguma razão provocado dano a outros indivíduos sejam responsáveis pela recuperação desses mesmos indivíduos.

• • •

entanto, faria surgir o dever deste de intervir, no caso de o gato estar devidamente alimentado, no sentido de impedir a morte de outras criaturas simplesmente para exercitar essa potencialidade.

70 Ser livre, na visão de Taylor, envolveria a liberdade de constrições externas positivas (e.g. gaiolas, jaulas), constrições externas negativas (e.g. privação de alimento, água), constrições internas positivas (e.g. doenças, ingestão de venenos ou produtos tóxicos), e constrições internas negativas (e.g. fraqueza e incapacidade em função de lesão a órgãos ou tecidos).

71 O autor elenca alguns casos em que o engano é produzido em benefício dos animais selvagens. Essa seria a situação, por exemplo, da remoção de um urso que se encontra em uma área residencial. A sua permanência poderá lhe trazer prejuízo, bem como aos humanos que lá residem. Poderia, por exemplo, ser removido por meio da ação de tranquilizantes para uma área mais segura.

Seria um corolário do princípio da reciprocidade. No caso das três primeiras regras gerais falharem (seriam regras de cunho preventivo), incidiria esta quarta estipulação de recuperação do dano, de restituição da lesão ao estado anterior (quem provoca o dano deve promover um benefício a ele equivalente).

É extremamente relevante afirmar que Taylor compreende que existe uma hierarquia entre as regras gerais. O pesquisador acredita que o dever negativo da não maleficência seria o dever mais fundamental em relação à concretização da atitude de respeito pela natureza.

Se levado a sério, tal dever resolveria preventivamente a maior parte dos conflitos que poderiam surgir:

> Já que os atos que envolvem a aplicação dos deveres de fidelidade e justiça restitutiva podem entrar em conflito com o dever de não maleficência, devemos determinar a relativa precedência a respeito desses deveres. O princípio de prioridade que mais parece se coadunar com a atitude de respeito pela natureza é o de que o dever de não maleficência deve preponderar sobre os de fidelidade e justiça restitutiva. (Taylor, 1986, p. 193)

Embora, como se tentou demonstrar, Taylor tenha partido de um ponto de vista fundamentalmente deontológico com a construção de regras e princípios que orientam a atitude de respeito pela natureza, ele admite ainda que os sistemas deontológicos podem não ser suficientes para dar cabo de seu projeto teórico. Nesse caso, à similitude de Schweitzer, chegaríamos à necessidade de nos valermos das virtudes:

> Torna-se duvidoso afirmar se uma completa especificação de deveres é possível. [...] Em todas as situações não explícitas ou claramente cobertas por essas regras, deveríamos confiar na atitude de respeito pela natureza e nos fundamentos do biocentrismo que, juntos, delineiam os contornos de um sistema completo e pleno de sentido. Ações corretas são sempre ações que expressam a atitude de respeito, quer sejam elas cobertas pelas quatro regras ou não. (Taylor, 1986, p. 171)

O fato é que a incidência das regras gerais pode não esclarecer por completo como devemos agir em situações mais específicas. Levando esse fato em consideração, Taylor constrói as chamadas *regras especiais procedimentais* elaboradas com a finalidade de lidar com os casos de dilemas envolvendo o valor próprio dos humanos e não humanos. Para ilustrar de que forma esses conflitos podem surgir, o autor propõe uma série de exemplos, tais como: cortar parte de uma floresta nativa para construir um hospital; destruir um ecossistema aquático para permitir a instalação de um resort; eliminar uma vegetação de cactos para dar lugar a um projeto residencial; aterrar um pântano para construir uma marina e um clube de luxo; aplainar uma região povoada por flores selvagens para alocação de um shopping center, entre tantos outros.

Só há sentido em falar de conflito se partimos do princípio de que, nesses casos, a resolução dos dilemas não pode trabalhar com a ótica de privilegiar *a priori* os interesses humanos. Portanto, do ponto de vista do biocentrismo tayloriano, qualquer solução deve necessariamente considerar o valor próprio dos não humanos envolvidos. Estas seriam as regras especiais procedimentais:

(1) *legítima defesa (ou autodefesa)*: a legítima defesa justificaria favorecer interesses humanos sobre interesses não humanos no caso de ameaça inescapável e relevante à saúde ou vida humana. A aplicação desta regra envolveria três pressupostos: (1.1) o princípio da legítima defesa não justifica que lesemos outras criaturas que não apresentam risco para nossa própria integridade, justamente pela falta de potencialidade da ofensa; (1.2) deve ser imparcial e imune ao critério de pertencimento de espécie; (1.3) podemos fazer uso dos meios necessários para repelir a agressão somente quando não pudermos de outro modo dela escapar. Assim, poderíamos matar, por exemplo, um urso no caso de sermos atacados por ele, ou eliminar micro-organismos ou insetos vetores de doenças sérias;

(2) *proporcionalidade*: aplica-se quando estão em jogo interesses vitais, básicos, de alguns entes não humanos[72] em relação a interesses não fundamentais de terceiros. Nesse cenário, com base no julgamento comparativo da qualidade entre os interesses envolvidos, não poderíamos favorecer os interesses não fundamentais em detrimento de interesses básicos. Traduzem situações dessa ordem, segundo Taylor, hipóteses de matança de elefantes por conta do marfim de suas presas; a colheita de flores exóticas da natureza para a coleção particular de alguém; a captura de pássaros selvagens para serem comercializados em gaiolas como animais de estimação; a caça e abate de répteis para fabricar sapatos e bolsas; a caça de mamíferos para a indústria da pele; e a caça e pesca recreativa ou "esportiva".[73] Todas essas atividades consubstanciariam dimensões não essenciais da vida humana, que poderiam ser eventualmente suprimidas sem maiores problemas. Afinal, seres humanos podem continuar a ter uma boa vida sem adornos de marfim, pássaros engaiolados, sapatos de couro de crocodilo ou casacos de pele;[74]

(3) *mal menor*: ocorre da mesma maneira como o princípio da proporcionalidade se aplica às situações de conflito entre interesses díspares de humanos e não humanos, porém, neste caso, estão em jogo interesses secundários humanos que, em princípio, não são em si mesmos incompatíveis com a atitude de respeito pela natureza,

72 Taylor utiliza o critério de importância do interesse para a realização do bem próprio de cada ser como critério para distinguir entre interesses básicos ou fundamentais, e secundários ou não básicos. No caso de seres humanos, os interesses básicos estão tipicamente relacionados à garantia da subsistência, autonomia, liberdade e segurança.

73 O filósofo afirma que, mesmo que o caçador ou pescador coma o animal abatido, essa atividade é apenas uma derivação do passatempo principal. Não se está caçando ou pescando para sobreviver.

74 Segundo Taylor, seu princípio da proporcionalidade se aproximaria do princípio do *worse-off* de Tom Regan, quando aplicado à situação dos animais (Taylor, 1986, p. 278).

mas podem ainda assim trazer consequências indesejadas. Animais e plantas, ao contrário do exemplo anterior, não são utilizados como meros meios ou instrumentos para a satisfação de projetos humanos. Seriam exemplos de situações desse tipo as que envolvessem a construção de uma biblioteca, um hospital ou um aeroporto em uma paisagem natural importante, ou o alagamento de um determinado ecossistema por conta da construção de uma represa. Taylor enxerga que esses interesses humanos secundários poderiam ser justificados com base no papel que desempenham nas metas de vida que pessoas racionais e informadas tendem a adotar de forma autônoma (ou seja, pela contribuição dessas atividades para o engrandecimento cultural ou civilizacional coletivo humano). Poderia-se também encontrar justificativa no fato de que ocupam um papel central nas concepções racionais do bem a ser alcançado pelas pessoas (relação fundacional com o projeto individual de vida de uma pessoa). Seria permissível que seres humanos perseguissem esses interesses desde que, ao fazê-lo, não houvesse mais danos que qualquer alternativa disponível para alcançar o mesmo objetivo (ou seja, a busca de uma solução "menos prejudicial"). O autor pensa que a coleta de plantas e/ou animais do ambiente natural para finalidade didática/educacional ou de pesquisa seria uma atividade que poderia ser encaixada neste princípio;

(4) *justiça distributiva*: cobre os conflitos nos quais os organismos não humanos não estão em situação de colocar em risco nossa integridade e, portanto, não se aplica o princípio da *autodefesa*, e nos quais estão envolvidos interesses fundamentais tanto de humanos como também de não humanos, caso em que também não há de se cogitar a aplicação do princípio da *proporcionalidade* ou do *mal menor*. A igualdade qualitativa de peso entre os interesses em jogo demanda que cada parte possua uma parcela equitativa de acesso ao bem pretendido (divisão igualitária dos custos). Taylor afirma que há casos em

que a acomodação dos interesses não é possível. Ilustra essas situações com a questão do abate de animais para alimentação humana. O autor traz a hipótese de consumo de animais em locais com condições climáticas severas onde não exista viabilidade de outra forma de alimentação que não a de produtos de origem animal (e.g. caça de focas ou baleias no Ártico). Nesse cenário proposto por Taylor, haveria possibilidade de matar animais para consumo. Isso derivaria do igual valor próprio entre humanos e não humanos ou, em outras palavras: "a abstenção de consumo desses animais nessas circunstâncias significaria a perda da vida das pessoas, e a atitude de respeito pela natureza não demandaria esse sacrifício" (Taylor, 1986, p. 294). Afirma ainda que, embora a permissão para matar nesse caso exista, o princípio do mal menor deve incidir para determinar a escolha das espécies a serem abatidas e o modo de proceder ao abate. Sobre o vegetarianismo, Taylor afirma que, embora a suscetibilidade para a dor não confira valor moral destacado aos animais, o sofrimento constitui um mal intrínseco para os seres sencientes. Do ponto de vista do animal afetado, viver livre da dor e sofrimento é inegavelmente melhor. Daí a razão de:

> Se há uma escolha possível entre comer plantas ou animais, seria menos errado comer vegetais se os animais sofrem ao serem abatidos. [...] Qualquer um que demonstre atitude de respeito pela natureza estará do lado do vegetarianismo, ainda que plantas e animais possuam o mesmo valor próprio. O ponto que é crucial aqui diz respeito à quantidade de terra necessária para o cultivo de grãos e a quantidade necessária para criar e manter os animais para alimentação humana [...]. Vegetarianos usam muito menos a superfície da Terra para seu autossustento quando comparado com os onívoros. Quanto menos terra for usada pelos humanos, mais haverá para outras espécies. (Taylor, 1986, p. 296)

(5) *justiça restitutiva*: aplica-se aos casos nos quais foram aplicados os princípios do *mal menor* ou da *justiça distributiva* e ainda assim há a necessidade de alguma forma de compensação como mecanismo de garantia de uma solução equitativa para as partes envolvidas, principalmente se alguma delas foi beneficiada.

Conforme já comentado, assim como Schweitzer, Taylor prescreve um sistema normativo de tipo biocêntrico igualitário e individualista. Sobre esse sistema, poderíamos tecer algumas considerações. A primeira delas diz respeito ao real alcance da regra geral de não interferência. Não fica exatamente claro como, no mundo real, esse preceito seria preenchido. Dizer simplesmente que não devemos interferir na natureza pode conduzir a uma tomada de posição imobilista, pois nossa própria existência, em seus meandros mais sutis, interfere a todo momento no mundo natural. O sistema de Taylor poderia, assim, estimular a dicotomia homem-natureza, pois a não interferência assume um ponto de vista externo aos fenômenos e relações naturais.

Outro ponto relevante diz respeito à excessiva abertura da comunidade moral (fundada no mero fato biológico da vida) e do estatuto moral equivalente de seus membros (igualitarismo biocêntrico). Atividades corriqueiras poderiam fazer nascer conflitos morais praticamente insolúveis caso essas características sejam, de fato, levadas a sério.

Nicholas Agar (2001, p. 80) ilustra esse problema com a seguinte crítica:

> O princípio da autodefesa, limitado pelo pressuposto da imparcialidade e pelas regras da não interferência, traz alguns questionamentos. Qual deve ser nossa atitude, na qualidade de terceiros, em relação aos conflitos reais entre humanos e não humanos? A bactéria *Vibrio cholerae* causa cólera. Muitos diriam que a intervenção em favor dos humanos atingidos por essa doença seria justificável. Ainda assim, para o biocentrista, teríamos alguns seres humanos moralmente valiosos de um lado (com a doença) e incontáveis

> bactérias de outro. Se entendemos que é moralmente permissível para pacientes humanos infectados buscarem a cura por meio de medicamentos, falhamos em agir de um modo absolutamente imparcial no que se refere ao tratamento entre espécies.

DesJardins exemplifica essa mesma espécie de conflito mencionada por Agar apresentando uma questão relacionada a uma suposta necessidade de pavimentação de parte de um jardim:

> Consideremos um exemplo. Imaginemos que estou planejando fazer uma pequena reforma em minha casa e decido cimentar uma parte do jardim. Neste processo, destruirei incontáveis vidas, das folhas de grama até milhões de micro-organismos e pequenos insetos. Essa ação levanta uma séria questão moral?
>
> Como se viu, Taylor não pode privilegiar os interesses humanos sem, com isso, abandonar o postulado do igualitarismo biocêntrico. Ele provavelmente apelaria para a distinção entre interesses básicos e não básicos e aos princípios da proporcionalidade, do mal menor e da justiça restitutiva para resolver esse conflito. De qualquer forma, o resultado final é o de que a pavimentação será feita ou não.
>
> Se não for permitido fazê-la, a ética de Taylor pode ser considerada excessivamente exigente. Isso é algo além de ser meramente contraintuitiva (Taylor acredita que não devemos descartar uma conclusão pelo mero fato de ser contraintuitiva). Pelo contrário, o padrão exigido seria tal que demandaria um nível de atenção e cuidado muito além das habilidades da maior parte das pessoas (deveria eu evitar caminhar no meu gramado a menos que crie uma passagem e, com isso, destrua também incontáveis folhas de grama? Necessitaria realmente prover uma justificativa ética para comer vegetais?). É difícil imaginar como deveríamos proceder se partíssemos seriamente do ponto de que todas as formas de vida merecem consideração equivalente.
>
> Por outro lado, se estou autorizado a realizar a obra em cimento, Taylor deve demonstrar exatamente a razão pela qual um interesse secundário como este poderia sobrepujar os interesses fundamentais da grama e dos demais organismos envolvidos. Evidentemente, jamais permitiríamos a morte em massa de seres humanos para

> construir esse pátio, então, para que mantenhamos a meta não antropocêntrica, deveríamos explicitar uma forte justificativa para tal. Taylor parece sugerir finalmente que poderia entrar em cena o princípio da justiça restitutiva. Poderia construir o pátio desde que "restaurasse o equilíbrio de justiça entre as partes em questão". Porque infelizmente não posso mais reestabelecer o equilíbrio em relação aos organismos que foram por mim eliminados, essa opção parece implicar que o meu dever na verdade se dá em relação à espécie à qual pertencem tais seres. Talvez devesse replantar aquele pedaço de gramado em outro local. Todavia, essa solução exige que abandonemos uma posição individualista sob a qual supostamente repousa a ética de Taylor. (DesJardins, 2006, pp. 142-3)

É curioso perceber que James Sterba tentou reformular a defesa biocêntrica de Taylor justamente a partir dessa crítica, procurando incorporar a possibilidade de exercício da autodefesa da seguinte forma:

> O princípio da defesa permite condutas em defesa tanto de interesses fundamentais como de interesses não fundamentais contra a agressão de terceiros, mesmo que, para tanto, tenha-se que matar ou lesar esses terceiros, a menos que seja proibido (pelo princípio da não agressão ou não defesa). [...] O princípio da não agressão proíbe a agressão contra as necessidades fundamentais de terceiros para que seja (1) garantida a proteção de interesses não vitais, ou (2) mesmo que se trate de interesses vitais, nas hipóteses em que se pode razoavelmente esperar uma atitude de tolerância ou reciprocidade altruísta por esses terceiros em situações similares. (Sterba, 1998, p. 363)

No caso das bactérias, apontado anteriormente por Agar, não haveria problema maior em eliminá-las. Estaríamos autorizados a defender outro ser humano contra a agressão provocada pelo agente bacteriano. No mesmo sentido, não poderíamos proibir ou atacar alguém que toma antibióticos por conta da expectativa de tolerância recíproca em situações similares. Todavia, os problemas persistem com Sterba. Se as bactérias atuam em um animal como um cão, e se bactérias ou cães são incapazes de comportamento recíproco, ao menos em um sentido mais estrito do termo, deveríamos salvar os cães ou as bactérias? Qual o critério a ser utilizado para resolver a prioridade nesta situação? Jogaríamos uma moeda?[75]

A aplicação dos princípios do mal menor e da justiça distributiva com a proposição de valor próprio equivalente entre todos os seres vivos sustentada por Taylor, especialmente nos conflitos envolvendo animais, pode trazer perplexidades. Essa questão não diz respeito somente à elevação de *status* moral do homem. O mesmo raciocínio pode ser utilizado para justificar o tratamento prioritário de um cão em relação a uma infestação de pulgas ou carrapatos. O problema é que essa preferência, embora usualmente aceita, revela uma contradição dos pressupostos teóricos da formulação tayloriana.

O tratamento supostamente igualitário entre todos os seres vivos traria justamente problemas de desigualdade em razão das distinções biológicas individuais existentes entre os próprios organismos vivos. Estaríamos equiparando ou nivelando seres com demandas muito distintas. Evidentemente, a maior parte das pessoas entende ser bastante diferente, para fazer menção novamente ao exemplo de Martin, matar e comer uma vaca ou um repolho, em razão das diferenças de complexidade cognitiva existentes entre esses dois entes (vacas sofrem, repolhos, não).

Não parecem convincentes ou suficientes as tentativas de explicação sugeridas por Taylor quanto à preferência pela alimentação vegetariana, tomando-se como base fatores de diferenciação individual (atributos ou capacidades individuais, como a capacidade de sofrer) entre seres que supostamente possuem o mesmo valor próprio. Mesmo que nos convençamos da necessidade do vegetarianismo a partir das justificativas trazidas

75 Sterba (1995) também parece flertar com a ampliação da comunidade moral para entes coletivos, como espécies e ecossistemas. O problema dessa posição é o passo dado rumo à assunção de uma ética de cunho holista ou ecocêntrica, questão que será analisada posteriormente.

por Taylor, se as plantas possuem um valor próprio, qual o limite para se fazer uso delas para alimentação? Em outras palavras, eu deveria consumir somente uma quantidade estritamente suficiente para manter minhas funções vitais e fisiológicas em nível adequado, pois a partir desse momento estaria cometendo um erro moral de matar mais organismos que o necessário para minha sobrevivência? Como medir essa necessidade? Como resolver o dilema, presente mesmo nas culturas orgânicas, de extermínio de insetos e micro-organismos para a produção de vegetais para consumo humano?

Essas são questões que indicam que as proposições derivadas de um biocentrismo de tipo igualitário podem ser, ao menos em algum sentido, problemáticas em seu nível prático. Se podemos utilizar plantas e eliminar micro-organismos tão corriqueiramente, corre-se o risco de que o valor próprio atribuído a cada um desses entes possa ser esvaziado a ponto de tornar a teoria apenas super-rogatória.[76]

A esse respeito, Passmore (1974, p. 123) sugere que:

> o princípio *jainista*[77] (de evitar lesar todas as coisas vivas) [...] é excessivamente aberto e exigente. Isso hoje é bastante claro com o conhecimento científico a respeito dos micro-organismos que nos rodeiam a todo instante. Ao respirar, beber, excretar, nós matamos. Matamos pelo mero fato de estarmos vivos.

A postulação de uma ética biocêntrica que pretenda afirmar igual valor para todos os seres vivos seria de fato

76 "Atos super-rogatórios são aqueles que, embora moralmente bons e recomendáveis, não constituem deveres. Se alguma outra que não a super-rogatória for praticada, não haverá um descumprimento de um dever. Nada de errado terá sido feito" (Michael, 1996, p. 172).

77 O jainismo é uma manifestação religiosa surgida na Índia por volta do século v a.C. Seus adeptos compartilham da visão segundo a qual o universo é eterno e não foi criado por nenhum tipo de ser. Negam a existência de um demiurgo e acreditam na necessidade de libertação das paixões como meio de elevação espiritual. Advogam a necessidade de respeito a todas as criaturas vivas.

tão complexa que poderia levar a impedir-nos de agir no mundo real, na medida em que, a toda fração de segundo, deveríamos estar preocupados em levar em consideração os interesses dos seres vivos envolvidos em nosso agir. J. Baird Callicott (1986, pp. 402-3) alerta para esse ponto, afirmando:

> Um sistema equitativo de resolução de conflitos de interesses entre indivíduos é razoável e praticável se os interesses dos indivíduos que devem ser considerados igualmente são poucos e pequenos [...]. Mas, quando todos os seres vivos são alcançados pela ampliação da considerabilidade moral, então o cociente da viabilidade dessa ética se aproxima de zero; um excesso de moralidade é alcançado e se coloca o empreendimento ético em risco de cair no absurdo.

De fato, parece bastante sintomático que Taylor procure evitar falar de direitos subjetivos fundamentais para além da humanidade. A omissão dos direitos para plantas, animais e micro-organismos é, nesse sentido, deliberada. O eticista, embora entenda como possível, ao menos em tese, falar de direitos morais para outros organismos, prefere não utilizar a categoria de direitos, devido aos problemas que ela carrega:

> Minha posição final neste capítulo será a seguinte: eu sustento que, embora não seja conceitualmente absurdo falar de direitos morais em um sentido ampliado para abranger plantas e animais, há boas razões para não fazê-lo. Tudo o que as pessoas esperam obter por meio dessa extensão do conceito de direitos pode ser igualmente alcançado por meio das ideias de respeito pela natureza e do valor próprio titularizado pelos seres vivos [...]. Essa estrutura de pensamento configura um sistema de crença que incorpora o paradigma biocêntrico. Em outras palavras, podemos defender apropriadamente o tratamento de animais e plantas por meio da implementação e validação dos mesmos deveres (não lesão, não interferência, não infidelidade e compensatório) cujas asserções os direitos dos animais e plantas supostamente devem garantir. Ao evitar falar de direitos morais para plantas e animais, evitamos ajudar aqueles que não os respeitam. (Taylor, 1986, pp. 225-6)

A retórica dos direitos carrega um sentido de reforço das demandas individuais. Dizer que um determinado ente possui um direito subjetivo a alguma coisa significa dizer que esse ente possuirá mecanismos de fazer valer sua demanda em face de terceiros, inclusive de seres humanos. Evidentemente, este é um conceito bastante simplista de direito subjetivo, mas se presta a evidenciar a razão fundamental pela qual Taylor dele se esquiva. Uma visão robusta de direitos subjetivos não guardaria compatibilidade com a sua construção a respeito de deveres gerais e procedimentais.

2.2 Biocentrismo não igualitário

Além da posição igualitarista, no âmbito do biocentrismo encontramos também autores que projetam valores próprios com graus distintos a depender da riqueza e complexidade de cada organismo vivo (quanto maior a complexidade, maior o valor atribuído). São teorias biocêntricas não igualitárias que, embora considerem a vida como "assoalho moral", ponto de partida, admitem diferenciações morais no interior da comunidade moral.

O biocentrista Gary Varner é um desses autores que partem de uma ótica consequencialista, procurando com isso escapar de algumas das críticas sofridas por Taylor. Varner afirma a existência de uma hierarquia de valores a partir de três princípios gerais. São eles:

> (P1) Em princípio, a morte de uma entidade que possui desejos é pior que a morte de uma entidade que não possui desejos. (Varner, 1998, p. 78)
>
> (P2) Em princípio, a satisfação de projetos relevantes e estruturais é mais importante que a satisfação de desejos não categóricos ou secundários. (*Idem*, p. 79)
>
> (P3) Guardadas as mesmas condições, entre dois desejos situados em um mesmo patamar na hierarquia de desejos de um determinado indivíduo, é melhor satisfazer aquele desejo que requer como condição para sua satisfação a eliminação de menor quantidade de interesses de terceiros (sejam esses interesses qualificáveis como desejos ou como interesses puramente biológicos). (*Idem*, p. 95)

Um olhar mais cuidadoso para o segundo princípio (P2), revela o favorecimento de interesses que traduzem projetos de vida complexos (*ground projects*) em detrimento de desejos menos "relevantes" ou não categóricos (*non-categorical desires*) e, mesmo, de interesses meramente biológicos (*biological interests*). A perda de um interesse que participa de um projeto estruturante representaria a perda de um valor de tipo especial. Seres humanos plenamente capazes são exemplos paradigmáticos de seres que possuem projetos complexos dessa ordem, que envolvem planejamento sofisticado e expectativas de longo prazo. Humanos são criaturas claramente biográficas, não meramente biológicas. De outro lado, animais não humanos seriam seres que careceriam dessa dimensão estruturante. Possuiriam interesses biológicos e, a depender da espécie, desejos não categóricos. Vegetais possuiriam tão somente interesses biológicos. Assim, matar um ser humano representaria um mal maior que matar um animal ou uma planta. Tal como James Rachels (1990, p. 189) menciona, "o tipo de vida que será destruído é relevante para decidir qual vida deve ser preferida" (em função dos planos, projetos, esperanças e relacionamentos do indivíduo afetado).

Agar, no entanto, afirma que seria muito fácil, então, violar os interesses de seres que não possuíssem projetos considerados "estruturais". Sempre favoreceríamos os projetos humanos em detrimento das demandas de outros seres vivos, que permanecem sempre marginalizados:

> Se aceitarmos o princípio P2 de Varner, deveríamos procurar os interesses, mesmo que triviais, de todos os seres com projetos estruturais antes de olhar para a natureza não senciente. Os desejos de amigos humanos, de parentes, de admiradores de casas de estilo *art déco*, e de jogadores de consoles de video game de última geração, devem ter precedência sobre as necessidades de periquitos ou caranguejos. Dado que há uma gama bastante diversificada de interesses humanos, parece pouco provável que considerações estritamente morais possam nos guiar rumo a um projeto centrado no valor biocêntrico da vida. (Agar, 2001, p. 85)

Interpretado em um sentido abrangente, tal princípio (P2) poderia legitimar que fossem sobrepujados os interesses menos complexos de outros seres (como no caso da tradicional justificativa de consumo de produtos de origem animal em nossa alimentação). De fato, essa crítica parece acertada.

Vejamos o que o próprio Varner (2012, p. 99) afirma a esse respeito:

> No entanto, à luz da discussão acima referida sobre a consciência, isso não implica que as dietas vegetarianas seriam melhores, pois muitos invertebrados aparentemente não possuem consciência, e mesmo peixes podem não possuir desejos. Da mesma forma, já que é possível obter subprodutos de origem animal como ovos e laticínios dos animais sem matá-los, uma dieta ovolactovegetariana poderia ser perfeitamente compatível com o valor intrínseco dos animais. Eu também suspeito que o princípio P2 pode ser usado para justificar o abate humanitário de animais que claramente não possuem desejos não categóricos. Minha fundamentação seria a de que, na medida em que a caça e os abatedouros desempenham um importante papel na sustentação de muitas comunidades humanas, o valor de proteger as condições de fundo que promovem a satisfação dos projetos estruturais humanos legitima as mortes, ainda mais se os animais viveram boas vidas e são abatidos por meio de métodos humanitários.

Adiantamos aqui que pensamos ser esta uma simplificação grosseira do problema que envolve o consumo de produtos de origem animal, seja porque a produção de ovos, leite e derivados envolve grande quantidade de privação e sofrimento aos animais utilizados (até por conta do fato de que, posteriormente, quando deixam de produzir de acordo com os padrões ótimos, são também abatidos para consumo), bem como, por exemplo, para os pintinhos, no caso da produção de ovos, e bezerros, na produção leiteira (ambos usualmente descartados); seja porque existe um problema que reveste o conceito de abate humanitário. Sem nos adiantarmos em demasia, percebe-se claramente que, no âmbito do biocentrismo, seja ele de cunho pretensamente igualitário ou não, os interesses humanos, de uma forma ou de outra, são sempre tratados prioritariamente, o que nos faz constatar um problema prático no discurso biocêntrico em relação à sua declarada meta de fuga do antropocentrismo.

Assim como Varner, o eticista Robin Attfield também parte de um ponto de vista não igualitário para fundamentar o biocentrismo. Ele parte do pressuposto de que todos os seres vivos possuem potencialidades compartilhadas relacionadas às funções fisiológicas e de automanutenção. Essas capacidades poderiam ser encontradas objetivamente, pois envolvem situações vinculadas ao bem-estar experimental desses seres. Nesse sentido, existiram diversas camadas ou graus de valoração intrínseca de acordo com a complexidade e riqueza dessas experiências. Em princípio, interesses humanos possuem maior peso que interesses de não humanos (no caso específico, interesses de animais seriam superiores aos das plantas): "diferenciados graus de valor intrínseco vinculam-se às vidas nas quais diferentes capacidades são efetivadas" (Attfield, 1991, p. 176).

David Schmidtz, acompanhado neste ponto por Peter French, observa que haveria uma evidente contradição entre os princípios igualitários oficialmente estabelecidos por Taylor e os que realmente guiam nossas vidas no mundo real. Se todos os seres vivos possuem igual valor próprio, em que medida podem os interesses humanos sobrepujar os interesses dos não humanos em caso de conflito? Uma visão igualitária em sentido estrito falharia em efetivamente proteger a natureza e seria hipócrita:

> Muitos, incluindo vegetarianos, dirão que importa saber quem matamos. A grande parte dos vegetarianos pensa que é pior matar uma vaca que uma cenoura. Estão errados? Sim, estão, de acordo com o igualitarismo biocêntrico. Neste ponto se encontra a falha conceitual do igualitarismo, consistente em não prover real respeito pela natureza. Concordo com Taylor sobre o fato de que possuímos boas razões para respeitar a natureza, mas, se tratamos um chimpanzé de forma não melhor que tratamos uma cenoura, então existe aqui uma falha em relação ao respeito devido. Falhar ao respeitar coisas que tornam os seres vivos diferentes entre si não é um modo de respeitá-los. É, ao contrário, um modo de ser indiferente. (Schmidtz, 2012a, p. 115)

Schmidtz indica que as espécies podem possuir várias propriedades moralmente relevantes, como é o caso: (a) capacidade de crescer e se reproduzir; (b) posse de senciência (estados mentais relacionados a sensações primárias, tais como prazer e dor); e (c) atributo da racionalidade. Mesmo em relação a cada um desses exemplos, haveria distinções entre os seres vivos. Esse fato faz com que a discussão sobre o fundamento do biocentrismo não seja a questão da igualdade, mas, antes, a admissão de que os bens de cada ser vivo não são, em princípio, comparáveis. Para Schmidtz (2012a, p. 116), o respeito pela natureza não exigiria igual respeito:

> Em resumo, embora árvores e chimpanzés sejam centros teleológicos de vida e admitamos que esse *status* pode ser importante, não podemos inferir que, por conta de compartilharem desse valor, árvores e chimpanzés possuem o mesmo valor. Podemos somente dizer que ocupam a categoria de centros teleológicos de vida. Desse ponto em diante, talvez o único critério de considerabilidade moral que une a todos os seres vivos seja o de crescer e se reproduzir.

É bastante curioso como alguns biocentristas não igualitários, como Schmidtz, aproximam-se de uma visão ecocentrada. Em outra passagem do já referido artigo "Are All Species Equal?", o eticista revela que não veria mal, por exemplo, em matar animais não nativos para proteger espécies nativas. Cita, inclusive, o pai da *ética da terra*, Aldo Leopold, para justificar essa posição:

> Aldo Leopold nos alertou para a necessidade de perceber que somos parte, não conquistadores, da comunidade biótica. Todavia, há algumas espécies com as quais não podemos compartilhar esse sentido comunitário. Coelhos que certa vez comeram as flores do meu jardim, em Ohio, e pássaros que se alimentaram da minha plantação de tomates no Arizona são participantes dessa comunidade, e gosto da sua companhia [...]. Todavia, eu não sinto o sentido de comunidade com mosquitos, e não porque não

são bonitos e simpáticos. Algumas espécies de mosquitos são tão adaptadas a tornar a vida humana miserável que o constante estado de guerra é algo natural entre as espécies. Seria justo dizer que seres humanos não estão equipados para responder a mosquitos causadores de malária de modo fraternal. (Schmidtz, 2012a, p. 120)

Os problemas teóricos dessa aproximação serão analisados de modo mais completo quando chegarmos ao tópico relativo ao ecocentrismo, mas, de qualquer maneira, existe algum mérito nas críticas propostas por Taylor e Schmidtz, já examinadas no que diz respeito à amplitude da comunidade moral no âmbito do biocentrismo e à questão do tratamento igualitário entre seus constituintes:

> Alguém comete um crime moral contra uma cenoura ao comê-la? [...] Ou contra plantas de um prado quando deixamos ocasionalmente vacas pastarem sobre elas? É igualmente criminoso cortar flores para nosso prazer ou torturar um filhote de animal por entretenimento? Afinal de contas, nós, o filhote e a vaca somos sencientes, capazes de registrar experiências dolorosas; plantas não. Parece que nós, que temos sentimentos e realmente nos preocupamos com a fome, somos moralmente mais significativos que pobres cenouras "assassinadas". Pode-se concordar com Schweitzer que não se deve esbanjar vida destruindo-a sem motivo, sem também acreditar que cada coisa viva tenha uma reivindicação igualmente forte em viver. (Pluhar, 1998, citado por Naconecy, 2003, p. 106)

A dificuldade primeira do biocentrismo consiste em justificar a escolha pela vida, em sentido meramente biológico, como um critério válido e legítimo para a considerabilidade moral. Haveria um compartilhamento de valor do modo pretendido pelo biocentrismo (igualitário e mesmo não igualitário) entre todos os seres vivos?

Além das dificuldades motivacionais e operacionais, em relação ao critério de fundação da ética biocêntrica, como a própria vida seria definida? O que se deve compreender por ser vivo? Que propriedades são exigidas para tanto? Os critérios serão meramente biológicos? Vírus estariam incluídos? Entes não biológicos, mas que expressam comportamento análogo ao vivo, poderão ser considerados titulares de valor próprio, como será o caso, no futuro, de robôs e máquinas? Ou ainda, conforme assinala Birnbacher, mesmo em relação ao não vivo, "por que a beleza, ou a totalidade, a simetria, ou a complexidade organizacional seria relevante para seres vivos e não para entes inanimados?" (Birnbacher, 1987, p. 65, citado por Naconecy, 2003, p. 104). Como edificar uma teoria do valor sobre seres incapazes de possuir interesses em sentido estrito? Essas são perguntas que o biocentrismo clássico ainda deixa em aberto.

2.3 Biocentrismo mitigado: o animalismo

O *animalismo* é um termo genérico estruturado a partir da ideia da existência de uma ética aplicada aos animais, ou ética animal (compreendida nesta obra como uma subdivisão da *ética ambiental* ou mesmo da *bioética*).[78] Como se verificou, as posições éticas que se pretendem não antropocêntricas necessitam ampliar a considerabilidade moral para além da humanidade. Nesse sentido, historicamente, a primeira ampliação, ou tentativa de ampliação, se deu em relação aos animais.[79] Não só seres humanos, mas também os animais, ou ao menos algumas espécies de animais, seriam sujeitos morais. Essa afirmação determina que busquemos elucidar as condições necessárias e suficientes para que esses animais possam adquirir um estatuto moral próprio como possuidores de valor intrínseco.

O primeiro ponto a ser examinado refere-se à própria estrutura terminológica dessa categoria. A palavra "animal" é demasiadamente genérica e designa todo um vasto conjunto

78 É curioso perceber como a expressão *bioética* foi gradualmente consolidada pela ética médica para designar as questões éticas suscitadas pelos avanços e pela aplicação da medicina e da biologia (*bioética clínica*). O termo foi utilizado pela primeira vez por Van Rensselaer Potter, em 1970, no artigo "Bioethics, the Science of Survival" [Bioética, a ciência da sobrevivência], publicado pela revista *Perspectives in Biology* (Chicago, v. 13, pp. 127-53). Nessa ocasião, Potter, como médico oncologista da Universidade de Wisconsin, nos Estados Unidos, debatia a correlação entre as intervenções antrópicas no meio ambiente e o aumento da incidência de determinados tipos de neoplasia. A bioética era então encarada mais amplamente como um ramo do conhecimento voltado a problematizar a conduta humana tendo em vista a obtenção de melhores condições de sobrevivência, incluindo a preocupação com o uso e destruição da natureza. Posteriormente, André Hellegers passa a utilizar o termo com uma conotação mais restritiva, próxima da atual, como campo da ética voltado para as questões biomédicas.

79 Por uma questão de concisão, não vamos, nesta obra, abordar o desenvolvimento histórico das teorias que propõem a considerabilidade moral dos animais, mas é certo que as raízes desse debate não são unicamente contemporâneas e podem ser identificadas desde os primórdios da filosofia.

de espécies e de seres que são bastante diferentes entre si. A imprecisão do termo é, em si, um problema para a definição precisa do estatuto moral relativo a essa categoria. Rita Leal Paixão (2008, p. 65) adverte que:

> Como Mary Midgley chama a atenção, a nossa própria forma de classificação é algo estranho, pois utilizamos uma única palavra, "animal", para designar seres tão diferentes, como baleias e micro--organismos. No entanto, é também usual se utilizar a palavra animal para se referir àqueles que não são humanos. De fato, é possível observar que a utilização desses termos serve como uma linha demarcatória para evidenciar dois grupos de seres: de um lado "seres humanos" e, de outro, "animais", por mais que esse segundo grupo continue agregando seres tão diferentes. Pode-se dizer que isso não é casual. Basta nos darmos conta de como começou a se estabelecer uma grande diferença entre seres humanos e não humanos, e como, consequentemente, se ergueu uma grande barreira separando-os completamente também na esfera moral.

De fato, podemos ter duas percepções acerca da animalidade: uma que se refere ao *reino animal*, de ordem biológica e taxonômica, na qual todos os homens estão certamente incluídos, e outra, relativa à *condição animal*, que tradicionalmente exclui os humanos a partir de uma dicotomia entre *natureza* e *cultura*, normalmente utilizada para se referir àquilo que é justamente oposto à essência humana.

Tentando minimizar os problemas provenientes desse dualismo é que se procurou criar a expressão *animais não humanos* (*non-human animals*) para traçar uma distinção entre os animais pertencentes à espécie humana e os demais. Embora a expressão "não humanos" não seja também isenta de problemas, já que nomeia algo a partir do que ele não é, normalmente é utilizada pelos eticistas para possibilitar a invocação do termo "*animal*" sempre que a *humanidade* for mencionada, como um lembrete fatal da origem biológica compartilhada que todos une.

Tal como destaca Tim Ingold, a *animalidade* é, nesse sentido, tomada como uma ausência, uma deficiência, uma negação dos traços que caracterizam o humano:

> Cada geração reconstrói sua concepção própria de animalidade como uma *deficiência* de tudo o que apenas nós, os humanos, supostamente temos, inclusive a linguagem, a razão, o intelecto e a consciência moral. E a cada geração somos lembrados, como se fosse uma grande descoberta, de que os seres humanos também são animais e que a comparação com os outros animais nos proporciona uma compreensão melhor de nós mesmos. (Ingold, 1995, p. 1)

As posições animalistas, sejam elas consequencialistas (Singer, 2010; McMahan, 2002; Rachels, 1990; Norcross, 2004), baseadas em direitos (Regan, 1983; Francione, 2013), contratualistas (Bernstein, 1998; Rowlands, 2009), na teoria das capacidades (Nussbaum, 2006), ou outras, quase sempre estão associadas ao que se denomina de *individualismo moral*. Conforme já explicitado, o individualismo moral sustenta que a maneira pela qual um indivíduo deve ser tratado está relacionada ou é determinada pelas suas características particulares, características que justificariam um tratamento moral diferenciado.[80]

A proposição de inclusão dos animais no âmbito da comunidade moral parte dessa primeira grande questão: de que animais estamos tratando? Todos os animais, pelo mero fato de comungarem da animalidade, deveriam participar? A resposta a essa pergunta é complexa e variada, mas, de modo

80 Normalmente, os defensores de visões ligadas ao individualismo moral rejeitam o valor relacional (valor que é derivado das relações que determinado ente estabelece com o meio e com terceiros, e que seria, portanto, um valor extrínseco). Duas grandes questões surgem aqui: (1) a importância de relações especiais (amor, amizade, família, entre outras) deveria alterar o *status* moral de um indivíduo?; (2) a vulnerabilidade representaria uma propriedade relacional que deveria ser levada em consideração (por exemplo, crianças e animais possuem propriedades intrínsecas que deveriam gerar proteção, mas a sua maior vulnerabilidade demandaria ainda maior atenção moral justamente pela menor capacidade de autodefesa)? A esse respeito, ver Delon (2015).

geral, existe um amplo predomínio da utilização do critério da senciência como norte para atribuição de valor intrínseco (ética sencientocêntrica ou pathocêntrica).[81] A ideia geral obedeceria aos seguintes pressupostos lógicos:

(P1) Todos e somente os seres que possuem interesses são moralmente consideráveis;
(P2) Seres não sencientes não possuem interesses;
(P3) Portanto, seres não sencientes não são moralmente consideráveis; ou, de outro lado, somente seres sencientes são moralmente consideráveis.

Se o ponto de partida para a admissão na comunidade moral é o atributo da senciência (senciência como condição necessária e suficiente para o valor intrínseco), três perguntas fundamentais a respeito do tema surgem de imediato: (a) no que consiste a senciência?; (b) quais seres são sencientes?; e (c) por que razão a senciência é relevante do ponto de vista moral? (para a maioria das correntes animalistas, a senciência seria a condição necessária para a inclusão moral). Cada uma dessas perguntas envolve um grande nível de complexidade e debate.

Com todos os riscos que a simplificação acarreta, podemos dizer que, em relação à caracterização da senciência, ela é comumente compreendida como a capacidade para sentir dor ou prazer.[82] Essas formas específicas de experimentar o mundo (dor e prazer) estão associadas à posse de estados

81 Há autores animalistas que preferem outros critérios, como é o caso de Tom Regan, que trabalha com o conceito de *sujeito-de-uma-vida* (que será explorado posteriormente na obra), ou variados conjuntos de capacidades cognitivas ou capacidades. A esse respeito, ver Degrazia (1996).

82 Embora o conceito de senciência tenha sido estabelecido e aperfeiçoado a partir do século XIX, aparece reconhecido indiretamente na literatura que trata dos animais muito antes desse período. Na Renascença, por exemplo, os escritos de Thomas More, Francis Bacon e Montaigne, dentre outros, revelam esse fato com clareza. Para uma referência mais acurada sobre essas passagens, sugere-se a leitura de Preece (2002).

mentais minimamente conscientes. Thomas Nagel ilustra essa situação com o exemplo da pedra e do morcego. Para o autor, quando alguém tenta imaginar como seria ser uma pedra, nada consegue, pois nada há para imaginar. Já em relação aos morcegos, embora possa ser muito difícil efetivamente apreendermos a experiência de ser um morcego (seu modo de vida e seu sistema sensorial são muito distintos do nosso), há algo que é ser como um morcego: Nagel (1974) denomina isso de *caráter subjetivo da experiência*. Esse é um ponto relevante no sentido de percebermos que a lógica da senciência parte do ponto de vista de que determinadas experiências individuais devem ser qualificadas para além da mera sensibilidade, para além da mera capacidade sensorial. Tal como afirmam Paixão & Schramm (2008, p. 82), "organismos unicelulares, vegetais, filme fotográfico, medidor de combustível do carro, termômetro, entre outros, apresentam sensibilidade. O que a senciência exige é a sensibilidade mais algum outro fator adicional".

Partindo do pressuposto de que essas experiências subjetivas ocorrem,[83] elas não seriam exclusivas da espécie humana. De fato, há evidências científicas bastante robustas[84] de que várias espécies de animais possuem a capacidade de experimentar sensações de dor e prazer em níveis muito profundos, sofisticados e variados:

(a) A neuroanatomia demonstrou que os cérebros dos animais são estrutural e funcionalmente similares aos nossos. Todos os vertebrados, incluindo peixes, possuem

83 Há uma corrente minoritária na filosofia que afirma que as experiências não são eventos reais, físicos, mas que o que verificamos é apenas o comportamento associado à experiência, e não a experiência em si (Rorty, 1969).

84 Quebrando a influência dominante do behaviorismo (que havia ganhado contornos definitivos no século XX com as obras de James, Watson e Skinner, expurgando conceitos abstratos como sentimentos, emoções, percepção, imagem, entre outros, para explicar o comportamento animal), Donald Griffin publica em 1976 a obra *The Question of Animal Awareness* [A questão da consciência animal], estimulando a reflexão acerca da senciência.

cérebros com as principais estruturas e divisões muito semelhantes (Butler, 2008), que refletem uma ancestralidade comum e a necessidade de realizar funções vitais análogas (Laberge, 2006). Embora não haja a identificação de uma única região responsável pelas emoções, o sistema límbico é apontado como tendo um papel de destaque nessa área e é muito parecido em todos os vertebrados (Damasio, 2001). Mesmo alguns invertebrados possuem um sistema nervoso bastante complexo (Butler & Hodos, 2005).

(b) Os animais experimentam dor e possuem os receptores, os caminhos bioquímicos e as estruturas cerebrais para interpretar adequadamente esse tipo de estímulo. Ao menos todos os vertebrados possuem essa capacidade (Butler & Hodos, 2005). Há um debate sobre a existência dessa capacidade nos peixes, mas a tendência tem sido admitir que também podem sentir dor, embora possuam estruturas cerebrais diferenciadas quando comparadas às dos mamíferos (Webster, 2005; Sneedon, 2002; Chandroo, Duncan & Moccia, 2004; Braithwaite & Huntingford, 2004). Os estudos sobre invertebrados são ainda inconclusivos, mas tudo indica que pelo menos algumas espécies manifestariam respostas de percepção à dor (Mather, 2001).

(c) Os neurotransmissores, os hormônios, bem como outras substâncias bioquímicas, são análogos entre humanos e animais. Muitas espécies de animais respondem produzindo os mesmos componentes, tais como endorfinas, adrenalina, dopamina, serotonina, entre outros, todos importantes para os mecanismos emocionais (Pankseep, 2005; Balcombe, 2006). Tornou-se lugar comum entre etologistas e filósofos o argumento da continuidade evolucionária das espécies como base fundamental para concluir que algumas espécies de animais possuem vidas mentais que são em tudo similares às nossas.

(d) Animais expressam comportamento emocional. O acesso

científico às emoções dos animais ainda é relativamente tímido em razão da barreira linguística, mas muitos animais demonstram comportamento análogo ao do ser humano quando submetidos a situações similares (Taylor & Weary, 2000; De Waal, 2005; Bekoff, 2010).

(e) As sensações primárias de dor e prazer são adaptativas: são necessárias para que esses seres possam utilizar suas habilidades perceptivas no sentido de alcançar sua própria sobrevivência. Um animal que não as possua estará em constante perigo (Pinker, 2007).[85]

A senciência está, portanto, ao menos em algum sentido fundamental, intimamente relacionada à posse de estados mentais que permitam o acesso às sensações primárias de prazer e dor (seria a *capacidade atual*[86] para essas sensações).[87] Cabe observar que há um debate sobre a correlação entre a consciência e a senciência. Daniel Dennet (1997), por exemplo, afirma que a senciência representaria o grau mais rudimentar de consciência, como uma espécie de assoalho, ou patamar mínimo de consciência, que diferenciaria um ser tipicamente biológico

85 Esse ponto parece obstruir a afirmação de Carruthers (1992) no sentido de que os animais possuem experiências, mas não seriam conscientes dessas mesmas experiências. A ausência de linguagem articulada, para Carruthers, implicaria a impossibilidade de os animais pensarem conscientemente sobre suas experiências. Joseph Lynch (1994) afirma que não haveria sentido em afirmarmos que a experiência da dor tenha valor para a sobrevivência de determinados organismos se esses organismos nunca sentirem conscientemente essa dor. Como um animal reagiria apropriadamente à dor, ou aprenderia a evitar situações potencialmente lesivas, se a dor fosse impingida a ele de forma inconsciente? Os comportamentos não linguísticos seriam suficientemente complexos e vastos para dar conta dessa experiência consciente.

86 Alguns filósofos afirmam que a mera potencialidade em relação à senciência seria capaz de conferir *status* moral. Esse é um problema que afeta diretamente a questão do estatuto moral dos embriões em estágios primários de desenvolvimento, quando ainda não são sencientes, mas possuem essa potencialidade latente.

87 Destacam-se como obras referenciais a respeito da senciência: Griffin, 1976; Rollin, 1989.

(que possua apenas uma experiência sensível do mundo, como é o caso dos vegetais) de um ser biográfico.

Block (1991), por sua vez, traça uma distinção entre a denominada consciência fenomênica (*phenomenal consciousness*) e a consciência de acesso (*access consciousness*). A consciência fenomênica diria respeito às experiências fundamentais de ver, ouvir, sentir dor, entre outras, também denominadas de sentimentos básicos ou *qualia* (unidades básicas de experiência: sensação de dor, visualização de uma cor etc.). Por consciência de acesso, compreendem-se experiências mais complexas, como ser capaz de pensar sobre ou de relatar um determinado estado mental presente ou pretérito. Os autores que se valem dessa distinção costumam associar a senciência à consciência fenomênica.

Há, no entanto, aqueles que acreditam que não existe uma correlação automática e necessária entre as experiências que envolvem estados mentais conscientes e as experiências relacionadas à senciência, pois haveria alguma margem para experiências conscientes que não diriam respeito às sensações de prazer e dor,[88] e mesmo para experiências sencientes que não necessitam da presença de estados de consciência — algumas emoções poderiam ser geradas inconscientemente.

Sobre esse ponto, destaca Mary Anne Warren (1997, p. 56):

> Embora a maior parte dos organismos que são conscientes seja também provavelmente senciente, a consciência não é uma condição suficiente para a senciência. Podemos imaginar um ser que possua experiências conscientes de variados tipos, mas que nunca tenha experimentado prazer ou dor, ou nenhum sentimento

88 R. G. Frey (1980, p. 49), por exemplo, critica a posição que elege a dor e o sofrimento como a característica central, ou mais importante, da senciência e, consequentemente, para concessão de *status* moral a um indivíduo. Essa escolha seria arbitrária: "por que, então, se alguém estiver convencido em adotar o critério da senciência, deveria ser ele formulado a partir das experiências de dor e ser inclusivo em relação aos animais, ao invés de ser formulado em torno, por exemplo, das experiências de valorização estética (por exemplo, beleza) e ser excludente em relação aos animais?".

positivo ou negativo, ou qualquer emoção. Tal ser seria consciente, mas não senciente. Data, o brilhante e carismático androide da série televisiva *Star Trek: The Next Generation*, é descrito por ele mesmo e pelos demais personagens como um ser desse tipo. Ainda que seja consciente, racional e moralmente responsável, seu programa não inclui a capacidade para experimentar prazer, dor ou emoção. [...] esse tipo de ser teria forte *status* moral em virtude de sua agência moral, mas não se o critério for a senciência.

Embora possamos concordar sobre a não vinculação, em todos os casos, da consciência à senciência, é fato que se pode assumir que todos os animais capazes de experiências conscientes fundamentais, ainda que em graus, intensidades e formas variadas, são, também, com a mesma variação, sencientes. Em outras palavras, aproveitando-nos das conclusões às quais chegou a *Declaração de Cambridge sobre Consciência Animal*, publicada em julho de 2012, podemos dizer que, ao menos todos os animais vertebrados,[89] usualmente os mais diretamente explorados pela humanidade, são sencientes.[90] Possuem não só estruturas cerebrais orientadas por um sistema nervoso central, como uma mente que comanda respostas comportamentais ativas a estímulos potencialmente adversos.

O filósofo australiano Peter Singer foi um dos que mais ativamente colaborou para a reativação dos debates éticos

89 Os vertebrados representam o maior subfilo dos animais cordados e incluem peixes, anfíbios, répteis, aves e mamíferos.

90 A *Declaração de Cambridge sobre Consciência Animal*, coordenada por Philip Low, publicada em 7 de julho de 2012, afirma textualmente: "a ausência de um neocórtex não parece impedir que um organismo experimente estados afetivos. Evidências convergentes indicam que animais não humanos têm os substratos neuroanatômicos, neuroquímicos e neurofisiológicos de estados de consciência juntamente com a capacidade de exibir comportamentos intencionais. Consequentemente, o peso das evidências indica que os humanos não são os únicos a possuir os substratos neurológicos que geram a consciência. Animais não humanos, incluindo todos os mamíferos e as aves, e muitas outras criaturas, incluindo polvos, também possuem esses substratos neurológicos".

envolvendo a condição animal. Sua obra *Libertação animal*, publicada originalmente em 1975, apresenta uma proposta de inclusão moral dos animais a partir da ótica do utilitarismo (Singer, 2010),[91] posteriormente também desenvolvida e abordada em outras obras, como é o caso da já mencionada *Ética prática*, de 1979 (Singer, 2002).

Singer descreve sua teoria como *utilitarista preferencial*, representando uma modificação do utilitarismo clássico apresentado por Jeremy Bentham (1748-1832), John Stuart Mill (1806-1873) e Henry Sidgwick (1838-1900). O utilitarismo é uma modalidade de teoria moral consequencialista, na qual a

91 Nas décadas de 1960 e 1970 havia um conjunto de intelectuais que se dedicaram ao estudo da ética animal em Oxford. Tal grupo passou a ser conhecido como o Grupo de Oxford e nele estavam, originalmente, o casal Stanley e Roslind Godlovitch e John Harris. Posteriormente, passou a contar com a participação do próprio Singer, David Wood, Michael Peters, Richard Ryder, Andrew Linzey, Brigid Brophy, Stephen Clark, Patrick Corbett, Colin McGinn, Mary Midgley, Tom Regan e Jon Wynne-Tyson. Influenciado pela obra de Ruth Harrison, "Animal Machines" [Máquinas animais] (1964), pelo artigo incendiário de Brigid Brophy no *Sunday Times* de 10 de outubro de 1965, intitulado *Animal Rights* [Direitos animais], e pela obra *Man's Dominion* [Domínio do homem], de Monica Hutchings e Mavis Caver (1970), o grupo publica a obra *Animals, Men and Morals: An Inquiry into the Maltreatment of Non-human* [Animais, homens e moral: uma investigação sobre o maltrato de não humanos] em 1971 (Godlovitch, S.; Godlovitch, R. & Harris, 1971). Em 1973, Singer publicou no *New York Review of Books* uma resenha sobre a obra, que se tornou conhecida. Estimulado pela repercussão de sua resenha, em 1975 publicou *Libertação animal*, já referenciada. Na sequência, Richard Ryder publica *Victims of Science: The Use of Animals in Science* [Vítimas da ciência: o uso de animais na ciência] (1976). Em 1976, Andrew Linzey lança *Animal Rights: A Christian Assessement of Man's Treatment of Animals* [Direitos animais: uma avaliação cristã do tratamento humano aos animais] (1976), e, no ano seguinte, Stephen Clark publica a obra *The Moral Status of Animals* (1977). Ainda em 1977, é realizada a primeira Conferência sobre Direito dos Animais no Trinity College, na Universidade de Cambridge. Os artigos da conferência foram publicados em 1979 na obra *Animal Rights: A Symposium* [Direitos animais: um simpósio] (Paterson & Ryder, 1979).

moralidade de uma ação é julgada a partir de seus efeitos ou resultados. O que importa são as *consequências* das ações, não seus motivos ou intenções.

Há dois elementos estruturais no âmbito da teoria moral utilitarista proposta por Singer: (a) *componente da maximização da utilidade* (o maior número possível, ou a maior quantidade possível, de interesses/preferências deve ser satisfeita); e (b) *componente igualitário* (os interesses/preferências de cada indivíduo devem receber igual consideração em casos similares). Singer prescreve um utilitarismo com forte apelo igualitário, que poderíamos denominar de utilitarismo igualitário. Existe outra vertente, denominada utilitarismo teleológico, que pretende afirmar o objetivo primário de maximizar a utilidade, e não de considerar os interesses igualmente. As pessoas não possuiriam valor intrínseco, seriam meros receptáculos de experiências valiosas (por exemplo, felicidade), e essas experiências, e não propriamente as pessoas, é que devem ser protegidas. Se para maximizar a utilidade for necessário suplantar ou sacrificar os interesses de determinados indivíduos, então o princípio de justiça legitimará tal fato. Em outras palavras, o utilitarismo teleológico tem na maximização da utilidade seu elemento fundante da justiça. A visão do utilitarismo igualitário, no entanto, advoga que a teoria da justiça deve partir da igual consideração de interesses — pressuposto sobre o qual a maximização da utilidade deve ser alcançada. Para utilizar os elementos indicados acima, poderíamos afirmar que a maximização da utilidade só pode ser buscada a partir da observância da igual consideração de interesses.

De acordo com o primeiro elemento estruturante da teoria utilitarista preferencial — componente da maximização da utilidade — deveríamos estar preocupados em enfatizar a *utilidade*. A utilidade, por sua vez, estaria relacionada à maximização da felicidade, em se atingir o que é tido como valioso, bom ou desejável. No que se refere à teoria do valor, o utilitarismo clássico entende que a utilidade, ou a felicidade, seria alcançada a partir da promoção das sensações de prazer, em detrimento das sensações de dor ou sofrimento (*utilitarismo hedonista*). Em resumo, tal visão advoga que o prazer (ou a ausência de dor ou sofrimento) seria algo intrinsecamente bom, e a dor e o sofrimento (ou a ausência de prazer), algo intrinsecamente ruim, motivo pelo qual deveríamos ponderar todas as alternativas existentes para a prática de um determinado ato e optar por aquela que, em um "balanço ótimo", viesse a produzir maior satisfação possível em termos de aumentar a felicidade e o prazer para a maior quantidade de indivíduos por ele afetados (se a dor em princípio é um mal, o objetivo final é o de reduzi-la ou, idealmente, eliminá-la).[92]

A inclusão dos animais no âmbito do utilitarismo se deve ao reconhecimento empírico de que são capazes de sofrer e de possuir emoções variadas que podem ser significativa e diretamente afetadas pela conduta de terceiros. A afetação do bem-estar experimental desses seres afeta diretamente a maximização de sua felicidade/utilidade. Em razão desse fato, os utilitaristas sustentam que as dores e prazeres individuais dos animais devem integrar o cálculo moral relacionado à avaliação da correção da conduta dos agentes morais. O alvo da moralidade não seria a felicidade para o maior número de seres humanos, mas sim para todos os tipos de indivíduos que são capazes de ter sua utilidade comprometida. Em passagem muito citada de *The Principles of Morals and Legislation* [Os princípios da moral e da legislação], Bentham (citado por Singer, 2004, pp. 8-9) afirma:

> O que mais deveria traçar a linha intransponível? A faculdade da razão, ou, talvez, a capacidade da linguagem? Mas um cavalo ou um cão adultos são incomparavelmente mais racionais e comunicativos

92 Foge ao escopo do presente trabalho explicar a teoria utilitarista em sua inteireza, mas cabe afirmar que, tradicionalmente, o utilitarismo é subdividido entre o *utilitarismo do ato* (que ocorre quando o cálculo moral toma como referência as consequências do ato praticado; para cada ato, um novo cálculo — a dificuldade dessa corrente é medir as consequências desses atos), e o *utilitarismo de regras* (quando o cálculo moral parte da observância ou não de regras gerais que, caso seguidas, proporcionam os melhores resultados; as ações corretas são as que se adequam a essas regras — o problema fundamental dessa abordagem é que as circunstâncias de cada situação são extremamente variáveis).

> do que um bebê de um dia, uma semana, ou até mesmo um mês. Supondo, porém, que as coisas não fossem assim, que importância teria tal fato? A questão não é "Eles são capazes de raciocinar?", nem "São capazes de falar?", mas, sim: "Eles são capazes de sofrer?".

No mesmo sentido, lê-se em Sidgwick (1966, p. 414) que "é o prazer ou a felicidade que os utilitaristas tomam como ponto de partida para suas considerações, e tudo indica que seria arbitrário e despropositado excluir desse projeto os prazeres de qualquer ser senciente".

Para evitar o problema que consiste na dificuldade de mensuração objetiva do prazer e da dor/sofrimento, e no fato de que esses elementos podem eventualmente não ser as únicas coisas que as pessoas valorizam (algumas pessoas podem escolher priorizar determinadas atividades que, embora tragam menos prazer, seriam mais relevantes), Singer parte para a definição de felicidade como sendo a satisfação das preferências individuais (o bem individual é determinado a partir de um ponto de vista subjetivo) daquilo que um indivíduo quer, necessita ou deseja. Uma ação é correta quando maximiza a realização dessas preferências individuais. Novamente, as experiências que envolvem as sensações de prazer e dor são caracterizadas como preferências que afetam o bem-estar experimental dos indivíduos sencientes. A senciência seria, portanto, o componente que permitiria que alguns animais, incluindo, evidentemente, o próprio ser humano, pudessem demandar que seus interesses ou preferências (por exemplo, de não sofrer) fossem levados em consideração do ponto de vista moral. Nesse sentido, a senciência seria um pré-requisito, um demarcador, para que um indivíduo pudesse legitimamente possuir interesses.

Anteriormente, dissemos que a teoria moral utilitária envolve um componente de maximização da utilidade e outro, igualitário. Em relação a este segundo elemento — igualitário —, Singer trata o princípio da igualdade sob o prisma da igual consideração de interesses, para refletir a visão de que os julgamentos morais, a fim de serem os mais equânimes possíveis, não devem ser baseados em interesses particulares ou de grupos específicos de pessoas. Exigem, ao contrário, uma universalização da premissa de que casos semelhantes devem, em princípio, ser tratados de maneira semelhante:

> A máxima "todos os animais são iguais" deve ser interpretada como "tratar por igual os interesses iguais", independentemente da espécie. A abordagem utilitarista prescreve que os interesses de cada indivíduo recebam igual consideração no cômputo dos + (*benefícios*) e - (*danos*) do cálculo moral. Note que ela não supõe que (1) os indivíduos tenham exatamente os mesmos interesses; (2) que eles tenham o mesmo número de interesses; ou (3) que apenas os interesses por eles compartilhados devam ser considerados. (Naconecy, 2006, p. 180)

A violação do *princípio da igual consideração de interesses*, no que diz respeito ao tratamento entre espécies diferentes, leva ao fenômeno designado originalmente por Richard Ryder como *especismo*.[93] Tal vocábulo designaria o preconceito com base no critério

93 O termo *speciesism* (equivalente em português a "especismo" ou "especiesismo") foi originariamente cunhado por Richard Ryder, psicólogo e professor da Universidade de Oxford, no artigo intitulado "Experiments on Animals" [Experimentos em animais], datado de 1970 (Godlovitch, Godlovitch & Harris, 1971). A consolidação do termo veio com a publicação do livro *Victims of Science: The Use of Animals in Science* (Ryder, 1975). O autor utilizou o neologismo para designar uma forma de injustiça que significa o tratamento diferenciado para aqueles que não integram a mesma espécie. Ryder procurava, então, traçar um paralelo entre as nossas atitudes perante as demais espécies e as atitudes racistas e sexistas. O próprio Singer, em sua obra *Libertação animal* (1975), ressalta que deve a utilização do termo "especismo" a Ryder. Ainda em 1975, o renomado psicólogo inglês Stuart Sutherland, também professor da Universidade de Oxford, optou por designar como "espécie-centrismo" a atitude de arrogância e egoísmo inatos que faz com que se atribua consciência e autopercepção unicamente à nossa espécie. O vocábulo encontra-se dicionarizado em *The Oxford English Dictionary* e no *Webster Encyclopedic Unabridged Dictionary*. Entre nós, temos a sua presença no *Dicionário Houaiss da Língua Portuguesa*. Nesta última obra, optou-se por "especiesismo", que tem por

de pertencimento de espécie que leva ao tratamento desigual para situações semelhantes, ou seja, se o indivíduo é pertencente a uma determinada espécie, o mero fato de pertencer a essa espécie implicaria merecer maior grau de consideração moral.[94]

Chegado a esse ponto, é pertinente tratar de um problema da teoria utilitarista preferencial de Singer, que reside no estabelecimento de hierarquias atributivas de valor com base no critério da senciência, sendo elas: (1) entre seres sencientes e seres não sencientes; (2) entre os seres sencientes haveria aqueles que se qualificam como "pessoas" e os que não são "pessoas".

A primeira categorização, portanto, diz respeito à divisão fundamental entre seres sencientes e seres não sencientes. Conforme se verificou, os seres não sencientes não possuiriam valoração própria, intrínseca. Nessa linha, de acordo com a demarcação teórica proposta por Singer, exemplificativamente verificamos que os vegetais, as bactérias, os vírus e, de modo geral, também os invertebrados estariam todos excluídos do âmbito da consideração moral direta.

Esse cenário, do ponto de vista estritamente quantitativo, indica que o critério da senciência é mais excludente do que inclusivo.[95] Mesmo levando somente em consideração o próprio reino animal, a maior parte dele estaria fora da comunidade moral proposta por Singer. A ética animal, nesse ponto, distancia-se de uma visão biocêntrica de tipo global, pois nem todas as formas de vida serão, portanto, titulares de valor intrínseco. Os insetos, por exemplo, só possuiriam

• • •

significado: 1. preconceito ou discriminação com base na espécie <*e. contra os lobos*>; 2. pressuposto da superioridade humana no qual se baseia o especiesismo.

94 Há autores que contestam a analogia entre a exploração dos animais não humanos (especismo) e as demais formas de comportamento discriminatório em relação a seres humanos, como racismo, sexismo etc. A esse respeito, conferir Naconecy (2010).

95 John Rodman (1977, p. 91) afirma que o foco na senciência tende a condenar a maior parte dos animais "a um estado de coisa, não possuindo qualquer valor intrínseco, obtendo valor instrumental somente na medida em que se qualificam como recursos para o bem-estar de uma elite de seres sencientes".

valor instrumental, no sentido de proporcionar a sustentação da cadeia trófica (por exemplo, como fonte de alimento para outros animais), exercer funções ecológicas importantes (tal como a polinização realizada pelas abelhas), ou fornecer insumos para produtos considerados relevantes para outros animais sencientes (produção da seda a partir do bicho-da-seda), entre outras finalidades.[96]

Como bem destaca Naconecy, o próprio Singer (citado por Naconecy, 2007, p. 124), a respeito do valor da vida não senciente, destacou na primeira edição da sua obra *Ética prática* que:

> Suponhamos que apliquemos o teste de se imaginar vivendo a vida de uma erva daninha que estou prestes a arrancar do meu jardim. Eu, então, tenho que me imaginar vivendo uma vida sem nenhuma experiência consciente. Tal vida é um completo vazio [...]. Esse teste sugere, portanto, que a vida de um ser que não tem experiências conscientes é uma vida de nenhum valor intrínseco.

Esse trecho foi posteriormente suprimido das novas edições de *Ética prática*, tendo sido substituído por um breve comentário no capítulo 10 do referido livro (em que trata da ética ambiental), no qual afirma a impossibilidade de traçarmos um paralelo entre o afogamento de um gambá e o de uma árvore. A morte do animal é traduzida como uma experiência perturbadora, enquanto a inundação das raízes do vegetal não guarda correspondência com esse mesmo sentimento de aversão (Singer, 2002, p. 292).

Essa dicotomia entre a experiência senciente e a não senciente pode gerar uma perplexidade ainda maior quando fazemos comparações intraespecíficas (de entidades que pertencem a uma mesma categoria moral). Vejamos o caso de um inseto, como um gafanhoto, e uma folha de alface. Ambos, na visão de Singer, participariam do mesmo grupo, no caso, dos

96 Os seres não sencientes são apenas reflexamente valorados por razões relacionais (razões científicas, estéticas, simbólicas, de equilíbrio ecológico, de sobrevivência etc.).

seres não sencientes. Nessa qualidade, não possuiriam valor intrínseco. Arrancar as patas do gafanhoto seria equivalente a colher a folha de alface do chão? Embora, para Singer (1999), não seja irrelevante do ponto de vista moral lesar um inseto ou um vegetal (pois se poderia cogitar que possuem valor afetivo, estético, ecológico, científico ou recreativo — modalidades de valor relacional), continuariam todos alocados no mesmo grupo, o que poderia gerar essa perplexidade.

Entre os seres sencientes, aplica-se, em princípio, o critério da igual consideração de interesses, por meio do qual o mesmo interesse em não sofrer tem o mesmo peso em situações similares. A mesma quantidade de dor é igualmente ruim em humanos ou não humanos. De fato, "se os animais sentem dor, não há justificativa moral para considerar que a dor (ou o prazer) que os animais sentem seja menos importante que a mesma quantidade de dor (ou prazer) sentida por seres humanos" (Singer, 2004, p. 17). O autor ilustra essa questão com a analogia que poderia ser feita entre um cavalo e um bebê. Supondo que pudéssemos saber qual pancada causaria a mesma quantidade de dor em um bebê e em um cavalo, "a menos que sejamos especistas, deveremos considerar igualmente errado infligir gratuitamente a mesma dor a um cavalo".[97]

Todavia, dentro do grupo dos seres sencientes, Singer procura construir uma categoria especial, que é a categoria de

97 Eis o desenvolvimento completo do argumento: "se der um tapa com a mão aberta na anca de um cavalo, ele pode sobressaltar-se, mas provavelmente não sentirá grande dor. Sua pele é grossa o suficiente para protegê-lo contra um simples tapa. Contudo, se eu der o mesmo tapa num bebê, ele vai chorar e é quase certo que sinta uma grande dor, pois tem a pele mais sensível. Portanto, é pior dar um tapa num bebê do que num cavalo, desde que os dois tapas sejam dados com a mesma força. Mas deve existir algum tipo de golpe — não sei exatamente qual seria, mas, digamos, um golpe com um pedaço de pau — que fará o cavalo sentir tanta dor quanto sentiu a criança ao receber um simples tapa. É isso o que quero dizer com 'igual quantidade de dor'; e, se achamos errado infligir tanta dor a um bebê sem nenhum motivo, então, a menos que sejamos especistas, devemos achar igualmente errado infligir, sem motivo algum, a mesma quantidade de dor a um cavalo" (Singer, 2004, p. 69).

pessoa. Para além do conceito de senciência, ele sustenta que uma pessoa é um ser racional e autoconsciente (capacidade para estar consciente de si mesmo, de se perceber como entidade distinta de outras e de possuir um senso de passado e futuro, de ter uma biografia) para demarcar um ser específico, que teria no ser humano adulto o seu paradigma,[98] embora Singer reconheça que algumas outras espécies também estariam aptas a apresentar essas habilidades cognitivo-psicológicas, ainda que em menor grau.[99] Com base nessa distinção, tal como observa Naconecy (2006, p. 180):

> Em casos nos quais interesses comuns sejam igualmente ameaçados ou igualmente protegidos, o apelo ao interesse adicional e não compartilhado servirá para quebrar o empate. Devido às habilidades cognitivas/emocionais superiores de uma criatura em relação à outra, os efeitos de cada ação sobre a primeira incluirão unidades adicionais nesse cálculo. Isso significa que essa criatura terá mais possibilidades de satisfazer-se ou frustrar-se, mais a ganhar ou a perder do que a outra.

Pessoas teriam mais a perder pelo fato de possuírem maior complexidade mental/emocional/cognitiva. Para exemplificar a preferência pelas pessoas, Singer traz o caso de um experimento científico doloroso com seres humanos adultos normais que envolvesse sequestrá-los em determinados locais, como parques públicos. Com o passar do tempo, eles ficariam, com

98 Evidentemente que, se de um lado o caso dos seres humanos adultos normais constitui o paradigma da personalidade, haverá casos em que seres humanos, por questões diversas (problemas de saúde, acidentes, idade etc. — *casos marginais*), não atingirão esses critérios propostos. Em outras palavras, para Singer, há seres humanos que podem vir a não se encaixar no conceito de pessoa, tal qual proposto.

99 Singer (2004, p. 98) afirma que, em relação aos não humanos, os grandes primatas (chimpanzés, bonobos, gorilas e orangotangos) seriam os melhores exemplos de espécies que possuiriam aptidão para preencher o requisito de pessoa. Deixa, no entanto, uma abertura para a inclusão de outras espécies como cetáceos, cães, gatos, porcos e outros animais que podem ostentar esses atributos.

razão, receosos de usar esses espaços para recreação ou passagem. Essa dimensão de angústia, de terror, representaria uma dimensão adicional de sofrimento à dor física do experimento (Singer, 2002, p. 69). A tensão antecipada não seria vivenciada com a mesma intensidade em outros seres, com outras capacidades cognitivas.[100] Também em relação ao dano da morte, a conclusão de Singer privilegia a vida dos seres *pessoais* sobre aqueles *não pessoais*:

> Para o utilitarismo preferencial, tirar a vida de uma pessoa será normalmente pior que tirar a vida de algum outro ser, visto que, em suas preferências, as pessoas orientam-se muito pelo futuro. Normalmente, portanto, matar uma pessoa significa violar não apenas uma preferência, mas uma vasta gama de preferências mais centrais e significativas que uma pessoa possa ter. [...] Já os seres que não conseguem ver-se como entidades dotadas de um futuro não podem ter quaisquer preferências a respeito de sua existência futura. Isso não equivale a negar que tais seres pudessem lutar contra uma situação na qual as suas vidas estivessem correndo perigo, como um peixe luta para livrar-se do anzol em sua boca; mas não indica mais do que uma preferência pela cessação de um estado de coisas percebido como doloroso ou amedrontador. A luta contra o perigo e a dor não sugere que os peixes sejam capazes de preferir sua futura existência à não existência. O comportamento de um peixe fisgado sugere uma razão para não se matar um peixe por esse método, mas, em si, não sugere uma razão de preferência utilitária contra o fato de se matar um peixe por um método que provoque morte instantânea, sem antes provocar dor ou sofrimento (mais uma vez, lembremo-nos de que estamos, aqui, refletindo sobre o que há de especialmente errado em se matar uma pessoa; não estou afirmando que nunca existam razões de preferência utilitária contra o assassinato de seres conscientes que não sejam pessoas). (Singer, 2002, p. 105)

100 Tal fato não traz a consequência de que, por supostamente causarem menos sofrimento, os experimentos conduzidos com animais seriam moralmente legítimos.

Ao que tudo indica, mesmo no âmbito da categoria de pessoa, Singer procura discriminar entre as pessoas humanas e as pessoas não humanas. Essa distinção é feita na terceira edição norte-americana da obra *Ética prática* (Singer, 2011). Na visão do autor, o primeiro grupo (pessoas humanas), ocuparia lugar de destaque em razão de suas capacidades cognitivas diferenciadas. De outro lado, "mesmo para aqueles animais não humanos que são autoconscientes e que, portanto, adequam-se à nossa definição de 'pessoa', ainda assim é verdade que eles não são capazes de ser tão focados no futuro quanto os seres humanos normais" (Singer, 2011, p. 103).

Essas distinções são delicadas e sujeitas a críticas,[101] mas, em princípio, a mera assunção de que em condições normais a vida de um ser humano adulto (ser senciente que ocupa a categoria de *pessoa*, segundo os critérios apontados pelo autor) possa ser mais valiosa que a de um rato (ser senciente que não se enquadraria na categoria de *pessoa*) pode não possuir automática e necessariamente o caráter especista que aparenta, pois não significa assumir, por conta dessa diferenciação, que a vida dos ratos não possui qualquer valor, ou que podemos, por conta disso, eliminar livremente os ratos em quaisquer situações ou hipóteses. A respeito deste tema, Mary Anne Warren (1997, p. 79) pondera que:

> O princípio da igual consideração requer que ponderemos igualmente os interesses igualmente relevantes dos seres sencientes. Ainda assim, ele não pressupõe que atribuamos a todos os seres sencientes o mesmo interesse na vida, no prazer, na liberdade, no

101 Trindade (2014, pp. 216-7) elenca duas objeções centrais às noções apresentadas por Singer: (a) nem mesmo os animais que possuem as capacidades cognitivo-psicológicas tomadas como especiais estariam seguros de receber o tratamento moral facultado aos membros da categoria de pessoa que são humanos (o *status* moral de pessoa não representa garantia de que seus membros receberão igual consideração moral); (b) o estabelecimento de uma hierarquia valorativa em níveis diferenciados com a inserção de um terceiro gênero de *quase-pessoas* acarreta uma incerteza sobre o tratamento adequado para esses seres, que acabarão por se aproximar mais da categoria inferior que da superior.

> não sofrimento, ou qualquer outro bem específico. Ele não requer que consideremos cada ser senciente como titular de um "pacote de interesses" com o mesmo peso que o de qualquer outro ser senciente. Um utilitarista preferencial é livre para sustentar que o "pacote de interesses" é mais leve que outros, em virtude, por exemplo, da ausência de interesse na vida continuada; ou porque alguns são menos sensíveis à dor ou ao prazer.

Levando-se em consideração essas distinções, conforme bem destaca Gabriel Garmendia da Trindade (2014, p. 214), há uma distinção importante na teoria singeriana entre a realidade de *causar sofrimento* e a de *matar*:

> capacidades mentais superiores como a antecipação de eventos e uma memória mais detalhada representam um fator adicional quando é preciso comparar o sofrimento de seres que integram espécies distintas. Tendo isso em vista, Singer distingue o ato de infligir sofrimento e o ato de matar. Essa diferenciação é fundamental para o tratamento moral que Singer dedicará aos seres vivos que são englobados pelo conceito de pessoa e aos que não são. Ou seja, seres que não possuem essas capacidades mentais superiores não são afetados da mesma forma pela morte. Isso ocorre devido ao fato de esses seres não possuírem um interesse na continuidade da sua existência. Apenas um ser que possui o conceito de um "eu contínuo", que existe ao longo do tempo, pode ter um interesse (*preferência*) em continuar vivendo. Em suma, a morte tem um impacto diferente entre seres autoconscientes e seres meramente conscientes.

Ou, de acordo com o próprio Singer (2002, pp. 71-2):

> A aplicação do princípio de igualdade à imposição de sofrimentos é, teoricamente, pelo menos, bastante fácil de entender. A dor e o sofrimento são coisas más e, independentemente da raça, do sexo ou da espécie do ser que sofre, devem ser evitados ou mitigados. O maior ou o menor sofrimento provocado por uma dor depende de quão intensa ela é e de sua duração, mas as dores de mesma intensidade e

duração são igualmente más, sejam elas sentidas por seres humanos ou animais. Quando refletimos sobre o valor da vida, não podemos dizer, tão confiantemente assim, que uma vida é uma vida, e igualmente valiosa, seja ela humana ou animal. Não seria especista afirmar que a vida de um ser consciente de si, capaz de pensamento abstrato, de planejar o futuro, de realizar complexos atos de comunicação etc., seja mais valiosa do que a vida de um ser que não possua essas aptidões (não estou dizendo que esse ponto de vista é justificável ou não, mas apenas que não se pode simplesmente rejeitá-lo como especista, pois não está na base da espécie em si o pressuposto de que uma vida seja considerada mais valiosa que outra).

Novamente, Singer deve ser lido com cautela neste ponto. Ao que tudo indica, ele não está afirmando que a morte de um ser senciente é indiferente moralmente. Evidentemente não é esse o caso, pois, como já se verificou, seres sencientes integram a comunidade moral no âmbito da teoria utilitarista preferencial proposta pelo autor. O que ele indica é que a morte de um indivíduo que se encaixa na categoria de pessoa teria, em princípio, maior peso moral que a de um ser senciente que não se encontra nessa mesma categoria. Nessa linha, a morte de um ser humano adulto normal teria maior peso moral, ou mais consequências em termos de perda da utilidade, que a de uma vaca, por exemplo,[102] mas o contrário também pode ocorrer (situação de não humanos com vidas mais valiosas que a de humanos):

Um chimpanzé, um cão ou um porco, por exemplo, terão um grau superior de autoconsciência, e uma maior capacidade de estabelecer

102 A morte hipoteticamente sem sofrimento de um ser senciente (mas que não seja pessoa — que não tenha um interesse específico numa vida continuada), que viveu tendo suas preferências respeitadas até o momento da sua morte, é um problema que o próprio Singer admite ser de difícil solução. O autor não teria, provavelmente, uma restrição moral em comer um animal encontrado morto no ambiente natural ou que tenha sido criado livre e tivesse tido uma morte supostamente indolor.

> relações significativas com outros, do que um bebê gravemente retardado ou alguém em estado senil avançado. Portanto, se basearmos o direito à vida em tais características, precisaremos conceder a esses animais um direito à vida tão ou mais válido que aquele concedido a seres humanos retardados ou senis. (Singer, 2004, p. 22)

Em outra passagem, Singer deixa claro, novamente, que o conceito de pessoa traz um significado especial à vida. Todavia, nem sempre haverá coincidência necessária entre a humanidade e a personalidade, e haverá casos em que a vida dos animais poderá ser mais valiosa:

> devemos rejeitar a doutrina que coloca a vida de membros da nossa espécie acima das vidas de membros de outras espécies. Alguns membros de outras espécies são pessoas; alguns membros da nossa espécie não são. Pelo contrário, como vimos, há fortes argumentos para se pensar que, em si, o ato de tirar a vida das pessoas é mais sério do que o de tirar a vida de não pessoas. Assim, parece que o fato de, digamos, matar um chimpanzé é pior do que o de matarmos um ser humano que, devido a uma deficiência mental congênita, não é e jamais será uma pessoa. (Singer, 2002, pp. 126-7)

Para testar a coerência de sua teoria, e estabelecendo a distinção já mencionada entre causar sofrimento e matar, Singer (2004, p. 24) propõe uma analogia com dilemas envolvendo interesses entre seres humanos:

> Se tivéssemos de escolher entre salvar a vida de um ser humano normal e a de um deficiente mental, provavelmente optaríamos por salvar a vida do ser humano normal; mas, se tivéssemos que escolher entre acabar com a dor de um ser humano normal e a de um deficiente mental — supondo que ambos tivessem sofrido ferimentos dolorosos, mas superficiais, e dispuséssemos de apenas uma dose de analgésico — não é tão claro a quem deveríamos escolher. O mesmo acontece quando consideramos outras espécies.

Um leitor mais apressado poderia supor que esse argumento se desdobraria em duas conclusões principais: (a) os animais têm o direito de viver, pelo que cometemos grave ofensa moral sempre que os matamos, mesmo que estejam velhos e sofrendo; e (b) seres humanos gravemente retardados e senis, sem recuperação possível ou viável, não têm direito à vida e podem ser mortos por razões triviais, tal como fazemos agora com os animais. Para Singer (2004, p. 23), no entanto, nenhuma dessas duas interpretações é satisfatória. Para evitar o especismo, o autor sugere uma ponderação entre os extremos:

> precisamos de uma posição intermediária, que evite o especismo, mas que não torne a vida de seres humanos retardados ou senis tão insignificantes quanto a atual vida de porcos e cães, ou torne a vida de cães tão sacrossanta que pensássemos ser errado não livrá-los de uma situação irreversivelmente miserável.

Essa posição intermediária poderia ser sintetizada nos seguintes termos: "devemos proporcionar à vida dos animais o mesmo respeito que conferimos à vida dos seres humanos com nível mental semelhante" (*tese das mentes similares*) (Singer, 2004, p. 24).

As consequências práticas da teoria utilitária preferencial proposta por Singer levariam à condenação da criação industrial e intensiva de animais para finalidade alimentar. Segundo ele, os nossos costumes de criação e abate de animais para alimentação constituem, claramente, uma instância de sacrifício de interesses vitais de incontáveis seres sencientes, visando tão somente à satisfação de nossos interesses alimentares, os quais, à vista das alternativas existentes com relação à dispensabilidade do consumo da carne, seriam triviais. Portanto, conclui que deveríamos observar e analisar tais práticas, e cada um de nós possuiria o dever moral de não dar suporte a elas, razão pela qual deveríamos nos tornar vegetarianos:[103]

103 Embora Singer demonstre que uma dieta vegetariana traria benefícios de ordem econômica (uma maior produção de grãos seria mais

> Seja como for, no nível dos princípios morais práticos seria melhor rejeitar por inteiro o abate de animais com fins alimentares, a menos que se tenha de praticá-lo tendo em vista a própria sobrevivência. Matar animais para transformá-los em alimento leva-nos a pensar neles como objetos que podemos usar como bem nos aprouver. Suas vidas, então, valem muito pouco quando confrontadas com os nossos meros desejos. [...] Para incentivarmos as atitudes corretas de consideração para com animais, inclusive aqueles que não têm consciência de si, talvez seja melhor elevarmos o princípio elementar de evitar matá-los para que nos sirvam de alimento. (Singer, 2002, p. 143)

O utilitarismo preferencial requer que pesemos as preferências frustradas pelo fato de continuarmos a nos alimentar de produtos de origem animal e aquelas originadas da descontinuidade dessa prática.[104] O problema é que o componente

• • •

sustentável para alimentar para a população global que uma criação intensiva de animais) e de saúde, além de proporcionar menos sofrimento aos animais de abate, como mencionado, ele vê dificuldades de superar o problema, ainda que meramente hipotético, de matar sem dor ou sofrimento, caso isso fosse viável. A criação de galinhas soltas, com suas necessidades primárias atendidas durante suas vidas, seguida de uma morte indolor (supondo que as galinhas sobreviventes não fossem afetadas pela ausência do animal morto — razão utilitária indireta), poderia legitimar a morte desses seres. Singer chega, inclusive, a discorrer sobre a possibilidade, dentro do cálculo utilitário, da substituição de um animal (que não se enquadre na categoria de pessoa), no caso, uma galinha, por outras, pois privá-la dos prazeres de sua existência poderia ser contrabalançado com os prazeres das galinhas que ainda não existem e que só existirão se as existentes forem mortas (Singer, 2002, p. 142).

104 Alguns autores alertam que Singer faz uma análise simplista ao realizar o seu cálculo, levando em consideração apenas o prazer gastronômico humano e o sofrimento animal. Tom Regan (1983, p. 230), por exemplo, afirma que a lógica proposta pelo utilitarismo deveria levar em conta também as preferências que serão frustradas daqueles que trabalham com a exploração animal (criadores, funcionários, veterinários, suas famílias, amigos etc.). Deveriam ser levadas também em conta as implicações econômicas e culturais dessa alteração pretendida. Penso, no entanto, que a objeção levantada não conduz empiricamente ao resultado oposto ao estabelecido

agregativo presente no utilitarismo, de maximização da utilidade, pode fazer com que, em determinadas situações, as preferências humanas sobrepujem a dos animais. Mark Rowlands (2009, p. 56) traz a seguinte situação hipotética para ilustrar esse problema:

> Suponhamos que a proteína animal tivesse um efeito diferente nos humanos do que ela efetivamente possui. Imaginemos que a proteína animal não desempenhasse papel algum no desenvolvimento humano, mas, ao contrário, agisse como uma droga, estimulando estados de euforia sem os efeitos colaterais normalmente associados às substâncias entorpecentes que produzem esses mesmos resultados. Vamos partir do pressuposto que os humanos pudessem ingerir pouquíssima quantidade de proteína para obter um resultado eufórico que dura por várias semanas. Assim, muito menos animais seriam utilizados para criação e abate, chegando somente a alguns milhares em todo o mundo. Neste tipo de cenário, o utilitarismo se comprometeria com a noção de que manter esse nível de criação de animais seria algo moralmente bom.

O utilitarismo estaria comprometido com o fato de que a correção moral do tratamento de um indivíduo senciente se dá em função dos efeitos que esse tratamento possui em todos os indivíduos sencientes afetados por ele. O problema é que essa lógica interfere diretamente no princípio da igual consideração de interesses, pois o tratamento que um ser recebe é resultado de um cálculo que envolve não só os efeitos nos atributos que possui, mas também, e principalmente, nos de terceiros. Em algumas situações, isso pode acarretar a instrumentalização de determinados indivíduos para se alcançar os resultados agregados mais desejáveis em termos de maximização da utilidade.

• • •
por Singer, pois mesmo levando em consideração todos os reflexos diretos e indiretos da cessação da produção de animais para consumo humano, o peso qualitativo e quantitativo das preferências envolvidas continuaria a agir em favor dos animais.

A alegação de que o utilitarismo não provê uma base suficientemente forte para a proteção de dimensões relevantes do ponto de vista individual é uma das principais objeções à teoria, senão a principal. Ela é mitigada pelo utilitarismo preferencial (em comparação com o utilitarismo de cunho estritamente hedonista), mas não totalmente eliminada. Richard Ryder, que adota a concepção denominada de dorismo (*painism*),[105] traduz esse incômodo moral como a posição que permite agregar as dores para além dos próprios indivíduos que sofrem:[106]

> O utilitarismo justificará a tortura se a soma total dos benefícios causados a terceiros for considerada maior que a dor infligida. O estupro coletivo de uma mulher, por exemplo, poderia ser justificado se a soma dos prazeres agregados dos estupradores exceder seu sofrimento. Isso deve ser errado. Ao redor de cada indivíduo está o limite da sua consciência, e os cálculos que partem da agregação de dores e prazeres entre indivíduos não fazem qualquer sentido. A consciência não atravessa a fronteira de um indivíduo para outro, tampouco o cálculo da dor sofrida. [...] A dor de um indivíduo "A" é diferente da dor de outro indivíduo "B" [...]. Se houver cem pessoas, cada qual sofrendo uma quantidade "X" de dor, o escore significativo de dor é "X" e não "100X". Se existe um indivíduo sofrendo dez unidades de dor e outro, cinco unidades de

105 Para Ryder, o objetivo da moralidade é reduzir a quantidade de sofrimento experimentada no mundo, ao invés de maximizar a felicidade ou o prazer (ou seja, a dor como o mal central a ser evitado). Se a redução da dor/sofrimento possui um peso moral maior que o fomento ao prazer, então a inflição de sofrimento não pode ser compensada por um ganho equivalente de prazer.

106 Há um problema epistemológico bastante complexo relativo ao modo como podemos acessar, compreender e quantificar as lesões e benefícios que nossas ações podem trazer aos animais (como podemos efetivamente medir e comparar o sofrimento animal com o nosso?). O utilitarismo teria uma dificuldade empírica insuperável em medir adequadamente todos os custos e ganhos em cada uma de nossas atividades, e seria vulnerável ao desacordo factual sobre o peso das consequências por elas geradas.

> dor, o escore final de dor é dez e não quinze. Em outras palavras, a medida moralmente significante de dor de um grupo de seres sencientes é o máximo de dor sofrida por qualquer um deles. Eu concluo, portanto, que a prioridade moral é tentar reduzir a dor do maior sofredor em cada caso. (Ryder, 2001, pp. 27-8)

Para Tom Regan (2003, p. 60), a crítica ao componente maximizador presente no utilitarismo se deve ao fato de que "as melhores consequências totais para todos os envolvidos não são necessariamente as melhores para cada indivíduo envolvido". Essa tensão entre o objetivo de maximização da utilidade e a aplicação do princípio da igualdade é o principal alvo das correntes morais deontológicas ou não consequencialistas (segundo as quais o valor moral das ações dos agentes morais reside na observância de deveres gerais de conduta).

Segundo afirma Marian Scholtmeijer (1993, p. 58), a abordagem deontológica parte de pressupostos não teleológicos da animalidade: o valor individual da vida animal é inteiramente independente da sua utilidade em relação a outros agentes ou de sua posição em qualquer tipo ou sistema que valorize uma ordenação previamente estabelecida de finalidades e valores.

Talvez a figura mais mencionada quando se fala em deontologia seja Immanuel Kant. A definição de pessoa proposta por ele parte da ideia de que a agência moral seria condição necessária para a obtenção de *status* moral. Refinando tal entendimento, concluiríamos fundamentalmente que: (a) somente agentes racionais e autônomos poderiam ser pessoas; (b) somente pessoas possuem valor intrínseco; (c) as pessoas são as únicas entidades em relação às quais os agentes morais têm obrigações morais; e (d) entidades que não se enquadram na categoria de pessoa possuem valor apenas instrumental: são coisas. Uma das metas da teoria kantiana é demonstrar o valor objetivo e universal dos princípios morais. Ao contrário das teorias utilitárias, a correção moral da conduta depende unicamente de agir conforme os princípios gerais da moralidade, que são alcançados e acessíveis por meio da razão. O princípio último de Kant é o *imperativo categórico* (em oposição aos imperativos meramente hipotéticos, que se fundamentam em objetivos concretos), que possui variadas formulações, sendo a mais conhecida a contida no preceito da "lei universal", que requer que atuemos sempre com base em princípios que sejam racionais e que submetam todas as pessoas em todos os tempos ao acordo sobre seu cumprimento: "age de tal forma que sua ação possa ser considerada como norma universal" (Kant, 1948, p. 67).[107]

Uma segunda modalidade do imperativo categórico diz respeito à fórmula do "fim em si mesmo", segundo a qual:

> os homens e, em geral, todos os seres racionais, existem como fins em si mesmos, não apenas como meios para uso arbitrário da vontade de terceiros: devem, em todas as suas ações, sejam elas dirigidas a quem as executa ou a outros seres racionais, sempre ser tidos como fins em si mesmos, e nunca simplesmente como meios. (Kant, 1948, p. 90)

Isso significa assumir que as pessoas são espécies de entidades portadoras de valor intrínseco, de dignidade existencial. Sua autonomia deve ser respeitada não como um mero componente de uma utilidade, mas como um freio às intervenções lesivas de terceiros. Um mecanismo para promover essa proteção são os direitos subjetivos que, por derivação, devem ser respeitados pelos demais agentes morais. O direito mais fundamental de todos seria o direito à liberdade, que representaria um direito inato, natural, pertencente aos seres humanos somente pelo fato de serem humanos: "cada agente moral possui tanta liberdade quanto possa coexistir com a liberdade alheia em conformidade com uma lei universal" (Kant, 1991, p. 63).

107 O exemplo que Kant traz para ilustrar a questão da universalização é o de uma pessoa que faz a falsa promessa de cumprir uma dívida para obter crédito. A máxima derivada dessa ação contradiz a lei moral universal, porque, se a todos fosse facultado mentir e realizar falsas promessas para obter proveito pessoal, o próprio instituto da promessa seria esvaziado e perdido. Seria, portanto, errado do ponto de vista moral realizar uma falsa promessa.

Em síntese, Kant credita aos seres autônomos um *status* moral único em razão de sua capacidade para a agência moral (libertação do mundo meramente sensorial e instintivo).

Embora a concepção deontológica sustentada por Kant represente um avanço em termos de proteção do indivíduo por meio do acesso a direitos naturais ou morais, ela significa um retrocesso em termos de constrição da comunidade moral apenas aos agentes morais. Os animais estariam, em princípio, alijados de participação, sendo sua proteção apenas um reflexo da proteção do próprio homem contra um embrutecimento de seu espírito (se entendermos a crueldade contra os animais como uma fuga da racionalidade que afasta o homem da autonomia, a obrigação moral não existiria em relação ao animal em si, mas apenas reflexamente, indiretamente, em relação à própria humanidade).

A proteção indireta dos animais ventilada por Kant, ainda muito utilizada pela doutrina ambiental como fundamento para as restrições relativas ao uso dos animais para fins humanos (popularmente assume a forma de que quem é mau para com os animais, boa pessoa não é), é inconsistente. A sua inadmissibilidade deriva da seguinte constatação: imagine-se que, como resultado do prazer que um indivíduo tem em desencadear processos dolorosos em *pacientes morais humanos*, também adquirirá ele o hábito sádico de causar sofrimento a *agentes morais humanos*. Ao se admitir que o fato de fazer algo com "coisas", objetos, pode conduzir a que se tenha o mesmo comportamento em relação a "não coisas", reconhece-se que haveria uma similaridade de reações entre determinadas "coisas" e "não coisas", pois, em caso negativo, não haveria como desenvolver a insidiosa prática com base em uma que lhe seja anteriormente dependente.

Assim sendo, para que o "nexo causal" entre as práticas seja válido, devemos supor que os pacientes morais[108] respondam

108 Os pacientes morais não possuem o discernimento para pautar suas condutas a partir de deliberações morais prévias, mas podem ser alvo de ações moralmente certas ou erradas, ou seja, podem ser afetados

ao sofrimento de forma análoga aos agentes morais. Se o seu comportamento diante da inflição de dor é parecido, é razoável inferir que o seu sofrimento também deve ser similar. Mas, se o sofrimento é equivalente, e se causá-lo a agentes morais viola um dever direto de consideração moral, então como, a não ser de modo totalmente arbitrário, poderíamos pensar de modo diverso com relação aos pacientes morais? A resposta de que somente os "agentes morais" poderiam se pautar de acordo com o "imperativo categórico" se mostra absolutamente irrelevante diante de tal incongruência, pois a questão diz respeito à capacidade de sofrimento, que é comungada tanto por "agentes" quanto por "pacientes"; não envolve a diferença de habilidades particulares existentes entre eles.

Ao que tudo indica, estabelecer a agência moral como condição necessária para a atribuição de valor intrínseco seria uma demasia. Como se verificou anteriormente, a senciência provê fundamento suficiente para tal,[109] não havendo argumentos sólidos para a exclusão dos animais com este atributo.

Tom Regan, filósofo animalista norte-americano, procura refinar a teoria deontológica apresentada por Kant a partir não mais do critério da agência moral, mas da atribuição

• • •

em dimensões relevantes para a manutenção de seus interesses, preferências ou bem-estar experimental. Embora haja estudos que demonstrem comportamento moral em várias espécies de animais, genericamente pode-se dizer que eles participam da categoria de pacientes morais, assim como seres humanos com graves deficiências cognitivas.

109 A se levar as proposições kantianas de forma literal, teríamos sérios problemas para lidar com os casos marginais (seres humanos que não possuem agência moral plena). Kant também reflete na sua teoria parte dos preconceitos de sua época em relação a determinados grupos sociais, conferindo à agência moral um sentido bastante restrito. Em um ensaio denominado "Observations on the Feeling of the Beautiful and the Sublime" [Observações sobre o sentimento do belo e do sublime], Kant opina no sentido de que as mulheres seriam incapazes de raciocínio abstrato e deveriam ser educadas somente nas artes domésticas.

de *igual valor inerente*[110] a todos os seres qualificados como *sujeitos-de-uma-vida:*[111]

> Ser sujeito-de-uma-vida, no sentido pretendido por esta expressão, envolve mais do que meramente estar vivo e mais que meramente ser consciente. [...] Indivíduos são sujeitos-de-uma-vida se possuem crenças e desejos; percepção, memória e um senso de futuro, incluindo o seu próprio; uma vida emocional com sentimentos de prazer e dor; interesses no seu próprio bem-estar e posse de preferências; a capacidade de agir no sentido de buscar alcançar seus objetivos e desejos; uma identidade psicológica no tempo; e um bem-estar individual no sentido de que as experiências de sua vida afetam esse ser para o bem ou para o mal em um sentido logicamente independente de sua utilidade para com outros indivíduos, ou de ser objeto dos interesses de terceiros. (Regan, 1983, p. 243)

Muitas criaturas satisfazem esse critério, na visão de Regan.[112] Os seres humanos normalmente se enquadram nessa categoria (mesmo crianças e indivíduos com determinados tipos de deficiência cognitiva). Os mamíferos também estariam incluídos

110 O conceito e a natureza do valor inerente como um valor objetivo é criticado por muitos como misterioso (Sapontzis, 1992, pp. 249-59). Regan, em sua defesa, afirma que a noção de valor inerente é não menos "misteriosa" que o conceito de "fim em si mesmo" de Kant. Aplicada aos seres humanos, a ideia do fim em si mesmo pretende articular a crença segundo a qual o valor de um ser humano não é reduzível ao valor instrumental. O que a visão de direitos proposta por Regan afirma é que o mesmo julgamento moral deve ser realizado naqueles casos em que animais considerados sujeitos-de-uma-vida são tratados da mesma forma (Regan, 1995, p. 166).

111 A busca de um conceito próprio é um modo, para Regan, de suprir a ausência de uma terminologia comum a animais e humanos no campo cognitivo-psicológico aproximando as categorias de agentes e pacientes morais.

112 Julia Tanner (2009) rechaça o conceito de sujeito-de-uma-vida tal qual proposto por Regan em razão da não definição dos conceitos problemáticos e indeterminados das capacidades elencadas pelo autor. O conceito reganiano repousa sobre uma grande quantidade de evidências empíricas, muitas delas questionáveis. Quanto maior o número de conceitos, maior a chance de equívocos epistêmicos.

nesse grupo e, mais recentemente, Regan tem se inclinado favoravelmente à inclusão de aves, répteis, anfíbios e peixes como sujeitos-de-uma-vida, aproximando-se, nesse ponto, do critério da senciência em termos de abrangência prática dos alvos de sua teoria moral:[113]

> As considerações que sustentam que os mamíferos são sujeitos-de-uma-vida não excluem a possibilidade de a mesma coisa ser verdadeira para outros tipos de animais. É especialmente difícil entender que os pássaros não são sujeitos-de-uma-vida. [...] Deveríamos ir mais longe? Deveríamos dizer que todos os vertebrados, incluindo os peixes, têm psicologia? [...] Ainda que minha posição seja clara, estou disposto a limitar as conclusões sobre minha discussão aos casos menos controversos, quero dizer, os mamíferos e os pássaros. (Regan, 2006, pp. 73-4)

De acordo com Regan, todos os seres vivos que são sujeitos-de-uma-vida possuem igual valor inerente. Ser um sujeito-de-uma-vida constitui uma condição suficiente, mas não necessária, para possuir valor inerente (se você é um sujeito-de-uma-vida, então é porque você possui valor inerente; se, no entanto, você não é um sujeito-de-uma-vida, isso não quer dizer que necessariamente não terá valor inerente). A concepção de valor inerente dos sujeitos-de-uma-vida, para Regan, em certo sentido, aproxima-se da visão kantiana sobre o valor intrínseco dos agentes morais. Nesse sentido, o valor inerente é: (a) não relacional, ou seja, independe do quanto alguém é valioso/útil em função da avaliação de terceiros; (b) invariável e igual, não admite gradações em virtude de talentos ou atributos individuais (ou alguém é sujeito-de-uma-vida, ou não é, e todos aqueles que o são, o são

113 Há um debate sobre a interpretação e abrangência do conceito de sujeito-de-uma-vida. Alguns sugerem uma interpretação mais restritiva, segundo a qual a qualificação dependeria do preenchimento de todos os requisitos delineados por Regan em seu conceito. Outros advogam uma interpretação mais aberta, ou leve, para o termo, sustentando que, mesmo sem preencher todas as características, poderia se cogitar a qualificação de sujeito-de-uma-vida.

igualmente)[114]; (c) não confundível com o valor das experiências dos indivíduos (valor intrínseco).[115]

A partir do fato de que os sujeitos-de-uma-vida possuem igual valor inerente, Regan constrói um conceito fundamental para sua teoria, o *princípio do respeito*. Segundo tal princípio, devemos tratar os indivíduos que possuem valor inerente de uma forma que respeite integralmente este valor. Qualquer tratamento que não leve esse fato em consideração será tido por injusto. O princípio do respeito nos impõe dois deveres derivados: (1.1) dever *prima facie* (negativo) de não lesar — de não desrespeitar o valor inerente presente nos sujeitos-de-uma--vida (seu bem-estar experimental deve ser respeitado). Regan denomina esse dever de princípio do dano (*harm principle*); e (1.2) dever *prima facie* (positivo) de assistência — devemos auxiliar aqueles que são vitimados por injustiças.

O princípio do respeito, conjugado com seus deveres derivados, faz surgir a afirmação de Regan no sentido de que os sujeitos-de-uma-vida seriam detentores de direitos morais. Direitos subjetivos representariam demandas válidas (*valid claims*) em relação ao princípio do respeito, de modo que qualquer indivíduo com valor inerente (sujeito-de-uma-vida) teria um direito moral de tratamento respeitoso (que envolve, em princípio, não ser lesado e receber assistência contra um

114 Conforme mencionado, o conceito de sujeito-de-uma-vida unifica agentes e pacientes morais em uma única categoria.

115 Regan propõe, portanto, uma distinção entre valor inerente (valor do indivíduo como sujeito-de-uma-vida) e valor intrínseco (valor das experiências individuais). Aquele que tem uma vida feliz não tem por conta disso mais valor inerente que aqueles que têm vidas miseráveis. Nem aqueles que têm preferências mais sofisticadas têm maior valor inerente que aqueles com prazeres tidos como mais comuns ou vulgares. Esse entendimento permite a Regan traçar uma distinção clara entre sua teoria e o utilitarismo de Singer. A concepção utilitária toma como ponto de partida justamente o valor das experiências individuais (satisfação das preferências). Não se pode ultrapassar o valor inerente por meio do apelo ao arranjo agregado que o valor intrínseco proporciona em termos de maximização da utilidade (o valor inerente não pode ser sobrepujado pelo valor das experiências positivas agregadas — valor intrínseco).

tratamento injusto) incidente sobre outros agentes morais (não contra pacientes morais ou objetos inanimados).

O último tópico do parágrafo anterior é especialmente instigante — refere-se ao problema da intervenção na predação. Uma das objeções mais comumente endereçadas ao conceito dos direitos dos animais envolve a alegação de que ele conduziria ao absurdo, pois se os animais têm o direito à sua própria integridade física e psíquica, seríamos então obrigados a minimizar a maior quantidade de sofrimento possível ocorrente no mundo natural (seríamos algo como uma "polícia moral da natureza"). Deveríamos evitar que as zebras fossem mortas pelos leões nas savanas africanas, preservando, com isso, o seu direito à vida. Além disso, seria muito provável que, no exemplo de leões e zebras, por ausência de alternativas dietéticas, o impedimento da morte das últimas conduzisse a uma violação do próprio direito à vida dos felinos (seriam condenados à morte por inanição). Assim, chegaríamos a uma posição absurda, pois, agindo ou não, estaríamos violando os direitos morais dos animais em questão.

Regan, com base nessa asserção, afirma que o princípio do respeito do qual derivam os direitos morais só é exigível de e entre agentes morais. Em princípio, os animais, por não serem agentes morais, ficariam desobrigados de respeitar a integridade de outros animais: a zebra não teria direitos morais exigíveis ou oponíveis em face do leão (não teria uma demanda válida a ser imposta a ele).[116] A intervenção nos processos predatórios naturais não só não representaria uma demanda moral, como poderia gerar consequências tróficas desastrosas.

116 Do dever de não intervir não segue o direito de explorar. Daí porque o argumento ecológico (na natureza os animais predam uns aos outros) não beneficia a humanidade. Ele sugere que busquemos orientação moral na conduta de seres que, em princípio, não possuem essa dimensão (são seres amorais). Nem sempre o que é natural é necessariamente bom do ponto de vista moral (por exemplo, na natureza os animais possuem comportamentos que objetamos em sociedade; e achamos desejável intervir em processos que são naturalmente lesivos, como as doenças etc.).

Essa resposta, que faz apelo a duas ideias centrais (amoralidade da vítima e necessidade do predador), não é, no entanto, isenta de problemas. Parece claro que, entre os animais, como regra, não há que se falar em relações de moralidade no que se refere a uma possível ética da predação. No entanto, a pergunta é dirigida ao agente moral e ao seu suposto dever de assistência para com um *sujeito-de-uma-vida* em caso de perigo de grave lesão a seus interesses. Quando eventos da natureza ou ações humanas põem em risco outros indivíduos da espécie humana, prontamente afirmamos o dever de intervenção. Para ficar no exemplo do leão, se estivéssemos passeando numa savana africana e víssemos um leão se preparando para atacar uma criança de um vilarejo próximo, deveríamos interceder para tentar salvar a criança do ataque? A resposta intuitiva mais comum é a de que, nesse caso, deveríamos fazê-lo. Por que, então, não intervir quando a vítima é a zebra e não a criança? Sapontzis (1992, pp. 230-1) afirma que do fato de que pacientes morais não possuem consciência do mal que acarretam não decorre o fato de que nenhum mal é gerado por meio de suas condutas (se um humano absolutamente incapaz, por exemplo, resolve, sem motivação alguma, matar e comer seus vizinhos, do fato de ele não ter consciência sobre a correção de sua conduta não se conclui que um mal — morte de pessoas inocentes — não tenha ocorrido). O mesmo se aplica à situação de uma criança pequena que maltrata um animal. Assumindo que ambos, criança e animal, sejam pacientes morais, não deveria haver a intervenção no sentido de impedir que o animal fosse lesado sem motivo algum?

O apelo à necessidade do predador em praticar a conduta parte do princípio de que a quantidade de dano para quem preda é que determina a moralidade da ação. Em nosso exemplo, o leão estaria autorizado a comer a zebra e, portanto, não deveríamos intervir, pelo fato de que a intervenção pode, em si mesma, gerar um dano equivalente ao causado pelo predador. Essa resposta pode parecer razoável para a situação específica da predação, mas existe uma infinidade de situações em que isso não é tão claro. Um exemplo seria se a mesma zebra estivesse atolada em um poço de lama. Se nada for feito, ela morrerá.

Supondo que retirá-la dessa situação não envolvesse nenhum risco relevante para um agente moral que passasse pelo local, deveria ele ajudar o animal? No mesmo sentido, se um cineasta, ao filmar um documentário sobre marsupiais, se deparasse com um filhote de gambá com uma lesão na perna que, caso não fosse tratada, levaria à sua morte, e supondo que o tratamento ou o medicamento estivessem acessíveis ou à disposição, deveria haver a intervenção? Essas são apenas algumas das questões tormentosas que são relacionadas à questão da denominada intervenção na predação (Cunha, 2011; Horta, 2010).

Quando expusemos o princípio do respeito, dissemos que ele se desdobra em dois deveres derivados, sendo eles o de não lesar e o de providenciar assistência. Esses dois deveres são deveres *prima facie* ou deveres com a cláusula "em princípio". Em outras palavras, significa que esses deveres podem eventualmente ser superados. Os casos de superação são detalhados por Regan por meio do princípio da minimização quantitativa (*miniride principle*) e do princípio da minimização qualitativa (*worse-off principle*). Esses princípios atuam quando o dano a um indivíduo só puder ser evitado provocando dano a outro indivíduo.

Naconecy (2006, p.184) sintetiza os princípios da minimização quantitativa e da minimização qualitativa da seguinte maneira:

(XI) *Princípio da minimização quantitativa* (*miniride*): quando os danos forem equivalentes, deve-se evitar o dano ao maior número de indivíduos. Por exemplo: entre (1) causar danos graves a muitos indivíduos e (2) causar danos graves a poucos indivíduos, deve-se causar (2).

(XII) Princípio da minimização qualitativa (*worse-off*): quando alguns indivíduos forem sofrer um dano maior que outros, devemos evitar o dano maior, independentemente do número de indivíduos envolvidos. Por exemplo: entre (1) causar danos graves a muitos indivíduos e (2) causar danos leves a poucos indivíduos, deve-se causar (2). Entre (1) causar danos graves a poucos indivíduos e (2) causar danos leves a muitos indivíduos, deve-se causar (2).

O princípio do respeito afirma que todos os indivíduos com valor inerente (sujeitos-de-uma-vida) possuem, em princípio, o direito de não serem lesados. No caso da minimização quantitativa, se esse direito parte da premissa de que é igualmente distribuído entre esses indivíduos, e se houver uma escolha inescapável entre lesar muitos (sendo o dano comparavelmente equivalente) ou poucos, seremos forçados a escolher lesar poucos. A primeira parte do "caso do bonde desgovernado"[117] (denominada de *switch case*) ilustra a aplicação desse princípio:[118] imaginemos que um bonde está passando e um indivíduo observa que em uma parte do trilho há cinco pessoas inocentes presas, enquanto nos trilhos auxiliares há uma única pessoa inocente presa. O veículo está desgovernado e, se nada for feito, atropelará e matará as cinco pessoas. O observador, porém, tem próximo a si uma alavanca que, se acionada, mudará a direção do bonde, atingindo e matando apenas a única pessoa presa ao trilho auxiliar. A aplicação do *miniride* de Regan, em função do princípio do respeito, diria que, nesta situação, a melhor alternativa seria acionarmos a alavanca, pois, no caso de danos equivalentes, deve-se priorizar salvar o maior número de pessoas possível.[119] [120]

117 Criado por Philippa Foot e aprimorado posteriormente por Judith Thompson, *the trolley problem* se tornou famoso por ilustrar adequadamente um *dilema moral* da filosofia.

118 Regan traz o caso de um desastre que mantém cinquenta e um sobreviventes soterrados em uma mina divididos em dois poços. Um deles contém uma pessoa e o outro, cinquenta. Não há como remover os sobreviventes de um poço sem destruir o outro.

119 Sobrepujar os interesses de muitos em razão dos interesses de poucos, no caso, significaria sobrepujar um direito cinco vezes ao invés de apenas uma, e então dar às perdas sofridas pelos cinco menor quantidade de igual respeito.

120 A segunda parte do "caso do bonde desgovernado" se insere em cenário bastante similar. Aproxima-se um bonde desgovernado e em sua trajetória há cinco pessoas presas aos trilhos. O observador, agora, está acima dos trilhos, em uma ponte ou em uma passarela, e perto

A situação da *minimização qualitativa* envolve uma situação em que os danos não são mais comparáveis. Suponha-se que tenhamos dois indivíduos x_1 e x_2 que são portadores de igual valor inerente, são sujeitos-de-uma-vida. Embora possuam o igual direito de não serem lesados, isso não implica que cada um dos danos por eles sofridos seja igualmente lesivo. Em princípio, a morte de x_1 representa um dano maior que um braço quebrado de x_2. Danos iguais devem ser pesados de forma similar e danos desiguais de forma desigual: tratar o braço quebrado de x_2 à custa da vida de x_1 não seria justo. Justamente por conta do princípio do respeito, devemos privilegiar ajudar aquele indivíduo com o maior dano, x_1, em detrimento daquele que sofre um dano menor, x_2, se não podemos, é claro, ajudar os dois.

Para Regan, o aumento do número dos indivíduos lesados no caso do princípio da minimização qualitativa (*worse-off*) não altera a solução do problema (os números não contam). Aproveitando o exemplo descrito acima, se tivéssemos de escolher entre o peso da morte de x_1 contra lesões não fatais, como um braço quebrado, de mil outros indivíduos, a morte de x_1 continuaria a significar um dano maior que danos individuais de x_{1000} (dos mil indivíduos, ninguém está em pior situação que x_1). O critério de comparação não se dá entre o dano de x_1 e o somatório dos danos de x_{1000}, e sim entre a magnitude do dano sofrido por x_1 em comparação com cada dano individual de x_{1000}. Em razão de o dano de x_1 ser individualmente maior, isso faria dele alguém em situação pior (*worse-off*) que qualquer outro indivíduo envolvido na mesma situação, devendo ser privilegiado em detrimento da maioria x_{1000} — com todos os riscos da simplificação: quando os danos

• • •

dele está um indivíduo com sobrepeso (*footbridge case*). Caso este observador empurre a pessoa obesa da ponte para os trilhos, a massa de seu corpo certamente conseguirá parar o bonde, salvando as cinco pessoas. O que devemos fazer nesse caso? Empurramos a pessoa obesa para a morte, a fim de salvar as demais? Nesse caso, a resposta não parece tão simples, e a maior parte dos entrevistados tende a responder negativamente à questão.

são comparáveis, os números contam; quando os danos não são comparáveis, os números não contam, e o titular do maior dano deve ser privilegiado.

O filósofo norte-americano testa sua teoria aplicando os princípios de minimização aos denominados *prevention cases* [casos de prevenção], que ilustram dilemas morais nos quais ocorre um autêntico conflito de interesses entre indivíduos, em que somente um deles (ou um grupo deles) poderá ser ajudado em detrimento dos demais. A causação de dano é certa. Esse tipo de dilema possui muitas caracterizações (pode ser também descrito por meio da hipótese da "casa em chamas") e o autor, na obra *The Case for Animal Rights*, descreve-o dando o exemplo de uma situação na qual cinco indivíduos sobreviventes estão em um bote salva-vidas. Quatro desses indivíduos são seres humanos e um é um cão de grande porte. A embarcação tem um limite de capacidade para quatro indivíduos em razão do peso máximo por ela suportado. Se ninguém sair, o bote afundará e todos morrerão. Partindo da necessidade imperiosa de diminuir a lotação do barco, a questão é: quem deve ser jogado para fora?

> Alguém deve ceder, ou então todos morrerão. Quem deve ser? A nossa impressão inicial é de que deveria ser o cão. [...] Todos a bordo possuem igual valor inerente e um direito igual, *prima facie*, de não ser lesado. No entanto, o dano da morte representa uma função das preferências que ele encerra, e nenhuma pessoa razoável negaria que a morte de qualquer um dos quatro humanos representa, em princípio, uma perda maior que a do cão. A morte, para o cão, em resumo, embora represente um dano, não seria comparável com o dano que a morte traria para qualquer dos humanos. Jogar um deles para fora do barco, para encarar a morte certa, seria causar a este indivíduo uma perda mais significativa que a produzida em relação ao cão. A nossa crença de que é o cão que deve morrer é justificada com base no apelo ao princípio da minimização qualitativa (*worse-off principle*). (Regan, 1983, p. 324)

Regan (1983, pp. 324-5) traz ainda outra explicação para sua escolha:

> O caso do bote salva-vidas não seria moralmente diferente se supuséssemos que a escolha fosse não entre um único cão e os quatro humanos, mas entre aqueles humanos e qualquer número de cães. Deixemos que o número de cães seja tão grande quando quisermos; suponhamos que seja da ordem de um milhão; e o barco só possa levar quatro sobreviventes. Então a visão de direitos ainda implica que, considerações especiais à parte, o milhão de cães deva ser jogado para fora do barco e os quatro humanos, salvos. Tentar obter um resultado diverso envolverá considerações agregativas — a soma da perda de um milhão de cães contra as perdas derivadas da morte de um ser humano —, uma abordagem que não pode ser aceita por aqueles que concordam com o princípio do respeito.

Assim, Regan sustenta que há um valor de experiência perdida maior no caso dos humanos, razão pela qual sofrem nessa situação um dano maior, e os cães, um dano menor. Se não escolhermos os humanos para serem salvos, o cão, cuja perda é menor, teria, nesse caso, recebido um tratamento indevido.

O ato de jogar os milhares ou milhões de cães ao mar, no exemplo de Regan, tem um efeito um tanto quanto dramático, pois o ato do descarte de uma vida sempre impressiona negativamente, seja ela humana ou não. Pensamos que o exemplo ficaria menos chocante e mais inteligível a partir de uma situação ligeiramente diferente. Imaginemos outro cenário, em que há cem pessoas à deriva, após o naufrágio de um navio de turismo em alto mar. As cem pessoas lutam pelo acesso a um único bote salva-vidas, que tem a sua capacidade limitada a somente cinco passageiros. Dentre essas cem pessoas que estão na água, por hipótese, 95 são pessoas adultas, homens e mulheres, todas com mais de setenta anos de idade, e cinco delas são crianças com idade inferior a doze anos. Quem deve ter acesso aos cinco lugares disponíveis? Supondo que pudéssemos, hipoteticamente, escolher a quem salvar, quem deveríamos colocar no bote? A maior parte das pessoas tenderia a adotar o critério de, em princípio, salvar as crianças em razão de sua pouca idade (este é, inclusive, um critério legal adotado para prioridade de salvamento e resgate). Não veríamos maior problema com esta solução. Haveria o descarte de noventa e cinco pessoas, porque elas não podem estar todas a bordo do pequeno bote salva-vidas. O caso dos cães narrados por Regan traz, enganosamente, a ideia de que todos estão no bote e, subitamente, os descartamos, condenando-os à morte. Não parece ser esta a hipótese tratada no exemplo trazido pelo animalista. Novamente, utilizemos o exemplo acima, desta vez com um milhão de cães e cinco seres humanos à deriva. O bote continua a ter lugar somente para cinco indivíduos, sejam eles humanos ou cães. Quem devemos salvar? Regan, embora afirme que os cães também são, evidentemente, sujeitos-de-uma-vida, admite que, em uma escolha fatídica, seríamos obrigados a escolher salvar os cinco seres humanos e deixar que os cães tragicamente morram.

Singer não condena o resultado final a que chega Regan (preferência pelos humanos sobre os animais em um cenário de caso-limite), mas uma suposta inconsistência em termos de obtenção desse resultado, a partir de uma teoria deontológica. De acordo com Singer, a comparação entre o valor das experiências e as satisfações desses indivíduos representaria, na verdade, um cálculo utilitário:

> Se a posição de Regan fosse baseada no princípio da igual consideração de interesses, ele seria capaz de argumentar que as pessoas têm um interesse mais significativo na vida que os cães, seja por conta dos benefícios que uma vida continuada traz a elas, seja porque possuem planos, esperanças e desejos orientados para o futuro que serão abortados com a interrupção de suas vidas. Todavia, Regan procura basear sua posição no princípio do igual valor inerente. Como pode ele fazer isso e, ao mesmo tempo, permitir que somemos as oportunidades de satisfação que uma vida traz e, com base nesse cálculo, julgar que uma vida de um ser humano adulto normal é mais valiosa que uma vida canina? (Singer, 1985, p. 50)

Portanto, na visão de Singer, e também de outros autores, como Dale Jamieson (1990), os princípios do *miniride* e do *worse-off* implicariam o esvaziamento da posição de direitos sustentada por Regan, pois esta se baseia na desconsideração da relevância moral das consequências. O autor estaria se baseando na comparação de danos para verificar quem seria mais lesado, e isso seria inconsistente com uma concepção deontológica.

Singer afirma ainda que Regan estaria sendo apenas teimoso ao não aceitar o componente de maximização da utilidade:

> Suponha-se que tivéssemos de escolher entre sacrificar um chimpanzé e um cão. Regan permitiria que argumentássemos que, da mesma forma como fez em relação ao caso dos seres humanos e dos cães, a vida do chimpanzé teria maiores oportunidades de satisfação e, em razão desse fato, o cão deveria ser sacrificado. Isso significa que ainda assim deveríamos sacrificar um milhão de cães por um chimpanzé? O ponto seria o mesmo se se tratasse de um macaco *rhesus* em vez do chimpanzé? Em caso positivo, não seria isso apenas uma recusa teimosa de permitir que os números contem? Em caso negativo, se os números não desempenham papel decisivo quando comparamos diferentes animais não humanos, por que não deveriam contar em casos envolvendo seres humanos? Não estaria o exemplo de Regan corroborando a nossa intuição especista no sentido de afirmar que não importa a quantidade de satisfação canina, ela nunca se comparará à de um ser humano? (Singer, 1985, p. 50)

Talvez, somente a título de mera cogitação, Regan dissesse que as diferenças relativas entre cães e chimpanzés seriam suficientemente pequenas para dizer que estaríamos enfrentando uma situação de danos comparáveis e, então, seria aplicado o princípio da minimização quantitativa (*miniride*) e os números contariam para a solução do problema.

Gary Francione (1995b, p. 86) também aponta uma questão similar à levantada por Singer no exemplo anterior, trazendo um caso no qual as diferenças ocorrem entre membros da mesma espécie:

As discussões anteriores indicam que a confiança na análise comparativa de danos pode ser problemática não somente por conta de chegar a conclusões especistas. Retornemos ao caso do bote salva-vidas. Há cinco sobreviventes, todos humanos. Quatro dos sobreviventes possuem algum tipo de talento extraordinário — um é um músico brilhante, outro um gênio da matemática etc. O quinto sobrevivente é um ser humano adulto normal com um trabalho comum e sem qualquer talento ou habilidade especial. Se afastamos a presunção de que danos semelhantes tenham efeitos similares quando o quinto passageiro é um cão, por que não assumir que o mesmo dano da morte terá também efeitos diferentes nos quatro talentosos sobreviventes em relação ao sobrevivente sem talentos, em razão do término de oportunidades de satisfação mais complexas que não ocorrerão para ele?

Mark Rowlands (2009, pp. 76-7), no entanto, adverte para o fato de que não haveria por que enxergarmos a adoção do cálculo utilitário na proposição de Regan:

> não há nada na posição de Regan que o comprometa com a afirmação de que as consequências seriam irrelevantes para a tomada de decisão moral. O que a visão de direitos nega é que as decisões morais possam ser tomadas somente por meio da determinação de qual alternativa trará as melhores consequências para todos os afetados pela decisão. As consequências, em outras palavras, são relevantes; somente não são o único fator relevante. A visão de direitos, portanto, não demanda a asserção de que as consequências sejam moralmente irrelevantes. *A fortiori*, não dispensa que consideremos as consequências em nossas deliberações morais. De fato, seria uma teoria muito estranha, e implausível se sugerisse isso. A visão de direitos assume que as consequências das ações são um fator extremamente importante no processo decisório. Não seria possível demonstrar igual respeito para cada um dos indivíduos afetados por uma ação se não ponderássemos quanto cada qual seria afetado por essa ação. Assim, a visão de direitos não exige assumir que as consequências em geral e as consequências para o bem-estar específico de indivíduos em

> particular sejam moralmente irrelevantes. Pelo contrário, quando a visão de direitos é adequadamente compreendida, ela demanda justamente o oposto. A única coisa efetivamente excluída é que as consequências sejam o critério único ou exclusivo por meio do qual as decisões morais devam se pautar.

Outra crítica endereçada a Regan nesse ponto é a de que ele teria, com a solução proposta, deixado de lado o pressuposto do igual valor inerente entre os sujeitos-de-uma-vida, criando uma verdadeira hierarquia dentro dessa categoria. Essa é a opinião, por exemplo, de Rem B. Edwards (1993, pp. 232-4), que afirma, sobre este ponto, que:

> A despeito da insistência de Regan, parece que haveria graus dentro da categoria de sujeito-de-uma-vida. [...] Regan não evita favorecer habilidades preferidas (*teoria perfeccionista*) porque traz uma listagem delas para definir o que vem a ser um sujeito-de-uma-vida. [...] Regan afirma que "a escolha do cão não entra em choque com o reconhecimento do valor inerente do cão", mas certamente isso ocorre, porque ele ignora que a eliminação do valor inerente do animal seria uma perda tão grande quanto a perda do valor inerente do ser humano, se o valor inerente é igual em ambos os casos.

Não entendemos que seja isso exatamente o que Regan propõe. Embora, de fato, sua teoria seja lastreada no igual valor inerente dos sujeitos-de-uma-vida, ele afirma que, em relação ao valor intrínseco (valor das experiências vividas por esses indivíduos), pode haver desigualdade (haveria igualdade no valor inerente e possibilidade de desigualdade de valor intrínseco, mesmo entre seres humanos). Assim, é com esses casos excepcionais, de escolhas fatais de tudo ou nada, em que sempre haverá um dano a ser produzido, que Regan justifica sua preferência pelo humano, afirmando não que o cão possui menor valoração inerente, mas menor valoração intrínseca.

A dificuldade maior, empírica, é, de fato, distinguir entre experiências vivenciadas por espécies distintas para afirmar que o dano da morte preclui experiências mais ricas e importantes para homens do que para animais. A esse respeito, Sapontzis (1992, p. 221) afirma que não haveria como comparar as oportunidades de satisfação de vidas entre espécies distintas:

> Segue-se que, se considerarmos as vidas de um cão e de um ser humano, por exemplo, que são vidas bastante diversas entre si, mas que, presumidamente, são ambas vividas plenamente, é impossível determinar qual vida tem mais valor. A vida humana pode ter um grau mais rico de variedade de experiências, e um ser humano poderia se sentir frustrado vivendo a vida de um cão. Mas isso é absolutamente irrelevante para a questão de saber se a vida do cão é mais satisfatória para o cão do que a vida do humano em relação ao indivíduo humano. Já que não podemos efetivamente sentir o que os animais sentem, não podemos determinar se um humano obtém mais proveito e satisfação em sua vida que um animal.

Trindade (2014, p. 242) alerta para o fato de que a posição de Regan teria o potencial de abrir caminho para a justificação de consideração desigual em quaisquer disputas morais entre seres humanos e animais sempre que interesses humanos e não humanos entrarem em conflito:

> Consequentemente, ao tentar demonstrar que, em uma situação tão sensível como a do bote salva-vidas, seria viável a aplicação dos princípios da minimização quantitativa e minimização qualitativa, tendo por justificativa primeira o dano maior que seria causado pela morte dos humanos em comparação ao dano causado pela morte dos cães, Regan abre a possiblidade de decidir qualquer disputa entre portadores de valor inerente igual humanos e não humanos em favor dos primeiros.

Na mesma linha, Singer (1985, p. 50) chega a comparar a escolha de Regan pelos seres humanos no caso do bote salva-vidas com a de um experimentador no âmbito da pesquisa científica que faz uso de animais:

> Mesmo que Regan demonstre que suas visões sobre o caso do bote salva-vidas são consistentes com o princípio do igual valor inerente, precisará enfrentar uma tarefa ainda mais difícil: explicar a discrepância entre sua concordância em jogar um milhão de cães para fora do barco a fim de salvar uma única vida humana, e sua recusa em permitir que um cão seja utilizado em um experimento letal, embora não doloroso, para salvar vidas humanas.

Pensamos que aqui cabem algumas ligeiras considerações. A primeira delas diz respeito ao fato de que a solução apresentada por Regan se aplica tão somente a casos-limite (*prevention-cases*) e, portanto, não se extrapolam às demais situações ordinárias que envolvam interesses de humanos e animais (Regan, 1983, p. 325). Não se vê, em princípio, como Regan poderia corroborar a instrumentalização dos animais, pois o caso do bote salva-vidas não trata de uma questão dessa ordem. Nele, sempre haverá alguém que será sacrificado (a depender da solução, animais ou homens), e não se pode dizer que quem quer que seja escolhido para morrer está sendo utilizado como um instrumento para a satisfação do bem-estar alheio. Nesse caso, a escolha é impositiva, não pode ser evitada (não haveria instrumentalização no estado de necessidade). No caso de um experimento científico, o cão é deliberadamente conduzido, coercitivamente, ao experimento, servindo apenas como um instrumento para as finalidades humanas. No bote, o animal não teria sido coagido a estar na situação específica que lhe traz potencialidade lesiva.

Singer constrói, em resposta, uma última situação na qual, de maneira similar ao caso do bote salva-vidas, deve ser feita uma escolha entre humanos ou animais no âmbito da ciência. Singer pede que imaginemos o cenário de ocorrência de um vírus letal que afeta igualmente a espécie humana e os cães. Os pesquisadores acreditam que o único modo de solucionar a contaminação seria realizando pesquisas em alguns dos indivíduos contaminados. Aqueles que forem submetidos à experimentação morrerão, mas o conhecimento obtido ajudará os demais a sobreviver. Nessa situação de igual perigo para cães e humanos, se Regan está disposto a jogar os cães para fora do barco, também deveria estar disposto a utilizar um cão contaminado para salvar seres humanos doentes (Singer & Regan, 1985, p. 57).

Nesse caso, Singer parece ter encontrado uma situação em que provavelmente Regan seria obrigado a, por coerência, concordar com a realização dos experimentos com animais,[121] embora a condicionante utilizada por ele seja bastante implausível no sentido de termos certeza de que o experimento trará a cura para a doença terminal que aflige tanto os humanos quanto os cães. O método experimental não se baseia na certeza do resultado e isso, por si só, poderia prejudicar o exemplo trazido por Singer. Tampouco o exemplo de Singer poderia ser extrapolado para a experimentação animal tal qual é realizada.

A teoria de direitos proposta por Regan e encampada por outros autores, como Gary Francione, traduz uma ideia geral, sob premissas diversas, de que os animais, ou parte deles, seriam titulares de direitos subjetivos fundamentais, entre os quais estariam os direitos à não escravização, à liberdade, à vida, à integridade física e psicológica, entre outros.[122]

Isso, evidentemente, preclui a utilização dos animais nas mais variadas instâncias, como é o caso de animais utilizados para entretenimento, esporte, práticas recreativas, vestuário, experimentação científica e didática, e alimentação:

> na prática, o utilitarismo de Singer e a posição de direitos de Regan se preocupam com os mesmos tipos de animais. Em termos gerais, ambos os filósofos partilham a convicção de que (I) muitas espécies de animais têm *status* moral, (II) as diferenças entre humanos e animais não são tais que justifiquem o modo pelo qual os tratamos,

121 Francione (1995b, p. 87) afirma que, embora a teoria de Regan não justifique a experimentação animal (o uso institucionalizado de animais para esses fins seria contrário ao princípio do respeito), ela dá aos interesses dos animais um peso que pode eventualmente ser superado.

122 Para uma discussão mais aprofundada sobre os direitos dos animais, conferir Lourenço (2008).

e (III) esse *status* exige reformas amplas nos nossos costumes. (Naconecy, 2006, p. 185)

Vimos que Singer se coloca a favor de uma dieta vegetariana mais por conta do sofrimento pelo qual os animais passam até o momento da morte do que efetivamente pela perda da vida em si (o utilitarismo não faz uso, em princípio, da linguagem de direitos). Regan, por sua vez, assim como os demais defensores dos direitos dos animais, adota a ideia de que o consumo de produtos de origem animal (inclusive ovos, leites e derivados) deve ser moralmente evitado.

Haveria uma razão moral objetiva para a adoção do vegetarianismo estrito (*veganismo*), que trabalharia da seguinte maneira:

(P1) alguns animais possuem valor próprio (valor inerente);
(P2) ao menos os animais vertebrados se qualificam como tais (a partir do critério da senciência, ou, para Regan, pelo de sujeito-de-uma-vida);
(P3) os princípios do respeito e da não lesão se aplicam a eles;[123]
(P4) portanto, ao menos os animais vertebrados possuiriam o direito de serem tratados com respeito e o direito *prima facie* de não serem lesados;
(P5) a criação, a reprodução e o abate desses animais para consumo humano lesa interesses fundamentais desses seres;
(C) não deveríamos, portanto, criar, reproduzir ou abater esses animais.

123 Em adição ao princípio do respeito e da não lesão e das derivações da minimização quantitativa (*miniride*) e minimização qualitativa (*worse-off*), Regan ainda traz o princípio da liberdade, segundo o qual, partindo-se do pressuposto de que todos os envolvidos são tratados com respeito, e assumindo que considerações especiais não se aplicam, qualquer indivíduo inocente possui o direito de agir no sentido de evitar situações que impliquem prejuízo relevante ao seu bem-estar, mesmo que, ao assim proceder, outros sejam eventualmente lesados. Em outras palavras, o princípio da liberdade somente justifica ultrapassar o princípio da não lesão quando se deve agir no sentido de evitar ficar em pior situação que aqueles que devo lesar nesse processo.

A discussão que se coloca não diz respeito unicamente ao questionamento do modo como lidamos com os animais nas mais variadas instâncias, mas sim ao questionamento do uso em si mesmo, considerado na medida em que há violação do valor inerente titularizado pelos animais. Para utilizar a expressão que deu nome a uma já mencionada e conhecida obra do próprio Regan (2006), os defensores dos direitos dos animais não querem jaulas maiores, mas "jaulas vazias".[124]

Seria mesmo impossível pretender esgotar as posições encontradas no âmbito da ética animal, ou mesmo todos os pontos e questões que a envolvem. A razão da escolha de uma abordagem um pouco mais detida sobre os fundamentos teóricos de Singer e Regan se deve à necessidade de expor duas importantes visões (o *utilitarismo* e a *posição de direitos*), que partem de pressupostos diversos para defender diretamente os animais, ou, ao menos, parte deles.

Certo é, no entanto, que existem muitas outras concepções riquíssimas que trabalham a questão animal. Somente para citar alguns exemplos, podemos fazer menção à abordagem da *relevância dos laços comunitários* por Mary Midgley, a correlação com o tema dos animais pela ética do cuidado, pela ética da virtude, pelo contratualismo, pela alteridade de Lévinas e Derrida, entre tantos outros.

As tensões do animalismo com as éticas ecocentradas ou holísticas serão abordadas em seguida, no transcorrer da exposição dos fundamentos dessas duas cosmovisões.

124 Daí o porquê de haver a divisão entre uma posição de proteção indireta dos animais, preocupada primordialmente com o modo como estes são tratados (*bem-estar animal*), e a posição direta (*abolicionista*), que pretende questionar as instâncias de uso animal. Um dos autores que faz mais questão de marcar essa dicotomia é o estadunidense Gary Francione (1996; 2008; 2013). Uma posição intermediária, muito criticada por Francione, mas defendida por outros autores, seria a de unicamente, com bases estratégicas, defender o incremento do bem-estar dos animais em curto prazo (porque possível) e a abolição do uso de animais a longo prazo (como meta ideal, a ser atingida no futuro).

3. As posições ecocêntricas

O ecocentrismo recusa a lógica extensionista baseada no individualismo moral, advogando a tese de que tanto as visões homocentradas quanto as provenientes do biocentrismo seriam insuficientes para explicar a relação homem-mundo natural. O pano de fundo das teorias ecocêntricas é o *holismo*, que torna alvo da atenção moral não os indivíduos, mas os entes naturais coletivos, tais como ecossistemas, processos, espécies, sistemas naturais e a própria Terra ou o Universo como um todo.

O pensamento ecológico, baseando-se no princípio de interdependência entre os organismos vivos e o próprio ambiente, lastreia a ideia de valor instrumental do indivíduo frente à necessidade de preservação e de estabilidade desses sistemas coletivos.

3.1 Aldo Leopold e a *ética da terra*[125]

Poucos duvidam da influência pioneira de Aldo Leopold para o pensamento ambientalista norte-americano.[126] As últimas 25 páginas do seu clássico *Pensar como uma montanha: a sand county almanac*,[127] publicado em 1949, um ano após sua morte, lançaram as bases da chamada ética da terra (*land ethic*), que, para muitos, tornou-se um autêntico marco para a construção de um novo paradigma relacional entre o homem e o mundo natural,[128] baseado no valor moral de entidades de cunho holístico (marcando o nascimento do *ecocentrismo*).

125 A opção por utilizar a expressão *ética da terra* em minúscula se explica a partir da fidelidade ao próprio autor, que faz a referência dessa forma (*land ethic*) em sua obra *Pensar como uma montanha: a sand county almanac*. O seu principal discípulo, John Baird Callicott, também usa a grafia dessa mesma maneira. Na língua inglesa, o termo *land* significa terra, mas no sentido de solo, não propriamente do planeta Terra (*Earth*). Leopold, no entanto, quando menciona a ética da terra, não restringe suas considerações ao solo, mas inclui os demais elementos naturais, como as águas, os vegetais e os animais. Nesse sentido, a ética da terra é, na verdade, a ética aplicável à comunidade biótica.

126 Alguns autores apontam Henry David Thoureau (1817-1862), John Muir (1838-1914) e Gifford Pinchot (1865-1946) como antecessores de Leopold.

127 A primeira edição foi publicada sob o título de *A Sand County Almanac and Sketches Here and There* [Almanaque de um condado de areais e rascunhos aqui e ali]. Em 1966, a Oxford University Press adicionou oito ensaios da coleção *From the Round River* [Do rio Round] e publicou a obra com o título *A Sand County Almanac with Essays on Conservation from Round River* [Almanaque de um condado de areais com ensaios sobre a conservação do rio Round]. Em 1970, a editora Ballantine republicou o título como simplesmente *A Sand County Almanac*. Para efeito de citação, utilizaremos a versão mais recente da Oxford University Press, de 2001.

128 Tem havido um crescente interesse nos escritos de Leopold sobre agricultura e conservação do solo, especialmente após a criação do Centro Aldo Leopold para a Agricultura Sustentável na Universidade Estadual de Iowa. De fato, Leopold foi um dos precursores em pensar a ecologia de maneira holística, antes mesmo da própria ecologia ganhar autonomia científica.

Celebrado, com certa dose de exagero, como o fundador da ética ambiental contemporânea,[129] Leopold nasceu em Burlington, Iowa, Estados Unidos, em 1887. Desde jovem, suas experiências pessoais com a caça e a ornitologia o motivaram a procurar a carreira de gestor florestal, muito valorizada no período em razão da transferência massiva de reservas florestais da jurisdição do Departamento do Interior para a do Departamento da Agricultura, do qual então fazia parte o Serviço Florestal dos Estados Unidos. Em 1906, iniciou seus estudos na Escola Florestal de Yale,[130] hoje Escola de Estudos Florestais e Ambientais de Yale, onde pela primeira vez teve contato com as denominadas ciências ecológicas.

A palavra ecologia (do grego *oikos*, significando "moradia" ou "relações vivas", e *logos*, "estudo"), foi introduzida em 1866 no vocabulário científico pela obra *Generelle Morphologie*, do biólogo alemão Ernest Haeckel. Todavia, embora a criação do termo possa ser efetivamente creditada a Haeckel, suas origens científicas, na realidade, são mera derivação do pensamento de Charles Darwin. O biólogo inglês, já em 1859, mencionava abertamente a chamada "economia da natureza", no seu clássico *A origem das espécies* (Darwin, 1985), descrevendo a complexa interdependência dos organismos vivos, entre si e com o próprio ambiente, provocando, evolutivamente, a diversidade biológica. O entusiasmo de Haeckel (citado por Stauffer, 1957, p. 138) por Darwin é explicitamente revelado em

129 J.Baird Callicott (1980, p. 311) afirma ser Leopold "universalmente aceito como o fundador da ética ambiental contemporânea. A sua ética da terra tornou-se um clássico da modernidade e pode ser considerada um exemplo paradigmático do que a ética ambiental é". O historiador Donald Fleming (1972, p. 18), no mesmo sentido, afirma metaforicamente que Leopold é o "Moisés do novo movimento conservacionista, surgido nas décadas de 1960 e 1970, que trouxe as tábuas com os mandamentos, mas não viveu o suficiente para entrar na terra prometida". Na mesma linha, pode-se citar ainda René Dubos (1972, p. 156), para quem *A Sand County Almanac* seria "a bíblia do conservacionismo norte-americano".

130 A escola foi fundada por meio de financiamento do pai de Gifford Pinchot, James Pinchot, um barão da indústria madeireira.

Aus einer Autobiographischen Skizze vom Jahre 1874 [Um esboço autobiográfico do ano de 1874]:

> Após meu retorno da Itália em 1860,[131] quando tomei efetivamente contato com o trabalho de Darwin, vislumbrei nele a possibilidade de resolver os problemas filosóficos mais complexos. Comecei, então, a desenvolver uma visão unificada da vida, visão esta que tornou meus escritos anteriores obsoletos.

A própria ideia da ancestralidade comum nutria em Darwin tanto uma dimensão de encantamento científico quanto de moralidade, no sentido de respeito mais humilde pelas criaturas vivas. Os historiadores Adrian Desmond e James Moore, que retratam a forte ligação do biólogo e de sua família com a causa abolicionista humana, observam também sua preocupação com o tratamento dispensado aos animais:[132]

> Esta última [Sociedade para a Prevenção da Crueldade contra Animais — SPCA] santificou uma extensão da humanidade à criação bruta, e Darwin, que tinha quinze anos quando a SPCA

131 Haeckel estava em Messina estudando organismos unicelulares chamados radiolários, protozoários que dão origem a esqueletos minerais intrincados. Publicou, por conta disso, sua obra mais conhecida, *Die Radiolarien*, que lhe rendeu o cargo de professor na Faculdade de Medicina de Jena, na Alemanha central.

132 Consta que Erasmus Darwin, avô paterno de Charles, médico, autor da obra *Zoonomia*, também era preocupado com as questões relacionadas ao tratamento humanitário dos animais. Pensava que todas as criaturas vivas (incluindo os vegetais) tinham laços de comunicação umas com as outras e podiam, em maior ou menor grau, ser sensíveis, volitivas e expressivas. Sua *Zoonomia* substitui a frase bíblica "Vai ter com a formiga, preguiçoso!" por "Vai, orgulhoso *Homo sapiens*, e chama o verme de irmão!". A escravidão ou o despotismo eram valores combatidos por toda a família. Com a morte da mãe em 1817, Darwin foi criado pelas irmãs mais velhas, Marianne, Caroline e Susan, que lhe ensinaram o amor pela vida e a simpatia pelas criaturas mais humildes. O lado Wedgwood da família, do famoso ceramista e avô materno Josiah Wedgwood, também compartilhava a compaixão e a anticrueldade como valores importantes para toda a sociedade.

se constituiu [em 1824], via as coisas dessa forma. Ele ficava branco de raiva ao ver alguém chicotear um cavalo e, mais tarde, processaria um habitante local por maltratar carneiros. Os seus eram os valores centrais dessa sociedade. (Desmond & Moore, 2009, pp. 32-3)

No entanto, a evolução do estudo da ecologia como ramo autônomo do conhecimento foi lenta. Até o século XX, somente a ecologia das plantas (*plant ecology*)[133] havia obtido foros de legitimidade no meio acadêmico, por meio dos trabalhos pioneiros de Frederic E. Clements e Henry C. Cowles. A ecologia ligada aos animais contava apenas com trabalhos meramente descritivos de V. E. Shelford e C. C. Adams.[134]

Em Yale, o primeiro contato de Leopold com as ciências ecológicas se deu justamente com a *plant ecology*, em um estudo basicamente descritivo da sucessão de espécies vegetais nas dunas do lago Michigan. Logo após a sua formatura, em 1909, Leopold decidiu ingressar no recém-criado Serviço Florestal Americano (fundado em 1905), sob a jurisdição do Departamento de Agricultura, vinculando-se inicialmente aos estados do Arizona e Novo México. Pouco tempo depois, em 1912, modificou a sua área de trabalho, tornando-se supervisor da Floresta Nacional Carson, no nordeste do Novo México.

Sua formação acadêmica e profissional guardava laços estreitos com a visão conservacionista. Seu chefe no Serviço Florestal, Gifford Pinchot, e o próprio presidente norte-americano, Theodore Roosevelt, sustentavam que a natureza deveria ser utilizada de maneira eficiente, de modo a garantir

133 A denominada *plant ecology* consiste em um ramo da ecologia dedicado ao estudo sobre a distribuição, diversidade, abundância, efeitos dos fatores ambientais sobre a vida vegetal e as interações entre as plantas e demais organismos.

134 Em 1927, Charles Elton publica *Animal Ecology* e sinaliza uma mudança de uma perspectiva meramente descritiva para uma funcional (de que os organismos desempenham uma função na comunidade biótica). Elton aborda a importância da cadeia alimentar como o princípio básico de organização dos seres vivos.

o melhor bem-estar para a maior quantidade de pessoas durante a maior quantidade de tempo possível.[135] O Serviço Florestal encampava abertamente a ideia de que os mesmos princípios utilizados para a gestão das florestas poderiam ser analogamente aplicados à situação dos animais como um importante produto florestal (*animals as crops*). Tal como apontado por Susan Flader (1994, p. 67):

> Leopold comparava a proteção da caça (*game*) contra os predadores e a morte ilegal à proteção contra as queimadas e extração ilegal de madeira, o nascimento de animais com o aumento de estoque, a demanda de caça ao mercado da madeira, a limitação de abate à limitação de corte, leis de controle da caça e licenças aos contratos de compra e venda de madeira.

135 Essa ideia está presente, de modo expresso, nas chamadas "Governor's Conferences on the Conservation of Natural Resources" [Conferências de governadores sobre a conservação dos recursos naturais], realizadas na Casa Branca em 1908. Na abertura das conferências, Roosevelt afirma: "cada passo do progresso da humanidade é marcado pelo uso de recursos naturais anteriormente não utilizados. Sem a evolução do conhecimento e a utilização desses recursos, a população não teria condições de crescer, nem as indústrias de se multiplicar, nem a riqueza oculta da terra de ser empregada para o benefício da humanidade. [...] Deixando de lado temporariamente a questão moral, é correto afirmar que a prosperidade da nossa gente depende diretamente da energia e da inteligência com as quais são utilizados os recursos naturais. É igualmente claro que esses recursos consistem no alicerce e perpetuidade do poder nacional. Finalmente, é notório que esses recursos se encontram em via de exaustão". James Hill, na sequência, falando sobre a "mãe Terra", reflete positivamente a respeito da criação de gado nas pastagens, considerando que a criação intensiva é o caminho para maiores ganhos: "se a Terra, a grande mãe dos homens e animais, extinguir-se, o que será de nós? [...] A natureza já determinou que o gado fique junto ao pasto. Há grande quantidade de dinheiro investida na criação de gado, seja para a produção de laticínios, seja para a produção de carne, compra de novas cabeças, bem como a renovação das pastagens. Necessitamos considerar a criação intensiva tal como é realizada em outras culturas como a França, Holanda e Bélgica" (Library of Congress, 2002).

Conforme já se examinou, essa concepção consubstancia uma visão consequencialista, ou seja, a correção moral da ação é medida em função de seus resultados. As experiências individuais contam do ponto de vista moral, mas podem ser ultrapassadas pelas necessidades coletivas ou agregadas.

Durante sua permanência no Serviço Florestal norte-americano, do qual se desligou em 1928, Leopold desenvolveu três temas centrais de atuação: (a) planejamento de áreas de recreação; (b) gestão da caça;[136] e (c) controle da erosão e desgaste do solo. Segundo Nash (1989, p. 64), um de seus primeiros projetos profissionais, fortemente impregnado pela mentalidade utilitária proveniente do conservacionismo, consistiu na eliminação dos chamados "maus predadores"[137] (tais como leões-da-montanha e lobos).

136 No século XIX, a escassez de animais já trazia sérios problemas. Os próprios caçadores começaram a se organizar para promover regras mais rigorosas para a atividade, bem como a criação de reservas para espécies em extinção, tudo com o intuito de perpetuar a prática da caça. Em 1887, com o auxílio do presidente Roosevelt, foi criado o Boone and Crockett Club, uma associação de caça que se pretendia conservacionista (se é que isso seria, em alguma medida, possível). Em 1902, surgiu a *National Association of Audubon Societies* [Associação Nacional de Sociedades Audubon], seguida pelo *Wildlife Protection Fund* [Fundo de Proteção à Vida Selvagem] em 1910, e pela *American Game Protective and Propagation Association* [Associação de Proteção e Propagação da Caça], em 1911.

137 As associações Trego Rod e Gun Club, ambas do condado de Washburn, publicaram um relato intitulado "The Fox, Wolf and Deer" [A raposa, o lobo eo cervo] em 1945, no qual esta adjetivação fica ainda mais contaminada pelo ambiente da Segunda Guerra Mundial: "O lobo é o *nazista* da floresta. Ele abate os cervos e filhotes. A raposa é o *japonês* astuto que apanha os pequenos animais e pássaros" (Flader, 1994, p. 211).

3.1.1 Leopold e a questão da eliminação dos predadores

Essa questão aparece claramente em "The Varmint Question" [A questão dos animais nocivos], publicado na primeira edição da revista *Pine Cone*, patrocinada pela Albuquerque Game Protective Association [Associação protetora da caça de Albuquerque], da qual Leopold era secretário, em dezembro de 1915.[138] No referido artigo, o autor revela toda sua hostilidade em relação aos grandes predadores naturais, procurando ganhar apoio dos criadores de gado da região, entre os quais estava seu irmão E. M. Otero. O autor afirma que os rancheiros e caçadores têm interesse em um mesmo problema, que é a redução dos predadores em favor da manutenção dos "bons animais":[139]

> é notório que os predadores naturais estão se alimentando do estoque de animais de criação. [...] Se lobos, leões-da-montanha, linces, coiotes, raposas, gambás e outras pragas estivessem decrescendo no mesmo ritmo que a caça [alces, cervos etc.], não haveria razão para maiores preocupações [...]. Qualquer que seja

138 O então presidente norte-americano, Theodore Roosevelt, em 16 de janeiro de 1917, escreve a Leopold congratulando-o pelo artigo recém-publicado: "Através de você, gostaria de cumprimentar a Albuquerque Game Protective Association a respeito de suas realizações. Acabei de ler a revista *Pine Cone*. Penso que sua plataforma é simplesmente essencial, e sinceramente espero que consigam contratar fiscais florestais capacitados. Ao que tudo indica, sua associação no Novo México está estabelecendo um exemplo para todo o país" (Flader, 1994, p. XXVII).

139 A polarização entre predadores e cervos fica clara na preferência do autor pelos últimos: "para o caçador de cervos ou o homem da natureza, os cervos são o númeno das montanhas do Sudoeste. Sua presença ou ausência não afeta a aparência externa da região das montanhas, mas certamente afeta nossa relação com ela. Sem os rastros dos cervos nas trilhas e a potencial presença de cervos a cada curva da encosta, o Sudoeste seria, para o homem da natureza, uma casca vazia, um vácuo espiritual" (citado por Flader, 1994, p. 3).

o valor do trabalho de sistemas de armadilhas e envenenamento, governamentais ou privados, o fato é que essas pragas continuam a se reproduzir e sua redução só poderá ser alcançada por meio de um plano de ação que seja prático, vigoroso e abrangente. (Leopold, 1991, pp. 47-8)

A guerra contra os predadores representava uma luta de estoque entre a disponibilidade da caça, já que "poderia haver caça suficiente para os esportistas ou para os predadores, mas não para ambos" (Leopold, 1919). A tese da luta contra os predadores[140] fica também evidente em outra passagem:

> Temos cerca de vinte milhões de acres de floresta neste distrito, parte da qual é inviável para a criação de gado, e nessas terras planejo introduzir caça e peixe para providenciar recreação para cerca de vinte mil pessoas e trazer 25 mil dólares para o país. É um projeto audacioso, mas sei que pode ser realizado [...]. Estou organizando as associações de caça dos dois estados, assegurando, com isso, a reintrodução de espécies ameaçadas de extinção, bem como lutando pela criação de trutas nos rios, judicializando casos de violação das regras de caça, investindo em palestras para o público, assegurando a proteção da caça na mídia, criando uma luta contra os animais predadores [...]. Embora tenha obtido grande progresso, penso que o trabalho vá durar o resto de minha vida. (Leopold, citado por Flader, 1994, pp. 12-3)

Ou ainda em: "Demandará paciência e dinheiro para pegar o último lobo ou leão-da-montanha do Novo México. Todavia, o último deve ser apanhado antes que o trabalho possa ser dado como definitivamente concluído" (*idem*, p. 93).

Tudo indica que a atividade da caça também era um de seus passatempos prediletos. Segundo relata Susan Flader (1994, pp.

140 Em um dos boletins da American Game Protective Association (nº 1, 1920, p. 9), assinado por Leopold, o autor menciona o fato de que "os predadores constituem o inimigo comum dos esportistas e conservacionistas".

14-5), "a conservação/gestão da caça sempre foi uma de suas obsessões, tanto dentro do Serviço Florestal quanto como um passatempo usual — quando ia ao rio Grande com Starker, seu filho de quatro anos de idade, atirar em pombos e patos". Em um artigo intitulado "Grand-Opera Game", publicado em 1932 pela revista *Sportsmen*, Leopold (1991, p. 169) defende suas preferências pessoais de caça: "é senso comum afirmar que o tiro aos faisões é um bom espetáculo, mas o mesmo quando se trata de codornas ou galinhas da pradaria se torna uma *grand opera*".

Conforme se demonstrará, com o passar do tempo, Leopold ameniza essa sua perspectiva. Em 1933, enquanto professor da Universidade de Wisconsin, alertava os alunos para o fato de que a categorização de animais como "bons" ou "maus" era equivocada, dado que eram sempre parte de um todo indivisível. Em um artigo intitulado "Wherefore Wildlife Ecology" [O motivo da ecologia da vida selvagem], de 1947, no qual pretende deixar claros os objetivos de seu curso de *wildlife ecology* [ecologia da vida selvagem], o pensador manifesta o mesmo entendimento, já sinalizando o viés holístico que influenciará sua obra:

> Nosso objetivo é ensiná-los a compreender a terra (*land*). A terra é o conjunto de solo, água, plantas e animais. Cada um desses "órgãos" possui sentido isoladamente, tal como os dedos e dentes em relação a uma pessoa. [...] Ninguém pode entender a realidade de um animal somente por meio de suas partes. Quando afirmamos que um animal é "útil", "feio" ou "cruel", estamos falhando na percepção de que são partes do todo. Não cometemos o equívoco de chamar um carburador de "guloso". Nós o vemos, sem dificuldade, como parte de um motor em funcionamento. (Leopold, 1991, p. 336)

Embora advogando uma visão menos antropomorfizada dos elementos naturais, Leopold deixa clara sua adesão à noção de que o todo deve ser o alvo da atenção moral. Essa concepção orgânica da natureza pressupõe que as espécies animais e vegetais funcionam como partes de algo maior, ou, como metaforicamente prefere o próprio ecólogo, da mesma maneira que componentes de um motor.

3.1.2 "Pensando como uma montanha"

Para Leopold, a transcendência de uma visão estritamente antropocêntrica estava relacionada a um novo modo de ver a natureza. Para descrever essa nova compreensão do mundo natural, utilizou a expressão *thinking like a mountain* ("pensando como uma montanha")[141] para caracterizar objetivamente o pensamento ecológico, em ensaio de mesmo nome, publicado posteriormente como um dos tópicos do livro *A Sand County Almanac*. No ensaio, afirma que "somente as montanhas viveram o suficiente para compreender o uivo de um lobo".[142]

Curioso é perceber que essa expressão, que se tornou referência para o pensamento de Leopold, surge num contexto de eliminação da vida, no qual a morte de um lobo é apresentada como uma autêntica experiência de conversão:

> Minha convicção sobre o tema veio quando vi um lobo morrer. Estávamos almoçando no alto de uma rocha, aos pés de um rio caudaloso. Vimos o que parecia ser um cervo lutando contra a correnteza, banhado pelas águas brancas. Quando finalmente

141 Seria similar à ideia de visão ampliada ("*the wider view*"), proposta por Thoureau.

142 "Um grito profundo ecoa de encosta em encosta conforme rola montanha abaixo e some na escuridão longínqua da noite [...]. É uma explosão de lamento selvagem e desafiador, e de desdém por todas as adversidades do mundo. [...] Somente as montanhas viveram o suficiente para compreender o uivo de um lobo" (Leopold, 2001, p. 137).

> saiu na outra margem, percebemos que, na verdade, era um lobo, balançando a sua cauda. Cerca de meia dúzia de filhotes crescidos vieram ao seu encontro dando as boas vindas com excitação. Era um bando de lobos aglomerados no centro de uma planície aos pés da rocha onde estávamos. Naqueles tempos, não desperdiçávamos a chance de matar um lobo. Dentro de segundos, estávamos inserindo munição em nossas armas [...]. Quando nossos rifles foram descarregados, o lobo que saíra do rio estava abatido e um filhote mancava lutando para pular sobre uma pilha de rochas impenetráveis. Alcançamos o lobo a tempo de ver uma chama verde feroz morrendo em seus olhos. Percebi, então, que havia algo de novo naquele olhar para mim — algo conhecido somente pelo lobo e pela montanha. Era jovem e cheio de vontade de atirar; pensava que menos lobos significavam mais cervos, e que um mundo livre de lobos seria o paraíso dos caçadores. Todavia, após ver a chama verde se esvanecer, senti que nem o lobo nem a montanha concordavam com essa concepção. (Leopold, 2001, p. 138)

Essa suposta reorientação da visão do autor para o pensamento ecológico é, no entanto, controversa. Segundo seu principal biógrafo, Curt Meine,[143] Leopold não teria parado, ou sequer diminuído, a prática da caça recreativa. Vinte e quatro anos após o incidente, ocorrido em 1909, escreve a obra "Game Management" [Gestão da caça] (1933), na qual afirma textualmente que "a gestão da caça significa a arte de fazer com que a terra produza gerações anuais de animais para uso recreativo" (Leopold, 1986, p. 3). No ano seguinte, em outra publicação, continua com a mesma linha retórica, segundo a qual "o teste de fogo para se medir a suficiência de um dado sistema de conservação representa a produção de uma quantidade excedente de animais para a caça" (Leopold, 1934, p. 250).

Daí porque Marti Kheel, na obra *Nature Ethics* [Ética da natureza], em uma crítica ecofeminista à prática da caça, traz um capítulo com o título sugestivo de "Thinking Like a

143 Autor da principal biografia de Leopold, intitulada *Aldo Leopold: His Life and Work* [Aldo Leopold: sua vida e sua obra] (1988).

Mountain or Thinking Like a Man?" [Pensando como uma montanha ou como um homem?] (Kheel, 2008, pp. 109-36). Para a autora, a lição que Leopold tem da sua suposta experiência de conversão não é simpática ou compassiva para com a condição da vítima (mãe-lobo abatida ou seus filhotes). Pelo contrário, o foco é justamente na necessidade de construção de uma ética que ultrapasse as preocupações com os indivíduos habitantes da montanha para uma visão objetiva a partir do referencial da montanha. A sua visão não é de remorso ou culpa, mas de preocupação com um mundo sem lobos do ponto de vista da função ecológica que a espécie lupina desempenha no ecossistema. É significativo, portanto, que a frase que cunhou não tenha sido "pensando como um lobo", mas "pensando como uma montanha".

Mesmo admitindo-se que Leopold tenha reavaliado parcialmente o papel atribuído aos predadores, ele sustentava, ainda assim, uma visão de cunho eminentemente consequencialista. Os lobos, por exemplo, embora tenham se tornado parte dos ecossistemas florestais,[144] eram vistos como necessários pela pressão ecológica que exerciam nos rebanhos de cervídeos e de gado: "o pecuarista que extermina os lobos de seu rancho não se dá conta de que está retirando a função do lobo de estabelecer as fronteiras para sua criação" (Leopold, 2001, p. 138). Para Flader (1994, pp. 93-6), portanto, a mudança de perspectiva de Leopold se dá apenas e tão somente em função de considerações pragmáticas sobre o papel ecológico que os predadores desempenham, e não por preocupações de ordem ética sobre a sua integridade individual.

Essa relativa mudança de perspectiva de Leopold conduz à alteração da nomenclatura de gestão da caça para gestão da vida selvagem (de *game management* para *wildlife management*) e é sentida com clareza no seu artigo "Threatened Species"

144 G. Tyler Miller Jr. (1979, p. 43) define ecossistema como uma "comunidade de entes vivos que interagem entre si e com o meio que os circunda (energia solar, ar, água, solo, calor, ventos e vários outros elementos químicos essenciais)". A totalidade de ecossistemas na Terra é denominada *biosfera*.

[Espécies ameaçadas], de 1936, no qual clama pela realização de um inventário de todas as espécies ameaçadas de extinção. A especial proteção às espécies com potencial de extinção é um tema curioso, que será explorado com maior profundidade na sequência deste trabalho, no item relativo ao exame das tensões existentes entre o biocentrismo e a ética da terra.

A primeira incursão efetiva de Leopold no campo da ética ocorreu com a elaboração de um ensaio intitulado "Some Fundamentals of Conservation in the Southwest" [Alguns fundamentos da conservação no Sudoeste], de 1923, que foi publicado apenas postumamente.[145] Nesse ensaio, o autor discute o crescimento dos estados norte-americanos do Arizona e do Novo México. A posição adotada por muitos, na época, era a de que a conservação era necessária para o desenvolvimento (embrião da noção de desenvolvimento sustentável), mas em razão de interesses humanos (manutenção da qualidade de vida e de acesso aos recursos naturais). No entanto, Leopold afirma que haveria algo além disso e que haveria um componente moral na conservação ("Conservation as a Moral Issue" [Conservação como uma questão moral] foi o nome de um dos subtítulos desse ensaio) em virtude do fato de que, para ele, a própria Terra estava viva, contrapondo a visão clássica estritamente mecanicista[146] com uma concepção organicista de cunho holístico.

145 Os originais foram depositados na Universidade de Wisconsin por seu filho A. Starker Leopold. A obra *The River of the Mother of God* [O rio da mãe de Deus], organizada por Susan Flader e Baird Callicott, traz esses trabalhos até então inéditos.

146 A concepção mecanicista representa uma vertente filosófica que reduz a explicação dos fenômenos naturais a uma mera relação de causalidade mecânica. A natureza é vista como um mecanismo cujo funcionamento se rege exclusivamente por leis físico-químicas. O mundo seria como uma grande máquina composta de partes integradas que trabalham de maneira regular e previsível. O modo de operar do mundo natural, ou dos animais, seria acessível a um ser inteligente. O homem, como ser racional, poderia, nesse sentido, desvelar a face oculta da natureza. Esse conceito é muito bem trabalhado por Pierre Hadot na obra *O véu de Ísis* (2006). A tese central de Hadot é de que a ciência moderna nasce com essa obsessão pelo desvelamento dos

Essa concepção da Terra como um todo inseparável, como indivíduo, não se origina em Leopold. Antes dele, por exemplo, Peter Ouspensky, filósofo russo, já publicara, em 1912, *Tertium Organum*, obra com a qual o próprio Leopold teve contato em 1920 e que sustentava a mesma visão, segundo a qual "nada há de morto na natureza [...], a vida e os sentimentos devem existir em tudo [...], uma montanha, uma árvore, um rio, um peixe no rio, gotas d'água, a chuva, uma planta, o fogo, cada um desses elementos possui uma mente própria" (Ouspensky, 1981, p. 166).

Parece realmente ter vindo de Ouspensky a inspiração de Leopold para a criação da famosa expressão *thinking like a mountain*, uma vez que, cerca de vinte anos antes, o filósofo russo já falava sobre a "mente de uma montanha" em *Tertium Organum*.

Marti Kheel (2008, pp. 115-6) chama novamente a atenção para a simbologia implícita na escolha da frase "pensando como uma montanha". Segundo a autora, o imaginário que circunda as montanhas se reveste de um viés espiritual. Montanhas são usualmente empregadas para designar motivos relacionados à transcendência (Santmire, 1985, pp. 18-21). Essa importância conferida ao tema da transcendência associada à dimensão judaico-cristã, que determina a adoração do *criador* e não propriamente da *criação*, faz com que Leopold eleve o ecossistema, ou a sua comunidade biótica, acima dos indivíduos que o compõem. Estes seriam meros instrumentos com valor reflexo em relação ao todo.

De fato, nessa visão de cunho organicista, apropriada por Leopold, o todo seria maior que as partes e a união de todos

• • •

"segredos" e mecanismos funcionais naturais. Há uma metáfora da natureza velada enquanto detentora da verdade e do conhecimento que necessitam ser acessados a qualquer custo, nem que para isso tenhamos de dominá-la, destruí-la ou, de qualquer modo, fragmentá-la. Curiosamente, Hadot traz como exemplo o frontispício do tratado de anatomia *Anatome Animalium* (Gerhard Blasius, Amsterdam, 1681), no qual a ideia da ciência desvelando a natureza é simbolizada pela figura de uma mulher suspendendo o véu da outra.

os elementos naturais — como o ar, a água, o solo, os animais e a vegetação — formaria um autêntico *superorganismo* independente e autônomo em relação a esses elementos. A Terra possuiria um "certo tipo e nível de vida que intuitivamente respeitamos" (Leopold, 1991, p. 95). Em certa medida, consiste numa antecipação da "hipótese Gaia", tornada conhecida por James Lovelock muitas décadas depois. Para Ouspensky, por exemplo, tudo o que é indivisível representaria algo que tem a dinâmica da vida. Nesse sentido, não deveríamos nos deixar enganar pelas aparências:

> Se observássemos, do interior, um único centímetro cúbico do corpo humano, nada sabendo sobre a existência do corpo como um todo e do próprio homem como indivíduo, então o fenômeno em andamento nesse pequeno cubículo de carne pareceria uma parte elementar de algo inanimado. (Ouspensky citado por Leopold, 1991, p. 94)

Leopold (*idem*, p. 95) absorve essa ideia um tanto quanto mística a respeito de um todo indivisível:

> Possivelmente, nas nossas percepções intuitivas, que podem ser mais verdadeiras que nossa ciência e menos obstruídas pelas palavras que nossa filosofia, poderemos realizar a *indivisibilidade da terra* — com seu solo, montanhas, rios, florestas, climas, plantas e animais, e iremos respeitá-la coletivamente não só como uma serviçal útil, mas também como um ser vivo menos vivo que nós em grau, mas muito maior que nós em relação ao tempo e espaço.

Apesar da citação do trabalho de Ouspensky, e mesmo da incorporação de algumas ideias importantes ligadas ao holismo,[147] Leopold aparenta falta de familiaridade com os teóricos

147 O holismo (do grego *holos*, que significa inteiro ou todo) designa a noção geral de que as propriedades centrais de um dado sistema não poderiam ser explicadas apenas pela análise de suas partes. O todo, nesse sentido, seria algo distinto do mero somatório de seus elementos e teria relevância autônoma. A criação do vocábulo está

animistas, organicistas e transcendentalistas que adotavam a mesma concepção desde o século XVII. Não se sabe se esse distanciamento é proposital, mas é bastante difícil imaginar que o autor não tenha sido por eles influenciado, embora não deixe isso claro, considerando a absoluta ausência de citações dos trabalhos já mencionados aqui de Frederic E. Clements (que sustentava a ideia de uma comunidade clímax — que funcionaria praticamente como um ser vivo), Charles Elton (que trabalhava com o conceito de natureza como uma comunidade de fornecedores e consumidores), ou, ainda, Arthur Tansley (que concebe um modelo da natureza como *circuito* integrado de energia, que funcionava por meio do ecossistema).[148]

O filósofo John Baird Callicott, um dos seguidores mais influentes de Leopold na atualidade, tenta suprir essa

...

relacionada à obra *Holism and Evolution* [Holismo e evolução], de Jan Smuts, de 1926, que descreve o fenômeno como um processo de síntese criativa, do qual os conjuntos resultantes são dinâmicos e evolutivos (Smuts, 1927, p. 89). Smuts, a respeito do holismo na ecologia, afirma qu "a realidade é um grande padrão que conjuga diversos padrões. E rastrear esses padrões ou totalidades é desvelar as sutilezas da beleza em todas as suas formas, mesmo que não chamemos isso de beleza, mas sim de verdade ou bem. São todas, na verdade, harmonias holísticas na natureza das coisas. Nada existe por si mesmo, isoladamente; não há tal coisa como unidades isoladas, mas sim padrões estruturados [...]. Essa é a doutrina holista sob a qual se desenvolve a ecologia" (Smuts, 1994, p. 98). O estabelecimento de uma ética ambiental não poderia, de acordo com essa concepção, ser baseado exclusivamente tanto nos interesses dos seres humanos, ou da população humana globalmente considerada (justamente pela não consideração do fator de bem-estar sistêmico do ambiente como um todo), nem nos interesses de entidades naturais individualmente consideradas (já que muitas dessas entidades que merecem ser preservadas não seriam titulares de interesses que justificassem, isoladamente, a proteção pretendida). Os interesses de humanos e dessas outras entidades naturais, inclusive as inanimadas e as não sencientes, adquiririam valor moral por meio da participação em sistemas globais ou coletivos.

148 O conceito de ecossistema foi criado por Arthur Tansley em 1935, no artigo "The Use and Abuse of Vegetational Terms and Concepts" [O uso e o abuso de termos e conceitos vegetacionais] (*Ecology*, nº 16, pp. 284-307).

omissão afirmando que o holismo, como conceito, poderia ser encontrado já em Platão,[149] embora o próprio Leopold não faça, em momento algum, qualquer referência expressa ao pensador grego.

Aparentemente, Leopold não dominava as tradições religiosas orientais, como deixa claro seu questionamento acerca da nossa herança espiritual:

> Grande parte das religiões, até onde eu saiba, são alicerçadas sob a premissa de que o homem é o fim e o propósito de toda a criação, e que não só a Terra, como também todas as demais criaturas que nela habitam, existem tão somente para seu usufruto. A visão mecanicista ou filosófico-científica, embora não parta da mesma premissa, chega às mesmas conclusões, e pode ser colocada, pois, na mesma categoria para os presentes fins. (Leopold, 1991, p. 95)

Muito embora não cite a maior parte dos pensadores anteriores que encamparam visões semelhantes, Leopold, além de Ouspensky, faz referência expressa às figuras de John Muir e John Burroughs para concluir que a apreciação da vida deve ser feita de forma independente do homem:

> Essa opinião [antropocêntrica] sobre sua importância [do homem] no universo foi estigmatizada por Jeanette Marks como "a maior impertinência humana". John Muir, em defesa das cascavéis, protesta: "como se tudo o que existisse tivesse sido feito para benefício do homem e não tivesse qualquer direito a existir; se nossos caminhos fossem os caminhos de Deus". […] Deus iniciou o seu espetáculo muitos milhões de anos antes de ter qualquer ser humano na audiência — um desperdício de atores e música — e é bastante provável que o próprio Deus goste de escutar os pássaros

149 Há certa controvérsia sobre essa afirmação, já que, para muitos, a filosofia moral platônica não sugeriria uma forma de holismo nos moldes propostos por Leopold. Na *República*, os indivíduos não são valorados apenas como contribuintes do Estado, mas como fins que justificariam a própria existência do Estado. A qualidade de vida dos cidadãos viria antes da estruturação da comunidade.

> cantar e de ver as flores germinar. [...] E se houver realmente algo como uma virtude especial inerente aos seres humanos — um valor cósmico especial, distintivo e superior às demais formas de vida —, como deveria se manifestar? Por meio de uma sociedade decente que respeite os seus semelhantes e os outros seres vivos, capaz de habitar a Terra sem destruí-la? Ou seria por meio de uma sociedade de insetos comedores de batata, tal como citada por John Burroughs,[150] e por conta disso, exterminando a batata, acaba por exterminar a si própria? De uma forma ou de outra, seremos julgados no silêncio sarcástico da eternidade. (Leopold, 1991, pp. 95-7)

Em 1924, um ano após redigir o artigo "Some Fundamentals of Conservation in the Southwest", Leopold aceitou o convite para ser transferido para o U. S. Forest Products Laboratory [Laboratório de produtos florestais dos Estados Unidos], em Madison, Wisconsin. Paradoxalmente, a instituição, principal fonte de pesquisa do Serviço Florestal, estava mais interessada em tornar a floresta um produto, com a utilização das árvores após seu corte, do que propriamente lutar pela conservação da floresta como uma comunidade viva. Nesse mesmo período, trabalhou no texto "Southwestern Game Fields" [Os campos de caça do Sudoeste], no qual procurava explicitar os princípios de gestão da caça, em especial em relação aos cervos da Reserva de Gila.[151] Segundo Flader (1994, p. 20), apesar das horas dedicadas à escrita, Leopold gastava boa parte de seu tempo livre nas regiões florestais ao redor de Madison. Nessa fase, introduziu o *hobby* do arco e flecha, que parece ter contaminado toda sua família. Eles faziam suas próprias flechas e arcos, que eram testados na abundante população de cervos da região.

150 Em 1920, John Burroughs, na obra *Accepting the Universe* [Aceitando o universo] (2010, p. 38), já havia afirmado que "a criação não é mais exclusividade do homem do que da menor das criaturas".

151 A denominada Gila Wilderness, em conjunto com a Aldo Leopold Wilderness e a Blue Range Wilderness, integram o complexo da New Mexico's Gila National Forest [Floresta Nacional Gila do Novo México].

3.1.3 A valorização da experiência da *wilderness*

É curioso notar a figura de Leopold com seus arcos e flechas. Em nosso sentir, eis a demonstração simbólica da valorização que ele atribuía à experiência da *wilderness*, do primitivo, do homem nativo.[152] A vida selvagem, a natureza "não domesticada", era o que ele intrinsecamente valorizava. Tudo o que fugia a esse referencial era tido como representativo de uma submissão moralizadora feita pelo homem moderno em relação ao meio natural.

Pensamos que nesse ponto reside um problema fundamental que a teoria de Leopold deve enfrentar, que é justamente a questão relativa à concepção da existência de uma natureza supostamente intocada, selvagem, primitiva, idealizada. William Cronon (1996, pp. 69-91) destaca que essa noção é bastante problemática, na medida em que o próprio conceito de natureza é carregado de intensa significação cultural (o conceito de natureza, nesse sentido, não seria natural,[153] e sim produto de uma evolução histórico-cultural).

152 Mais uma vez, Leopold parece falhar ao não se importar com suas ações sobre animais individualmente considerados. É certo que a caça por meio do arco e flecha traz uma morte ainda mais agonizante e dolorosa para os animais, ou os deixa incapacitados e mutilados permanentemente.

153 Embora acreditemos que o grau de naturalidade e o valor atribuído à natureza possam sofrer grande interferência dos processos históricos e culturais, pensamos que seria simplista reduzir o conceito de natureza a uma mera construção social. Ainda que os seres humanos possam afetar significativamente o mundo natural, isso não significa dizer que, de outro lado, o mundo natural é um produto da ação humana. Tal como afirma Jamieson (2010, pp. 254-256), "o que ameaça a afirmação de algo ser natural não é o fato de ele ser afetado pelos humanos, mas, sim, ser um produto da influência humana. [...] O fato de ideias, conceitos e palavras possuírem histórias não mostra, de forma alguma, que seus referentes não tenham existência independente do artifício humano. As pessoas viviam no sistema solar antes de Tansley cunhar o termo".

O termo *wilderness*, sem tradução direta para a língua portuguesa, é complexo por ser um substantivo que age, ao mesmo tempo, como adjetivo. Designa uma qualidade, como o sufixo "ness" indica, que é apropriada pelas pessoas de modo bastante distinto[154], normalmente contrapondo cultura e natureza em campos opostos. Nesse sentido, uma viagem a Itaipava, nos arredores da cidade do Rio de Janeiro, pode ser encarada como um retorno à civilização para um homem que vive no meio rural, enquanto para o cidadão da metrópole normalmente representa um encontro com o mundo natural.

Essas distinções no que se refere à atribuição de valor ao mundo natural ficam muito claras também do ponto de vista histórico. Vão desde a compreensão de que a natureza selvagem representa aquilo que está fora da cidade, algo que não é apropriável pelo homem, até uma noção de local de acesso restrito ou proibido, passando por uma ideia mística de sacralização do natural, do sublime, e mesmo pela própria noção de espaço de fronteira civilizacional.

O conceito do herói da conquista do oeste povoa o imaginário estadunidense com a figura do caubói, o primeiro *self-made man*, e é responsável pela fundação de uma identidade que influencia de modo significativo a democracia e a demarcação das primeiras áreas de reserva florestal nos Estados Unidos. Um parque, nesse sentido, torna-se o local apropriado da natureza selvagem, mas, ao mesmo tempo, e paradoxalmente, é legitimado pela sua função eminentemente contemplativa e

154 Segundo alguns etimologistas, a palavra *wilderness* viria do inglês arcaico *wilddeor*, que significa animal selvagem [*wild beast*]. De acordo com o *Webster Encycolpedic Unabridged Dictionary* (1996, p. 2174), o vocábulo *wilderness* significa: "1. uma região selvagem não cultivada, tal como uma floresta ou um deserto, não habitado por seres humanos; uma região abandonada. 2. uma determinada região denominada como tal e protegida pelo governo norte-americano. 3. qualquer grande área desolada como o mar aberto. 4. uma parte do jardim separada das demais para florescimento de espécimes exóticos [...]". Existe ainda na língua inglesa o termo correlato *wildness*, que designa a qualidade daquilo que é selvagem.

recreativa,[155] ou seja, conta com a presença de humanos, ainda que sem o caráter de permanência.

As florestas nacionais representariam autênticos *playgrounds* ou *shooting grounds* onde os cidadãos, especialmente os urbanos, poderiam recriar a experiência de estar em um ambiente selvagem. Tal como observa Callicott (1998b, p. 343), Leopold pretendia, na realidade, "preservar algumas relíquias da fronteira norte-americana para que ele e alguns outros esportistas pudessem brincar de ser pioneiros desbravadores". A atividade da caça, portanto, desempenhava um papel de destaque, e as reservas, sem ela, representariam uma realidade superficial meramente contemplativa.

Em 1924, surgiu um problema de superpopulação de cervos na Kaibab National Forest [Floresta Nacional Kaibab], no Arizona. O secretário de Agricultura destacou um comitê para pensar nas alternativas para o problema, e o governador do Arizona, George W. Hunt, posicionou-se contra a possibilidade de extermínio dos animais. Esse confronto se tornou um marco na questão da determinação da jurisdição competente para lidar com as questões relativas à vida selvagem em áreas federais. A corte federal distrital de Los Angeles, em setembro de 1926, afirmou o direito do governo federal de estabelecer a solução para o problema, e o resultado foi uma matança generalizada de mais de mil animais, gerando uma forte indignação pública.

O mesmo fenômeno ocorreu em 1931 na Floresta de Gila, mais especificamente em uma área denominada Black Canyon [Cânion Negro], onde os caçadores, após a abertura de uma

155 "Yosemite foi o primeiro pedaço de terra selvagem protegido diretamente por um ato do Congresso, em 1864, que afirmava a missão de 'uso público, resort e recreação'. Não havia precedente nos Estados Unidos para tal ação, e Olmsted foi sondado para participar de uma comissão que teria o objetivo de investigar as melhores alternativas para Yosemite. Em 1865, ele descreveu as razões para preservar Yosemite e as estratégias de manutenção. Sua visão era abertamente antropocêntrica: Yosemite deveria ser preservado porque importava para os seres humanos; afinal, estar em um local rodeado de belezas naturais promoveria a saúde e o bem-estar individual das pessoas" (Spim, 1996, p. 92).

estrada, mataram cerca de 2,4 mil veados. A reação pública também foi intensa. O *New Mexico State Tribune*, periódico de Albuquerque, afirmou:

> Uma das áreas selvagens mais bonitas do estado foi desperdiçada [...] Mesmo os pequenos filhotes de veados, que um dia poderiam vir a ser o núcleo de novas manadas, foram cruelmente exterminados por um exército de caçadores que invadiu a região e matou tudo aquilo que tinha quatro patas. Isso não é esporte — é assassinato. (Flader, 1994, p. 100)

A partir das soluções propostas e endossadas por Leopold, parece estar claro que, para ele, seria possível promover a compatibilização do crescimento econômico com a conservação da natureza, postulando uma espécie de embrião da ideia tradicional de desenvolvimento sustentável,[156] como pode ser verificado na seguinte citação:

> Quando os pioneiros abriram o caminho para o progresso nas áreas selvagens norte-americanas, surgiu no povo a ideia de que a civilização e as áreas selvagens consistiam em proposições mutuamente excludentes. O desenvolvimento e a destruição das florestas caminhavam lado a lado; e então, por conta disso, adotamos a [ideia] de que seriam sinônimos. [...] O progresso não é uma justificativa para a destruição dos animais nativos e dos pássaros, mas, ao contrário, implica não só uma obrigação, mas uma oportunidade para sua perpetuação. (Leopold, 1991, pp. 49-52)

A própria justificativa para a conservação está umbilicalmente atada a interesses humanos (econômicos e estéticos): "a perpetuação de espécies interessantes é um bom negócio [atratividade para a caça] e seu extermínio, na mente dos

156 Em "Determining the Kill Factor for Blacktail Deer in the Southwest" [Determinando o fator-morte do veado de cauda preta no Sudoeste], Leopold descreve a fórmula do "fator-morte" (*kill factor*) para determinar "cientificamente" qual seria a matança *ótima* anual em uma área específica.

conservacionistas, seria um verdadeiro pecado contra as futuras gerações" (*idem*, p. 59).

Após a grande crise econômica de 1929, Leopold abandona o Serviço Florestal e se dedica a escrever a obra *Game Management* [Gerenciamento da caça], publicada originalmente em 1933. A ideia central da obra gira em torno dos métodos de controle da queda populacional dos animais destinados à caça. A esse respeito, vejamos a definição dada pelo autor:

> A gestão da caça é a arte de fazer a terra produzir, de maneira sustentável, novas gerações de animais selvagens para fins recreativos.[157] [...] A história demonstra que o controle desses animais tem como foco primário o controle da caça. Outros controles são agregados posteriormente. A sequência parece ser a seguinte: (1) restrição da caça;[158] (2) controle de predadores;[159] (3) reserva de terras para os animais (como parques, florestas, refúgios etc.);[160] (4) introdução artificial de animais (estocagem e criação de animais

157 Conforme mencionado anteriormente, o uso instrumental, recreativo da natureza fica claro nesta passagem (Leopold, 1986, p. 3).

158 "O princípio fundamental que governa a regulação da caça é o de que o homem médio pode ser induzido a conservar voluntariamente o que está em suas terras de forma que os recursos estejam disponíveis para seu uso [...]" (Leopold, 1986, p. 207).

159 "Os predadores afetam quatro grupos distintos de pessoas: (1) agricultores; (2) gestores de caça e caçadores; (3) estudantes de história natural; (4) a indústria da pele. Há certo nível natural e de inevitável conflito entre os interesses desses grupos. Cada um tende a assumir que seus interesses são os principais. Alguns estudantes de história natural não querem controle algum de predadores, enquanto muitos caçadores e fazendeiros querem o maior controle possível, até a completa erradicação. Ambos os extremos são biologicamente desarrazoados e, em muitos casos, economicamente impossíveis. A questão real é chegar a um denominador comum em termos de controle que possa servir aos interesses dos quatro grupos a longo prazo" (*idem*, p. 230).

160 "A função básica de um refúgio é a de produzir um escoamento de animais para terras vizinhas" (*idem*, p. 207).

selvagens);[161] (5) controles ambientais (de acesso a alimentos, abrigo, controle de doenças etc.). (Leopold, 1986, pp. 3-5)

Sobre esse ponto, afirma o autor:

> Ainda há aqueles que refutam o projeto de intervenção do homem para a conservação das espécies ameaçadas por ser algo artificial e, consequentemente, repugnante. Essa atitude demonstra boas intenções, mas pouca visão. Cada animal selvagem existente neste país já está artificializado, já que sua existência é subordinada às forças econômicas. [...] A esperança do futuro não está em mitigar a influência da ocupação humana — já é muito tarde para isso —, mas em criar um melhor entendimento da extensão desta influência e uma nova ética para sua governança. Bailey (1922) afirmava: "lutamos para enfatizar a importância da conduta humana para com a terra [...]. Tornar a terra produtiva, mantê-la limpa e reverenciar os seus produtos é a especial prerrogativa de uma boa agricultura". (Leopold, 1986, p. 21)

A visão de Leopold, exposta em sua obra, parece claramente defender a estética e a utilidade (economia) da caça[162] sem dedicar uma linha sequer a considerações sobre a dor, o sofrimento e a violação do interesse dos animais em permanecer vivos ou em ter sua integridade física respeitada. Na parte final da obra *Game Management* (Leopold, 1986, p. 391), o autor abertamente responde à pergunta "o que é esporte?" e afirma que a caça seria uma reminiscência de um passado de lutas corporais entre homens e entre homens e animais. Assim,

161 Para realizar a introdução artificial dos animais, Leopold afirma: "a captura de animais para a reprodução em cativeiro demanda a captura, por meio de armadilhas, de um grande número. A maior parte das armadilhas depende de iscas. Estas podem ser um alimento preferido da espécie, mas, em certas situações, utilizar uma fêmea viva pode se mostrar mais efetivo" (*idem*, p. 371).

162 Em função da cobrança de taxas para entrada nos parques, Leopold chegou a sustentar que: "pelo menos deve ser garantido aos cidadãos o *direito de caçar* como retorno de seus investimentos" (citado por Flader, 1994, p. 129).

de forma confusa e pouco coerente, defende que "caçar por esporte é uma evolução em relação a caçar por comida, já que, em relação à primeira atividade, foi acrescido o teste de destreza e a obediência a um código de ética que o caçador formula para si próprio".

Leopold influenciou também os rumos tomados pela legislação de conservação dos ecossistemas e animais. Ao lado do National Environmental Policy Act [Lei da política ambiental nacional] — NEPA, de 1969 —, destaca-se o Endangered Species Act [Lei das espécies ameaçadas] — ESA, de 1973. Ambos incorporam, em linhas gerais, os seguintes tópicos: (a) responsabilidade estatal pela manutenção da vida animal e vegetal; (b) reconhecimento de que as espécies ameaçadas de extinção possuem valoração estética, ecológica, educacional, histórica, científica e recreativa para o país e para toda população; (c) determinação de que todas as agências governamentais colaborem para exercer o poder de polícia para atender aos propósitos explicitados pela legislação; (d) preservação dos ecossistemas dos quais os animais e plantas dependem para sobreviver; (e) utilização de todos os meios e métodos possíveis para aumentar a população e remover as espécies da lista de extinção.

No mesmo ano da publicação da obra *Game Management*, foi criada uma disciplina de mesmo nome na Universidade de Wisconsin, no Departamento de Ciências Agrárias. Custeada pelo prazo mínimo de cinco anos pela Wisconsin Alumni Research Foundation, a criação da cadeira durante o período de crise econômica foi justificada como potencialmente geradora de oportunidades produtivas em áreas protegidas. A carreira acadêmica, com o consequente contato com outros ecologistas de renome, fez com que Leopold passasse a introduzir um novo vocabulário em seus trabalhos, com menção a cadeias, fluxos, nichos e pirâmides. Há um relativo abandono das forças divinas/espirituais de Ouspensky em favor de uma visão mais científica. Flader (1994, p. 29) chega a mencionar que Leopold reorienta seu pensamento, abandonando uma visão histórica e recreativa e adotando uma concepção ecológica e ética em relação aos ambientes selvagens.

Ainda em 1933, Leopold publicou o artigo "Conservation Ethics" [Ética da conservação], no qual deixa clara a analogia entre a escravidão humana e os mecanismos de apropriação da terra. A referência ao herói grego Odisseu[163] serve como metáfora para essa comparação. Quando retorna a Ítaca, Odisseu participa da condenação e consequente enforcamento de doze escravas acusadas de condutas impróprias durante a sua ausência. Leopold afirma que, apesar da rigidez, Odisseu era um homem ético e não assentia com assassinatos. O problema é que os escravos eram considerados objetos, por isso estavam fora da comunidade moral, e, portanto, alijados da possibilidade de um julgamento apropriado: "o enforcamento não envolvia uma questão de moralidade, muito menos de justiça. As garotas eram propriedade. Nesse sentido, a disposição da propriedade era, então, como hoje, uma questão de expediente, não de certo ou errado" (Leopold, 1991, p. 181).

Para o ecologista, a ampliação das esferas da moralidade, assim como no caso da própria humanidade, deveria ocorrer em relação ao mundo natural:

> Ainda não há uma ética para reger a relação do homem para com a terra, os animais não humanos e as plantas que nela vivem. A terra, assim como as escravas de Odisseu, é tida como um item de propriedade. A relação homem-terra é ainda marcada pelo viés estritamente econômico, com a concessão de benefícios sem a determinação de obrigações. [...] A civilização não é, tal como geralmente se assume, a escravização de uma terra constante e estável. Ela representa um estado de mútua interdependência e cooperação entre animais humanos, outros animais, plantas e solo,

163 Odisseu (ou Ulisses, em latim) é um personagem da *Ilíada* e da *Odisseia*, de Homero. Há um relato interessante sobre Odisseu, no qual, ao retornar maltrapilho da Guerra de Troia, depois de vinte anos, este só é reconhecido pelo seu fiel cão Argos, que o aguardava para morrer (Costa, 2007, pp. 19-20).

> que pode ser perturbado a qualquer momento se algum desses elementos falhar. (Leopold, 1991, pp. 182-3)

A espoliação da terra seria errada no sentido moral, e não meramente utilitário: "a destruição da mãe-terra, todavia, mesmo se encarada de modo marginal, toca algo profundo, algum substrato da inteligência humana onde está algo — talvez a essência da civilização — que Wilson denominava de *a opinião decente da humanidade*" (Leopold, 1991, p. 189).

Novamente, é curioso perceber que Leopold não fez qualquer alusão a pensadores e cientistas que, antes dele, propuseram teses de expansão da moralidade para além da vida humana, embora pudesse ter tido fácil acesso a essas obras.[164] Apesar de ser dotada de alguma originalidade,[165] certamente a sua posição não é propriamente inovadora.

Em 1934, Leopold assume a direção do comitê de políticas de caça em regiões selvagens da Society of American Foresters [Sociedade Americana de Gestores Florestais]. Em 1936, preocupado com a superpopulação de determinadas espécies, principalmente diante dos precedentes de Kaibab e Black Canyon, escreve um relatório no qual afirma:

> O ano corrente vislumbrou a emergência de um novo princípio biológico, talvez já pensado anteriormente, mas nunca antes materializado como uma regra positiva e geral para guiar a administração de áreas selvagens. O princípio é o de que regiões com excedente populacional de pássaros não são impactadas por uma potencial perda de futuras capacidades sistêmicas, mas o excedente

164 Somente de forma exemplificativa, poderíamos citar nomes como os de Charles Darwin, Humphry Primatt, William Lecky, Henry Salt, Edward Evans, Liberty Hyde Bailey e Albert Schweitzer, que sustentaram propostas éticas ampliativas antes de Leopold.

165 A ressalva à relativa originalidade advém do fato de que, antes de Leopold, houve concepções que enfatizavam o todo. Hobbes, Jefferson e Mill afirmavam que parte do valor da vida individual reside no papel que o indivíduo desempenha na comunidade, e, nesse sentido, indivíduos poderiam ser chamados a se sacrificar pelo bem geral.

> populacional de mamíferos traz perdas futuras. (Leopold, citado por Flader, 1994, p. 150)

Tudo indica que a ênfase passa a ser a preservação do sistema, e não propriamente o aumento da quantidade de determinados "recursos naturais". É paradoxal que o autor tenha advogado o controle de predadores como forma de aumentar o rebanho de determinadas espécies e que esta tenha sido justamente uma das causas do desequilíbrio que passou a combater. Ele mesmo reconhece esse erro capital na seguinte passagem, publicada já próximo de sua morte:

> Aqui o meu pecado contra os lobos me pegou. O Serviço Florestal, em nome da conservação das reservas, determinou a construção de uma nova estrada dividindo minha natureza selvagem em duas, a fim de que os caçadores possam ter acesso aos rebanhos. Estava acuado, e também a Wilderness Society [Sociedade para a vida selvagem]. Tornei-me vítima de meu próprio petardo. (Leopold, citado por Flader, 1994, p. 102)

Em setembro de 1936, durante uma viagem ao rio Gavilán, no nordeste do México, Leopold finalmente percebe com clareza a possibilidade de convivência entre presas e predadores em um sistema de relativo equilíbrio, sem interferência humana. Todavia, a mudança de perspectiva em relação aos predadores não se dá em relação ao valor inerente do indivíduo que realiza a predação,[166] do lobo, do urso, entre outros, mas sim da função que ele realiza naturalmente para a manutenção do equilíbrio sistêmico.

O problema é que o equilíbrio sistêmico, em última análise, prestava-se à produção de animais para a atividade de caça esportiva (*shootable game*). A questão do excesso populacional se tornava uma questão a ser enfrentada, pois prejudicaria

166 A própria noção de "predador" parece eivada de algum especismo, na medida em que todas as espécies, ao menos em certo sentido, realizam alguma forma de predação.

a diversidade e a estabilidade do sistema. Esse problema, já citado anteriormente, foi enfrentado em Kaibab e Black Canyon e, em 1943, em um novo episódio, denominado de "o crime de 43", no qual cerca de 130 mil animais foram abatidos. Leopold, em princípio, não se opôs.

3.1.4 O axioma leopoldiano

No artigo "A Biotic View of Land" [Um olhar biótico da terra], publicado em 1939 no *Journal of Forestry*, Leopold apresenta a imagem da terra como uma pirâmide biótica: "a terra não é meramente o solo, é uma fonte de energia fluindo através de um circuito composto pelo solo, pelas plantas e pelos animais. As cadeias alimentares são canais vivos que conduzem a energia para cima, e a morte a traz de volta para o solo" (Leopold, 1991, p. 268).

Aproveitando essa noção, Leopold constrói a tese de que haveria uma relação definitiva entre a complexidade da diversidade biológica e a capacidade para a autorrenovação do sistema, que tenderia sempre a buscar a estabilidade (*land health*). Para Susan Flader (1994, p. 32):

> O objetivo da conservação, em um sistema assim entendido, era o de preservar a capacidade de funcionamento saudável do próprio sistema, e não proteger os animais individualmente, *à la* Hornaday, ou produzir um contingente de animais para serem abatidos em caçadas, como se sustentava no princípio da gestão da caça.

Em 1948, nove anos após iniciar seu próprio curso de *wildlife ecology* na Universidade de Wisconsin, Leopold morre ao auxiliar seus vizinhos a apagar um incêndio. Uma semana antes, o livro de ensaios para o qual procurava uma editora desde 1941 havia sido aceito pela Oxford University Press.

Foi publicado em 1949, conforme já mencionado, como *A Sand County Almanac*, contendo um capítulo final dedicado à ética da terra.[167]

Nesse capítulo, Leopold serve-se novamente do mito de Odisseu para exemplificar a ideia perniciosa da terra como um item de apropriação humana (terra como propriedade), tese esta encampada pela visão ecológica tradicional. Leopold propõe, com base nessa crítica, a ideia de uma ética expandida em relação a animais, plantas, ecossistemas e à própria terra como um todo. Ela não seria, portanto, um objeto, mas sim um autêntico organismo vivo (uma "fonte/circuito de energia" que trabalha no modelo da "pirâmide da terra")[168] que, nesse sentido, pode ser prejudicado, lesionado[169] ou mesmo morto. A terra pode também ser mais ou menos "saudável" (*land health*). A proposição "pensar como uma montanha" se insere nesse contexto de necessidade de uma visão mais profunda, de longo prazo, sobre os ecossistemas e a própria natureza.

Assim, há uma utilidade das partes em relação ao todo (comunidade biótica/terra) que, por sua vez, não teria valor instrumental em relação à humanidade. Em outras palavras: os sistemas naturais, globalmente considerados, possuiriam valor inerente, medido em função da sua *integridade*, *estabilidade*

167 As críticas e resenhas sobre a obra não foram, num primeiro momento, boas. A América do Norte, nas décadas de 1940 e 1950, enfrentava a superação das dificuldades advindas da Grande Depressão de 1929 e da Segunda Guerra Mundial. O materialismo de reconstrução do país naquele momento não era um terreno fértil para ideias como as de Leopold.

168 A pirâmide da terra é uma estrutura organizada que une os elementos bióticos e abióticos por meio do fluxo da energia solar. A representação da pirâmide começaria a partir do solo, seguido de plantas, insetos, pássaros e roedores, até chegar ao grupo dos animais carnívoros. Quanto maior o nível trófico ocupado dentro da pirâmide, menor a população.

169 Leopold (2001, p. 264) chega a falar em "dor biótica" (*biothic pain*) quando compara a terra com o corpo humano e seus órgãos internos: "As práticas a que denominamos conservacionistas são, de um modo abrangente, mitigações da dor biótica. São necessárias, mas não devem ser confundidas com a cura".

e *beleza*. Este é o conhecido axioma leopoldiano, que traduziria uma ética holística comprometida com o bem-estar da comunidade biótica, e não de seus membros isoladamente considerados: "uma coisa é certa quando tende a preservar a integridade[170], a estabilidade[171] e a beleza[172] da comunidade biótica. É errada quando tende ao contrário" (Leopold, 2001, p. 262).

Callicott (1980, p. 314), ao comentar sobre essa clássica afirmação, explica que ela é o imperativo categórico da ética da terra: "o bem da comunidade biótica é a efetiva medida do valor moral e da correção da conduta, ou seja, o efeito sobre os sistemas ecológicos é fator decisivo na determinação da qualidade ética da ação individual". Este imperativo fica muito próximo, em essência, ao que afirmou Chauncey D. Leake (1945, p. 248), quatro anos antes de Leopold: "tudo aquilo que preserve o equilíbrio da natureza é bom".

Callicott (1989b, p. 127), ainda sobre o axioma leopoldiano, conclui que o principal motivo para a obediência a tais preceitos seria o senso compartilhado de pertencimento à comunidade. Para o autor, geralmente temos uma atitude positiva para com a comunidade ou sociedade a que pertencemos, e a ciência já descobriu que o ambiente natural é uma comunidade ou sociedade não menos importante que a "aldeia global" (*global village*).

170 Leopold não esclarece bem este ponto, mas tudo indica que a integridade diria respeito às características estruturais dos sistemas ecológicos. Brendan Mackey (2004, pp. 76-92) afirma que a integridade seria a capacidade dos sistemas ecológicos planetários de continuar funcionando de modo que os serviços ambientais de que dependem homens e não homens sejam mantidos. A própria noção de serviço ambiental, no entanto, traduz uma visão teleológica que se baseia na dicotomia daquele que serve e daquele que é servido.

171 Eugene Odum (1971, p. 140) define estabilidade como a manutenção da estrutura do sistema ecológico ao longo do tempo, ou a "tendência dos sistemas biológicos de resistir à mudança e de permanecer em equilíbrio".

172 Este ponto também não está claro, mas é provável que a beleza referida por Leopold não seja apenas de ordem estética, mas relacionada à complexidade da estrutura dos ecossistemas.

3.1.5 Fundamentos da ética da terra e a teoria dos "sentimentos morais" [173]

O fundamento científico da ética da terra, na interpretação de Callicott, é colhido a partir de Darwin com a noção de ancestralidade comum,[174] conceito que traz o "sentimento moral" de pertencimento (*kinship*) de todos os seres em relação à comunidade natural (*communitarism*) em que estão inseridos. Para Callicott (1989b, p. 125):

> nós (isto é, pessoas psicologicamente normais), possuímos certos sentimentos morais (simpatia, preocupação, respeito, entre outros) para com nossos companheiros, especialmente para com os de nossa própria espécie; a biologia trata o *Homo sapiens*, tal qual a todos os demais seres vivos, como produto do processo evolutivo; e, assim, pessoas são literalmente aparentadas (por conta da

173 Evitou-se utilizar a expressão "sentimentalismo moral" pela conotação pejorativa que ela carrega. Normalmente, o vocábulo "sentimentalismo" vem associado à ideia de uma emoção sem julgamento, ou de emoções superficiais e débeis.

174 Essa fundamentação representou uma mudança de perspectiva do próprio Callicott a respeito da ontologia do valor. Até então, ele adotava uma visão de independência e objetividade do valor atribuído à natureza. A partir de 1992, com o artigo "Rolston on Intrinsic Value: A Descontruction" [Rolston sobre o valor intrínseco: uma desconstrução] (Callicott, 1992), passou a advogar que as entidades coletivas ou gregárias, como espécies, ecossistemas e a comunidade biótica, possuíam valor inerente, mas que a existência de julgadores passara a ser uma condição para a própria existência desse valor. Holmes Rolston III, que sempre adotara a visão objetiva de que a natureza possui valor em si mesma, independentemente da existência de um avaliador (Rolston III, 1982), denunciou essa mudança de Callicott, embora algumas das implicações normativas da tese rolstoniana sejam, por outras razões, também contrárias às do animalismo (por exemplo, que, em algumas situações, deveríamos não interferir, mas só quando isso significar causar grande quantidade de sofrimento; ou, que em alguns momentos, deveríamos preferir a vida de vegetais à dos animais; ou mesmo, que possuiríamos uma espécie de dever moral de não sermos vegetarianos (Rolston, 1983).

ancestralidade comum) a todas as outras formas de vida; segue-se então que devemos sentir e nos comportar para com outros seres vivos de maneira similar ao modo que sentimos e interagimos com outros seres humanos.

É curioso que Callicott faça, simultaneamente, uma ligação de um fundamento tipicamente racionalista (darwinismo) com outro de ordem estritamente emocional (sentimentos morais) (Callicott, 1999a, pp. 99-116), ligação esta que fundaria a própria ética ecológica de cunho holístico. Segundo Callicott (2010, pp. 208-9), Leopold, na sua ética da terra, teria baseado o seu conceito de "sequência ética" nas discussões que Darwin travou sobre o tema[175] em *A origem do homem*, lançado em 1879 (Darwin, 2006). Darwin, por sua vez, refere tanto *O tratado* (1969), de Hume, quanto *A teoria dos sentimentos morais* (1759), de Adam Smith, e os precursores filosóficos da sua própria "história natural" na ética. A teoria moral de Hume, nesse sentido, seria a predecessora da ética da terra de Leopold.

A tradição filosófica de pensar as questões éticas tendo por fundamento os sentimentos e/ou emoções não é propriamente nova, embora, curiosamente, tenha tido pouco desenvolvimento no pensamento clássico e durante a Idade Média.[176] Todavia, principalmente a partir do século XVII, autores como Joseph Butler construíram a teoria de que teríamos uma capacidade inata para a benevolência para com terceiros. O egoísmo hobbesiano era descartado como não integrando a natureza humana. Anthony Ashley-Cooper, terceiro Conde de Shaftesbury, também escreveu sobre essa suposta inclinação natural para a bondade, a qual denominou de "senso moral"

175 Já que grupos ou indivíduos interdependentes podem desenvolver diferentes modos de cooperação, a ética, entendida como limitação à liberdade de ação, poderia ser colocada em um cenário darwiniano.

176 É especialmente curioso o fato da escassa atenção formal dada ao tema da compaixão no período medieval, em razão do forte sentido religioso. A compaixão, ainda que voltada somente aos seres humanos, coloca-se como elemento importante na ética cristã de amor e respeito ao próximo.

(*moral sense*). Francis Hutcheson, com seu *sensus communis* (Hutcheson, 2002, p. 6), afirmava que procuraríamos promover naturalmente condutas virtuosas que trouxessem maior bem-estar para terceiros. David Hume — "ainda que a razão seja suficiente para nos instruir acerca do uso adequado ou pernicioso das qualidades e ações, não é suficiente, no entanto, para produzir qualquer senso de aprovação ou culpa" — (Hume, 1913, p. 126), Adam Smith,[177] Arthur Schopenhauer[178] e Auguste Comte[179] também seguiram por essa mesma linha, afirmando que a razão, por si só, pode nos orientar somente sobre qual caminho tomar em direção a um determinado fim, mas este fim é uma afirmação de um sentimento moral que lhe antecederia. O próprio Nietzsche também se vale de hipóteses

177 Em *A teoria dos sentimentos morais*, publicada oito anos após *Enquiry Concerning the Principles of Morals* [Investigação a respeito dos princípios da moral], de Hume, Adam Smith argumenta que o sentimento de empatia ou altruísmo (denominado por Hume de simpatia) é inerente à natureza humana e constitui a base da faculdade de sobrepujar o interesse próprio ou egoístico. O primatologista Frans De Waal (2007, p. 221) estende essa conclusão de Smith a algumas espécies de animais: "Fomos programados para sentir absoluta aversão a ver e ouvir a dor de outros. Por exemplo, é comum crianças pequenas ficarem transtornadas, de olhos marejados, e correrem para a mãe em busca de segurança quando veem outra criança cair e chorar. Elas não estão preocupadas com a outra, mas perturbadas com as emoções que esta demonstra. Só quando mais velhas, ao adquirir a capacidade de distinguir entre si mesmas e os outros, é que separarão as próprias emoções das de terceiros. Mas o desenvolvimento da empatia começa sem tal distinção, talvez mais ou menos como as vibrações de uma corda que desencadeiam vibrações em outra, produzindo um som harmônico. Emoções tendem a suscitar emoções equivalentes, sejam provenientes de riso e alegria, sejam do conhecido fenômeno da sala cheia de bebês chorando. Hoje sabemos que o contágio emocional reside em partes do cérebro tão primitivas que as temos em comum com os mais diversos animais: ratos, cães, elefantes, macacos etc.".

178 Muito provavelmente influenciado pelo budismo, o filósofo alemão enfatizava a importância dos sentimentos morais, especialmente o da compaixão (*Mitleid*). Schopenhauer argumenta contra uma ética de base exclusivamente racionalista, que rejeite os sentimentos e disposições (*Neigungen*).

179 Responsável pela criação do termo "altruísmo".

que corroboram a importância dos sentimentos morais, principalmente na obra *Humano, demasiado humano* (1878).[180]

Em geral, esses autores afirmam que a atenção simpática a um indivíduo envolve a preocupação com o seu bem-estar e até algum desejo de promovê-lo. Nesse sentido, o conceito de bem (e, por conseguinte, de bem-estar) existe por conta dessa capacidade de empatia prévia e é, portanto, fundamental para a moralidade. Nossos juízos morais e as nossas ações estariam enraizados em sentimentos altruístas que condicionam o nosso *amor-próprio*, ou, como afirma Hume (1969, p. 487):

> Longe de pensar que os homens só têm afeto por si próprios, penso que, embora seja raro encontrar alguém que ame outra pessoa mais do que a si mesmo, é também igualmente raro encontrar alguém cujos afetos generosos, considerados conjuntamente, não prevalecem sobre os sentimentos egoístas.

No campo do biocentrismo, como se viu, o próprio Albert Schweitzer advogou uma tese que, de certa forma, parte dessas mesmas bases. Para Schweitzer, um homem é verdadeiramente ético somente quando obedece à "compulsão" para ajudar toda vida que for apto a assistir. Essa compulsão, para Schweitzer, teria uma raiz no sentimento moral da compaixão, no sentido de assumir a paixão pelo outro. Algo semelhante se encontra na passagem atribuída ao filósofo chinês Mêncio, que viveu no séc. IV a.C. e para quem "nenhum homem é desprovido de um coração sensível à dor alheia. Suponha que um homem veja

180 "Apesar de propor uma análise histórica dos sentimentos morais, o autor de *Humano, demasiado humano* expõe as inovações da observação psicológica. A psicologia seria, então, a ciência que investiga o surgimento e o desenvolvimento dos *sentimentos morais*. Os moralistas franceses La Rochefoucauld, Montaigne, Vauvenragues, Chamfort, Stendhal e Pascal, foram, nessa ótica, pioneiros da *anatomia moral* do humano. Mas é em Paul Rée que Nietzsche mais se apoia em seus estudos, compreendendo-se como um continuador de sua obra" (Araldi, 2008, p. 35).

uma criança prestes a cair em um poço profundo. Ele certamente seria chamado à compaixão" (Lau, 1970, p. 82).

Embora sejam utilizadas muitas vezes como sinônimas, e possuam efetivamente elementos em comum, as palavras *compaixão*, *simpatia*, *empatia* e *piedade* são ambíguas e comportam significados distintos. Essa subjetividade conceitual será uma das principais críticas endereçadas à *corrente dos sentimentos morais*.

Embora bastante ampla, englobando posições variadas e até mesmo colidentes entre si, ela parte da premissa de que emoções ou sentimentos constituem elementos essenciais de formação da moralidade (há, entre as diversas correntes "sentimentalistas", variações teóricas sobre os mecanismos de formação dos julgamentos morais), fato este que gera uma discussão acerca da própria natureza da moralidade.

O apoio nos sentimentos geralmente conduz a posições que valorizem visões de mundo diferenciadas para explicar os juízos morais, aproximando-se, portanto, de posições relativistas. Hume, por exemplo, não aceitava que o certo ou errado fossem "fatos objetivos". Ao contrário, advogava a posição de que "as coisas [ou os objetos] não têm valor em si mesmos. Derivam seu valor diretamente das paixões" (Hume, 1969, p. 219). No entanto, uma visão estritamente humana é condição necessária para que tenhamos simpatia moral nas relações de proximidade ou intimidade com o alvo da atenção simpática. A implicação direta desse fato é uma limitação da comunidade moral, tendo por base essa possibilidade de relacionamento próximo (*kinship*). Em outras palavras, a atenção moral é voltada para os indivíduos ou entes que participam da comunidade afetiva.

A presença de sentimentos morais fica também clara em Leopold (2001, pp. XVIII-XIX), quando destaca que a questão não é abolir boa parte do uso abusivo da terra, mas sim usá-la com amor e respeito, sentimentos, portanto, prévios à conduta: "Nós abusamos da terra porque a consideramos como uma *commodity* pertencente a nós. Quando passamos a enxergá-la como uma comunidade à qual pertencemos, poderemos começar a usá-la com AMOR E RESPEITO".

Há aqui a consagração da ideia de que o mundo precisa ser alvo de afeto, de que somente protegemos aquilo que amamos. Essa mesma ideia está presente, por exemplo, na obra de Dostoiévski, *Os irmãos Karamázov* (1879), na qual o personagem frei Zossima, mentor de Aliócha, afirma:

> Amai toda a criação de Deus, no conjunto e em cada grão de areia. Amai cada folha, cada raio de Deus. Amai os animais, amai as plantas, amai todas as coisas. Amarás toda e qualquer coisa e nas coisas alcançarás a compreensão do mistério de Deus. Uma vez tendo compreendido, já começarás a compreender tudo sem esmorecimento, e cada vez mais com o passar do tempo, todos os dias. E finalmente amarás o mudo inteiro já com um amor total, universal. (Dostoiévski, 2008, p. 433)

A moralidade com base nos sentimentos se apoia no fato de que o altruísmo, ou seja, a preocupação com o outro, é um sentimento tão primitivo quanto o próprio egoísmo, e não se confundiria, nesse sentido, com uma mera ampliação do interesse próprio ou com o sentido de obrigação ou dever.

De outro lado, a visão tradicional da filosofia moral e mesmo a visão proveniente das correntes animalistas contemporâneas favorecem o fundamento racionalista em detrimento do papel desempenhado pelas emoções ou sentimentos.[181]

181 James Rachels, por exemplo, apresenta um conceito mínimo de moralidade que parte da ideia de que a "moralidade é, minimamente, o esforço em gerar a conduta do indivíduo *por meio da razão* — ou seja, fazer algo para o qual haja as *melhores razões para fazê-lo* — enquanto ao mesmo tempo se dá um peso igual aos interesses de cada indivíduo que seja afetado pelo que alguém faça" (Rachels, 2006, p. 15, grifos nossos). Kant acreditava que era possível acessar a lei moral fundamental a partir da experiência racional: "duas coisas me enchem a alma de crescente admiração e respeito quanto mais intensa e frequentemente o pensamento delas se ocupa: o céu estrelado sobre mim e a lei moral dentro de mim. Ambas essas coisas não as vou buscar como envoltas de obscuridade ou como situadas em uma região transcendental, fora do meu alcance; vejo-as diante de mim, e as uno imediatamente com a alma da minha existência" (Kant, 2004, p. 172).

Peter Singer (2004, pp. XVIII-XIX), por exemplo, no prefácio à primeira edição de *Libertação animal*, afirma que o seu projeto ético, de cunho utilitário, é baseado em princípios básicos racionais, não emocionais, conforme demonstra na seguinte passagem:

> Dissemos não ter animais de estimação. Ela nos olhou um pouco surpresa e mordiscou o sanduíche. Nossa anfitriã, que agora acabara de servir os sanduíches, juntou-se a nós e retornou a conversa: "Mas, o senhor se interessa por animais, não se interessa, sr. Singer?" [...]. Não "adorávamos" animais. Simplesmente desejávamos que fossem tratados como seres sencientes e independentes que são, e não como meios para fins humanos — como o porco, cuja carne estava agora nos sanduíches da nossa anfitriã, havia sido tratado. A suposição de que, para interessar-se por esses assuntos é preciso "amar os animais" é, por si só, uma indicação de que não se tem a menor ideia de que os padrões morais aplicados aos seres humanos devem estender-se a outros animais [...]. Retratar os que protestam contra a crueldade com os animais como sentimentais e emotivos "amantes dos animais" teve o efeito de excluir do sério debate político e moral todo o problema do tratamento dado por seres humanos a não humanos. [...] Este livro não faz apelos aos sentimentos para que se tenha compaixão por animais "fofinhos". A morte de cavalos ou de cachorros, para servirem de alimento, não me choca mais do que o abate de porcos para o mesmo fim. Quando o Departamento de Defesa dos Estados Unidos passou a usar ratos, após enfrentar uma onda de protestos por utilizar beagles, no teste de gases letais, não me dei por satisfeito. Este livro é uma tentativa de refletir atenta, cuidadosa e consistentemente sobre a questão de como devemos tratar os animais não humanos. A reflexão vai revelando os preconceitos ocultos por nossas atuais atitudes e comportamentos. Nos capítulos que descrevem o significado de tais atitudes, em termos práticos — como os animais sofrem com a tirania dos seres humanos —, há passagens que despertarão certos sentimentos. Espero que sejam de raiva e indignação, aliados à determinação de fazer algo a respeito das práticas descritas.

> Contudo, em parte alguma deste livro apelo para emoções do leitor que não possam ser respaldadas pela razão. Quando há coisas desagradáveis para serem descritas, seria desonesto tentar fazê-lo em tom neutro, escondendo sua face realmente desagradável. Não há como escrever de forma objetiva sobre as experiências que os "doutores" realizaram nos campos de concentração nazistas, naqueles que eles consideravam "subumanos", sem despertar emoções. Isso também vale para o relato de algumas experiências realizadas hoje em seres não humanos, em laboratórios de Estados Unidos, Grã-Bretanha e outros lugares. No entanto, a justificativa fundamental para a oposição a esses dois tipos de experiência não é emocional. É um apelo a princípios morais básicos que todos aceitamos, e sua aplicação às vítimas de ambos os tipos de experiência é exigida pela razão, não pela emoção.

Não obstante o posicionamento de Singer, em termos de valorização do papel da razão como fundamento da sua filosofia moral dirigida à questão animal, é provável que o autor dissesse o mesmo a respeito da apropriação dos sentimentos pelas éticas ambientais de matrizes holísticas. Todavia, pode-se fazer uma crítica a esse favorecimento da razão, no sentido de que ele reeditaria um projeto de pensamento atrelado a um racionalismo estrito de bases cartesianas. As éticas da compaixão e do cuidado,[182] por exemplo, afirmam, que a dicotomia razão/emoção seria indevida, por colocar a razão num extrato

182 A ética da compaixão normalmente está associada às figuras de Schopenhauer, Levinas e Dussel, enquanto a ética do cuidado tem seu ambiente inicial relacionado às posições ecofeministas de Marti Kheel, Josephine Donovan, Carol Adams, Cathryn Bailey, entre outras. No Brasil, temos a posição de Leonardo Boff, de que "a compaixão talvez seja, entre as virtudes humanas, a mais humana de todas, porque não só nos abre ao outro, como expressão de amor dolorido, mas ao outro mais vitimado e mortificado. Pouco importam a ideologia, a religião, o *status* social e cultural das pessoas. A compaixão anula estas diferenças e faz estender as mãos às vitimas [...]. A compaixão tem algo de singular: ela não exige nenhuma reflexão prévia, nem argumento que a fundamente. Ela simplesmente se nos impõe porque somos essencialmente seres com-passivos" (2011).

superior, o que reafirmaria, na realidade, a inferioridade dos animais e da própria natureza, reforçando uma lógica discriminatória com relação aos seres supostamente não racionais. Em outras palavras, se a razão é a única a falar, à natureza restaria apenas o silêncio. Nesse sentido, a "purificação" do discurso para eliminar a carga emocional, conjugada com a hipertrofia da razão, seriam fatores prejudiciais e autocráticos para os não humanos.

O papel das emoções seria, de acordo com essa visão, essencial, pois: (a) sem a emoção prévia, ninguém perceberia com clareza o fenômeno da vitimização (a tensão empática prévia precede a justiça); (b) são as emoções que revelam os valores do cenário bioético de cada caso concreto; e (c) as emoções morais motivam o agir de modo mais eficiente que a razão (o compartilhamento dos princípios emocionais é mais fácil que o relativo aos princípios racionais).

O filósofo John A. Fisher (1987, p. 199), da Universidade do Colorado, identifica a importância do sentimento de simpatia para a teoria moral, na medida em que ele seria o principal demarcador do âmbito de aplicação de nossas intuições morais. Para o autor:

> Nossa resposta simpática aos animais os torna parte de nossa comunidade moral; isto é, nossas preocupações morais e nossos conceitos de certo e errado se estendem, a partir daí, aos animais e aos demais seres humanos. Essa ampliação conduz a duas importantes ideias relacionadas ao tratamento aos animais. A primeira delas é a de que seria errado matar animais gratuitamente, ou sem uma forte justificativa. A segunda é a de que seria também objetável lesar um animal da mesma maneira. Embora possa ser dito que essas intuições são baseadas não na simpatia pelos animais, mas tão somente na análise da ação humana, isso parece ser implausível. O que torna a ação humana errada? Por que, em geral, sentimos que matar um animal é algo distinto de arrancar uma flor do solo ou mesmo desligar um computador? A hipótese mais clara é a de que somos arrebatados por uma relação de parentesco (*kinship*), de similaridade, com os animais,

tal como em relação aos seres humanos, e que dependemos implicitamente desses sentimentos quando explicitamos nossas intuições morais a respeito desses casos.

Com base nessa mesma argumentação, Robert Elliot afirma que Rawls teria se equivocado ao excluir os não humanos dos princípios de justiça desenvolvidos na sua obra *Uma teoria da justiça*, de 1971 (Rawls, 2002). A questão se resume em saber se os participantes na posição original poderiam se tornar não humanos no mundo real.

A teoria da justiça como *equidade* tenta suprimir o problema consistente no fato de que os "agentes racionais egoístas" poderiam concluir pactos que seriam injusta e francamente favoráveis a eles próprios, garantindo-lhes o acesso constante a benefícios e, simultaneamente, negando-os a outros indivíduos. A inserção do mecanismo do "véu da ignorância" visa garantir a imparcialidade no momento da "posição original", preservando o espírito-base do contratualismo hobbesiano. Assim sendo, o "contratante", ao participar da negociação original, não teria conhecimento prévio de suas habilidades, capacidades e interesses. Por isso, a formulação rawlsliana apresenta um progresso em relação à hobbesiana, pois, nela, aos participantes não é dado saber se integram o grupo majoritário ou não, razão pela qual as suas escolhas tendem a preservar determinada linha de neutralidade geral nas escolhas dos princípios de justiça regentes do acordo inicial, anulando-se os efeitos das "contingências específicas".[183]

183 "Em primeiro lugar, ninguém sabe qual é o seu lugar na sociedade, a sua posição de classe ou seu *status* social; além disso, ninguém conhece a sua sorte na distribuição de dotes naturais e habilidades, sua inteligência e força, e assim por diante. Também ninguém conhece a sua concepção do bem, as particularidades de seu plano de vida racional, e nem mesmo os traços característicos de sua psicologia, como, por exemplo, a sua aversão ao risco ou sua tendência ao otimismo ou pessimismo. Mais ainda, admito que as partes não conhecem as circunstâncias particulares de sua própria sociedade. Ou seja, elas não conhecem a posição econômica e política dessa sociedade, ou o nível de civilização e cultura que ela foi capaz de atingir. As pessoas na

No entanto, o problema é que, ao passo que é vedado aos pactuantes conhecer a maior parte das suas características pessoais específicas, Rawls lhes permite conhecer previamente que serão, em alguma ocasião, membros de uma sociedade formada pela escolha dos princípios sobre os quais estão deliberando e que, como futuros membros desta sociedade, serão seres humanos. O autor também estabelece que são requisitos participativos a "racionalidade" e o "senso de justiça".[184] Como consequência, nem mesmo todos os seres humanos seriam abraçados pela teoria por ele proposta, pois "tudo indica que não nos seria exigível conceder a dimensão da justiça em sentido estrito a criaturas que carecem dessa capacidade [senso de justiça]" (Rawls, citado por Regan, 1983, p. 165).

Mesmo que tomemos essa proposição em um sentido mais "leve", no sentido de que ser um "agente moral" é uma condição suficiente e não necessária, o que não parece ser efetivamente o que Rawls afirma, as implicações da mitigação da força do "véu da ignorância" eliminam quaisquer possibilidades de participação dos seres que não sejam humanos.

O autor deixa evidente essa posição:

> Aqui o significado da igualdade é especificado pelos princípios da justiça, que exigem que direitos básicos iguais sejam atribuídos a

...

posição original não têm informação sobre a qual geração pertencem" (Rawls, 2002, p. 147).

184 Em algumas passagens, Rawls considera indubitável que a condição humana seja a única permitida: "na medida do possível, o único fato particular que as partes conhecem é que a sua sociedade está sujeita às circunstâncias da justiça e a qualquer consequência que possa decorrer disso. Entretanto, considera-se como um dado que elas conhecem os fatos genéricos sobre a sociedade humana [...]. Supus até aqui que as pessoas na posição original são racionais [...]. Assim, de forma genérica, considera-se que uma pessoa racional tem um conjunto de preferências entre as opções que estão a seu dispor [...]. A suposição da racionalidade mutuamente desinteressada, portanto, resulta nisso: as pessoas na posição original tentam reconhecer princípios que promovam seus sistemas de objetivos da melhor forma possível [...] Presume-se que as partes são capazes de um senso de justiça, e esse fato é de conhecimento público entre elas" (Rawls, 2002, pp. 148-56).

> todas as pessoas. Podemos presumir que os animais estão excluídos; certamente eles têm alguma proteção, mas o seu *status* não é o mesmo que o dos seres humanos. Mas essa consequência ainda necessita de uma explicação. Temos de considerar a que tipos de seres se devem conceder as garantias da justiça. (Rawls, 2002, p. 561)

Em seu entendimento, portanto, somente os "agentes morais"[185] teriam direito à igual justiça. Assim, se as pessoas sabem que serão humanas, o que julgamos ser equivalente a saber se serão brancos ou negros, do sexo masculino ou feminino (resultados que Rawls parece não prever), o máximo que os "contratantes" irão fazer é negociar deveres indiretos para com as demais criaturas,[186] pois estas nunca poderão ter a almejada "boa vida" (*good life*).

Para Elliot, no entanto, a ideia de julgar como as coisas são do ponto de vista de um animal faz todo sentido. De fato, fazemos esses julgamentos cotidianamente. Somos plenamente capazes de uma compreensão empática relativamente aos animais e podemos realizar comparações sobre seus diferentes estilos de vida baseadas nas propensões, nos desejos, nos interesses e nas preferências que eles possuem.

185 "Distinguimos as pessoas éticas por duas características: primeiro, elas são capazes de ter (e supõe-se que tenham) uma concepção de seu próprio bem (expressa por um plano racional de vida); e, segundo, são capazes de ter (e supõe-se que adquiram) um senso de justiça, um desejo normalmente efetivo de aplicar os princípios da justiça e de agir segundo as suas determinações, pelo menos num grau mínimo" (Rawls, 2002, p. 561).

186 Scott Wilson (2001, p. 135), mencionando Peter Carruthers, observa que, pela teoria de Rawls, os animais não teriam *status* moral autônomo: "partindo-se do pressuposto de que os contratantes são autointeressados, mas não sabem quem são, aceitarão as regras que protejam os indivíduos racionais. Todavia, os contratantes sabem o suficiente sobre si próprios para saber que não são animais. Assim sendo, não adotarão regras que confiram especial proteção aos não humanos, já que isso não preencheria seus interesses imediatos. O resultado é que os seres humanos serão protegidos diretamente, ao contrário dos animais".

Em certo sentido, a corrente que defende que os sentimentos morais seriam fundantes da ética se aproxima da denominada *ética das virtudes*. A virtude é compreendida como um traço de caráter que se manifesta estavelmente ao longo do tempo.[187] A pergunta central para os eticistas da virtude não seria "o que devo fazer?", mas, antes, "quem devo ser?". A teoria da ética das virtudes está, portanto, preocupada em desvelar quais são as qualidades ou traços de caráter que tornam o indivíduo uma boa pessoa. Alguém tido como virtuoso é alguém moralmente bom, uma pessoa que privilegia as virtudes em detrimentos dos vícios, que está comprometida com o permanente desenvolvimento de um bom caráter. A honestidade, por exemplo, seria uma virtude que se concretiza não só pelo fato de não roubar bens de terceiros (*não fazer*), mas também em indignar-se publicamente contra o vício da desonestidade (*fazer*). Se a honestidade, no sentido apresentado, é uma virtude, deveríamos ser pessoas honestas.[188] Nesse sentido, Philippa Foot (2002) afirma que as virtudes são benéficas e corretivas (isto é, nos auxiliam a realizar coisas que, em princípio, seriam difíceis de serem executadas, como

187 A disposição de ser virtuoso deve ser espontânea, ou seja, não pode sofrer motivações exógenas, como ocorre no caso de alguém seguir uma determinada virtude com receio da aplicação de uma sanção.

188 Aristóteles (1985) foi um dos primeiros pensadores a fundar a moralidade na natureza, mais especificamente, na natureza humana. É nessa perspectiva que o referido filósofo se pergunta a respeito de qual é a melhor vida, qual o bem supremo da vida, o que é a virtude (*arete*), como vamos encontrar felicidade e satisfação no viver. A finalidade (*télos*) de nossa vida é alcançar a felicidade (*eudaimonía*). Para alcançarmos a *eudaimonía*, precisamos viver racionalmente, e viver racionalmente significa viver segundo a virtude. A virtude irá depender de um julgamento, de uma escolha individual (*prohaíresis*), por força da *reta norma* da sabedoria prática, ou *reta razão* (*prthòs lógos*), para repudiar os extremos e alcançar o meio termo (*mesótês*). A diferença fundamental entre a posição de Hume (sentimentos morais) e de Aristóteles (virtudes) diz respeito à origem dos sentimentos e das virtudes. Para este, elas seriam obtidas através de um processo lógico-racional (obtenção do caminho do meio entre o excesso e a deficiência), enquanto que para o primeiro elas seriam praticamente de ordem intuitiva.

o faz a virtude da coragem), já que indivíduos e comunidades não caminham bem sem elas. Como é fácil perceber, vários sentimentos morais seriam também virtudes a serem perseguidas pelos indivíduos, como ocorre, exemplificativamente, com a generosidade, a benevolência e a compaixão. Nessa mesma linha, vejamos, de forma ilustrativa, a famosa passagem de *A insustentável leveza do ser*, de Milan Kundera:

> A verdadeira bondade do homem só pode se manifestar com toda a pureza e com toda a liberdade em relação àqueles que não representam nenhuma força. O verdadeiro teste moral da humanidade (o mais radical, situado num nível tão profundo que escapa a nosso olhar) são as relações com aqueles que estão à nossa mercê: os animais. E foi aí que se produziu a falência fundamental do homem, tão fundamental que dela decorrem todas as outras. (Kundera, 2008, p. 283)

Embora possa existir essa identificação de alguns sentimentos morais com virtudes, isso não isenta a teoria de ser alvo de sérias objeções. Podemos subdividir a réplica ao posicionamento proveniente dos *sentimentos morais* em nove argumentos centrais:[189]

(1) O primeiro deles parte da ideia de que as emoções/sentimentos são erráticos, voláteis, irregulares e relativos. A capacidade para a empatia (ou de simpatia) seria distribuída aleatoriamente entre os indivíduos e, portanto, seria variável em razão de contextos sociais, religiosos, históricos e culturais. Não haveria como exigir de alguém o mesmo grau ou nível de atenção sentimental, de simpatia ou de compaixão. Uma pessoa proveniente do meio rural provavelmente possui uma forma de lidar com os animais diferente da maneira das pessoas dos centros urbanos. Mesmo em relação a uma mesma

189 Essas réplicas podem ser encontradas em diversos autores e foram aqui colocadas em sequência apenas como forma de organizá-las didaticamente.

pessoa, a consideração moral baseada puramente em sentimentos pode conduzir a tratamentos díspares: um caçador pode amar o seu cão de caça e matar impiedosamente uma raposa, ou uma pessoa pode resgatar e salvar animais abandonados e se alimentar usualmente de produtos de origem animal.

(2) O processo de atenção simpática envolveria, na realidade, um mecanismo de analogia racional que lhe é prévio (e não o contrário), ou seja, sentimos porque sabemos, racionalmente, que existe o sofrimento em uma dada situação que é em tudo semelhante a uma situação que provavelmente causaria desconforto em seres humanos (a racionalidade abre as portas para a atenção simpática).

(3) A atribuição de traços de personalidade a entes não humanos, que é um dos componentes da atenção sentimental, pode ser equivocada, pois pode não ser objetivamente demonstrável (por exemplo, poderíamos afirmar que um pinguim que fica cuidando de seu ovo durante todo o rigoroso inverno antártico é paciente? Ou que a raposa é um animal especialmente astuto?).

(4) A simpatia poderia provocar um escalonamento valorativo, beneficiando as espécies mais "próximas" ao homem, ou seja, espécies que trouxessem características físicas e comportamentais por nós tidas como importantes (por exemplo, teríamos real simpatia pela condição específica de um inseto ou do pequeno peixe *snail darter* a ponto de impedir empreendimentos que colocassem em risco a sua espécie?)[190]. Do mesmo

190 O pequeno peixe norte-americano chamado de *snail darter* (*Percina tanasi*) é uma espécie encontrada no leste do Tennessee. Descoberto em 1973, o *snail darter* foi listado como ameaçado de extinção sob o então recém-promulgado Endangered Species Act. Houve, logo depois, uma controvérsia jurídica por meio da demanda *Tennessee Valley Authority v. Hill* (437 U.S. 153, 98 S. Ct. 2279). Nesse caso, discutia-se, basicamente, se a represa Tellico, em fase de construção, iria erradicar a espécie por meio da destruição de seu habitat original, e se,

modo, haveria espaço para justificar a construção de estereótipos equivocados, influenciados por crenças particulares sem qualquer respaldo científico (tubarões como predadores ferozes, perigosos e cruéis, leões como nobres, pandas como belos e pacatos etc.).

(5) Os sentimentos não são a única fonte de valor a ser atribuída à natureza e seus elementos (poderíamos cogitar sobre o valor estético, o valor da utilidade, entre tantos outros).

(6) No caso específico das éticas ecocêntricas, haveria a possibilidade de estender os sentimentos morais a entes coletivos, como ecossistemas, a biosfera, a comunidade biótica ou mesmo o planeta, visto como um "superorganismo"? Quais seriam as bases efetivas para a atenção simpática a um ente que não existe no mundo biológico como indivíduo? O meio ambiente não pode ser descrito como uma comunidade no sentido moral. No sentido ecológico, comunidade significa apenas um conjunto de seres vivos vivendo numa mesma região. Não há conteúdo moral nessa descrição natural. É uma função primordial dos direitos proteger interesses, e possuí-los exigiria estados mentais relacionados às sensações primárias conectadas a um bem-estar de tipo experimental.

(7) Tom Regan, na obra *The Case for Animal Rights*, afirma

. . .

diante deste fato, o empreendimento deveria ou não ser interrompido à luz do §7 da legislação protetiva (que determina que as agências federais devem garantir que nenhuma ação, mesmo supostamente autorizada, possa prejudicar a chance de existência continuada das espécies ameaçadas de extinção). Em uma interpretação até hoje muito criticada, a Suprema Corte afirmou que o mencionado §7 não deveria retroagir para ser aplicado a projetos concluídos ou praticamente concluídos. Mas, e se a espécie em jogo não fosse um minúsculo peixe, de cinquenta a noventa milímetros, mas uma espécie mais glamourosa e esteticamente mais atraente, como uma espécie rara de águia, de urso, ou mesmo de lobo? A decisão teria sido a mesma? Caso similar ocorreu com a mosca de *delhi sands* (*Rhaphiomidas terminatus abdominalis*).

que a crueldade e a compassividade (que possuem, nesse sentido, um claro apelo sentimental) falhariam ao não prover uma base satisfatória para justificar nossos deveres positivos ou negativos em relação aos animais. Em relação à crueldade,[191] o autor afirma que ela poderia se manifestar de diversas formas. As pessoas poderiam ser julgadas como cruéis por aquilo que fazem ou por aquilo que deixam de fazer, e também por aquilo que sentem ou deixam de sentir. Dessa forma, a crueldade poderia se apresentar como manifestação de um prazer sádico em causar sofrimento a alguém (*sadistic cruelty*). Um torturador seria cruel, nesse sentido, por causar dor e sofrimento e obter satisfação nesse tipo de conduta (um médico ou um dentista também causam dor eventualmente, mas não como meio de recompensa pessoal). Outras pessoas são cruéis não por sentir prazer na dor alheia, mas simple smente por não sentirem nada a respeito do sofrimento de outrem (ausência de sentimento de compaixão pelo próximo que agoniza; indiferença). Interessante notar que, se essa ausência de sensibilidade é derivada de um ato causado pelo próprio agente, este normalmente é equiparado a um "animal", ou a conduta é qualificada como "brutal" (*brutal cruelty*). As duas modalidades mencionadas por Regan, sádica ou brutal, poderiam se manifestar em comportamentos *comissivos* (espancar um cão sem qualquer justificativa) ou *omissivos* (deixar de alimentar um gato, levando-o à inanição). Para Regan (1983, p. 198), em quaisquer de suas formas,

> a crueldade sempre envolveria referência a um estado mental individual — mais especificamente, à análise se alguém tem prazer em causar ou deliberadamente permitir

191 O vocábulo "crueldade" vem do latim *crudelitas*, de *crudus*, originário de *cruor* (sangue vivo), e está normalmente associado à causação de um ato impiedoso ou insensível.

> que outro ser sofra, ou de se alguém seria indiferente/insensível a esses mesmos atos. Assim, advogar o princípio do não cometimento de atos cruéis como base para a fundamentação de nossos deveres negativos implicaria o fato de que nós os cumpriríamos simplesmente não sendo cruéis, isto é, bastando que não sentíssemos prazer ou indiferença ao sofrimento alheio. Isso é, todavia, inadequado. Como um determinado indivíduo se sente a respeito da conduta de terceiros é logicamente distinto da análise moral do que estes terceiros fazem. Mais precisamente, como uma pessoa se sente em relação ao sofrimento causado por alguém a um animal é algo logicamente distinto do exame da correção moral da conduta de fazer aquele animal sofrer. Fazer um animal sofrer não pode ser justificado tão somente sob o fundamento de que não se é indiferente a seu sofrimento, ou que não se sente prazer com o seu sofrimento. Em outras palavras, fazer um animal sofrer não seria justificado sob o fundamento segundo o qual quem o faz sofrer não é cruel, em quaisquer das formas sob as quais se apresenta a crueldade. Assim, embora concordemos que a crueldade deve ser condenada e desencorajada, não podemos concordar que a proibição da crueldade forneça uma base satisfatória para os nossos deveres negativos em relação aos animais.

Da mesma forma, Regan dirige observações contra a aplicação da ideia da bondade (*kindness*) como fundante de nossos deveres positivos para com os animais. Segundo o autor, semelhante à crueldade, a bondade e seus cognatos são termos de avaliação moral que utilizamos para acessar e descrever o comportamento de determinada pessoa. Uma pessoa bondosa geralmente é tida como aquela que tende a favorecer e atender, graciosamente, por amor, afeição ou compaixão, aos interesses de terceiros. Ser bondoso para com animais, nesse sentido, significaria procurar atender a seus interesses, motivado por amor, afeição ou compaixão. Segundo o filósofo estadunidense:

> tal como a crueldade, a bondade possui conexão com o "estado mental do agente", isto é, com seus motivos e intenções. E isso nos convida à mesma sorte de reflexões feitas em relação à crueldade: a moralidade do que uma pessoa faz (a correção ou o erro de sua conduta) é logicamente distinta, e não deve ser confundida com seus estados mentais, incluindo os motivos ou intenções dos quais seus atos derivam. Embora aqueles que agem bondosamente mereçam nossa admiração, eles merecem tal reputação não porque seus atos sejam expressão do que é correto (muito provavelmente o são, mas podem não o ser) [...]. Em segundo lugar, a injunção de ser bondoso para com os animais pode obscurecer a ideia de que possuímos deveres efetivos em relação aos animais. O princípio que determina a bondade como parâmetro de ação falha, pois a bondade não é algo que devemos a alguém, não é um dever. Ser beneficiário de um ato de bondade é geralmente uma bênção, mas ninguém pode exigir a bondade alheia. Bondade não é justiça, e já que o tratamento aos animais envolve uma matéria de justiça, não podemos nos valer da injunção a respeito da bondade para justificar nossos deveres para com animais. (Regan, 1983, p. 199)

É interessante observar que a Constituição brasileira, no seu art. 225, §1º, VII, estabelece, em relação aos animais, como dever do Estado e da coletividade zelar pela proibição de práticas que: (a) coloquem em risco a função ecológica das espécies; (b) provoquem a extinção de espécies; ou (c) submetam os animais à crueldade. Optou-se, portanto, no texto constitucional, pela referência à "crueldade", o que, talvez, não tenha sido a melhor alternativa em razão do fato de tal conceito, como assinala Regan, estar vinculado a uma aferição do estado mental do agente que pratica uma determinada ação, e não propriamente ao resultado lesivo para a vítima. De fato, a definição do termo "crueldade" está associada ao ato (cruel) daquele que se compraz em causar o mal, em atormentar ou prejudicar, ou, ainda, ao ato duro, insensível, desumano, pungente.[192] Justamente por conta desta conotação, a doutrina, de modo geral, assinala que o ato cruel típico é o ato doloso, impiedoso, tirano ou insensível, com o fim específico de causar dor ou sofrimento, que seriam em princípio evitáveis.

G. Randolphes Mayes, no artigo "Naturalizing Cruelty" [Naturalizando a crueldade] (2009), propõe uma definição sintética de crueldade: "crueldade é uma disposição que determinado indivíduo possui em relação à recompensa da percepção de lesão causada em outrem". Para Mayes, a crueldade pode ser tomada a partir do ponto de vista da ação (por exemplo, é cruel queimar pessoas). No entanto, a atribuição desse estado é na maior parte das vezes derivativa, no sentido de que dizer que uma determinada ação é cruel significa dizer que é o tipo de ação realizada por um agente cruel (por exemplo, Claudia é cruel). Em outras palavras, a crueldade estaria relacionada a um predicado do agente, pois seria resultado de um estado mental prévio de quem pratica a conduta. Uma ação que promova o sofrimento não deveria a rigor ser qualificada de cruel, mas simplesmente como um resultado da crueldade. A motivação específica do agente em tentar produzir sofrimento físico ou psicológico, ou em sentir satisfação ou indiferença a este sofrimento causado por aquela ação, caracterizaria a crueldade como fenômeno de ordem psicológica (crueldade como um vício, algo que fazemos de maneira deliberada e que corromperia nosso

192 O *Dicionário Houaiss da Língua Portuguesa* define o termo "cruel" como "1. a quem apraz derramar sangue, causar dor; cruento. 2. que gosta de fazer o mal, atormentar, maltratar, impiedoso. 3. duro, implacável, intransigente, insensível [...]". O antônimo de cruel seria clemente, humano, misericordioso (Houaiss & Villar, 2009, p. 578).

caráter pela extrapolação daquilo que supostamente seria socialmente aceitável).

Érika Bechara (2003, p. 82) resume esse entendimento, que equipara o ato cruel às situações de "sofrimento desnecessário", da seguinte maneira:

> Crueldade, para a Constituição, não é todo e qualquer ato atentatório da integridade físico-psíquica do animal, eis que atos atentatórios de sua integridade físico-psíquica haverão em perfeita consonância com a Lei Maior, quando e desde que eles se façam imprescindíveis para a obtenção e manutenção de direitos fundamentais da pessoa humana. Tendo em vista que o ato "materialmente" cruel que se ponha (realmente) indispensável para a saúde, bem-estar, dignidade da vida — só para citar alguns dos principais direitos humanos — será tolerado pelo ordenamento jurídico, podemos dizer que a "crueldade" a que se refere o art. 225, §1°, inciso VII do Texto Maior há de ser entendida como a submissão do animal a um mal além do absolutamente necessário. *Contrario sensu*, submeter o animal a um mal nos estritos limites do "necessário" não implicará infração ao *suso* citado dispositivo constitucional. Nesse ponto estamos com Helita Barreira Custódio quando professa que "a crueldade é por si caracterizada pela ausência de um motivo adequado e pelo impulso de um motivo torpe ou fútil, não podendo ser ali uma crueldade necessária". Ora, tirar a vida de animais para proporcionar alimentação ao homem, por exemplo, causar-lhes-á um mal irreparável — a morte —, o qual, contudo, é absolutamente necessário para o sustento e para a própria subsistência da vida humana.

No mesmo sentido, argumenta Celso Antônio Pacheco Fiorillo (2002, p. 98), para quem "a crueldade só estará caracterizada se a prática contra o animal não tiver por finalidade proporcionar ao homem uma sadia qualidade de vida ou, na hipótese de estar presente esse propósito, os meios empregados não forem os absolutamente necessários à atividade". Assim, o entendimento usual sobre o que caracteriza a crueldade (ato voltado a satisfazer um desejo mórbido de sentir prazer com a dor e o sofrimento alheios) restringe indevidamente o alcance da norma protetiva constitucional a uma análise relacional de custo-benefício entre humanos e não humanos. Em princípio, se a atividade traz alguma espécie de benefício para os primeiros, ainda que trivial, será qualificada como legítima, sob o manto do conceito de "sofrimento necessário" e, por conta disso, não seria cruel. Se há necessidade, não haveria crueldade.

O problema é que o conceito de "sofrimento necessário" não pode ser utilizado nesse sentido proposto pela doutrina, pois ele não é um conceito relacional. Em princípio, a não ser pela adoção de uma visão estritamente consequencialista, não há como se justificar a imposição de lesão a terceiros inocentes com base no argumento de que aquele ato trará efeitos benéficos para quem o pratica. A necessidade do sofrimento somente poderia ser compreendida como uma limitação física ou psíquica imposta a alguém com o intuito de beneficiá-lo (um indivíduo acometido por uma determinada doença, por exemplo, poderá eventualmente se submeter a tratamento médico doloroso, mas com o intuito de trazer um benefício a ele próprio, no sentido de eliminar o problema de saúde). Não haveria, portanto, como cogitarmos transpor riscos a terceiros inocentes.

Em síntese, o conceito clássico de crueldade é mesmo restritivo pela ênfase que dá à motivação e ao propósito da ação (aspecto subjetivo da conduta), e não ao sofrimento da vítima (aspecto objetivo). As perplexidades geradas a partir dessa visão são bastante diversificadas:

> A variar pela causa, a ação é classificada ou não como cruel. Por exemplo, chicotear um ser humano (ou um cavalo) é

> cruel ou não na dependência da razão pela qual alguém está perpetrando o açoite. Esse é um raciocínio utilitário, do tipo clássico: os fins justificam os meios. Em outras palavras: caso se pingue produtos químicos nos olhos de um cão com o intuito de criar um novo shampoo ou um novo batom, a conduta é cruel (inconstitucional); mas, se a colocação de substâncias similares for feita sob a alegação de buscar um medicamento oftalmológico, então não há que se falar em crueldade. Pois cruel não é pingar substâncias nos olhos de um cão ou de um coelho, isso não é cruel em si. Depende do motivo pelo qual se faz isso. Tal qualificação carece de sentido. Desloca a crueldade da vítima, de quem sofre a ação, transferindo para a intenção de quem exerce a medida. Significa uma desconsideração daquele que padece a violência, que suporta a agressão, deixando a avaliação da correção da conduta à revelia das intenções que a impulsionam. É a coisificação, a mera instrumentalização do ser: posso usar aqui, não posso usar lá. Sem embargo, o uso é aceitável. (Lourenço & Oliveira, 2013)

O mesmo tipo de observação sobre o problema da utilização da compaixão como fundamento para a considerabilidade moral dos não humanos pode ser encontrada em Richard Ryder. Para o animalista, o problema central da ética das virtudes é o foco no agente e não no paciente. O sofrimento e a dor poderiam, nesse sentido, ser justificados como parte de um projeto de glorificação individual de uma determinada virtude. A ética, no entanto, afirma Ryder (2001, p. 5), não seria um guia de autoajuda para obtenção de felicidade e realização pessoal, mas uma constante preocupação relacional com o outro:

> Acredito que a ênfase principal da ética deve se dar em relação aos interesses e experiências da vítima ou do paciente moral. Minha compaixão inata pode ou não me motivar a agir no sentido de ajudar a vítima, mas isso é

um problema a ser enfrentado pela psicologia. A ética entra em cena quando procuro encontrar razões para justificar minha compaixão. Em uma situação em que penso que é do meu interesse lesar outros, pelos quais possa não sentir eventualmente compaixão, então é assunto da ética produzir boas razões pelas quais eu não deveria praticar essas condutas. Deveria passar ao largo da ética se ajo guiado pela compaixão ou qualquer outro motivo.

Continua Ryder (2001, p. 15):

> Em minha opinião, quando estamos a tratar verdadeiramente de ética, necessitamos cristalizar as ações que praticamos no momento em que estamos sendo compassivos em uma moldura de regras às quais aderimos mesmo quando o sentimento da compaixão porventura não vier a se manifestar. Os *standards* éticos seriam nesse sentido inspirados pela compaixão, mas formalizados por meio da razão.

Martha Nussbaum também se incomoda com a ênfase na compaixão, em artigo intitulado justamente de "Beyond Compassion and Humanity: Justice for Non-human Animals" [Para além da compaixão e da humanidade: justiça para animais não humanos]. Em síntese, a autora afirma que:

> a emoção da compaixão envolve a percepção de que outra criatura está em situação de grande sofrimento, sofrimento este não imputável a ela. Alguém pode sentir compaixão pela vítima de um crime, ou mesmo por alguém que esteja morrendo com uma doença terminal [...]. A compaixão, no entanto, omite o elemento essencial da investigação da culpa pela causação do mal. [...] Parece, todavia, que o que estamos querendo dizer quando falamos que um determinado ato é injusto é que a criatura vitimada por aquele ato tem um interesse

específico [*entitlement*] de não ser tratada daquela maneira. (Nussbaum, 2004, p. 302)

(8) Haveria por parte dos defensores dos sentimentos morais uma leitura reducionista (ou extremada) da posição tradicional da ética animalista em relação ao papel desempenhado pelas emoções. Não haveria claramente em Singer ou Regan algo como uma negativa absoluta da existência ou da importância desses sentimentos, ainda que esta se desse tão somente em nível secundário ou apenas complementar. O que esses autores pretendem, com êxito relativo, é mitigar ou eliminar o componente emocional das suas teorias, o que, por certo, não significa dizer que pensam que estas emoções não existem ou que não tenham relevância alguma.

(9) No que se refere à identificação de sentimentos morais e virtudes, teríamos que nos indagar a respeito de como determinar quais traços de caráter são virtudes. Seriam elas, como afirma MacIntyre (1984), relativas a práticas constitutivas de culturas e sociedades específicas? Essa pergunta levanta a objeção do subjetivismo por parte da ética das virtudes, pois o que alguém pode considerar virtuoso, outro poderia considerar como representativo de um vício. Além da subjetividade, há a possibilidade de se sustentar que as virtudes seriam vagas, no sentido de terem seu conteúdo excessivamente aberto ou indeterminado, e esse fator implicaria grande dificuldade para resolver eventuais conflitos entre as próprias virtudes.

A respeito desse ponto, Mark Rowlands (2009, pp. 98-117) se reporta ao debate entre Rosalind Hursthouse e Roger Scruton a respeito da moralidade dos chamados "esportes de sangue ou cruentos" (*blood sports*).[193] O debate é especialmente inte-

193 Os denominados "esportes de sangue" são modalidades de atividades que envolvem a lesão ou a morte de animais como parte de um

ressante para ilustrar as objeções já citadas justamente porque ambos advogam teses relacionadas à ética das virtudes, chegando a resultados diametralmente opostos. Scruton defende a legitimidade desses "esportes", pois para o autor a moralidade desses atos deve estar ligada à investigação sobre a motivação das pessoas para praticá-los. Assim, se uma pessoa tem um prazer sádico em assistir à lesão ou à morte dos animais, então essa pessoa, assim como também quem participa dessas atividades, não seria virtuosa. Essas pessoas seriam, na realidade, culpadas pelo vício da crueldade. Scruton, sobre esse ponto, afirma que raramente um participante de tais eventos demonstra essa inclinação para o vício. A lesão ou a morte dos animais são tidas como um subproduto inevitável de uma atividade que, quando bem desempenhada, pode promover o exercício de virtudes importantes, como a coragem (Scruton, 1996).

Hursthouse (2000) discorda de Scruton. A autora afirma que não há como fazer uma afirmativa empírica a respeito da motivação das pessoas que se engajam nessas práticas. Além disso, haveria uma ressalva indevida ao conceito de crueldade, pois os espectadores sabem que os animais estão sofrendo em razão de algo que não os beneficia. São, portanto, culpados do vício da insensibilidade frente ao sofrimento alheio. Se uma pessoa virtuosa, por conceito, não pratica atos viciosos, e se a insensibilidade é um vício, teríamos aqui, de fato, um problema. Da perspectiva da ética das virtudes, as virtudes, como não poderia deixar de ser, sobrepõem-se às coisas que não são virtuosas, como é o caso do mero divertimento que tais atividades podem gerar. Mas o que dizer das coisas que são ao mesmo tempo viciadas (como a insensibilidade) e supostamente virtuosas (por estimular uma virtude como a coragem)? Qual é o critério para solução de um conflito entre um vício e uma virtude em uma mesma atividade? No caso, poderíamos dizer que uma pessoa totalmente virtuosa não poderia compactuar com a prática de um vício, qualquer que

• • •

suposto divertimento. São exemplos de tais práticas a caça à raposa, as rinhas com animais, as touradas etc.

seja ele. Esta, no entanto, parece ser uma posição um tanto quanto irrealista, na medida em que não existe esse indivíduo integralmente virtuoso.

Outra opção seria negar que essas atividades possibilitem o exercício da virtude da coragem. Essa é a estratégia de Hursthouse: ela afirma que Scruton compreende mal a estrutura da virtude da coragem, já que os participantes dos ditos esportes cruentos não seriam, na verdade, corajosos. Suas ações não seriam fundadas em bons motivos ou voltadas a atingir uma finalidade efetivamente relevante[194] para que pudessem ser qualificadas como tal.

Além disso, imaginar que uma atividade como a caça à raposa, por exemplo, envolva algum risco sério, que justifique a qualificação de corajoso para aquele que dela participe, consiste numa falsa percepção da realidade. Embora ocorram acidentes, eles são muito pouco frequentes. O risco é bastante reduzido. Nessa situação, haveria, na verdade, uma confusão entre coragem e orgulho. Mas, mesmo que assim não fosse, novamente voltando ao ponto já mencionado entre a convivência de um vício e uma virtude, não poderia uma pessoa corajosa ser, ao mesmo tempo, cruel e má? O que dizer de atos terroristas, já que, ao menos na visão do terrorista, existe um componente de bravura/coragem imanente em sua conduta, normalmente imbuída de forte motivação ideológica ou religiosa?

Uma tentativa para adjudicar esses conflitos se daria por meio da separação das virtudes em duas dimensões: virtudes morais (gentileza, honestidade, justiça, benevolência, lealdade, altruísmo, generosidade, compaixão, responsabilidade, piedade, entre outras) e virtudes executivas (coragem, empreendedorismo e sabedoria). Dada a distinção, no conflito entre a coragem (virtude) e a insensibilidade (vício), deve prevalecer a

194 Os exemplos que Rowlands (2009, p. 108) dá para ilustrar a afirmação são: alguém que salta de moto sobre vários carros para salvar outra pessoa em situação de perigo, e outro indivíduo que pratica o mesmo salto sem qualquer finalidade de salvamento, por mero divertimento. O primeiro estaria sendo corajoso; o segundo, tolo.

noção de que a conduta deve ser evitada, pois a insensibilidade é um vício ligado a uma virtude moral, que teria maior peso. Se a questão toda é exercitar a coragem, há meios de fazê-lo sem causar sofrimentos agudos a terceiros.

Embora não se questione que os sentimentos (ou, sob outro ângulo, as virtudes), especialmente os de compaixão (e nem tanto propriamente o de piedade) e de empatia, desempenham um papel relevante no que se refere ao despertar para a questão da proteção ambiental e dos animais, a sua apropriação pelas éticas de cunho holístico é de fundamentação, portanto, bastante questionável. A própria ética do cuidado, que, como vimos, possui uma base ligada aos sentimentos morais, dirige severas críticas a essa apropriação teórica feita pela ética da terra.

3.1.6 A ética da terra: tensões com o biocentrismo e com o direito dos animais

Este tópico se refere à discussão sobre o valor moral da comunidade biótica e dos elementos que compõem tal comunidade. Embora Leopold (2001, p. 247) pretensamente defenda uma proposta expansionista/ampliativa da ética, chegando a mencionar, por exemplo, que "os pássaros devem ser mantidos no ecossistema como possuidores de um direito biótico", ou o "direito à existência continuada" (Leopold, 2001, p. 240) de animais e plantas, na realidade, para o ecologista, todos os elementos naturais (animais, plantas, água, solo, entre outros) possuem valor apenas relativo à comunidade biótica (simbolicamente referida pelo autor como "terra").[195] A noção comunitária de Leopold enfatiza, portanto, a sua singularidade

195 Há quem critique o termo comunidade biótica por se referir não só a elementos vivos, bióticos, como também a entes inanimados,

(comunidade biótica como um ente apartado dos demais), em detrimento da noção de composição pelas partes individuais (indivíduos são diluídos no todo). A comunidade ecológica (biótica, para Leopold) forma a comunidade ética (Sylvan & Bennett, 1994, p. 91) e, se não exclui totalmente, ao menos diminui significativamente as considerações morais de ordem individual.

Aqui, é importante frisar que essa é uma visão distinta da visão biocêntrica tradicional. Embora Paul Taylor (1986, p. 70), por exemplo, também comente sobre o bem da comunidade biótica, ele não utiliza esta expressão para se referir à comunidade compreendida como um todo orgânico e que possui um bem individual, particular. O bem da comunidade seria somente estatístico, no sentido de remeter à soma dos interesses individuais dos membros que a compõem:

> Deve-se enfatizar que não há uma entidade física que represente a comunidade biótica como um todo. O que existe é um conjunto de organismos, cada qual uma realidade física independente, relacionada a outros organismos e ao ambiente onde se encontram de modos diversificados. O bem da comunidade biótica só pode ser realizado por meio do bem dos seus membros individuais. Quando vão bem, a comunidade como um todo tende a ir bem. Todavia, o que promove ou protege o bem de um organismo isolado pode não promover ou proteger o bem da comunidade como um todo, e o que lesa um indivíduo pode não lesar, mas até beneficiar a comunidade. [...] Assim, a realidade do bem comunitário, do mesmo modo que de uma determinada espécie, é encontrada nas vidas dos organismos individuais, ainda que ao falarmos no bem da comunidade como um todo não estejamos nos referindo ao bem de cada indivíduo considerado isoladamente. O bem da comunidade é um conceito estatístico.

• • •

como montanhas, rios etc. Callicott, por exemplo, prefere o termo comunidade ecológica, evitando, com isso, a referida imprecisão.

Essa é, de fato, uma questão pouco esclarecida por Leopold, bem como pelas posições ecocêntricas de modo geral. Há uma dificuldade de demarcação dos limites e distinções entre uma abordagem comunitária e outra de cunho organicista. A principal diferença entre essas concepções reside no grau de autonomia das entidades que compõem os sistemas holísticos. Membros de uma comunidade são, em princípio, dotados de certo grau de autonomia (uma interpretação dos ecossistemas seria dizer que representam conjuntos de indivíduos que lutam pela sobrevivência de forma independente e flexível via seleção natural — cada indivíduo é um membro porque existe tanto para seus próprios fins como para a unidade da comunidade), enquanto as partes de um organismo, não (células do corpo humano não são membros, mas partes ou unidades de um todo orgânico).

Organismos individualmente considerados podem possuir sensações primárias relacionadas a determinados estados mentais que, dentro da ótica tradicional do animalismo (baseada na senciência), fundamentam a titularidade de interesses por parte de alguns animais. Todavia, existe uma dificuldade lógica de se transportar o mesmo tipo de fundamentação para o caso de entidades coletivas abstratas, como é o caso de "espécies". O único sentido real em que espécies podem ter interesses é a partir da conjugação das experiências individuais de seus membros, e isso enfraquece sobremaneira a teoria ecocêntrica como um todo.[196]

Tomar como ponto de partida para a construção de teorias éticas os entes fluidos e indeterminados, como é o caso de espécies[197] ou ecossistemas (ou comunidades bióticas), contribui

196 Joel Feinberg (1974, pp. 55-6) afirma que "um todo, como tal, não pode ter crenças, expectativas, necessidades, ou desejos próprios. [...] Elefantes individuais podem ter interesses, mas a espécie como um todo, não".

197 "Uma espécie, em termos contemporâneos, não é um conjunto de criaturas com uma natureza essencial e compartilhada. [...] Talvez todos os humanos por nós conhecidos atualmente possam falar. [...] Mesmo assim, poderíamos descobrir uma tribo genuinamente

significativamente para uma perda ou esvaziamento de sentido normativo. Joan Dunayer (2001, p. 58) ressalta esse ponto na sua obra *Animal Equality* [Igualdade animal], afirmando que:

> as atitudes decorrentes do processo de estereotipagem contribuem significativamente para que o indivíduo seja descaracterizado em detrimento do grupo a que pertence. Assim, um negro seria a corporificação de toda sua etnia. No caso dos animais, o conceito de "espécie" contribui da mesma forma. Quando um caçador atira em um animal, acredita que está atirando sempre no mesmo animal. Há um achatamento do sujeito no qual a individualidade é perdida em função da coletividade.

Embora as duas percepções (comunitária e organicista) normalmente acarretem consequências teleológicas ou utilitárias em relação aos membros constituintes desses sistemas, não fica claro qual é o ponto de partida da ética da terra relativo a essa questão. Ao mesmo tempo que utilizam o conceito de comunidade biótica, os eticistas da terra tratam os grandes sistemas como verdadeiros *organismos*, similares em tudo a animais ou vegetais individualmente considerados. A título de ilustração, vale aqui repetir a passagem em que Leopold (1991, p. 95) afirma essa concepção organicista da natureza:

> Possivelmente, nas nossas percepções intuitivas, que podem ser mais verdadeiras que nossa ciência e menos obstruídas pelas palavras que nossa filosofia, poderemos realizar a indivisibilidade da terra — com seu solo, montanhas, rios, florestas, climas, plantas e animais, e iremos respeitá-la coletivamente não só como uma serviçal útil, mas também como um ser vivo menos vivo que nós em grau, mas muito maior que nós em relação ao tempo e espaço.

• • •

humana que tenha perdido o dom da linguagem propriamente dita. Não há qualquer natureza única apresentada pelos membros das espécies de modo absolutamente seguro" (Clark, citado por Naconecy, 2010, p. 189).

Callicott segue a linha leopoldiana, e chega a estabelecer a existência de três ordens de sistemas orgânicos (ou "todos" orgânicos): (a) organismos unicelulares; (b) organismos multicelulares (compostos por uma miríade de células e órgãos); e (c) biocenoses,[198] ou sistemas orgânicos de terceiro nível, que seriam unidades integradas de partes relacionadas. Essa terminologia, no entanto, não esclarece a distinção entre a posição moral de indivíduos e a dos sistemas ecológicos compostos por esses mesmos indivíduos, e parece falhar ao atribuir organicidade a algo que não seria dotado dessa característica.

Conforme atesta Eric Katz (1985), aparentemente, o apego a esse modelo, em maior ou menor grau, explica-se por meio do gosto atávico pela ideia geral de *interdependência* dos organismos em função do todo, que habita o imaginário dos ecologistas ("tudo está conectado com todo o restante" — primeira lei da ecologia de Barry Commoner, 1971). Paul Shepard (1969, pp. 2-3), por exemplo, chega a aludir às metáforas do mundo natural como parte do próprio corpo do homem e do homem como parte do todo para reafirmar essa relação de interconexão:

> O pensamento ecológico requer uma visão que atravessa fronteiras convencionais. A epiderme da pele é ecologicamente como uma superfície de um lago ou o solo de uma floresta [...]. Ele revela o eu enobrecido e ampliado [...] como parte da paisagem e do ecossistema, porque a beleza e a complexidade da natureza guardam relação de continuidade com nós mesmos [...]. Devemos afirmar que o mundo é um ser, parte de nosso próprio corpo.

O problema central dessa concepção, conforme mencionado anteriormente, é o de que o valor de cada espécie, e mesmo de

198 O termo "biocenose" (do grego *bios*, vida, e *koinos*, comum, público) foi criado pelo zoólogo alemão Karl August Möbius, em 1877, para ressaltar a relação de vida em comum dos seres que habitam determinada região. A biocenose de uma floresta, por exemplo, compõe-se de populações de arbustos, árvores, pássaros, formigas, microrganismos etc., que convivem e se inter-relacionam.

cada indivíduo, passa a ser medido em função da sua colaboração para o bom funcionamento do sistema ao qual pertence.[199] Em outras palavras, ela enfatiza o valor instrumental das entidades nos sistemas ecológicos, pois o efeito dos indivíduos nesses sistemas é o fator decisivo na determinação da qualidade ética do agir.

Para Leopold não há, em princípio, nada de mal na utilização interdependente que as espécies bióticas fazem umas das outras. Relembrando Lavoisier, o autor afirma que os recursos são utilizados e retornam sempre ao sistema, ainda que indiretamente, tal como uma árvore tornada carvão que volta na forma de cinzas ao ambiente. A consideração moral deixa o indivíduo para rumar em direção ao sistema, ou seja, o bem-estar individual pode ser sacrificado em nome da integridade, da estabilidade ou da beleza do todo. Tal como ilustra Callicott (1989a, p. 84), "a ética da terra não só possui um aspecto holístico, é holística com um tom de vingança".

Não há, portanto, como colocar Leopold ao lado, por exemplo, dos defensores dos direitos dos animais, que sustentam, com variações, posições ligadas a um individualismo moral de matriz eminentemente deontológica. O ponto de partida das duas abordagens, a da ética da terra (ecocêntrica) e dos direitos dos animais (individualismo moral), é, portanto, distinto.

O peso conferido ao bem da comunidade biótica (ou dos sistemas ecológicos globalmente considerados) tende a desvalorizar ou mesmo sobrepujar completamente o valor dos indivíduos. Callicott critica os defensores dos direitos dos animais por darem muita atenção ao valor da dor e do sofrimento como formas de manifestação do mal. Na ética da terra não há lugar para esse tipo de consideração, já que, para o autor, mesmo que esses fatores representassem, de fato, um mal inerente, seria irrelevante do ponto de vista do bem

199 Donna Haraway, na obra *When Species Meet* [Quando espécies se encontram] (2008), problematiza o conceito de "indivíduo" na medida em que as formas de vida são o resultado de contínuos atos de associação multidirecional com outras formas de vida (força criativa da simbiose).

geral: "a dor e o prazer parecem não ter nada a ver com o bem e o mal se a nossa análise é feita a partir do ponto de vista da biologia dos ecossistemas" (Callicott, 1980, p. 332). A dor e o sofrimento, para Callicott, não teriam relevância moral, pois não contribuem diretamente para o funcionamento dos sistemas naturais. Veremos, na sequência, que Callicott modifica parcialmente esse entendimento.

Conforme relata Eric Katz, o modelo organicista da natureza, com sua ênfase excessiva no valor instrumental dos indivíduos, conduz a uma questão moral sobre se seriam os indivíduos eventualmente descartáveis, situação que denomina de *problema da substituição*.

Para Katz (1985, p. 251):

> Se uma entidade em um dado sistema é valorizada por desempenhar uma função eminentemente instrumental, e não por seu valor intrínseco, então ela pode ser substituída por outra entidade desde que o substituto desempenhe a mesma função. Em outras palavras, se uma entidade é considerada valiosa apenas por seu papel dentro do sistema, então o que realmente é importante é o papel (e não o indivíduo), e se um substituto adequado for encontrado, então a entidade original pode ser destruída ou substituída sem perda de valor. Nenhum dos valores que informam globalmente o sistema é alterado (integridade, estabilidade, beleza). Enquanto o sistema for mantido, o valor intrínseco de indivíduos particulares é irrelevante.

Robert Elliot ilustra o mesmo ponto de vista sobre o problema da substituição quando compara entes naturais com obras de arte. Para Elliot (1982, p. 85), uma reprodução tecnicamente perfeita de uma obra de arte, embora cumpra exatamente a mesma função do original, não tem o mesmo valor por conta de sua gênese, de sua relação com o processo artístico criativo.

Eric Katz (1985, p. 254) traz outro exemplo, desta vez envolvendo um sistema humano, no qual um administrador de uma escola, procurando solucionar o problema de deficiência em determinada disciplina, substitui dez alunos com mau desempenho por outros vindos de outra instituição, com excelente rendimento escolar. Estatisticamente, o resultado proveniente da substituição eleva a média do colégio, mas implica uma violação aos alunos substituídos, que foram compulsoriamente forçados a se retirar. Conforme se demonstrará a seguir, essa mesma linha argumentativa levou Tom Regan, conhecido defensor dos direitos dos animais, a denominar as posições ambientalistas ecocêntricas de fascistas. Katz (1983, p. 76) sustenta que a posição holista proveniente da ética da terra seria, de fato, incompatível com a dos direitos dos animais:

> se o bem-estar da comunidade biótica ou do ecossistema é o bem primário do julgamento moral, então a dor e a morte que contribuam para o atingimento desse bem global não podem ser julgadas como imorais, tal como uma ética animalista em princípio determinaria. Como as éticas animalistas estão preocupadas com o bem de animais individualmente considerados, enquanto as abordagens holistas da ética ambiental podem exigir o sacrifício desses mesmos indivíduos, os dois sistemas não podem ser considerados compatíveis entre si.

De um ponto de vista pragmático, a violação do valor intrínseco dos indivíduos, como já alertado, pode ser vislumbrada na própria defesa da caça — seja ela esportiva, recreativa ou de controle — no âmbito da ética da terra, o que coloca Leopold bastante afastado da perspectiva individualista que defende direitos fundamentais para determinadas categorias de indivíduos. E nisso reside um paradoxo interessante. Leopold começa sua obra referencial *A Sand County Almanac* a partir do reconhecimento da importância central da vida selvagem. Afirma, textualmente, que não conseguiria viver sem ela, pois, "para nós, que somos a minoria, a oportunidade de ver gansos é mais importante que assistir à televisão, bem como encontrar uma flor [*pasque-flower*] é um direito tão importante quanto a liberdade de expressão" (Leopold, 2001, p. XVII). Parece, no entanto, que talvez admirasse mais os animais através do cano de sua arma: "eu não consigo me recordar do tiro; lembro apenas de meu enorme deleite quando o primeiro pato caiu abatido no gelo com um baque surdo, barriga para cima, e as pernas vermelhas chutando o ar" (Leopold, 2001, p. 128).

A atividade da caça era fundacional para a ética leopoldiana, pois: (a) representaria uma disputa simbólica, ao estilo darwiniano, com a natureza; (b) seria um rito de passagem para a vida adulta, independente; (c) consubstanciaria um importante instrumento de construção do caráter individual e coletivo. A caça, nesse sentido, para Leopold, seria expressão de uma evolução da moralidade, pois estimularia o instinto de autocontrole (o desenvolvimento do caráter exige autolimitação) e cooperação (o caçador não teria uma plateia para aplaudir ou desaprovar sua conduta que não fosse sua própria consciência e, nessa linha, conseguiria mesmo uma conexão espiritual com a divindade, já que Deus seria seu único juiz);[200] (d) valorizaria a essência supostamente "selvagem" do homem (válvula de escape para a agressividade "natural" do homem), algo como um antídoto para a alienação e a banalidade da sociedade urbana (contra uma vida artificializada). Nas palavras do próprio Leopold (1993, p. 167):

> O instinto que se delicia com a perseguição da caça faz parte da própria fibra humana. O golfe é um divertimento interessante, mas o amor pela caça é praticamente uma característica fisiológica. Um homem pode não apreciar a prática do golfe e, ainda assim, ser humano, mas o homem que não gosta da caça é raramente normal. Ele é supercivilizado, e eu não saberia lidar com ele.

Em outra passagem, Leopold (1986, p. 232) enfatiza novamente a suposta característica instintiva presente na atividade da caça ao mencionar que: "um filho de Robinson Crusoé, nunca tendo visto uma raquete, poderia ter vivido perfeitamente bem sem uma, mas saberia caçar ou pescar, mesmo sem ter sido ensinado para tanto".

200 Claramente, a consciência ecológica de Leopold dizia respeito somente ao modo com que a caça deveria ser realizada, não se aplicando aos animais que matava.

A importância simbólica da experiência do primitivo em contraposição à mecanização/artificialização é flagrante. Callicott também adere à valorização de um modo de vida ancestral. Para o autor, ao adotarmos o ambientalismo do tipo holista:

> nós, seres humanos, podemos reafirmar nossa participação na natureza, aceitando a vida tal como ela é, sem uma camada de açúcar. Ao invés de impormos legalidades artificiais, direitos e outros conceitos à natureza, podemos tomar o curso oposto e aceitar e reafirmar as leis biológicas naturais, os princípios, e as limitações pessoais e sociais do homem. Tal parece ter sido a postura diante da vida de povos tribais do passado. (Callicott, 1980, p. 315)

Para o eticista da terra, deveríamos romper com a vida doméstica e domesticada. A teoria leopoldiana exigiria a valorização e o renascimento de uma cultura baseada nas experiências tribais (Callicott, 1980, p. 316).

A esse respeito, afirma Leopold (1991, p. 166) que: "quando saio a caçar com meu Ford, estou devastando um campo de petróleo e reelegendo um imperialista para me fornecer borracha para os pneus". Marti Kheel (2008, p. 124), comentando essa passagem, lembra que Leopold se esquece, todavia, de que quando estava caçando na natureza selvagem (*wilderness*), com ou sem o seu Ford, estava também devastando vidas individuais.

A importância da suposta "essência selvagem do homem" representa a valorização da *wilderness* como experiência de fronteira. Leopold (2001, p. 176) chega a dizer que "o caçador é o homem das cavernas renascido. Esse mesmo tipo de argumento, no sentido de que a caça torna possível o retorno do homem a seu lugar original na natureza, pode ser encontrado em *Meditations on Hunting* [Meditações sobre a caça], de José Ortega y Gasset (1972), ou em *The Tender Carnivore and the Sacred Game* [O carnívoro terno e o jogo sagrado], de Paul Shepard (1973), que sustentam, com algumas distinções, teses de cunho "primitivista" (retorno do homem ao seu posto de predador natural) como justificadora da prática.

Conforme se verá na sequência, essa visão, que consagra uma concepção romantizada do homem no ambiente pré-histórico, rousseauniano, ignora elementos-chave da realidade política, cultural e social da sociedade contemporânea.

Antecipando uma crítica feminista dirigida à prática da caça, não se pode esquecer do contexto patriarcal que ela encerra, já que habitualmente são os homens que, historicamente, dela se encarregam. O próprio Shepard (1973, pp. 117-8) reforça uma clara distinção de gênero em suas colocações sobre a caça, pois, segundo ele, "o ritmo e a fisiologia feminina são tão diferentes dos homens que é quase como se fossem espécies distintas". Há uma sobreposição patriarcal do papel do caçador em detrimento do coletor, dos homens em relação às mulheres.

Chaone Mallory (2001) destaca que a atividade da caça era algo subliminarmente ligado à masculinidade para Leopold, já que quando fala da sua herança, ligando-a à própria caça, só menciona seus três filhos homens, esquecendo-se das suas outras duas filhas: "tenho uma febre congênita pela caça e três filhos [...]. Espero deixá-los com boa saúde, educação e, possivelmente, com uma boa posição na vida. Mas o que farão com essas coisas todas se não houver mais cervos nas colinas e pássaros nos arbustos?" (Leopold, 1993, p. 173).

Esse posicionamento, evidentemente, encontra forte oposição do movimento ecofeminista, já que se baseia em uma dualidade na qual os homens estão simbolizados pela cultura, pela razão e pela força, enquanto as mulheres, pela natureza, pela emoção e pela vulnerabilidade.

No entanto, tal como ressalta Roger J. H. King (1991, p. 59), embora Ortega, Shepard e até mesmo Leopold descrevam a caça como um modo de reconexão do homem com o mundo natural, na realidade ela reassegura o papel de dominação do homem sobre a natureza, definindo o humano como o predador e o não humano como o alvo da predação. O destino dos animais é despoticamente determinado pela afirmação da separação entre os humanos, que são capazes de escolher (ou seja, são autônomos), e os não humanos, que são objeto da escolha do primeiro grupo.

É mesmo curioso perceber como essa incoerência relacionada à caça incomoda agudamente os seguidores de Leopold. Callicott (1998a, p. 25), ao responder um artigo intitulado "Another Look at Leopold's Land Ethic" [Outro olhar sobre a ética da terra de Leopold], de Boris Zeide, afirma que:

> A ser julgado pela ética animal (Singer, 1975; Regan, 1983), Leopold seria uma pessoa especialmente má. Julgado pela denominada ética biocêntrica (Taylor, 1986), que abarca todos os organismos vivos individualmente considerados, não espécies, Leopold não seria pior que um comedor de brócolis ou matadores de mosquitos — somos todos pessoas más. Julgado a partir de sua própria ética, todavia, Leopold seria um hipócrita somente se tivesse caçado espécies em extinção ou se não tivesse respeitado os animais que caçou, sem lhes ministrar uma morte rápida e limpa. Mas não há evidências de que Leopold tenha se portado mal como caçador, ou de uma maneira que violasse a integridade das comunidades bióticas ou desconsiderasse o direito das espécies à continuidade, ou mesmo que não respeitasse os animais que caçava.

Na defesa da ética da terra empreendida por Callicott, mais uma vez fica claro que o que está em jogo não é o valor do indivíduo, pois o problema não é a atividade da caça em si, mas sim aquela que contribui para o desequilíbrio ou a extinção de uma determinada espécie. Os animais não humanos seriam equivalentes a "colheita" (*crops*). É a quantidade de vidas eliminadas e a maneira de tirá-las que importa para Leopold, não os indivíduos em si mesmos.

Assim, caçar e matar, por exemplo, um cervo (espécie eventualmente não ameaçada), em certas circunstâncias, é não só eticamente permitido como pode representar um *dever moral* com vistas a proteger o meio ambiente da ameaça de possíveis danos derivados da superpopulação de animais dessa espécie. De outro lado, animais raros e ameaçados de extinção, como o lince, devem ser especialmente cuidados e preservados. Sob essa ótica, em um cenário que traz a relevância ética tomada a partir da diversidade, a matança de um cetáceo pode ser um grave problema, enquanto a morte de um roedor seria considerada uma exigência moral em nome da proteção do meio ambiente.

A retórica da extinção traz, em si, implicitamente, a ideia do valor simbólico de uma dada espécie como um todo, novamente realçando essa característica de relevância do grupo e não dos indivíduos que compõem esse grupo, o que não faria muito sentido para um animalista,[201] tal como destaca Sober (1995, p. 228, citado por Naconecy, 2002, p. 145):

> Se duas espécies — digamos, baleias azuis e cachalotes — têm capacidades aproximadamente comparáveis para experimentar dor, um liberacionista animal poderia tender a considerar a preservação de uma cachalote como inteiramente no mesmo nível ético que a preservação de uma baleia azul. O fato de que um organismo é parte de uma espécie ameaçada de extinção, enquanto que outro não é, não torna o indivíduo raro mais intrinsecamente importante. Mas, para um ambientalista, essa propriedade holística — a pertença a uma espécie ameaçada de extinção — faz toda a diferença no mundo: um mundo com *n* cachalotes e *m* baleias azuis é muito melhor do que um mundo com *n*+*m* cachalotes e nenhuma baleia azul. Aqui nós temos um

201 A problemática do valor destacado dos animais ameaçados de extinção não parece evidente no âmbito da teoria geral dos direitos dos animais, que tem como ponto primordial o reconhecimento da consideração moral com base, em geral, no critério da senciência. De acordo com uma primeira corrente, animais sencientes, pelo mero fato de serem sencientes, possuiriam em princípio igual valor inerente. Já para outros animalistas, poderia ser elaborado um escalonamento de valor entre os animais sencientes que eventualmente possuam graus de complexidade cognitiva não equivalente. Mesmo para essa segunda concepção, se tomarmos como base animais em tudo semelhantes, faria pouco sentido justificar a preferência pelo ameaçado em detrimento do não ameaçado, a não ser, talvez, em hipóteses excepcionais de casos-limite (situações efetivas de tudo ou nada).

contraste rigoroso entre uma ética na qual é a situação da vida dos indivíduos que conta, e uma ética na qual é a estabilidade e a diversidade das populações de indivíduos que conta.

É no mínimo curioso observar que o caso da preservação de espécies ameaçadas não pode geralmente ser fundado com base no apelo à estabilidade da comunidade biótica, como geralmente fazem os ecocentristas. Os indivíduos ameaçados, justamente pela sua raridade, já não mais desempenham funções vitais em termos de manutenção dos fluxos sistêmicos do ambiente. Em outras palavras, o meio ambiente, na maior parte dos casos, já deu conta de suprir ou de se adaptar à sua ausência.

Assim, se as espécies devem ser preservadas e protegidas, é porque possuem valoração intrínseca e não meramente instrumental em termos de garantir o bom funcionamento do todo. Eric Katz (1983, p. 76) trata desse paradoxo fundamental ao afirmar que "uma ética ambiental desenhada para tratar o bem-estar comunitário como o bem primário não poderia explicar a preservação de espécies raras que, justamente por sua extrema raridade, já não cumprem nenhuma função ecológica relevante".

Ainda sobre esse ponto, Carlos Naconecy (2006, p. 173) alerta que a situação individual é que deve contar em termos morais, e não se o indivíduo em questão é raro ou abundante:

> O valor de um animal é dado pelo que ele é, em si e por si mesmo. Esse valor não deve depender do tamanho do seu grupo, ou do número de criaturas que lhe são semelhantes. Em termos éticos, não importa a quantidade atual de cangurus na Austrália, de elefantes na África e de pombas nas grandes cidades. O incomum e o vulgar, a escassez e a abundância, são irrelevantes para a estipulação de como se deve tratar eticamente um canguru, um elefante ou uma pomba. O ponto importante é que, para a foca que levará o golpe de porrete mortal, não importa quantas outras focas existam no Canadá naquele momento. Não importa para a vida dessa infeliz criatura que haja outras cinco milhões de focas-da-Groenlândia atualmente na região. O caçador, note-se bem, não

está atacando com seu bastão a espécie *Pagophilus groenlandicus*, mas, sim, aquela foca individual.

Naconecy (2006, p. 173) chama atenção para o fato de que, de maneira absolutamente inconsistente, recusaríamos essa lógica protetiva das espécies ameaçadas ou em perigo de extinção quando aplicada aos seres humanos:

> Rejeitaríamos essa racionalidade ecológica chamando-a de fascista e totalitária. Não pensamos que assassinar um dinamarquês é mais grave em termos éticos que matar um chinês, já que há mais chineses do que dinamarqueses no mundo. E, se recusamos esse raciocínio em se tratando de pessoas, por que ele deveria valer para os animais? Talvez porque acreditemos — por preconceito — que a Natureza (ou Deus) tenha criado o ser humano como indivíduo, mas todos os outros animais como espécie ou grupo.

Embora seja controverso do ponto de vista científico que a perda da diversidade provoque automaticamente a diminuição da estabilidade dos ecossistemas, essa preocupação (com a perda da biodiversidade e com a extinção de espécies), tomada em função dos prejuízos que ela pode acarretar para a qualidade de vida humana, aparece em vários documentos ambientais importantes. Em 1987, a recém-criada Comissão Mundial sobre Meio Ambiente e Desenvolvimento, presidida pela então primeira ministra da Noruega Gro Harlem Brundtland, apresentou um documento final denominado de *Nosso futuro comum*, também conhecido como Relatório Brundtland, que tinha por objetivo central a formulação de um conceito geral sobre desenvolvimento sustentável. Este ficou definido, de modo completamente abstrato e amorfo, como sendo "aquele que atende às necessidades do presente sem comprometer a possibilidade de as gerações futuras atenderem às suas próprias necessidades". Segundo o professor Rômulo Silveira da Rocha Sampaio (2011, p. 167), parte do sucesso do conceito apresentado pelo relatório decorreu justamente dessa sua excessiva ambiguidade.

No mesmo tópico relativo ao desenvolvimento sustentável, o supramencionado relatório faz menção expressa ao fato de que "satisfazer as necessidades e as aspirações humanas é o principal objetivo do desenvolvimento". E ainda: "a extinção das espécies vegetais e animais pode limitar muito as opções das gerações futuras; por isso, o desenvolvimento sustentável requer a conservação das espécies vegetais e animais".

A nossa Constituição Federal, no seu art. 225, §1°, VII, traz um dispositivo que, em certa medida, também enuncia uma preocupação diferenciada com a manutenção da estabilidade dos ecossistemas, com a função ecológica dos seres vivos, e com a perda da biodiversidade e extinção de espécies.[202]

> Art. 225 – Todos têm direito ao meio ambiente ecologicamente equilibrado, bem de uso comum do povo e essencial à sadia qualidade de vida, impondo-se ao Poder Público e à coletividade o dever de defendê-lo e preservá-lo para as presentes e futuras gerações.
> §1°. Para assegurar a efetividade desse direito, incumbe ao Poder Público:
> VII. proteger a fauna e a flora, vedadas, na forma da lei, as práticas que coloquem em risco sua função ecológica, provoquem a extinção de espécies ou submetam os animais a crueldade.

Além da muito comentada proibição da crueldade, que se insere primordialmente num contexto tradicional de proteção apenas indireta aos animais (visão majoritária da doutrina), está prevista também, na mesma norma, a proibição de práticas que coloquem em risco a função ecológica da fauna e da flora ou provoquem a extinção de espécies. O próprio *caput* do

202 A própria legislação infraconstitucional também revela essa valoração destacada para as espécies ameaçadas de extinção. Um exemplo bastante ilustrativo pode ser encontrado na Lei de Crimes Ambientais, Lei n° 9.605/98, que em seu art. 29, §4°, I, aumenta em cinquenta por cento a pena prevista para quem mata, persegue, caça ou apanha espécimes da fauna silvestre ameaçadas de extinção.

art. 225 prevê o *equilíbrio ecológico* como um valor, tal como, analogamente, a *estabilidade* em Leopold.

Em relação à disciplina geral da caça no Brasil, o principal diploma legislativo ainda é a Lei nº 5.197, de 1967, conhecida comumente como Lei de Proteção à Fauna, que de proteção efetiva à fauna pouco tem a oferecer. Nessa lei, há a proibição da caça profissional (aquela que é exercida com habitualidade e finalidade lucrativa ou comercial, com a consequente venda dos animais ou de seus corpos), mas há permissão da caça de cunho amadorístico. O art. 6º, "a", traz previsão expressa de estímulo à criação de associações amadoristas de caça. No entanto, apesar da permissão legal da caça amadorística, há uma discussão sobre a recepção constitucional dessas normas, tendo em vista a regra do art. 225, §1º, VII, referente à proteção aos animais contra a crueldade. A atividade da caça, para muitos, seria intrinsecamente cruel, razão pela qual encontraria impedimento no próprio texto constitucional.[203]

Conforme já mencionado, a visão tradicional sobre a proteção aos animais aceita a ideia de que algumas atividades são indevidas por conduzirem ao denominado "sofrimento desnecessário" e, por conta disso, não deveriam ser aceitas socialmente, tanto por brutalizar e insensibilizar o próprio ser humano (ideia do "transbordamento moral"), como por acarretar situações que chocam ou repugnam a maior parte da população (abalo ou constrangimento moral do homem). Por essa razão, as nossas cortes superiores já se posicionaram contra algumas práticas que supostamente trariam essas consequências. Como exemplos, podemos citar as ações de inconstitucionalidade das atividades de combate entre animais

203 Há uma discussão doutrinária que diz respeito à autoaplicabilidade do art. 225, §1º, VII, da Constituição Federal, em razão da expressão "na forma da lei". A despeito desse debate, o fato é que, pelo menos desde 1934, com a edição do Decreto nº 24.645/34, possuímos norma infraconstitucional que regulamenta especificamente o ato de abuso e crueldade para com os animais. Embora sustentemos a vigência de tal decreto, a Lei nº 9.605/98 é hoje a principal referência normativa sobre o assunto, pois tipifica como crime as condutas de maus tratos.

(rinhas) e a denominada farra do boi[204] (que melhor seria designada por "farra com o boi").[205] Na mesma esteira, vem ganhando projeção a visão de que a atividade circense com o uso de animais também deve ser proibida[206] (vários estados da federação já contam inclusive com legislação proibitiva regional), assim como o rodeio (embora, neste caso, exista uma lei federal regulamentando a atividade — Lei nº 10.519, de 2002). A caça, além de grande oposição doutrinária, conta

204 Alegando a violação do art. 225, §1º, VII da Constituição Federal, entidades com atuação na defesa e proteção de animais ajuizaram uma ação civil pública pedindo a condenação do estado de Santa Catarina, compelindo-o a proibir a farra do boi e manifestações semelhantes. O juiz de primeiro grau deu pela improcedência do pedido em razão de sua impossibilidade jurídica. Em sede recursal, o Tribunal de Justiça de Santa Catarina afirmou ser a farra do boi uma manifestação cultural e que não havia excessos (maus tratos seriam mera contravenção penal — à época não estava em vigor a Lei de Crimes Ambientais, Lei nº 9.605/98). As entidades de proteção então se valeram do Recurso Extraordinário para chegar ao STF — RE nº 153.351, julgado em 3 jun. 1997.

205 Recentemente, em outubro de 2016, o plenário do STF julgou procedente a Ação Direta de Inconstitucionalidade (ADI) nº 4.983, ajuizada pelo procurador-geral da República contra a Lei nº 15.299/2013, do estado do Ceará, que regulamenta a vaquejada como prática desportiva e cultural no estado. Apesar da decisão favorável aos animais, o Congresso Nacional editou na sequência a Emenda Constitucional nº 96/17 que, introduzindo novo parágrafo ao art. 225 da Constituição Federal, passou a legitimar quaisquer práticas que utilizem animais desde que consideradas integrantes do patrimônio cultural brasileiro (a vaquejada foi incluída como tal pela Lei nº 13.364/16). Entendemos pela flagrante inconstitucionalidade da referida Emenda, que esgota o conteúdo material da regra de vedação da submissão dos animais à crueldade, prevista no mesmo art. 225 da Constituição Federal.

206 Sustento, a esse respeito, que a atividade circense com o uso de animais já está proibida em âmbito federal desde 1934, por conta do que dispõe a regra constante do art. 3º, XXX, do Decreto nº 24.645/34 (que entendemos não ter sido revogado pelo Decreto nº 11/91, já que o primeiro consiste em um decreto formalmente executivo, mas materialmente legislativo em virtude do regime de exceção então vigente). De acordo com este dispositivo, consideram-se maus tratos: "XXX — arrojar aves e outros animais nas casas de espetáculo, exibi-los para tirar sortes ou realizar acrobacias".

também com alguns julgados que reafirmam a não recepção dos dispositivos legais permissivos constantes da Lei nº 5.197, de 1967 [207] pela Constituição Federal de 1988.

O fato é que, basicamente, com algumas variações, por consistirem em manifestações que atendem a finalidades eminentemente recreativas ou de entretenimento (talvez com a exceção da farra do boi, na qual também se faz presente um aspecto relacionado à religião e à manutenção da cultura tauromáquica de origens açorianas), considera-se que não configurariam *necessidades*, mas apenas *preferências*. Como tais, não encontrariam amparo na referida norma constitucional que veda a crueldade. Aliás, a esse respeito, é fundamental que se alerte que, quando o art. 225, §1º, VII, da Constituição Federal veda os atos que importem em crueldade, tal dispositivo deve ser compreendido como uma *regra*, e não um *princípio*, tal como são regras os mandamentos definitivos que, por exemplo, proíbem atos que causem tortura ou a morte de terceiros. Pode-se eventualmente discutir o conceito do que seria crueldade, do que seria tortura, ou mesmo quais situações fáticas se amoldam ao conceito penal de homicídio, mas, uma vez que haja a adequação típica, não há que se falar em "ponderação entre princípios" justamente porque ponderação não há nesse caso.[208]

207 A título de exemplo, veja-se o processo nº 2004.71.00.021481-2, da 2ª Vara Federal de Porto Alegre, relatado pelo juiz federal Cândido Alfredo Silva Leal, para quem: "Naquilo que interessa nesse momento, cabe examinar se a permissão da caça amadorista se enquadra no conceito constitucional de prática cruel em relação aos animais, não obstante a existência de lei que, em tese, a permita. [...] O prazer que a caça amadorista propicia não observa a razoabilidade e a proporcionalidade da intervenção humana sobre o meio ambiente. [...] Talvez seja por alguma deficiência desse Juízo, mas não consigo ver nisso uma coisa 'sensacional' ou 'fascinante'. Não consigo aceitar que isso não seja uma prática cruel: interromper o voo de liberdade do animal daquela forma, pelo puro prazer do coração disparado do caçador, não parece algo que seja digno do ser humano".

208 Na literatura especializada, houve quem interpretasse a hipótese como um caso típico de colisão de direitos/valores/princípios fundamentais. De um lado, estaria a proteção às manifestações culturais amparadas

De forma absolutamente acertada, Steinmetz (2009, p. 271) alerta para o fato de que, nessa situação, já houve uma ponderação dos constituintes, institucionalizada por meio de uma regra: proibição de práticas que submetam os animais a crueldade. O caso da farra do boi é um caso de interpretação judicial, e não de interpretação e ponderação judiciais:

> uma prática contra animais, enquanto prática empiricamente identificável e cujos efeitos sobre os animais sejam "mensuráveis", ou é cruel, ou não é cruel. É arbitrário afirmar que uma determinada prática cultural contra animais não é cruel se o animal, objeto da prática, não pertence a uma espécie em extinção, ou se a prática é socialmente consentida, ou se há aproveitamento do animal para fins de manutenção da sadia qualidade da vida humana, ou se a prática é um elemento de identidade cultural de um povo ou de uma comunidade. Isso é casuísmo interpretativo. O que deve ser apurado é se a prática enquanto tal é cruel; se ela é constituída por maus-tratos, por abusos, por mutilação etc. Se for cruel, está constitucionalmente proibida.

Como bem ressalta Lenio Streck (2013), o *pamprincipiologismo* teria origem na discricionariedade:

> cuja origem, bem definida em Kelsen e Hart, tinha o objetivo, ao mesmo tempo, de "resolver" um problema considerado insolúvel, representado pela razão prática "eivada de solipsismo" (afinal, o sujeito da modernidade sempre se apresentou consciente-de-si-e-de-sua-certeza-pensante), e de reafirmar o modelo de regras do positivismo, no interior do qual os princípios (gerais do direito) — equiparados a "valores" — mostravam-se como instrumentos para a confirmação desse "fechamento".

Retomando a discussão a respeito do "sofrimento necessário", para alguns, no abate de animais para consumo alimentar,

• • •

no art. 215 e também nos arts. 5°, IX, e 220 § 2° e § 3°; de outro, um direito tutelado pelo art. 225 da Constituição brasileira.

haveria pretensamente um componente de "necessidade", haja vista uma suposta vocação genética humana para a ingestão da proteína de origem animal. Entre outras razões, daí o porquê de, culturalmente, o costume de instrumentalização de animais para finalidade alimentar encontrar uma maior resistência que outras práticas (a própria Constituição, nesse caso, enaltece a atividade da pecuária como fundamental para o crescimento econômico do país, reafirmando a importância do fomento a essa atividade no seu art. 23, VIII).

Veja-se que há, inegavelmente, um paralelo significativo entre a posição da ética leopoldiana e a proveniente do ambientalismo tradicional, que encampa as teses de necessidade de proteção dos ecossistemas, da biodiversidade e dos animais ameaçados de extinção, mas não tem olhos, ou possui um olhar atravessado, para outras questões, como a posição moral do animal individualmente considerado ou dos demais entes naturais quando individuados no tempo e no espaço.

Ao mesmo tempo que se admite abertamente a sobreposição do todo em relação às partes, persiste um incômodo subliminar com a inflição proposital de sofrimento e morte aos animais no âmbito da atividade de caça, que é tornado transparente com afirmações do tipo "caça com respeito", "morte rápida e limpa" ou, ainda, "carne vinda de Deus".

Mesmo sob uma ótica eminentemente ecocêntrica ou holística, a caça traz o problema prático relativo ao dimensionamento de até que ponto a morte de um indivíduo, provocada não por processos naturais, mas pela vontade humana, com fins recreativos ou esportivos, pode afetar a espécie e/ou a própria comunidade biótica da qual faz parte este mesmo indivíduo. Em que medida ela também não afeta o axioma básico da ética da terra, consistente na manutenção da integridade, estabilidade e beleza do todo?

No artigo "Animal Liberation: A Triangular Affair" [Libertação animal: um caso triangular], Callicott traz o exemplo curioso dos castores. Como se sabe, esses animais são roedores aquáticos que vivem em rios de corredeira onde, para conseguir um ambiente com necessária profundidade, constroem diques com lama, restos de galhos e troncos de árvores que derrubam com seus poderosos incisivos. Callicott (1980, p. 22) sugere que, em nome da tríade leopoldiana (integridade, estabilidade e beleza), seria legítimo "aprisionar ou de qualquer outra forma remover um castor" que está iniciando a represa de um rio anteriormente livre. Curiosamente, o mesmo raciocínio não se aplica aos seres humanos que, para ficarmos com o exemplo dos rios, represam o fluxo integral de um rio para construir uma usina hidrelétrica.

Essa é uma perspectiva extremamente problemática, pois a aplicação dos princípios da ética da terra na realidade significaria a imposição de preferências humanas sobre aquilo que é desejável para as comunidades bióticas.

Para Roger J. H. King (1991, p. 67):

> isso parece justificar intervenções humanas radicais nos processos autônomos da natureza. Se essa é a correta interpretação do axioma de Leopold, então a ética da terra não provê nenhuma proteção séria contra a manipulação do meio ambiente com o fim de satisfazer aquilo que é considerado conceitualmente prazeroso ou belo (pelo e para o homem).

A demarcação do pensamento ecológico, principalmente na vertente da ética da terra, é nítida no sentido da preocupação com a organização do todo em detrimento dos indivíduos isoladamente considerados:

> Sinceramente, ambientalistas não se preocupam muito a respeito do bem-estar de todo e qualquer arbusto, inseto ou verme. Preocupamo-nos, efetivamente, com a preservação de espécies de organismos vivos, com a manutenção de populações de espécies, com a preservação do patrimônio genético destas populações — em uma palavra, nos preocupamos com a preservação da biodiversidade. Preocupamo-nos com a preservação de comunidades de organismos e de ecossistemas. Preocupamo-nos também com a qualidade do ar e da água, com a estabilidade do solo e a integridade da camada de ozônio da estratosfera terrestre. Nenhuma

dessas coisas, em si mesmas consideradas, parece ter interesses, fins, propósitos ou objetivos, e, assim, nenhuma tem valor intrínseco, sob essa perspectiva. (Callicott, 2002, p. 8)

O fato é que a permissão para a caça no caso de superpopulação de animais[209] ultrapassa uma questão prévia atinente ao exame das causas do eventual crescimento populacional, geralmente associado diretamente a causas antrópicas, como são os exemplos de extermínio de predadores naturais ou de introdução de espécies exóticas em ambientes vulneráveis. Por que razão seria a caça uma resposta legítima, já que outros meios, menos invasivos poderiam ser cogitados para solucionar o problema (remanejamento dos animais, reintrodução de população de predadores naturais etc.)? Novamente, ao que tudo indica, os gestores florestais é que determinam o número ótimo de animais que se deve permitir viver em determinada área e o contingente excedente que deve ser morto. É especialmente paradoxal que a valorização da vida selvagem intocada (*wilderness*) acabe, nesse caso, por justificar a criação de uma realidade artificial igualmente valorizada, onde a presença e a intervenção humana tornam-se essenciais.

Conforme anteriormente mencionado, essa superação do indivíduo pelo todo foi a principal razão pela qual o filósofo animalista Tom Regan (1983, p. 362) denominou essa posição, com alguma dose de exagero,[210] de fascismo ambiental:

> É difícil imaginar que a noção de direitos individuais pode encontrar amparo numa visão que, conotações emotivas à parte, pode ser descrita como "fascismo ambiental". Para utilizar uma

209 Veja-se que também a nossa Lei de Crimes Ambientais, Lei nº 9.605/98, em seu art. 37, II e IV, prevê como legítima, em certas situações, a chamada "caça de controle" (o mesmo fenômeno já se fazia notar no art. 3º, §2º, da Lei nº 5.197/67).

210 Michael Zimmerman (1995b) contesta a nomenclatura afirmando que, além de subordinar os interesses individuais aos do grupo, o fascismo envolve outras características — tais como o militarismo e o nacionalismo — que não estariam presentes na ética da terra.

> frase atribuída ao próprio Leopold, o homem é "apenas mais um membro da comunidade biótica" e, como tal, possui o mesmo estatuto moral de qualquer outro membro. Se, tomando um exemplo radical, mas bastante ilustrativo, as situações enfrentadas dissessem respeito a matar uma flor rara ou um ser humano adulto, e se a flor, como membro da comunidade biótica, contribuísse mais para a "integridade, estabilidade e beleza" que o humano, então presumivelmente não nos comportaríamos mal se matássemos o humano e salvássemos a flor. A visão dos direitos não pode concordar com essa posição, não porque negue categoricamente a possibilidade de objetos inanimados terem direitos, mas porque nega que a decisão sobre o que fazer com indivíduos que possuem direitos deva levar em conta considerações agregadas, incluindo análises sobre o que maximizará a "integridade, estabilidade e beleza" da comunidade biótica. Direitos individuais não podem ceder a essas considerações. O fascismo ambiental e a posição dos direitos são como água e óleo: não se misturam.

Em maior ou menor medida, o holismo como forma de estruturação do pensamento filosófico pode ser encontrado em diversas manifestações de pensamento provenientes da moralidade ocidental. Vários pensadores, como Hobbes, Mill, Jefferson, entre outros, concordam, em linhas gerais, com o fato de que ao menos parte do valor do indivíduo reside no papel que ele desempenha em sua comunidade. Nesse sentido, o bem da comunidade pode ser um dos valores utilizados para resolver conflitos de interesses, e, com base nisso, em situações específicas, os indivíduos podem ser chamados a realizar sacrifícios em prol desse valor geral. O filósofo Steve F. Sapontzis, na sua obra *Morals, Reason and Animals* [Moral, razão e animais] (1987), denomina esse tipo de concepção de *holismo parcial*. Para o autor, a religiosidade monoteísta, os regimes socialistas e o utilitarismo preferencial de Singer traduziriam exemplos de concepções que são imbuídas dessa mesma mentalidade.

Embora teça críticas ao holismo parcial, o que de fato incomoda Regan, quando utiliza a expressão "fascismo ambiental", é a posição que Sapontzis intitula de holismo total, na qual o valor do indivíduo é medido exclusivamente em função de seu papel na comunidade biótica[211] ou, nas palavras de Callicott (1980, p. 320), "o bem da comunidade biótica é a última medida do valor moral, da correção ou incorreção das condutas". Somente o holismo do tipo total teria o condão de romper com os sistemas éticos tradicionais, uma das supostas vantagens estratégicas alardeadas pela ética da terra, pois, como dissemos, muitos desses sistemas já incorporariam dimensões parcialmente holistas em seus enunciados.

No mesmo sentido, com nomenclatura ligeiramente diferente, para Pedro Galvão (2006), o holismo sustenta que o estatuto moral dos indivíduos, sencientes ou não, que fazem parte de entidades coletivas (comunidade biótica, ecossistema, biosfera etc.) depende do papel que estes desempenham nessas mesmas entidades: "um holista moderado dirá que o estatuto moral de um indivíduo depende apenas em parte da sua contribuição para o todo em que se inscreve; um holista radical defenderá que todo o estatuto moral de um indivíduo se esgota nessa contribuição".

O próprio Sapontzis (1992, p. 263) também chama a atenção para esse componente de superação do indivíduo pelas pretensões éticas globais da ética da terra ao afirmar que:

> são indivíduos, não comunidades, que experimentam felicidade, estresse e frustração, e já que o holismo total propõe considerar indivíduos como itens descartáveis na obtenção da integridade, estabilidade e beleza da comunidade biótica, parece razoável concluir que o holismo total não conseguirá prover um caminho razoável para que se alcance esse objetivo [...]. De modo semelhante, não há uma boa razão para acreditar que o holismo total contribuirá de forma mais eficiente para o desenvolvimento da moralidade. Certas virtudes morais tradicionais, como a compaixão, a tolerância, o amor, bem como outras emoções, ligam-se

211 Pluhar (1983) e Partdridge (1984) concordam com Sapontzis sobre ser o holismo da ética da terra um holismo integral ou total.

a indivíduos determinados e poderiam ser desencorajadas pelo holismo em sua versão total.

Nessa mesma linha argumentativa, além de Katz (problema da substituição), Regan (fascismo ambiental) e Sapontzis (irrazoabilidade do holismo total), temos ainda a acusação feita pela feminista Marti Kheel (1985, p. 138), para quem essa representação do sistema ético baseado na valorização da comunidade biótica em detrimento dos organismos individualmente considerados importaria numa visão totalitária. William Aiken (1984, p. 269) também adverte para a perda de direitos individuais, classificando a teoria de Leopold como surpreendente e assustadora, já que uma consequência possível seria a eliminação de grande parte da vida animal, tendo em vista o objetivo global de maximização da integridade, estabilidade e beleza do ecossistema. Frederick Ferré (1996) faz eco ao afirmar o perigo das consequências de glorificação da coletividade, no que é acompanhado por Kristin Schrader-Frechette (1996), que enfatiza os laços de subordinação que atam o bem-estar individual, de um lado, e as necessidades agregadas da comunidade biótica, de outro.

Em trecho já citado, do artigo "Animal Liberation: A Triangular Affair", Callicott responde a essas acusações, afirmando que deveríamos nos despojar dos nossos "limites civilizacionais" em relação à natureza. O "drama da vida", que pode importar em sacrifícios de ordem individual, deveria ser aceito com mais naturalidade. Há, no entanto, nesta colocação, também um problema teórico. A valorização da vida mais primitiva, mais próxima do estado "natural", na qual um indivíduo vive às expensas de outros indivíduos como parte da ordem natural, traz a consequência de que há efetivamente pouco ou nada que se possa fazer em termos de garantia da equidade na participação dos atores naturais, o que retira muito em termos de conteúdo ético das proposições holistas totais.

Callicott tenta amenizar essas contradições em "Animal Liberation and Environmental Ethics: Back Together Again"

[Libertação dos animais e ética ambiental: novamente juntas] (1988). Neste artigo, o autor comenta a abordagem pluralista proposta por Mary Anne Warren (1983), para quem os seres humanos têm direitos fortes porque são autônomos; os animais, direitos mais fracos porque são sencientes; e o ambiente deve ser usado com respeito, ainda que não se fale propriamente em direitos para a natureza. Haveria, assim, uma relação de complementariedade entre a ética animal e a ética ambiental. O próprio Callicott, no entanto, chama a atenção para o resultado insatisfatório dessa proposição eclética de Warren, já que ela sacrificaria a unidade teórica dos sistemas filosóficos.[212] O seguidor de Leopold passa então a abordar o conceito de comunidade mista (*mixed community*) tal qual proposto por Mary Midgley. Sinteticamente, segundo a pensadora inglesa, porque humanos são biologicamente similares a outros animais e evoluímos de maneira conjunta, possuímos a capacidade, embora limitada, de compreender por analogia os estados mentais de outras espécies. Todas as comunidades humanas, de uma maneira ou de outra, incluíram animais em suas experiências. Os animais que foram

212 A nosso juízo, a abordagem de Warren não se distancia radicalmente da posição tradicional do direito dos animais. Embora Tom Regan, por exemplo, não afirme que existam direitos mais fortes para humanos e mais fracos para não humanos (a categoria trabalhada por Regan é a de sujeito-de-uma-vida e, em tese, todos eles possuem valor inerente em igual medida), nos casos-limite, de tudo ou nada (*prevention cases*), estaríamos autorizados a optar pela vida humana em detrimento da vida animal, pelo dano maior que a morte traria para o primeiro grupo de indivíduos. No mesmo sentido, a demarcação de direitos fundamentais com base na senciência também não elide o problema dos casos-limite, e mesmo autores tradicionais, como Gary Francione, propõem que estaríamos autorizados a optar pela vida humana nessas situações, pois elas são situações de conflitos reais em que a preferência pelo humano não seria inconsistente com o reconhecimento de valor moral independente para os animais. De todo modo, tanto em uma visão quanto na outra, o que temos é a aplicação do princípio da igual consideração de interesses, o que torna sem sentido a afirmação de Warren sobre direitos mais fortes e mais fracos, mas ainda assim, ultrapassada esta questão, tanto Regan como Francione admitem que não é indiferente, em termos morais, tratar a natureza do modo que bem entendermos conveniente. Neste ponto, as visões se aproximam.

domesticados pelos humanos formaram laços individuais de dependência recíproca conosco. O fato, portanto, de participarmos de diferentes comunidades, muitas das quais incluem outros animais, faz com que esse sentido de pertencimento gere obrigações morais para todos os que nela estão inseridos:

> A capacidade de extensão da atenção simpática para horizontes não limitados pelas relações familiares é certamente parte de uma espontaneidade inata. É também uma janela através da qual o interesse em criaturas de outras espécies penetra em nossas vidas, tanto na infância e — se não fecharmos a janela — quanto mais tarde na vida. (Midgley, 1998, p. 120)

Com base nessa visão, Callicott (2010, pp. 213-4) propõe uma ponte entre o domínio humano e não humano unindo as concepções de comunidade mista de Midgley e da comunidade biótica de Leopold em uma comunidade meta-humana:

> Os animais domésticos pertencem à comunidade mista e devem se beneficiar, portanto, de todos os direitos e privilégios, sejam eles quais forem, que decorram desta pertença. Os animais selvagens, por definição, não são membros da comunidade mista, pelo que não se devem situar na faixa de estatuto moral graduado em que encontramos os membros da família, os vizinhos, os concidadãos, os seres humanos em geral, os animais de companhia e outros animais domésticos. Os animais selvagens são antes membros da comunidade biótica. A ecologia descreve a estrutura da comunidade biótica. Os deveres e as obrigações de uma ética da comunidade biótica (ou ética da terra, como Leopold a chamou) são, consequentemente, deriváveis de uma descrição ecológica da natureza — tal como nossos deveres e obrigações para com os membros da comunidade mista são deriváveis de uma descrição desta comunidade. [...] Sejam quais forem os privilégios morais que um ser tem enquanto membro da comunidade biótica, entre eles não se conta o direito à vida. Pelo contrário, cada ser deve ser respeitado e devemos permitir que desenvolva o seu modo de vida — mesmo que esse modo de vida cause dano a outros seres, incluindo outros seres sencientes.

> A integridade, a estabilidade e a beleza da comunidade biótica só existirão se todos os seus membros, em números apropriados, desenvolverem os seus modos de vida que evoluíram conjuntamente.

Há, no entanto, diversos problemas com a proposição da comunidade meta-humana formada pela comunidade mista (Midgley) e a comunidade biótica (Leopold). O primeiro grande desafio teórico reside na justificação da distinção entre animais domésticos e selvagens (ou silvestres). Ao que tudo indica, essa diferença, do ponto de vista moral, não possui qualquer relevância, na medida em que apenas demarca uma reflexão exclusivamente humana sobre determinadas espécies, e não uma distinção biológica significativa capaz de legitimar tratamentos díspares. Julian Franklin (2005, p. 112), a esse respeito, afirma:

> Suponhamos que uma linha imaginária fosse traçada dividindo a parte do território terrestre ocupada por humanos com seus animais domésticos e outra somente com animais selvagens. Esta linha é altamente imaginária e artificial, já que a vida selvagem e a não selvagem se interpenetram mutuamente de forma constante e indivisível. Existem animais selvagens nos jardins de nossas casas e em nossa vizinhança, bem como em parques e reservas florestais.

Outra questão diz respeito à afirmação de que os animais que pertencem à comunidade mista (animais domésticos) devem se beneficiar de todos os direitos e privilégios que decorram dessa relação de pertencimento. Mas o que exatamente quer dizer o autor com direitos e privilégios? Qual seria o conteúdo material dessas categorias? Curiosamente, embora fale em direitos, para Callicott, em princípio, a repulsa moral que temos em relação à criação intensiva de animais decorre do processo de despersonalização e mecanização a que os animais ficam submetidos. Assim, a ética do bem-estar animal da comunidade mista não censuraria, por exemplo, o uso de animais de tração no trabalho, nem mesmo o abate para o consumo de carne, "desde que esses animais sejam conservados e usados sem violar — o que claramente não acontece na criação intensiva — uma espécie de contrato social silencioso[213] que evoluiu entre o homem e a besta" (Callicott, 2010, pp. 212-3). Este ponto carece de maior fundamentação, já que teríamos membros da comunidade mista que poderiam ser instrumentalizados para se tornarem alimento, o que, por certo, contraria a ideia de respeito a um interesse fundamental desses seres (interesse de continuar vivendo). Haveria algo como uma hierarquia dentro da comunidade mista, que serviria como um princípio secundário para a solução de conflitos. As obrigações surgidas no âmbito de relações mais íntimas e próximas teriam precedência sobre aquelas surgidas em círculos mais afastados e impessoais (como seria o caso de nossa relação com animais criados para produção e as plantas).

A esse respeito, Callicott (2010, p. 212) explica que:

> Do ponto de vista biossocial de Midgley, somos membros de comunidades que estão integradas noutras comunidades. Cada uma delas tem uma estrutura diferente e coloca, portanto, exigências morais diferentes. No centro está a família imediata. Tenho o dever não só de alimentar, vestir e abrigar os meus próprios filhos, mas também de lhes dar afeto. Contudo, além de não ter o dever de dar um afeto semelhante aos filhos dos meus vizinhos, comportar-me dessa forma seria considerado estranho ou criminoso. Similarmente, tenho obrigações para com os meus vizinhos que não se estendem aos meus concidadãos menos próximos — vigiar a sua casa enquanto estão de férias, por exemplo, ou ir à mercearia por eles quando estão doentes ou incapacitados. Tenho obrigações para com os meus concidadãos que não se estendem aos seres humanos em geral, e tenho obrigações para com os seres humanos em geral que não se estendem aos animais em geral.

213 Nesse ponto, Callicott parece fazer uma alusão à terminologia contratualista de Michel Serres. O pensador francês publicou a obra *O contrato natural* (1990), em que advoga a tese de que a humanidade, tendo se tornado um ator físico nos sistemas biológicos e terrestre, deve rearranjar a sua maneira de interagir moralmente com a natureza. No mesmo ano, o zoólogo Desmond Morris publicou uma obra com título semelhante, dessa vez dirigida especificamente à questão animal, intitulada *O contrato animal* (1990).

Essa relação de precedência das relações mais próximas em detrimento das mais afastadas traz, no entanto, alguns questionamentos importantes. Até que ponto o afeto, por exemplo, poderia justificar um tratamento privilegiado quando estão em jogo interesses vitais? O cão que convive comigo certamente será beneficiado mais diretamente pelo meu carinho, mas essa relação mais próxima confere a ele um estatuto moral diferenciado em relação a um boi que será abatido para servir de alimento? O meu filho tem mais direito à vida que uma criança que passa fome? Peter Singer, por exemplo, tem uma visão distinta sobre esses pontos. O filósofo australiano sustenta que deveríamos nos comprometer a viver um estilo de vida mais modesto e doar parte de nossos rendimentos para aliviar o sofrimento de crianças famintas de outros locais, mesmo distantes, já que sofrimento é sofrimento, não importando de quem seja, e um agente moral tem o dever de ser imparcial ao comparar o sofrimento de um ser com o sofrimento de outro:

> temos uma obrigação de ajudar os que se encontram na miséria absoluta, uma obrigação não menos forte do que a que nos leva a impedir que uma criança se afogue num lago. Não ajudar seria errado, seja ou não intrinsecamente equivalente a matar. Ajudar não é, como se costuma pensar, um ato caridoso, digno de ser praticado, mas do qual não é errado eximir-se; é uma coisa que deve ser feita por todos. Primeira premissa: se pudermos impedir que algo de ruim aconteça sem termos de sacrificar algo de importância comparável, devemos impedir que aconteça. Segunda premissa: a pobreza absoluta é uma coisa ruim. Terceira premissa: existe uma parcela de pobreza absoluta que podemos impedir sem que seja preciso sacrificar nada de importância moral comparável. Conclusão: devemos impedir a existência de uma parcela de pobreza absoluta. (Singer, 1998, pp. 241-2)

Callicott (1999c, p. 73), implicitamente, reconhece que esse é um problema e chega a flexibilizar essa ideia na seguinte passagem:

> Interesses mais fortes (na falta de uma expressão melhor) geram deveres que têm precedência em relação a deveres alicerçados sob interesses mais fracos. Exemplificativamente, consideraríamos que os deveres para com os próprios filhos, em condições normais, têm precedência sobre os deveres para com outras crianças do mesmo local. Todavia, seria algo eticamente condenável possibilitar uma vida luxuosa para os próprios filhos enquanto as demais crianças do local têm as suas necessidades mais básicas desatendidas.

A subdivisão proposta entre comunidade mista e comunidade biótica enfraquece em diversos sentidos a concepção original da ética da terra. Podemos cortar árvores para fins tidos como necessários (como a construção de casas — interesses fortes), mas não estaríamos autorizados a cortar as mesmas árvores somente para finalidades meramente estéticas (interesses fracos). O princípio segundo o qual, no âmbito da comunidade mista, deve-se dar preferência aos interesses que surgem no âmbito de relações mais próximas passa, na realidade, a ser medido em função da posição do próprio homem, já que interesses mais fortes (do homem) devem se sobrepor a interesses mais fracos dos demais. Os interesses humanos passam a ser a medida, novamente, das políticas ambientais e a prioridade da comunidade biótica é destruída.

O próprio homem, por sua vez, salvo raras exceções, estaria incluso na comunidade mista e não na comunidade biótica, o que demandaria um esclarecimento sobre as bases de proteção de seus direitos fundamentais, de um lado, e a possibilidade de sobreposição de outros valores análogos de outros membros da comunidade biótica, de outro. Faltam esclarecimentos sobre o fundamento moral dessa hierarquização. Parece claro que Callicott pretende aliar a ética ambiental à ética humanista de modo a evitar as consequências misantrópicas ou "ecofascistas" derivadas de uma interpretação mais literal da teoria leopoldiana. Aliás, o autor protesta contra uma interpretação rígida de Leopold, afirmando que:

> Na realidade, eu nunca referendei uma posição como essa. É absurda e insustentável. Não acredito mais que deduções misantrópicas possam ser deduzidas da ética da terra leopoldiana [...]. Certamente penso que temos deveres e obrigações para com outros seres humanos (e para com a humanidade como um todo) que superam a ética da terra, tal como expliquei anteriormente, embora não tenha abandonado a ética da terra. (Callicott, 1999c, p. 147)

Por outro lado, na esfera da comunidade biótica, é curioso notar que há, de uma parte, a afirmação do respeito ao desenvolvimento do modo de vida natural dos animais selvagens, e, de outra, a contingência de que isso somente pode ocorrer se os membros da comunidade biótica estiverem vivendo "em número apropriado" no ambiente natural. Novamente, volta à tona a questão da superpopulação de animais que poderiam ser eliminados, conduta que, certamente, viola o pressuposto anterior, que prescreve o respeito à continuidade do seu ciclo natural de vida.

Para justificar a inviabilidade prática da posição dos direitos dos animais, Callicott afirma que a dieta vegetariana seria incompatível com os ditames da ética da terra, pois os animais domésticos, por não terem um nicho ecológico a ocupar na comunidade biótica, não poderiam ser libertados. Em outras palavras, os animais domésticos, por terem sido alvo de constantes intervenções genéticas executadas pelos humanos, não conseguiriam sobreviver, por si, no ambiente selvagem, além de interferir na estabilidade, na integridade e na beleza dos ecossistemas. Não há lugar para eles na natureza. A sua coisificação é afirmada com as expressões "artefatos vivos" ou "criações do homem", utilizadas pelo autor, bem como com a comparação com carros, mesas e cadeiras:

> Da perspectiva da ética da terra, uma manada de vacas, um rebanho de ovelhas ou uma vara de porcos são manchas na paisagem tão ruinosas quanto, ou mais, que uma frota de veículos. Há algo profundamente incoerente (e insensível também) na queixa de alguns liberacionistas animais sobre o "comportamento natural"

> de galinhas ou bezerros ser cruelmente frustrado nas fazendas industriais. Isso seria equivalente a dizer que mesas e cadeiras possuem comportamentos naturais. (Callicott, 1980, p. 30)

É inegável a presença de uma hierarquia segundo a qual os entes selvagens (animais e plantas), por serem mais próximos da *wilderness* e possuírem pretensamente comportamentos mais naturais, "ocupam um lugar particular na natureza" (Callicott, 1980, pp. 30-1). Os animais domésticos seriam seres não autônomos (feitos para a docilidade, a estupidez e a escravidão) e não haveria sentido em falar em liberdade para eles, pois não seriam naturalmente livres. Essa colocação parece se contrapor à noção da comunidade mista utilizada pelo próprio Callicott, na medida em que os animais domésticos estariam em uma posição de maior proximidade com os seres humanos e, portanto, a partir dessa constatação, deveriam usufruir de todas as vantagens desse sentido de pertencimento.

A questão é que a eventual supressão de algum espectro de comportamentos tidos como naturais em determinadas espécies (e.g. do javali para o porco doméstico) não implica a consequência apontada por Callicott de que a domesticação represente, evidentemente, um estágio de automatismo dos animais. Os animais, mesmo domesticados, continuam a possuir interesses fundamentais relacionados às suas características biológicas particulares.

Além desse aspecto, o apelo à naturalidade como elemento fundante de uma valoração moral destacada está sujeito a variadas críticas. O planeta já foi tão ativamente alterado pela presença e pelas atividades humanas que é difícil imaginar algo que seja natural no sentido de original, primitivo, tal como pretendido por Leopold e Callicott. Talvez o próprio homem não seja mais natural nesse sentido proposto.

Steven Vogel, citando McKibben, afirma:

> Particularmente, como resultado de mudanças climáticas produzidas pela indústria humana (isto é, o aquecimento global causado pela queima de combustíveis fósseis, por um lado, os danos à

> camada de ozônio pelo clorofluorcarbono, por outro), ele sugeriu entrarmos em um estágio no qual nenhuma polegada quadrada da Terra pode ser mais considerada natural. Devido à intervenção humana, tudo no mundo está diferente do que seria naturalmente, e, assim, tudo no mundo, em certo sentido, se tornou um artefato. "Nós mudamos a atmosfera, e assim mudamos o clima", escreveu McKibben. "Ao mudar o clima, tornamos cada lugar na Terra artificial. Nós privamos a natureza da sua independência, e isso é fatal para o seu significado. A independência da natureza é o seu significado; sem essa não há nada exceto nós". (Vogel, 2002, pp. 23-4, citado por Naconecy, 2003, p. 140)

Ademais, o conceito de natureza não é unívoco. Como se mencionou, há autores que defendem que ele é historicamente construído e a distinção "natural/não natural" seria filosoficamente aporética. Esse dualismo é especialmente problemático quando as teses ecocêntricas sustentam, de um lado, a importância das redes de dependência no âmbito de comunidades ou sistemas que tendem à estabilidade e, de outro, dão ênfase à na distinção do natural e artificial. Novamente, valendo-nos das lições de Vogel (2002, pp. 23-4, citado por Naconecy, 2003, p. 140), temos que:

> Se nós próprios somos entidades naturais, se somos parte da natureza, então pareceria, por definição, que não podemos interferir nela, uma vez que o conceito de natureza, em princípio, incluiria o que quer que nós (assim como os gafanhotos ou o kudzu) façamos — destruir a camada de ozônio, gerar lixo tóxico, extinguir outras espécies, alterar a temperatura. Se essas nossas ações não são naturais, por outro lado, nós não somos parte da natureza.

É claro que assumir que o que o homem faz é natural, tanto quanto é natural a ação de uma formiga ("um formigueiro é um artefato tanto quanto uma estrada o é"), não implica que essa conduta seja automaticamente tida como boa. São discussões distintas, embora relacionadas. As postulações dualistas (cultura vs. natureza) pretendidas pelos eticistas da terra são, portanto, bastante problemáticas.

Somente para retormarmos o exemplo por eles trazido, a respeito da suposta distinção de valor entre animais domésticos e selvagens, poderíamos dizer, com Sober (1995, p. 234, citado por Naconecy, 2003, p. 142) que:

> Se somos parte da natureza, então tudo o que fazemos é parte da natureza, e é natural neste sentido principal. Quando domesticamos organismos e os conduzimos a um estado de dependência de nós, isso é simplesmente um exemplo de uma espécie exercendo uma pressão de seleção sobre outra. Se nomeamos isso de "inatural", pode-se dizer justamente o mesmo do parasitismo ou da simbiose.

Tal como alerta Naconecy (2003, pp. 142-3), como corolário dessa crítica, não haveria um critério objetivo baseado na noção de "natural" que pudesse distinguir as ações humanas que violam a natureza daquelas que se harmonizam com ela:

> ou nós a violamos todo o tempo, ou a sua violação é logicamente impossível. Como Vogel aponta, as exortações ambientalistas baseadas no conceito de natural seriam irrelevantes (já que nenhuma ação é nociva à natureza) ou impossíveis (pelo fato de que todas elas o são). Assim, essa equivocação dos sentidos dos termos "natural" e "natureza" produz uma série de antinomias e confusões conceituais, e, a cabo do trajeto lógico, excluiria a própria possibilidade de uma ética ambiental.

Callicott assume outra falsa dicotomia segundo a qual a posição da libertação animal implicaria que devêssemos interferir na comunidade biótica liberando imediatamente todos os animais domésticos, ou que continuássemos a apoiar e a usar os animais que já se encontrassem nesta condição sem maiores preocupações de ordem moral para com esses indivíduos. Na verdade, ele vislumbra profeticamente um cenário no qual, da noite para o dia, como num passe de mágica, todos os seres humanos deixariam abruptamente de consumir produtos de origem animal e, com isso, todos os animais domésticos ou domesticados seriam soltos na natureza. Na realidade, para ficarmos somente no âmbito do argumento pragmático sugerido pelo próprio autor, esse tipo de mudança, se um dia vier a ocorrer, será resultado de um processo de vagarosa transformação social e cultural. De fato, nunca haveria concretamente a questão do que fazer com os animais domésticos nesse cenário fictício sugerido. Não teríamos bois, porcos e galinhas invadindo os centros urbanos ou florestas. Isso parece muito irreal e não deveria, portanto, por absoluta ausência de plausibilidade, ser aceito como um argumento suficientemente fundado para contrariar as posições do individualismo moral ampliado para os animais não humanos.

Além disso, o que dizer da aplicação dessa mesma linha de raciocínio ao caso dos seres humanos? A maior parte dos seres humanos, durante a história, no transcorrer do "processo civilizatório", também abandonou o comportamento "ancestral", "primitivo" ou "selvagem". Não há como negar que a maior parte da população humana vive em ambientes construídos, urbanos. Se a posição da ética da terra assume que esses ambientes, por tal motivo, não são naturais, ao menos num sentido forte de "natural", sentido este que a ética da terra apregoa como possuindo valor destacado, é porque nós mesmos estaríamos em uma situação em tudo similar às dos animais domésticos. Roger J. H. King (1991, p. 69) bem elucida esse ponto:

> Se os animais domésticos não podem ser libertados na natureza em parte porque desestabilizariam as relações ecológicas, o mesmo deve ser dito em relação ao homem. Os seres humanos perderam o seu particular nicho que um dia tiveram, tal como os animais que retiraram da natureza e foram alvo de processos de domesticação. Não só a maior parte dos humanos perdeu as habilidades necessárias para sobreviver em ambientes selvagens — eles provavelmente morreriam se deixados à própria sorte — como a população humana é tão grande que qualquer tentativa de reinseri-la diretamente na comunidade biótica selvagem causaria danos irreparáveis a estas mesmas comunidades. Em resumo, a noção de que poderíamos retornar à comunidade biótica sem destruir essas comunidades faz tão pouco sentido quanto a ideia de libertar os animais domésticos.

Assim, a corrente primitivista, que pretende justificar a caça com base em uma equiparação do homem aos predadores naturais, perde o seu sentido principal. O caçador não é um anônimo, um ser abstrato, descontextualizado. Ele integra uma cultura de um determinado período que não é, definitivamente, salvo raras exceções (nas quais também se poderia discutir a legitimidade moral da caça), uma cultura de subsistência nos moldes de sociedades de caçadores-coletores.

A esse respeito, cabe assinalar as precisas lições de Roderick Nash (1989, p. 70), para quem Leopold não deixava dúvidas sobre a conduta a ser perseguida:

> [A conduta adequada] Não significava não ter impacto em um dado ambiente. Como biólogo, Leopold sabia que isso era uma impossibilidade para qualquer organismo. Na sua perspectiva, teria se divertido com vegetarianos morais, como Henry Salt, e defensores radicais da vida, como os jainistas, que, seguindo a filosofia do *ahimsa*, respiravam através de panos para evitar inalar insetos e micro-organismos. Até a ajuda de Albert Schweitzer a minhocas e insetos impressionaria Leopold como algo ingênuo e muito além da proposta da ética da terra.

É claro que Leopold muito provavelmente não defenderia o holocausto animal nas proporções atuais, mas é igualmente certo que não via um problema moral, por exemplo, em comê-los. Estranhamente, não enxergava um problema ecológico direto na criação de animais em larga escala. Aparentemente, não apresentou nenhum interesse em se opor à experimentação com animais ou sequer em diminuir o sofrimento dos animais criados em fazendas industriais (*factory farms*). Sua ética operava tão somente no âmbito da relação entre as espécies e o ecossistema. Ainda segundo Nash (1989, p. 71):

> Leopold nunca escreveu sobre os direitos de organismos particulares (individuais), nem utilizou a clássica retórica jeffersoniana para defender seres não humanos. Um gestor da caça durante a maior parte de sua vida, advogou a matança de milhares de

> animais se sua população excedesse a capacidade de suporte do meio ambiente afetado. O abate do rebanho por gestores inteligentes era necessário para obtenção da "estabilidade" e, em certo sentido, "beleza" da terra. A razão pela qual matar o lobo no Novo México teria sido eticamente errado era por conta do fato de que havia poucos lobos naquela área. Seu extermínio, nesse sentido, maculou a "integridade" da comunidade biótica. [...] O fim último, para Leopold, era sempre o "funcionamento saudável" do "mecanismo biótico".

Nesse sentido, como se viu, uma crítica comumente endereçada à teoria leopoldiana é a de inconsistência teórica na extensão simultânea de pretensos "direitos bióticos" a indivíduos com os pressupostos holísticos da ética da terra, que, abertamente, aceitam o sacrifício desses mesmos indivíduos em relação a outros interesses e, principalmente, em relação às necessidades de integridade, estabilidade e beleza do todo.

Mesmo que se interprete que Leopold postula efetivamente direitos para espécies, populações ou comunidades de organismos vivos, isso não apaga o problema de responder como a extensão de direitos a essas entidades coletivas pode corresponder a uma ética que assinala direitos a indivíduos singularmente considerados.

Tal como alerta o professor Johh Moline, a ética da terra não representa, portanto, uma ampliação/extensão da moralidade tradicional, que é baseada no valor moral do indivíduo.[214] Ao contrário, nela, os indivíduos, singularmente considerados, não são titulares de direitos subjetivos. Há uma ruptura,

214 Moline (1986, p. 99) chega a dar o exemplo da ampliação de uma casa. Quando falamos em ampliar uma casa, partimos do pressuposto de que a estrutura principal será mantida e, a ela, agregada outra benfeitoria, outro cômodo ou outra ala. Não é isso o que ocorre em relação à alardeada ampliação supostamente promovida pela ética da terra. Ela não mantém a estrutura da teoria dos direitos dos animais, agregando a ela outro construto teórico. Ela simplesmente rompe com os pressupostos das teorias individualistas, construindo uma "nova casa", baseada em novos alicerces.

portanto, e não uma continuidade das teses ampliativas da moralidade em relação aos indivíduos para além da espécie humana. Se o ponto de partida é distinto, o ponto de chegada também o é.

Assim, parecem equivocadas as posições que pretendem conferir à ética da terra um *status* diferenciado, superior, aprofundado, em relação às éticas de cunho individualista, como é o caso da posição proveniente dos direitos dos animais.

Patrick Curry, por exemplo, em sua obra *Ecological Ethics: An Introduction* [Ética ecológica: uma introdução] (2011), afirma, fazendo uma analogia com a cor verde, que normalmente simboliza a natureza, que existiriam três grandes ramos da ética ecológica: verde claro (ambientalismo tradicional); verde (posição biocêntrica); e verde escuro (posição ecocêntrica). Nesta gradação de cores proposta pelo autor está implícita a ideia de que a última corrente, ecocêntrica (verde escuro), seria mais extensiva que as demais.[215]

Ao que tudo indica, contrariamente à escala proposta por Curry, não há como comparar diretamente os sistemas éticos holisticamente construídos com os demais. Os pressupostos são bastante distintos. Poderíamos afirmar que as posições ecocêntricas representam uma ampliação quantitativa em relação aos sistemas éticos individualistas, pois há um aumento do número de entes agraciados/beneficiados com a teoria, pois todos os organismos vivos, bem como os não vivos, tal como se dá no caso das espécies (consideradas globalmente), dos biomas e dos ecossistemas, passam a ser alvo de consideração moral. O valor primordial, como se viu com o exemplo da ética da terra de Leopold, reside no todo, ou seja, na própria comunidade biótica, e não nos organismos que a compõem. Assim, o nível de comprometimento com estes organismos, individualmente considerados, é muito menor do que se observa comparativamente nas éticas de cunho biocêntrico, nas quais o alvo da atenção moral se

215 A classificação hierárquica da ética ecológica em diversos tons de verde proposta por Curry foi, na realidade, extraída de Sylvan e Bennet (1994).

encontra justamente no bem-estar experimental de cada um dos seres que vivem (seja em uma visão biocêntrica do tipo global ou mitigada/zoocentrismo). Observa-se, portanto, um ganho quantitativo, mas uma perda qualitativa da preocupação moral e da proteção conferida a esses mesmos entes.

Além da questão da caça, já abordada, outro exemplo que marca de maneira bastante clara a distinção de percepção do valor do indivíduo pode ser vislumbrado na alimentação. A maior parte dos teóricos ecocêntricos não vê maiores problemas na ingestão de produtos de origem animal. A esse respeito, encontramos mais um exemplo em Patrick Curry (2011, p. 90), que chega a dizer que:

> não há como negar que o veganismo[216] é muito incomum e, em certo sentido, uma posição extrema que segrega o seu praticante da maior parte da comunidade humana tal como atualmente constituída. Isso pode resultar em uma alienação para o vegano e uma ofensa para os demais que com ele convivem, o que, ironicamente, reduz as chances de simpatia pela sua causa. [...] A pureza absoluta é inatingível e tampouco desejável. [...] O veganismo também pode resultar em problemas de saúde a menos que seja bem orientado: algo que sugere que seja uma alternativa viável somente para os bem nascidos e educados. O veganismo, em outras palavras, pode ser uma função do privilégio.

Essa aversão ao vegetarianismo e ao veganismo pode ser percebida em diversos outros autores que afirmam ser ambientalistas

216 Vegano (do termo em inglês *vegan*) é aquele que se abstém de utilizar produtos de origem animal tanto na alimentação como em quaisquer outras esferas que importem na instrumentalização dos animais. O termo *vegan* foi cunhado na Inglaterra, em 1944, por Donald Watson, cofundador da British Vegan Society [Sociedade vegana britânica], com o sentido inicial de assinalar um vegetarianismo de tipo estrito, sem a utilização de leite, ovos e derivados (*non-dairy vegetarian*). Em 1951, a associação ampliou a definição para incorporar um estilo de vida que procura eliminar a violência e a exploração dos animais de modo abrangente, para além, portanto, da dimensão meramente alimentar.

ou que estudam a ética aplicada à natureza. O filósofo estadunidense Jan Naverson (2010, p. 92), por exemplo, tido como um libertário,[217] influenciado por Robert Nozick e David Gauthier, afirma que:

> Presumir que animais estão na mesma categoria moral na qual nos encontramos é cometer uma petição de princípio, e é errado supor que as pessoas que gostam de hambúrgueres são moralmente inferiores àquelas que não gostam. Manifestamente, os animais não estão na mesma categoria moral que nós naqueles aspectos óbvios que são relevantes para a geração de princípios morais publicamente convincentes.

Um pouco antes, o autor, com base na filosofia libertária, afirma ainda:

> devemos deixar que cada pessoa faça, em grande medida, aquilo que quiser. Se alguns desejam caçar, podem fazê-lo; se outros não gostam da caça, não têm de caçar e podem também protestar — mas não podem intervir para impedir de caçar aqueles que têm uma posição diferente. Também dispõem da opção de comprar os animais que os caçadores desejam caçar ou os terrenos em que estes os caçariam, declarando-os interditos à caça. Podemos dizer

217 Os libertários defendem a maximização da liberdade humana. Cada indivíduo deveria ser livre para fazer aquilo que quiser com o que nos pertence, desde que respeitados os direitos dos outros de fazer o mesmo. No campo político, os libertários afirmam que algumas das ações do Estado são ilegítimas por violar a liberdade. São favoráveis, em princípio, às posições não paternalistas (as leis não devem proteger as pessoas delas mesmas), e contrários à legislação sobre a moral (as leis não devem promover, via força coercitiva, posições morais). Em *The Constitution of Liberty* [A constituição da liberdade] (1960), o economista e filósofo austríaco Friedrich A. Hayek argumentou que a nivelação da igualdade econômica destrói os alicerces da sociedade livre. Em *Capitalism and Freedom* [Capitalismo e liberdade] (1962), o economista norte-americano Milton Friedman reforçou essa ideia. Robert Nozick, em *Anarchy, State and Utopia* [Anarquia, Estado e utopia] (1974), defendeu os princípios libertários como um desafio às noções difundidas sobre a justiça distributiva.

> o mesmo das peles: se algumas pessoas gostam de usar peles e outras estão dispostas a criar ou matar animais para lhes proporcionar peles, as pessoas que não gostam disso podem protestar. Mas não podem juntar-se para persegui-las com legislação e coisas do gênero: isso não é justo. (Naverson, 2010, p. 92)

As afirmativas de Naverson são confusas e parecem elitistas na medida em que a dimensão da liberdade seria um privilégio reservado apenas aos humanos, ou seja, somente nós teríamos a liberdade de fazer aquilo que desejamos. A teoria dos direitos dos animais, ou ao menos as suas principais vertentes, não propõe uma igualdade em termos absolutos de estatuto moral entre humanos e não humanos. Em algumas circunstâncias absolutamente excepcionais, de tudo ou nada (chamados de casos-limite ou *prevention cases*), poderíamos optar por privilegiar os seres humanos sem que isso implique uma derrocada da teoria. No entanto, o que ocorre com a alimentação é que não há esse conflito de "vida ou morte", já que existem alternativas dietéticas plenamente saudáveis que prescindem dos alimentos de origem animal.[218] A escolha por comer os produtos de origem animal se dá muito mais por uma *preferência* humana — de ordem estética, cultural ou gastronômica — do que propriamente por uma efetiva necessidade. A pergunta de cunho moral seria se poderíamos justificar a instrumentalização e a consequente eliminação de um ser plenamente senciente somente com base em nossas preferências, segundo um juízo baseado primariamente no prazer.

218 "É a posição oficial da American Dietetic Association [Associação norte-americana de dietética] (ADA) que dietas vegetarianas adequadamente planejadas, incluindo as posições vegetarianas estritas ou veganas, são saudáveis, nutricionalmente adequadas, e promovem benefícios na prevenção e tratamento de determinadas doenças. Dietas vegetarianas bem planejadas são apropriadas para indivíduos de todas as idades em todos os ciclos da vida, incluindo a fase gestacional, a lactação, infância e adolescência, bem como para atletas de alta performance" (Craig e Mangels, 2009).

O vegetarianismo em suas variadas vertentes, dentre as quais se inclui o veganismo, não confere automática isenção moral a seus adeptos. A maior parte dos vegetarianos e veganos é, de fato, comprometida com os ideais de não instrumentalização, não opressão e não violência, que vão além da preocupação com os animais, para incluir também a reflexão a respeito da própria condição humana. O paralelo entre as diversas formas de opressão (racismo, sexismo etc.) é, inclusive, bastante utilizado para fundamentar a própria imoralidade do especismo. Todavia, esse padrão comportamental pode eventualmente não ocorrer. Podemos, é claro, ter vegetarianos (ou veganos) com comportamentos eticamente condenáveis, como ocorreria caso eles fossem sexistas, homofóbicos, assassinos, desleais ou corruptos. No entanto, naquilo que se refere ao campo específico da alimentação, é necessário dizer com toda clareza que vegetarianos e veganos adotam, de maneira geral, posturas moralmente mais adequadas quando comparados aos não vegetarianos ou não veganos, no sentido de que as razões que fundamentam o ato de não se alimentar de produtos de origem animal são consideravelmente mais fortes e robustas que as postulações em sentido contrário. Isso, no entanto, conforme se destacou, não significa afirmar que vegetarianos ou veganos sejam moralmente infalíveis ou superiores em outros aspectos às demais pessoas.

Aliás, a esse respeito, é curioso mesmo notar que muitos questionam o vegetarianismo pelo fato de algumas figuras que abominamos supostamente terem sido vegetarianas. O exemplo mais tradicional dessa crítica afirma que Adolf Hitler teria sido vegetariano. O argumento parte da seguinte estrutura: (a) Hitler era vegetariano; (b) Hitler era mau; logo, (c) as posições vegetarianas e os vegetarianos também devem ser maus.[219]

219 Luc Ferry é um dos autores que faz uma correlação entre o que ele denomina de ecologia fundamentalista e os temas fascistas da década de 1930. Ferry (2009, p. 169), no entanto, alerta para o fato de que "é preciso desconfiar da demagogia que consiste em se aproveitar do santo horror inspirado com razão pelo nazismo para desqualificar *a priori* qualquer preocupação ecológica. A presença de um autêntico interesse pela ecologia no seio do movimento nacional-socialista

Não precisamos de muito esforço para perceber que, das premissas descritivas (a) e (b), não se segue a conclusão (c). Trata-se de uma paródia de um silogismo misantrópico do tipo: amar os animais significa odiar os homens. Evidentemente que ninguém em sã consciência contestaria a afirmação de que Hitler era uma pessoa especialmente abjeta. Todavia, a estrutura acima referida poderia ser rebatida de duas maneiras, seja a partir da premissa que afirma ter sido o ditador um vegetariano, seja a partir de sua conclusão.

Em relação à premissa (a), tudo indica que há poucos subsídios para lastrear a afirmação de que Hitler teria, de fato, adotado o vegetarianismo. Pelo contrário, há obras como a de Rynn Berry, *Hitler: Neither Vegetarian Nor Animal Lover* [Hitler: nem vegetariano, nem amante dos animais] (2004), que contestam abertamente essa alegação. Para Robert Payne (1973), o suposto ascetismo de Hitler (não ingerir bebidas alcoólicas, não fumar, não comer carne e ter uma relação distante com as mulheres) representava, na realidade, um mecanismo propagandístico no sentido de projetar a imagem de um líder autocontrolado e disciplinado, distanciado dos desejos dos "meros mortais".

No entanto, mesmo que essa premissa fosse superada, isso nada diria sobre a validade do dever moral da abstenção da ingestão de produtos de origem animal. Gary Francione (2000, p. 175), a esse respeito, rebate expressivamente: "Stalin se alimentava de carne e nem por isso era um anjo". Novamente, vegetarianos (ou veganos) não são pessoas necessariamente melhores ou piores que as demais. Os nazistas eram francamente favoráveis à instituição do casamento, à abertura de estradas e às práticas esportivas. Isso, por acaso, tem o condão de transformar esses interessses (casamento, estradas e esporte) em imorais ou indevidos?

Tal como relembra Derrida, Elisabeth de Fontenay enumera uma série de pensadores judeus que clamaram por uma reformulação do estatuto moral dos animais (Kafka, Singer, Canetti, Horkheimer e Adorno):

• • •

não é, em si, uma objeção pertinente em um exame crítico da ecologia contemporânea".

Quanto a mim, na parte ainda inédita de minha conferência de Cerisy ("O animal que logo sou"), analiso de perto (sem necessariamente subscrevê-lo de ponta a ponta) um texto de Adorno que pretende extrair das noções kantianas de autonomia, dignidade (*Wurde*) do homem, autoestima ou autodeterminação moral (*Selbstbestimmung*), não apenas um projeto de controle e soberania (*Herrschaft*) sobre a natureza, mas uma verdadeira hostilidade, um ódio cruel, "dirigido contra os animais" (*Sie richtet sich gegen die Tiere*). O "insulto" (*schimpfen*) contra os animais ("animal!"), ou contra o homem enquanto animal, seria um traço distintivo do "idealismo autêntico". Adorno vai bem longe nessa direção. Ousa comparar o papel que os animais virtualmente desempenharam num sistema idealista ao papel que os judeus desempenharam para um sistema fascista. Segundo essa lógica, agora bem conhecida, e que aliás frequentemente se impõe de maneira convincente, associar-se-ia à figura do animal e do judeu as da mulher e da criança, quem sabe do deficiente em geral. (Derrida & Roudinesco, 2004, pp. 88-9)

Essa associação, ou essa analogia, entre as instituições de opressão contra seres humanos e contra os animais é bastante usual como estratégia de sensibilização, pois parte do elemento comum da vulnerabilidade.[220] Coetzee (2002, pp. 26-7), em *A vida dos animais*, lança mão desse recurso, por meio da personagem Elizabeth Costello, em diversas ocasiões:

Vou falar abertamente: estamos cercados por uma empresa de degradação, crueldade e morte que rivaliza com qualquer coisa que o Terceiro Reich tenha sido capaz de fazer, que na verdade supera o que ele fez, porque em nosso caso trata-se de uma empresa interminável, que se autorreproduz, trazendo incessantemente ao mundo coelhos, ratos, aves e gado com o propósito de matá-los. É minimizar, dizer que não há comparação, que Treblinka foi de certa maneira uma empresa metafísica dedicada a

220 A esse respeito, ver Patterson (2002) ou Spiegel (1996). Problematizando a comparação, ver Naconecy (2010).

nada além da morte e da destruição enquanto a indústria da carne, em última instância, se dedica à vida (pois, afinal, não reduz suas vítimas a cinzas, já que uma vez mortas, nem as enterra, mas, ao contrário, corta-as em pedaços, coloca-as no refrigerador e as empacota para que possam ser consumidas no conforto de nossos lares), é consolação tão pequena para as vítimas como teria sido, perdoem o mau gosto do que vou dizer, pedir aos mortos de Treblinka que desculpassem seus assassinos porque a sua gordura corporal era necessária para fazer sabão e seus cabelos, para estofar colchões.

3.1.7 Mais algumas ponderações sobre a *ética da terra*

Para alguns, a força dos argumentos leopoldianos residiria na apropriação do discurso científico. O filósofo J. Baird Callicott (1987, p. 90), como já mencionado, um dos principais seguidores de Leopold, a esse respeito afirma que:

> O livro *A Sand County Almanac* se tornou a bíblia do movimento conservacionista por uma boa razão — porque a ciência tem um peso significativo. [...] A grande conquista filosófica e política de Leopold não foi a de fundamentar a expansão da ética das relações entre humanos para as relações do homem para com o mundo natural. Pelo contrário, foi muito mais a maneira com a qual ele fundamentou essa nova ética. Ele a construiu não só de maneira elegante e bela, mas também com o vocabulário proveniente da ciência. [...] De sua fundação, portanto, científica, a ética da terra ganha objetividade, universalidade, autoridade e poder.

Há, no entanto, alguns pontos que necessitam de algum esclarecimento. O primeiro deles diz respeito à própria dinâmica do conhecimento científico. A ciência, como não poderia deixar de ser, também se reconstrói ao longo do tempo e determinados dogmas podem se tornar mitos em um piscar de olhos. Como Leopold deriva algumas conclusões normativas importantes de seu trabalho diretamente da ciência ecológica de sua época — o que veremos que também é, em si, um problema teórico —, suas conclusões podem estar comprometidas de maneira fundamental em razão de seus potenciais descompassos com o conhecimento ecológico contemporâneo.

Outro ponto importante diz respeito ao ponto de partida das teorias ecocêntricas. Em geral, afirma-se que "os ecossistemas são coisas que têm interesses e, consequentemente, podem ser beneficiados ou prejudicados" (Heffernan, 1982, p. 242); que "uma ética ecológica deve se comprometer com o reconhecimento de interesses ecossistêmicos" (Rolston, 1975, p. 106); ou que "a visão atomista dos liberacionistas animalistas prescreve uma linha divisória de consideração moral muito restrita, limitada aos seres sencientes, o que não parece estar de acordo com os sistemas ecológicos, já que também possuiriam um bem próprio" (Rodman, 1977, p. 89).

As éticas de cunho individualista, no entanto, veem com incredulidade a possibilidade de atribuir interesses a entes que não existem no mundo real (que não são indivíduos). Ecossistemas, a comunidade biótica ou mesmo a terra (*land*) seriam, nesse sentido, abstrações conceituais criadas pela mente humana. Dale Jamieson (2010, pp. 234-5) compara os ecossistemas a constelações de estrelas (como um aglomerado de organismos individuais) e os organismos com as próprias estrelas, afirmando, nessa metáfora, que os ecossistemas não possuem existência independente ou real:

> Conversar sobre ecossistemas (como conversar sobre constelações) é uma maneira de falar sobre outras coisas. Pode ser útil fazer isso, mas não deveríamos pensar que o mundo responde a cada frase útil fabricando uma entidade. Pode ser útil falar sobre o australiano médio, mas não espere conhecê-lo e suas 2,5 crianças. [...] Podemos dizer que ecossistemas possuem interesses que devem ser respeitados? Se a resposta for positiva, como identificamos esses interesses? O que

dizer, por exemplo, a respeito da sucessão ecológica? Um ecossistema bem-sucedido viola os interesses de seu predecessor?

Ecossistemas não possuem genoma, cérebro, autonomia, consciência, controle central ou qualquer outra característica que possa fundamentar minimamente interesses próprios. O que de fato existe são as rochas, as árvores, os animais, a água, o solo, enfim, todos os entes naturais. E ainda: esses entes individuais são geralmente mais complexos que os próprios ecossistemas e podem ter necessidades contrárias a eles.

Peter Singer (2010, pp. 13-4), por exemplo, explica que:

> a capacidade de sofrer e de sentir prazer é um pré-requisito para um ser ter algum interesse, uma condição que precisa ser satisfeita antes que possamos falar de interesse de maneira compreensível. Seria um contrassenso afirmar que não é do interesse de uma pedra ser chutada na estrada por um menino de escola. Uma pedra não tem interesses porque não sofre. Nenhum modo de atingi-la fará diferença para seu bem-estar. A capacidade de sofrer e de sentir prazer, entretanto, não apenas é necessária, mas também suficiente para que possamos assegurar que um ser possui interesses — no mínimo, o interesse de não sofrer. [...] Se um ser sofre, não pode haver justificativa moral para deixar de levar em conta esse sofrimento. Não importa a natureza do ser; o princípio da igualdade requer que o seu sofrimento seja considerado da mesma maneira como o são os sofrimentos semelhantes — na medida em que comparações aproximadas possam ser feitas — de qualquer outro ser. Caso um ser não seja capaz de sofrer, de sentir prazer ou felicidade, nada há a ser levado em conta.

No mesmo sentido de Singer, temos a visão de Bryan Norton (1982, p. 35), para quem "coletividades como um conjunto de montanhas, espécies e ecossistemas não possuem analogias possíveis com a senciência e, por conta, disso não podem ter interesses próprios", e de Scott Lehmann (1981, p. 136), que assevera que "somente sujeitos de experiências individualizáveis podem ser lesados. [...] Somente seres com estados mentais poderiam, em qualquer sentido, ser lesados ou beneficiados".

A conexão estrita de interesses com a senciência, geralmente feita pelos filósofos animalistas, não é livre de questionamentos e parece, por vezes, exageradamente simplificada ao negar de forma taxativa a consideração moral a seres vivos que não possuem esse atributo. Essa é a raiz, como vimos, do dissenso entre o biocentrismo de tipo global, que pretende abranger todas as formas de vida como potencialmente suscetíveis à consideração moral direta, e o biocentrismo mitigado, que limitará esse rol de titulares de consideração para apenas alguns seres vivos, com base em características específicas (como ocorre usualmente com a senciência). A título de exemplo, podemos lembrar o que diz Paul Taylor (1981, p. 200), quando postula que os organismos vivos são centros teleológicos de vida:

> o bem de um indivíduo consiste no integral desenvolvimento de suas capacidades biológicas. [...] Cada organismo é um indivíduo cujo ponto de vista devemos levar em consideração quando realizamos julgamentos a respeito de quais eventos são bons ou ruins. [...] Árvores não conhecem sentimentos. Ainda assim, é inegável que possam ser beneficiadas ou prejudicadas por nossas ações. Podemos esmagar suas raízes ao conduzir um veículo pesado perto de suas bases. Podemos identificar quando estão sendo bem cuidadas. Assim, o próprio bem das árvores que está sendo afetado diretamente.

As mesmas observações podem ser encontradas em Goodpaster (1978, p. 319), que aponta para a característica da auto-organização e integridade dos organismos vivos, verificada pela "tendência das plantas a se manterem e a curarem a si próprias", ou Attfield (1981, p. 37), que abraça a noção de que também "as árvores possuem tendências latentes no sentido do crescimento e da manutenção das necessidades vitais".

Todavia, abstraindo-se desse dissenso entre biocentristas globais e zoocentristas, ou seja, mesmo que se amplie eventualmente o critério de atribuição de interesses para além da senciência, permanece a dúvida sobre a possibilidade de conduzir a consideração moral para o âmbito de organismos não vivos, que inclui, por certo, a pretensão do reconhecimento de interesses gerais para ecossistemas ou mesmo comunidades bióticas. Harley Cahen, por exemplo, é um dos autores que sustenta uma visão bastante flexível sobre em que consiste possuir um interesse válido, partindo da ideia de que isso não representaria a constatação de uma realidade sensível (no sentido tradicional de senciência), mas tão somente a capacidade que um ser vivo tem de perseguir aquilo que maximiza ou potencializa seus objetivos biológicos (atributo que denomina de *goal directedness* — nesse sentido, muito próximo da visão de centros teleológicos de vida, tal qual exposta por Paul Taylor).[221] No entanto, mesmo com essa abertura, Cahen (1988, p. 197) não vê como atribuir interesses a entes abstratos como ecossistemas, pois:

> [ecossistemas] não poderiam possuir estatuto moral autônomo porque simplesmente não possuem interesses próprios — nem mesmo compreendendo-se o vocábulo "interesses" em um sentido bastante amplo, como no caso de plantas e outros organismos não sencientes (organismos não sencientes — aqueles incapazes de perseguir conscientemente um interesse — possuiriam, nesse sentido, um interesse em atingir seus objetivos biológicos).

A maior parte dos autores identifica o conceito de interesses com ao menos algum nível básico de intencionalidade ou de capacidade individual orientada à sua própria manutenção e integridade (*goal directedness* de Cahen),[222] razão pela qual

221 James K. Mish'alani (1982, p. 138) aponta para a denominada competência de automelhoria (*self-ameliorative competence*) como sendo a capacidade que um organismo possui para "perseguir estados ou situações mais favoráveis, de se amoldar a circunstâncias para melhorar as chances de sobrevivência e de crescimento natural".

222 Ernest Nagel (1961) sustenta que um sistema pode ser classificado como auto-orientado quando procura atingir um determinado estado

determinadas propriedades ecológicas do ecossistema, eleitas como relevantes (como é o caso da estabilidade, da integridade e beleza propostas por Leopold) seriam, na realidade, subprodutos ou resultados incidentais de atividades individuais.[223] George Williams (1966, pp. 210-1) bem ilustra essa hipótese com a alusão ao comportamento de um conjunto indeterminado de pessoas que, apavoradas com um incêndio em um cinema, foge por meio da saída de emergência. Um biólogo recém-chegado de Marte, sugere Williams, poderia se impressionar com a rápida resposta do grupo ao estímulo do fogo. Essa massa de seres antes distribuída de maneira dispersa forma um agregado quase uniforme que procura pela única saída existente. Esse comportamento, que aparentemente é de grupo, na verdade é um subproduto de ações individuais. Se houvesse diversas saídas, o fenômeno agregativo em torno de um único caminho certamente não ocorreria.

O biólogo britânico Robert May (1977, p. 161) afirma que, embora existam padrões no nível dos sistemas ecológicos, eles não representariam, no entanto, objetivos autônomos. Seriam inteiramente explicáveis em termos de "interações biológicas que agem no sentido de conferir vantagens ou desvantagens específicas em relação a organismos individuais".

Robert Ricklefs vai além e alerta para o fato de que características tais como a estabilidade, a integridade ou a beleza de um dado ecossistema não representam metas ecológicas ou biológicas. Para o autor:

por conta de um comportamento estável e plástico — o que, por certo, excluiria objetos inanimados dessa categoria. Larry Wright (1972), seguindo as lições de Charles Taylor, por sua vez, esclarece que um determinado sistema é considerado como *goal-directed* se ele se comporta de tal maneira em razão deste comportamento desempenhado por ele tender a alcançar o tipo de objetivo que almeja.

223 Cahen alerta para o fato de que alguém poderia ser tentado a afirmar que os próprios indivíduos são formados por amontoados celulares. Não seria, portanto, o comportamento individual um subproduto do comportamento celular? A questão para Cahen, nesse caso, é que o comportamento das células se subordinaria ao organismo no sentido de que a seleção natural seleciona apenas indivíduos, não células.

a habilidade de uma comunidade resistir à mudança é resultado da soma de propriedades individuais dos componentes dessas populações [...]. A relação entre presas e predadores e entre competidores pode afetar a estabilidade da comunidade em um sentido geral, mas as estruturas tróficas não incorporam como meta o atingimento de tal estabilidade. (Ricklefs, 1976, p. 355)

O filósofo Mark Sagoff (1997) reafirma essa posição, asseverando que a própria noção de que as espécies vivam em comunidades biologicamente tendentes ao equilíbrio é um mito. A natureza viva, real, não é homeostática ou equilibrada, e por isso seria equivocado imaginar uma comunidade biótica em busca do equilíbrio, a não ser em termos contingenciais e randômicos. Da mesma opinião compartilha Elliot (1995, p. 18), para quem não é tranquilo assumir que "a estabilidade seja, em algum sentido, um valor natural exemplificado de modo típico pelos ecossistemas". A mera tendência à autorregulação (atributo da complexidade organizacional) não é um forte indicativo (ou uma condição suficiente) da consideração moral, pois mesmo sistemas inorgânicos podem se relacionar de forma bastante complexa.[224]

O ecologista Steward T. A. Pickett (1992, p. 84), também abraça a mesma crítica, ao afirmar que:

224 Para ilustrar esse ponto, Elliot traz o exemplo de uma estalactite, que seria justamente uma coleção organizada de compostos minerais, criada por processos naturais ao longo do tempo. Nesse sentido, "não é completamente implausível sugerir que uma estalactite é um item natural com um bem por si mesmo, definido em termos de sua organização. Quebrá-la seria agir contrariamente a esse bem. Reconhecidamente, sua organização não é biológica, mas por quê, poderia ser perguntado, deve um bem de um item ser definido em termos de organização biológica? Insistir nisso, conforme alguns, é revelar um bio-chauvinismo absoluto! E, poderia ser acrescentado que, no caso da estalactite, não estamos considerando um item inerte, mas um item em um processo de desenvolvimento correspondente a seu tipo. Pode ser que a organização biológica seja inicialmente mais óbvia e impressionante, mas poder-se-ia sugerir que é o fato básico da organização que conta" (Elliot, 1995, p. 14, citado por Naconecy, 2003, p. 148).

> O clássico paradigma em ecologia, com sua ênfase na estabilidade, sua sugestão de que os sistemas naturais são fechados e autorregulados, e sua ressonância com a ideia não científica de "equilíbrio da natureza", não pode mais servir como modelo para fundar adequadamente a posição conservacionista. O novo paradigma, com o reconhecimento da predominância de eventos episódicos, da aleatoriedade, da abertura dos sistemas ecológicos e da multiplicidade dos *loci* e dos tipos de regulação, representa, de fato, uma base muito mais realista.

Heffernan (1982, p. 238) chega a afirmar que, embora a estabilidade seja uma propriedade relacional, ecossistema algum é estável em relação a todas as suas possíveis flutuações (decorrentes de alterações naturais do clima, da geologia e de movimentos biológicos). As consequências de se erigir a estabilidade como a propriedade fundante da relevância ética que um determinado ente possui são tão contraintuitivas que poucos estariam preparados para acatá-las de forma integral. Vesilind e Gunn (1998, p. 97, citado por Naconecy, 2003, p. 148) alertam para esse ponto[225] ao afirmar que:

> qualquer ecossistema é raramente estável, mesmo no seu estágio de clímax. Alguns organismos, por exemplo, funcionam apenas durante severas perturbações no interior de ecossistemas, tais como os meses ou anos que se seguem a um incêndio na floresta ou uma inundação. Se a estabilidade de um ecossistema for severamente atingida, e se isso é um fenômeno natural, é então antiético evitar tais perturbações naturais como incêndios em florestas?

225 As características trazidas por Leopold têm, ainda, a dificuldade prática de não permitir raciocínios analógicos, tal como ocorre com a senciência. Que atributos uma espécie, em sentido geral, ou um ecossistema poderiam compartilhar que pudessem ser minimamente comparados a estados que reconhecemos como relevantes? A maior parte dos filósofos vincula o valor inerente ao conceito de benefícios ou perdas, ou seja, um ser/entidade pode possuir valoração moral própria na medida em que, de alguma forma (e aqui os critérios para esta constatação podem variar) possa sentir que a sua vida pode ser beneficiada ou piorada a partir de determinadas condutas/ações.

> Se um incêndio natural ocorre em uma floresta, os humanos devem combatê-lo ou deixá-lo queimar livremente?

Sapontzis tece duras críticas ao alto grau de indeterminação dos conceitos fundamentais do axioma leopoldiano. Para o filósofo, tal incerteza coloca em cheque a própria inserção do holismo ambiental no âmbito da filosofia moral:

> O último deles [beleza] é, claramente, um valor meramente estético. Só poderia ter alguma significação moral caso fosse conectado a outro tipo de valor moral [...]. Leopold e Callicott não providenciaram princípios ou argumentos para estabelecer a relevância moral da beleza da comunidade biótica. [...] O primeiro dos valores de Leopold [integridade], pode se referir a um valor moral, mas o termo tal como empregado não tem significação moral. [...] A integridade se refere a uma condição biológica ou ecológica. Mais uma vez, algum princípio ou argumentação ligando essas condições a valores morais seria fundamental para conferir a esses termos alguma robustez de cunho moral, e, mais uma vez, nem Leopold nem Callicott trazem, e tampouco poderiam fazê-lo, tal princípio ou argumento. Finalmente, o segundo dos três valores leopoldianos [estabilidade] também é diretamente relacionado a uma condição ambiental — e é definitivamente alarmante ver essa condição oferecida como um valor último para uma suposta teoria biologicamente esclarecida em uma era pós-darwiniana. Mais uma vez, não há qualquer razão para acreditarmos que a estabilidade da natureza tenha qualquer importância moral. [...] Um conjunto sério de argumentos é necessário para demonstrar que um princípio que se baseia em um valor estético ou em uma condição ecológica possa ter valor moral, e ainda menos que tenha o condão de expressar um princípio moral de cunho fundante. Até que esse tipo de argumentação seja oferecido, se é que isso sequer pode acontecer, a denominada ética da terra deveria ser renomeada para a "estética da terra" ou o "código ecologista". (Sapontzis, 1992, pp. 265-6)

O mesmo tipo de observação é feito por Birnbacher (1987, p. 66, citado por Naconecy, 2003, p. 119) ao comentar a indeterminação de sentido de um dos atributos fundamentais escolhidos por Leopold, a beleza:

> Mesmo que seja um fator necessário da experiência da beleza que a beleza seja atribuída ao objeto, como uma qualidade inerente e autônoma, permanece, entretanto, verdadeiro que a beleza está nos olhos do espectador. Uma indicação (embora de nenhum modo uma prova) disso é fornecida pelo grau com que as pessoas diferem nos seus juízos, nas suas atitudes e nas suas experiências reais dos aspectos que tornam os objetos naturais valiosos para elas. Os fatos a respeito da variedade e relatividade da estética, e de outras atribuições de qualidades intrínsecas à natureza, são tais que fazem parecer (a estética) mal orientada para atribuir essas qualidades intrínsecas à própria natureza. Essas são mais adequadamente concebidas como valores para o homem — ou mesmo como valores para animais não humanos, na medida em que estes têm a capacidade de entrar em relações contemplativas (enquanto opostas às instrumentais) com seus ambientes naturais.

Verificou-se, anteriormente, a dificuldade de delimitação do conteúdo material de conceitos extremamente abertos, como é o caso da estabilidade e da beleza. A integridade também traria questionamentos semelhantes. O que realmente significa dizer que a integridade seria um valor moral relevante? Deveríamos então interromper a prática da agricultura? Quais as consequências do postulado da integridade sobre o crescimento populacional humano?

Se não é exatamente fácil definir o que viriam a ser a estabilidade, a integridade e a beleza, assim como a saúde de um organismo individualmente considerado, o que dizer da aplicação desses conceitos relacionais às comunidades ou ecossistemas? Tudo indica que Leopold deixou de esclarecer o ponto relativo aos critérios para justificar a maneira pela qual se poderia chegar a essas características altamente subjetivas. E se há uma dúvida bastante razoável sobre a possibilidade de atribuição dessas qualidades ao "todo", como os fatos biológicos e ecológicos poderiam dar suporte às conclusões normativas da ética da terra?

Os conceitos de equilíbrio ecológico, de ecossistema[226] e mesmo de comunidade biótica são igualmente problemáticos. O próprio Callicott (1999d, p. 73) admite abertamente que "o termo comunidade biótica (ou ecológica) tem sentido apenas analógico" e que "o conceito de comunidade em ecologia é uma metáfora" (Callicott, 1999b, p. 130). O problema, tal como Attfield (1991, p. 158) assevera, é que "representar a biosfera como uma comunidade moral serve como uma metáfora evocativa da compatibilidade entre os interesses próprios e a moralidade, mas não acrescenta fundamentos extras em favor do respeito pelos 'componentes ecobióticos'".

Não há uma decorrência entre a consideração de que os sistemas biológicos (comunidades bióticas) sejam importantes, em termos de sustentação da vida no planeta, e o fato de que sejam valiosos por si mesmos. Assim, do ponto de vista de participação na comunidade moral, é mais complexo do que se imagina fazer a conexão entre valor inerente e conceitos como integridade, estabilidade e beleza. A ética da terra não traz justificativas aprofundadas sobre esse ponto.

Leopold enfrenta outro problema quando atribui valor especial aos entes que desempenham determinada "função" em seu respectivo nível trófico, contribuindo com isso para a obtenção dessas propriedades (a integridade, a estabilidade e a beleza do todo). É como se, por exemplo, um predador fosse útil ao ecossistema na medida em que desempenha satisfatoriamente sua função[227] de abater outros animais. Reside nesse fato,

226 Attfield (1995, p. 27) afirma que a noção de ecossistema é problemática na medida em que existe a "impossibilidade de determinar onde um ecossistema acaba e outro começa, e, assim, onde seus supostos interesses se localizam (na ausência de um critério de identidade de ecossistemas, os agentes morais seriam confrontados com uma infinidade de ecossistemas, para cada um dos quais um estatuto moral seria reivindicado)".

227 O desempenho de uma determinada função pelos membros da comunidade biótica é exemplificada por Callicott (1989d, p. 72) quando afirma que, tal como humanos podem ser fornecedores e consumidores de bens e serviços no mercado de consumo, as entidades naturais, mesmo as não vivas, podem ser fornecedoras, consumidoras

inclusive, a sua verdadeira obsessão pela vida supostamente "selvagem" (*wilderness*), já que a domesticação retiraria esse caráter finalístico, de vontade dirigida a um fim maior, dos seres vivos. Essa também é a razão pela qual o autor justifica a manutenção, o acréscimo ou a eliminação de membros de espécies silvestres que estejam em situação de desequilíbrio, em escassez ou excesso, respectivamente.

Há, no entanto, um problema de fundo em relação a esse tipo de colocação. A teoria da seleção natural, colocada em termos darwinianos, não se adequa a explicações teleológicas/finalísticas da natureza. A atuação dos indivíduos, de acordo com Darwin, não se dá em termos de observar um propósito ou objetivo previamente estipulado. Um animal age de determinada maneira porque essa maneira é a que, até aquele momento, demonstrou-se como a melhor em termos adaptativos. Para citar novamente o exemplo do lobo, ele não existe para abater cervos ou alces e com isso manter o equilíbrio e a estabilidade do ecossistema. O comportamento lupino, em termos de predação, se dá pelo fato de ter havido uma adaptação a este tipo de atividade para a sobrevivência e a reprodução da espécie.

Retirar uma consequência valorativa do comportamento de outros seres vivos (por exemplo, o lobo abater alces é bom ou correto), pelo menos como faz Leopold, é algo biologicamente ingênuo. Em princípio, a natureza não é boa ou ruim, ela simplesmente é. Os fatos ecológicos, portanto, não dão guarida para provar que a integridade, a estabilidade ou a beleza da comunidade biótica sejam valores a serem considerados em si mesmos.

Nesse ponto, Leopold e Callicott parecem incorrer na objeção denominada "falácia naturalística" (ou "naturalista"), que contesta a possibilidade de derivarmos valores morais de fatos naturais. Embora essa seja uma questão mais diretamente relacionada à metaética e não à ética normativa propriamente dita, e, portanto, fuja dos propósitos a que se

• • •

e decompositoras, cada qual realizando uma função que contribui para o fluxo geral de materiais, serviços e energia de todo o sistema.

destina o presente trabalho, deve-se ao menos tentar contextualizar minimamente essa crítica.

A posição proveniente do naturalismo ético postula que os valores morais podem ser identificados a partir de uma determinada propriedade natural (ou podem ser reduzidos a uma propriedade natural). Nessa linha, para um naturalista, propriedades morais tais como bondade e correção são idênticas a propriedades que figuram nas descrições e explicações científicas do mundo fenomênico. Para fins meramente ilustrativos, podemos adotar uma definição naturalista mais simples. Alguém poderia dizer, por exemplo, que bom é aquilo que produz prazer e, com base nisso, testaríamos a teoria a partir da identificação da propriedade natural que permite o acesso ao prazer (essa é a via usualmente seguida pelos utilitaristas clássicos hedonistas). A grande vantagem dessa posição proveniente das teorias naturalistas é a possibilidade que se abre para o conhecimento dos fatos moralmente relevantes apoiada em uma análise sensorial, utilizada normalmente para conhecer os fatos naturais.

No entanto, a par dessa vantagem, a teoria foi alvo de críticas importantes. Um de seus maiores detratores foi George Edward Moore. Em uma obra que influenciou decisivamente as reflexões sobre a metaética, denominada *Principia Ethica* (1903), o pensador chegou à conclusão de que é impossível fornecer uma definição a respeito do predicado "bom", pois "bom" seria uma qualidade simples, indecomponível e não analisável. Mais do que isso, Moore concluiu que definir "bom" apoiado em alguma outra qualidade seria, de início, um empreendimento fadado ao fracasso. Para Moore, o "bem" não seria uma coisa natural, como o prazer ou a inteligência, pois seria uma qualidade não natural (o bem seria acessível somente a partir da intuição moral e não da investigação empírica). Vogel (2002, pp. 34-5, citado por Naconecy, 2003, p. 145) alerta para os perigos da concepção naturalista:

> O problema profundo para uma teoria ambiental naturalística ainda é o problema da falácia naturalística — o que equivale dizer, o problema de como se poderia extrair da natureza um conjunto

> de máximas éticas para a ação humana. Isso é um problema, não porque não haja nada de ético na natureza (como Hume poderia ter dito, e como Habermas efetivamente disse), mas exatamente porque a natureza *já está desde sempre interpretada eticamente*, e, portanto, não pode ela mesma ser usada como um árbitro para decidir dentre interpretações. [...] Não temos nenhum acesso à natureza nela mesma, e nunca teremos. Quando são feitos apelos a "o que a natureza demanda" ou afirmações de conhecimentos à verdadeira "essência" ou "*telos*" da natureza, tudo o que sucede — e que pode suceder — é que concepções particulares mediatizadas socialmente são projetadas em direção a um mundo supostamente pré-social, e, depois, alega-se ilegitimamente terem sido lá fundadas. O resultado é dar uma falsa pátina de autoridade, autoridade "natural" [...]. A falácia naturalística é, acima de tudo, um perigo *político*, como qualquer grupo cuja posição social de inferioridade tem sido considerada baseada na natureza — dos negros, passando pelas mulheres, aos homossexuais — deveria reconhecer. Apelos à natureza são profundamente perigosos por essa razão, e uma teoria ética progressista deve firmemente evitá-los.

No entanto, apesar dessas e de outras importantes objeções, para muitos, como é o caso de Joseph R. DesJardins (2006, p. 183), professor de filosofia da Universidade St. Johns, em Minnesota, alguns elementos da ética da terra a tornam uma opção filosófica atrativa:

> Primeiro, a ética da terra oferece uma perspectiva bastante abrangente. Num primeiro momento, parece oferecer um processo de decisão para a maior parte, senão todas, as questões ecológicas e ambientais. Ao contrário do movimento de bem-estar animal, pode se colocar como um guia normativo para questões tão diversas quanto preservação da vida selvagem, poluição, conservação, energia e depreciação de recursos naturais. Em segundo lugar, consegue evitar as conclusões contraintuitivas que marcam a perspectiva biocêntrica individualista. Não precisamos ficar tão preocupados assim com assuntos aparentemente insignificantes como matar um mosquito, cortar uma árvore ou aparar

> um gramado. A saúde do sistema é a preocupação principal. Finalmente, a ética da terra é completamente não antropocêntrica. Para ela, os humanos não possuem qualquer *status* privilegiado no âmbito da comunidade ecológica. São reduzidos de conquistadores para meros membros.

As três supostas atrações da ética da terra mencionadas por DesJardins são, no entanto, apenas aparentes. Seria possível contestar todas elas. Em primeiro lugar, parece utópico pretender que se consiga resolver todas as questões ecológicas de modo plenamente satisfatório, pois isso depende, essencialmente, do ponto de vista filosófico daquele que sustenta a solução. Todas as teorias éticas ligadas à natureza pretendem dar essas respostas, e nem por isso poderiam ser taxadas de menos abrangentes ou menos satisfatórias. Em outras palavras, teorias éticas diversas trazem respostas para os mesmos problemas, partindo de premissas distintas. Nem por isso, abstratamente consideradas, como esforço teórico, podem ser taxadas como menos adequadas. Do ponto de vista quantitativo, portanto, a colocação de DesJardins é pouco conclusiva, pois existem soluções propostas em todas as vertentes. Conforme já mencionado, a diferença é muito mais qualitativa, em termos de adoção de pressupostos diferenciados, do que propriamente de âmbito de abrangência.

Em relação à crítica às éticas individualistas (como produtoras de resultados contraintuitivos), poderíamos alegar o mesmo em relação às éticas ecocêntricas, especialmente a ética da terra. O denominado "imperativo categórico" de Leopold, aquele que estabelece a estabilidade, a integridade e a beleza dos sistemas naturais como medida do valor moral das ações, poderia levar, segundo Robin Attfield (1991, p. 160), à adoção das mesmas medidas de controle em relação à humanidade, já que, segundo a própria ética da terra, não teríamos uma posição privilegiada em relação às demais espécies. Isso geraria uma espécie de "holismo misantrópico", por meio do qual, "logicamente, seria possível esperar que humanos, enquanto os únicos agentes morais autocontrolados da

Terra, em última análise rejeitassem o seu interesse próprio, entregando suas vidas para o bem maior da natureza" (Nash, 1989, p. 154). Callicott (1980, p. 326) chega a afirmar que o valor do indivíduo é inversamente proporcional ao número da população da espécie (incluindo a humana). Eric Katz (1983, p. 76) também alerta sobre essa consequência misantrópica do holismo em relação à continuidade da própria espécie humana:

> considerando que o objetivo principal da ação moral é o bem da comunidade natural, e que a tecnologia humana, bem como o aumento populacional humano, criam muitos dos riscos à estabilidade e saúde ambiental, uma ética ambiental poderia, nesse sentido, demandar a eliminação da própria espécie humana. Essa consideração coloca sérias dúvidas sobre a plausibilidade da ética ambiental baseada no holismo.

Embora Leopold não chegue a defender abertamente essa tese, deveríamos sustentar então, ao menos em nome da coerência teórica, que seria válido eliminar seres humanos no caso de constatação de excesso populacional em determinadas regiões do planeta, caso o contingente humano esteja colocando efetivamente em risco a integridade, a estabilidade ou a beleza dos ecossistemas.

Poderíamos também imaginar que condutas como o aborto, o infanticídio, a eliminação de pessoas senis, as guerras, as doenças, a fome e outras formas de eliminação de vidas seriam, em determinados casos, inobjetáveis. É claro que essa consequência foge à intuição moral da maior parte dos seres humanos por ignorar o caso mais paradigmático de um ente que possui valor moral inerente, que é o próprio homem, principalmente naquelas situações em que a vulnerabilidade se manifesta (doença, fome etc.), fato fundante de toda a teoria contemporânea dos direitos humanos.

Conforme já se comentou, tentando afastar esse problema, Callicott afirma que as nossas obrigações morais decorrem do sentido de pertencimento a comunidades, mas, ainda que a participação na comunidade biótica traduza obrigações gerais importantes (axioma leopoldiano), ele não expurgaria as demais obrigações decorrentes da pertença a comunidades mais íntimas, mais restritas, conforme explicita:

> Da análise evolucionista biossocial da ética em que Leopold baseia a ética da terra, esta não substitui nem suplanta os acréscimos anteriores. As sensibilidades e obrigações morais prévias que acompanham e estão correlacionadas com os estratos anteriores do envolvimento social permanecem operativas e capazes de anular as demais. Ser cidadão dos Estados Unidos, do Reino Unido, da União Soviética, da Venezuela ou de qualquer outro Estado-nação, e ter consequentemente obrigações nacionais e deveres patrióticos, não significa que não sejamos também membros de comunidades ou de grupos sociais menores — cidades ou vilas, bairros e famílias — ou que fiquemos livres das responsabilidades morais que acompanham e se correlacionam com o pertencimento a esses grupos. De modo similar, o reconhecimento da comunidade biótica e de nossa imersão nela não implica que, ao mesmo tempo, não continuemos parte da comunidade humana — a "família humana" ou a "aldeia global" — ou que estejamos dispensados de atender nossas obrigações morais para com essa comunidade, entre as quais se inclui a responsabilidade de respeitar os direitos humanos universais e de defender os princípios do valor e da dignidade do indivíduo humano. O desenvolvimento biossocial da moralidade não decorre como um balão que se enche sem deixar vestígios das suas fronteiras anteriores; assemelha-se mais à circunferência de uma árvore. Cada unidade social emergente, mais ampla, desenvolve-se em torno das mais primitivas e íntimas. (Callicott, 1989a, p. 93)

Conforme alerta Pedro Galvão (2006, p. 8), Callicott afirma, aqui, que o princípio basilar da ética da terra (axioma leopoldiano) não deve ser entendido como um princípio ético fundamental; na verdade, seria tão somente um princípio *prima facie* que se integra em um sistema mais vasto, do qual fazem parte outros princípios *prima facie* que, por sua vez, exprimem as nossas obrigações para com as comunidades mais restritas a que pertencemos.

Verificou-se que a adoção mais contundente dos princípios originais da ética da terra poderia levar a "consequências desumanas" (misantrópicas), já que, em determinadas situações, estaríamos autorizados a exterminar populações humanas que acarretassem problemas de estabilidade ecossistêmica. Ocorre que, para Callicott, esses princípios devem conviver com outro, decorrente do pertencimento à comunidade humana, que torna o ato de exterminar indivíduos humanos algo proibido e ultrajante. Se assumirmos que desse conflito deve prevalecer a preservação dos indivíduos da espécie humana, mesmo em situações de risco para a comunidade biótica como um todo, é porque o pertencimento à comunidade moral humana torna-se um fator moralmente relevante, o que parece rumar em direção a uma posição claramente humanocentrada.

Para Galvão:

> quando o princípio da ética da terra se apresentava como o único princípio moral básico, era perfeitamente apropriado apontar a sua praticabilidade. Porém, o sistema que Callicott esboça de modo a evitar implicações práticas fortemente contraintuitivas exibe uma complexidade ptolomaica: além do bem da comunidade biótica, temos agora de levar em conta o bem de uma pluralidade indeterminada de comunidades. Não é claro que comunidades são essas, não é claro que obrigações morais decorrem da pertença a cada uma delas e, para piorar as coisas, não é claro como devemos estabelecer prioridades entre os múltiplos princípios morais *prima facie* que importa considerar. Nestas circunstâncias, a ética da terra arrisca-se a ficar reduzida a um inócuo "tigre de papel", isto é, a uma ética verdadeiramente impraticável.

Callicott (1999d, p. 73) chega a afirmar que, embora Leopold não tenha trazido quaisquer princípios de segunda ordem para estabelecer prioridades entre os princípios de primeira ordem, poderíamos combinar dois princípios de segunda ordem para resolver os conflitos de primeira ordem, a saber:

> O primeiro princípio de segunda ordem (PSO-1) é o de que as obrigações geradas pela pertença a comunidades mais veneráveis e íntimas têm precedência sobre as geradas por comunidades que emergiram mais recentemente e que são mais impessoais. [...] O segundo princípio de segunda ordem (PSO-2) é o de que os interesses mais fortes (na falta de uma expressão mais adequada) geram deveres que têm precedência sobre os deveres gerados por interesses mais fracos.[228]

Não fica clara a fundamentação desses dois princípios (PSO-1 e PSO-2) formulados por Callicott. Menos ainda, o conteúdo material de ambos, já que se refere, por exemplo, a categorias conceituais como "comunidades mais veneráveis e íntimas". O que ele quer dizer com tal expressão? Poderia uma comunidade ser, simultaneamente, "mais venerável" e menos "íntima" que outra? Y. S. Lo (2001, pp. 331-58), nesse sentido, afirma que o sistema ético de Callicott "não proporciona qualquer procedimento independente para determinar em que medida uma comunidade é digna de reverência".

Além disso, ao contrário do que deixa transparecer DesJardins, a maior parte das éticas individualistas não enxerga o problema alegado em relação a insetos, microorganismos e vegetais (os conceitos de senciência, de sujeito-de-uma-vida, de pessoa, ou outros, geralmente não abarcam essas categorias biológicas).

Para contornar o inafastável problema do "holismo misantrópico", teríamos que reconhecer que a tese exposta por Leopold na verdade traduziria, como afirma o professor Scott Lehmann (1981, pp. 131-3), uma visão homocêntrica, já que a

228 Uma observação deve ser feita para ressaltar que o autor afirma que, no caso de oposição entre esses dois princípios, PSO-1 e PSO-2, deve prevalecer o último. Na verdade, ao afirmar essa relação de precedência, Callicott constrói um princípio de terceira ordem.

manutenção da saúde dos sistemas naturais deve ser buscada como algo instrumentalmente bom para os seres humanos (necessário para nossa sobrevivência). Isso coloca em cheque a última colocação de DesJardins, de que a ética da terra seria "completamente não antropocêntrica".

A não adoção da restrição populacional humana nos moldes da afirmação de Attfield, tal como Leopold advoga em relação a lobos, ursos, veados, ou quaisquer outras espécies em condição de desequilíbrio ou "excesso", conduziriam imediatamente o autor a uma posição antropocêntrica, de privilégio humano. Se a integridade, a estabilidade e a beleza são eleitas por consistirem em condições de manutenção da vida, como admitir a eliminação de ecossistemas para finalidades como a agricultura ou a pecuária, como faz Leopold?

Will Kymlicka alerta para este fato de projeção do humano como ente não sujeito às mesmas regras para a manutenção da tríade leopoldiana. Para o filósofo canadense, tal como alertamos, parece claro que, no caso concreto de ponderarmos entre o valor de um determinado animal não humano que coloca em risco certo bioma, na visão ecocêntrica tradicional, os interesses globais da natureza deverão prevalecer em detrimento do indivíduo. Kymlicka pondera, no entanto, que essa não é a solução quando substituímos o não humano pelo humano na hipótese de degradação do meio ambiente. Certamente, tentaríamos dissuadir os humanos de seu comportamento destrutivo, ou tentaríamos implementar medidas protetivas do ecossistema, mas se isso tudo não desse resultados efetivos, não partiríamos para a eliminação das pessoas. Isso porque o peso moral dos entes em conflito é distinto (ecossistema vs. indivíduos humanos). O habitat natural não tem o mesmo tipo de interesse (ou, para alguns, sequer tem qualquer interesse) que pudesse sobrepujar a inviolabilidade dos seres humanos envolvidos e seu direito de não serem lesados ou mortos. Não haveria um problema maior em aceitar esse fato, se ele não fosse claramente colidente com os pressupostos teóricos adotados pelo próprio ecocentrismo. Adverte o autor que:

> Quando teóricos ecocêntricos propuseram que os ecossistemas tivessem qualificação moral no âmbito das teorias da justiça, os críticos levantaram a objeção de que a proteção de um ecossistema ou de uma espécie poderia ser utilizada para justificar a eliminação de seres humanos. No entanto, esses mesmos teóricos rapidamente responderam a essas acusações de "ecofascismo" insistindo que a concessão de estatuto moral para ecossistemas ou espécies, de um modo holístico, não justificaria a violação de direitos fundamentais. Embora entidades holísticas possuam valor moral, esse valor não seria qualitativamente idêntico ao dos seres humanos individualmente considerados. Tal como Callicott afirma, reconhecer o valor moral de um ecossistema complementa sistemas morais pré-existentes que garantem a proteção de direitos humanos invioláveis (Callicott, 1999). A concessão de valor moral trabalharia de forma hierarquizada. Sistemas naturais possuem um valor moral próprio que garante que esse valor seja levado em consideração, mas esse valor não se sobrepõe ao valor dos direitos humanos. Essa manobra argumentativa, no entanto, demonstra que o discurso ecocêntrico é sistematicamente enganador, obscurecendo diferenças fundamentais naquilo que se entende por valor moral. Tal como a teoria dos direitos dos animais, as posições ecocentradas operam implicitamente com o pressuposto de que determinados seres são portadores de direitos invioláveis. Todavia, elas simplesmente assumem que somente humanos se qualificam como titulares desses direitos, colocando tanto os animais (inclusive os sencientes) quanto a natureza não humana em uma categoria residual cujos interesses podem ser objeto de ponderação ou barganha. (Kymlicka & Donaldson, 2011, p. 35)

Essa posição indica um privilégio inconsistente com os pressupostos teóricos da ética da terra. Além disso, a afirmação de que a individualidade dos animais, ao contrário da humana, não teria o potencial de gerar a proteção de direitos fundamentais, carece de qualquer fundamentação. Conforme antecipamos anteriormente, essa ausência de argumentos sólidos para essa drástica diferenciação de tratamento aponta para uma postura de valorização da experiência humana sobre as demais.

Para Leopold (2001, p. 240), em passagem bastante ilustrativa: "A ética da terra não pode prevenir alteração, manuseio ou utilização desses 'recursos', mas afirma o seu direito à existência continuada e, ao menos em alguns locais, o seu direito à existência continuada na sua forma natural".

O tratamento de plantas, animais e outros elementos da natureza como recursos, bem como a legitimação e participação de Leopold em práticas que corroboram essa natureza instrumental, faz com que o holismo da ética da terra traduza uma posição teleológica e consequencialista, pois a visão daquilo que é correto é medida em função do que trará os melhores resultados para a "terra" (*land*) ou para a comunidade biótica. Seria, comparativamente, algo bastante similar, guardadas as devidas proporções (diferença do ponto de partida), à ética do bem-estar animal. A preocupação básica não é com o uso em si, mas com o modo, a maneira como o uso é realizado, privilegiando-se as formas naturais/selvagens em relação às artificiais/domesticadas.[229]

Nas palavras de Pedro Galvão (2006, p. 3):

> Este princípio [axioma leopoldiano] deixa claro que a ética da terra é um exemplo de consequencialismo. Assenta numa teoria do valor que dificilmente poderia estar mais afastada daquela dos utilitaristas, mas faz da promoção do bem o critério fundamental do certo e do errado. E Leopold parece subscrever um "consequencialismo global", já que, em vez de eleger um ponto focal determinado (atos, regras, motivos etc.), diz-nos que a moralidade de uma "coisa", seja ela qual for, depende diretamente da sua tendência para promover o bem. De acordo com a concepção do bem pressuposto, considerados quaisquer dois estados de coisas alternativos, o primeiro é mais valioso do que o segundo se, e apenas se, nele a comunidade biótica exibe uma maior integridade, estabilidade e

229 Essa parece ser a mesma opinião de Jon N. Moline (1986, pp. 104-5), para quem "o holismo, tal como o utilitarismo, é uma expressão do teleologismo (ou do consequencialismo), isto é, uma visão que define a correção da conduta em termos do que trará as melhores consequências".

beleza. Esta perspectiva implica que o bem-estar dos indivíduos (ou o respeito pelos seus direitos morais) tem valor apenas na medida em que reforça as propriedades relevantes da comunidade biótica no seu todo. O compromisso com o *holismo radical* torna-se, portanto, manifesto.

A ética da terra, portanto, não logrou demonstrar que a concepção holística seria um guia melhor para adjudicar os conflitos ecológicos que outras alternativas teóricas presentes na ética contemporânea.

O seu projeto de expansão da moralidade é calcado em um tipo de racionalidade que privilegia a instrumentalização da natureza sob uma roupagem supostamente ecológica e, "quanto mais cultivarmos princípios éticos, mesmo benignos, porém ainda assim instrumentais, em relação ao meio ambiente, menos provável será a reconciliação que teremos com esse ambiente" (Dryzek, 1990, p. 209).

Mesmo do ponto de vista prático, nada indica que haja uma vantagem da concepção da ética da terra sobre as demais. As éticas de cunho individualista também podem valorizar sistemas, pois são eles, em boa medida, responsáveis pelas condições essenciais para o florescimento de todos os organismos individualmente considerados.

Com algumas exceções (principalmente em situações de casos-limite), normalmente animalistas sancionam políticas gerais de preservação ambiental em tudo muito semelhantes às provenientes das éticas ditas ecocêntricas. No entanto, como se verificou, esse reconhecimento da importância moral da proteção dos sistemas vitais não acarreta, do ponto de vista do individualismo moral, a assunção de que seriam portadores, por si mesmos, de valor inerente.

Tal como afirma Naconecy (2003, p. 131), "se os sistemas constituem condições para o desenvolvimento dos seres vivos, e se esse florescimento tem valor intrínseco, então os sistemas deveriam ser considerados como tendo apenas valor instrumental, embora em grau mais elevado".

3.2 A plataforma do movimento da ecologia profunda (*deep ecology*)

Em 1973, o filósofo norueguês Arne Dekke Eide Naess[230] publicou o resumo de uma apresentação que realizou por ocasião da III World Future Research Conference [Conferência Mundial de Pesquisa sobre o Futuro], sediada em Bucareste, Romênia, em setembro de 1972. Nesse artigo, intitulado "The Shallow and the Deep Long-Range Ecology Movement: A Summary" [O raso e o profundo movimento ecológico de longo prazo: um resumo] (1995b), introduziu o termo ecologia profunda (*deep ecology*) para caracterizar uma "nova" forma de pensar o mundo natural,[231] em contraposição

230 Naess estudou na Universidade de Oslo, onde se graduou em filosofia em 1933. Posteriormente, realizou o mestrado em matemática e ciências e recebeu seu PhD pela mesma universidade em 1936. Na academia, é conhecido por sua contribuição para as áreas da lógica, semântica, conflitos internacionais e filosofia da ciência, tendo dedicado atenção especial ao estudo de filósofos como Spinoza, Wittgenstein e Gandhi. Auxiliou a fundar a revista *Inquiry*, publicação reconhecida na área de humanidades e ciências sociais, e publicou inúmeras obras e artigos relacionados ao pensamento ecológico.

231 Naess procura valer-se de dois termos distintos que são correlacionados: "movimento da ecologia profunda" e "ecologia profunda". No primeiro caso, o "movimento da ecologia profunda" se presta a designar uma visão geral, abrangente, não antropocêntrica, de cunho social e político (*ecofilosofia*). Quando utiliza "ecologia profunda" em sentido estrito, está se referindo à sua forma particular de pensar o movimento (denominava a sua forma de pensar como *ecosofia-T*, em homenagem à cabana *Tvergastein*, localizada na cadeia de montanhas *Hallingskarvet*, onde morou e trabalhou por muitos anos; a letra "T" também é a primeira do vocábulo *tolking*, que significa *interpretação*, um conceito fundamental na filosofia da comunicação de Naess); esta seria a ecofilosofia pessoal de Naess (*ecosofia* — outros autores poderiam construir ecosofias baseadas em premissas diversas). Tal como alerta Drengson, é usual que a literatura utilize esses termos indistintamente.

à posição ambientalista tradicional, denominada por ele de ecologia rasa (*shallow ecology*).[232]

Naess aponta para o fato de que, em geral, as posições ambientalistas estariam preocupadas unicamente com uma pequena parte dos problemas ecológicos, como é o caso da preocupação com a poluição e com a degradação do meio ambiente. Existiriam, no entanto, questões que seriam mais complexas e profundas, relacionadas à discussão sobre os "princípios da diversidade, complexidade, autonomia, descentralização, simbiose, igualitarismo e não hierarquização" (Naess, 1995b, p. 3), todos, segundo o autor, aplicáveis à relação homem-natureza.

A ecologia profunda se apresenta, nesse sentido, como uma tentativa de superação do pragmatismo instrumental proveniente da tese conservacionista tradicional. Postula uma nova metafísica (aspecto ontológico relacionado à fundamentação do holismo) e uma nova ética baseada no valor intrínseco do mundo natural (aspecto axiológico).

No prefácio da obra *The Deep Ecology Movement* [O movimento da ecologia profunda] (1995), Alan Drengson e Yuichi Inoue afirmam que a abordagem teórica proveniente da ecologia profunda passou por várias fases, que poderiam ser divididas em um estágio de latência (1973-1980), no qual pouco se falava sobre o assunto; um período de lua de mel (1980-1983/1984),[233] quando a maior parte das leituras era positiva; e uma fase de maturação (1983/1984 em diante) que

232 Donald VanDeVeer e Christine Pierce (1986, p. 70) sustentam que a distinção fundamental entre a ecologia rasa e a profunda estaria na discussão sobre o valor inerente. Para a primeira corrente (ecologia rasa), a natureza possuiria valor apenas instrumental, enquanto que, para a última (ecologia profunda), "a natureza possuiria valor independente dos interesses específicos dos seres humanos".

233 Embora diversos artigos de ecologistas profundos tenham sido publicados na revista *Environmental Ethics*, fundada em 1979, foi somente em 1983 que surgiu *The Trumpeter: Journal of Ecosophy*, revista especialmente dedicada à temática, fundada por Alan Drengson.

se caracterizaria por abordagens mais críticas que consolidaram o movimento.[234]

Naess procura caracterizar o movimento da denominada ecologia profunda a partir de sete pressupostos fundamentais. São eles: (1) rejeição da imagem de separação do homem para com o meio ambiente em favor de uma visão integradora, relacional; (2) igualitarismo biosférico; (3) valorização da diversidade e da simbiose como formas de aumentar a potencialidade de sobrevivência das espécies (a habilidade de cooperação em relações complexas deve ser privilegiada em detrimento da noção de supressão e exploração); (4) postura de não estratificação social (exploradores e explorados vivem de formas diferentes, mas são diretamente afetados na sua potencialidade de autorrealização); (5) luta contra a poluição e a degradação dos recursos naturais; (6) reconhecimento da complexidade, não da complicação; (7) valorização da autonomia local e da descentralização (Naess, 1995b, pp. 3-6).[235]

Em 1984, George Sessions e Arne Naess, ao acamparem no Death Valley [Vale da Morte], na Califórnia, Estados Unidos, tentaram sintetizar os princípios básicos da ecologia profunda (em uma *Plataforma comum da ecologia profunda*), que complementam os pontos anteriormente expostos originalmente por Naess:

(1) O bem-estar e o florescimento da vida humana e não humana na Terra possuem valor em si mesmos (sinônimos: valor intrínseco, valor inerente). Esses valores são independentes da utilidade do mundo não humano para propósitos humanos.
(2) A riqueza e a diversidade das formas de vida contribuem para a realização desses valores e são valores em si mesmos.

234 Em 1985, George Sessions e Bill Devall publicaram um trabalho conjunto denominado *Deep Ecology: Living as if Nature Mattered* [Ecologia profunda: vivendo como se a natureza importasse]. Foi a primeira grande obra sobre o tema além da de Naess.

235 Naess (1995b, p. 7) afirma que muitas das formulações presentes nesta listagem nada mais são do que "vagas generalizações".

(3) Os seres humanos não possuem o direito de reduzir esta riqueza e diversidade, exceto para satisfazer suas necessidades vitais.
(4) O florescimento da vida e da cultura humana é compatível com uma diminuição substancial da população humana. O florescimento da vida não humana requer essa diminuição.
(5) A atual interferência humana no mundo natural é excessiva e a situação está piorando rapidamente.
(6) Políticas públicas devem ser modificadas. Essas políticas devem afetar a estrutura da economia, da tecnologia e da ideologia. O estado de coisas resultante desta modificação será profundamente diferente do atual.
(7) A mudança ideológica consiste fundamentalmente na apreciação da qualidade da vida (existente nas situações em que há valor inerente) e não na adesão a um padrão de vida cada vez mais exigente. Haverá um despertar para a diferença entre o grande (*big*) e o maravilhoso (*great*).
(8) Aqueles que subscrevem esses pontos possuem uma obrigação de tentar implementar, de modo direto ou indireto, as mudanças necessárias. (Devall & Sessions, 1985, p. 70)

De maneira declarada, os autores procuram construir princípios que seriam, na sua visão, supostamente "neutros", o que permitiria uma maior abertura para pessoas de diferentes posições filosóficas, culturais e religiosas.[236] No artigo "The

236 David Rothenberg (1995, p. 158), professor de filosofia do New Jersey Institute of Technology, propõe oito princípios como os fundantes da ecologia profunda, a saber: "(1) existe valor intrínseco em todas as formas de vida; (2) diversidade, simbiose e complexidade explicam a própria vida natural; (3) a humanidade é parte da natureza e o nosso potencial de poder significa que nossa responsabilidade perante o mundo natural é maior que a de qualquer outra espécie; (4) sentimos um distanciamento da Terra porque impusemos mais complexidade (*complication*) à própria complexidade (*complexity*) da natureza; (5) devemos alterar as estruturas básicas de nossa sociedade e as políticas públicas que as orientam; (6) devemos procurar qualidade de vida, e não o aumento do padrão em que vivemos, buscando autorrealização em vez de riqueza material; (7) novas formas de comunicação devem ser encontradas para encorajar uma maior identificação com

Apron Diagram" [O diagrama do avental], Naess (1995c) procura apresentar, de maneira simbólica, o movimento da ecologia profunda, dividindo-o em quatro níveis fundamentais: (1) premissas fundamentais (ecosofias); (2) princípios-plataforma (possuiriam caráter uniforme); (3) consequências normativas gerais e hipóteses fáticas; e (4) decisões concretas/práticas/particulares (por derivação lógica). No primeiro nível desse diagrama, estariam assim presentes as visões filosóficas que fundamentam o movimento. Nas palavras do próprio Naess, a plataforma do movimento da ecologia profunda está baseada na religião[237] ou na filosofia:

> A possibilidade dos princípios-plataforma serem derivados de uma pluralidade de premissas mutualmente inconsistentes — parte "A" e "B" — está ilustrada na parte superior do diagrama do avental (abas superiores do diagrama). "A" pode ser o cristianismo; ou "A" pode ser a filosofia de Spinoza, e "B" pode ser a ecosofia-T [...]. A distinção entre os quatro níveis é importante. Os apoiadores do movimento da ecologia profunda possuem visões originais das quais derivam sua aceitação geral da plataforma, mas essas visões podem ser diferentes de pessoa para pessoa e de grupo para grupo (nível 1). Da mesma forma, esses apoiadores poderão eventualmente discordar sobre o que se segue aos oito pontos da plataforma-princípio (nível 2), seja porque interpretam esses princípios de forma diversa, seja porque suas conclusões não se baseiam estritamente nesses oito pontos, mas por um arranjo principiológico mais amplo [...]. O movimento da ecologia profunda pode, portanto, manifestar

• • •

a natureza; (8) aqueles que aceitarem estes pontos devem agir no sentido de implementar as mudanças necessárias".

237 Diversas conexões foram propostas entre a ecologia profunda: a espiritualidade *New Age* (La Chapelle, 1978); a religião (Barnhill & Gottlieb, 2011); o movimento ativista de ação direta e sabotagem (Foreman, 1991); a poesia de Robert Jeffers (Sessions, 1977); a ética da terra (Devall & Sessions, 1985); o monismo de Spinoza (Sessions, 1985); a fenomenologia de Heidegger (Zimmerman, 1986), entre outras vertentes de pensamento.

tanto pluralidade quanto unidade: unidade no nível 2, e pluralidade nos demais níveis. (Naess, 1995c, p. 12)

Para maior facilidade de entendimento da proposta de Naess, segue, na página ao lado, uma versão de seu diagrama, originalmente apresentado no artigo "The Apron Diagram".

A indeterminação presente no primeiro nível é, ao menos em certo sentido, resultado dos estudos de semântica realizados por Naess.[238] Para o autor, essa vagueza seria necessária,[239] pois:

> A comunicação [...] não deve ser vista como um processo no qual dois ou mais indivíduos compartilham a mesma linguagem, mas em que cada um deles carrega consigo seu próprio processo interpretativo [...]. Então qualquer sistema que pretenda construir uma plataforma comum necessita ser articulado em um nível de precisão bastante baixo. (Naess, 1989, p. 43)

238 Entre 1930 e 1960, Naess e um grupo de pesquisadores conhecidos como a Oslo School of Semantics [Escola de Semântica de Oslo] conduziram investigações acerca da interpretação popular de expressões como democracia, iniciativa privada e verdade. Alguns exemplos de trabalhos nessa área são: (a) "'Truth' as Conceived by those Who Are Not Professional Philosophers" [A verdade assim como concebida por aqueles que não são filósofos] (1938), de Arne Naess; e (b) *Democracy, Ideology and Objectivity: Studies in the Semantics and Cognitive Analysis of Ideological Controversy* [Democracia, ideologia e objetividade: estudos em semântica e análise cognitiva de controvérsias ideológicas] (1956), de Arne Naess, Jens A. Christophersen e Kjell Kvalo.

239 Não é por outra razão que Naess não concordou inicialmente em denominar as ideias contidas na sua plataforma de "princípios", pois a própria noção de princípio geraria um fechamento não pretendido: "Quando George Sessions sugeriu que pudéssemos procurar estabelecer os princípios da ecologia profunda, eu disse que gostaria de denominá-los de termos essenciais ou mesmo *slogans* [...]" (Naess, 1986, p. 18).

Diagrama do avental de Naess, 1995
(reprodução de Orlando Figueiredo, "Ecologia e espiritualidade: do contrato social ao contrato natural". *Biosofia*, n. 42, Lisboa, 2013, p. 48.)

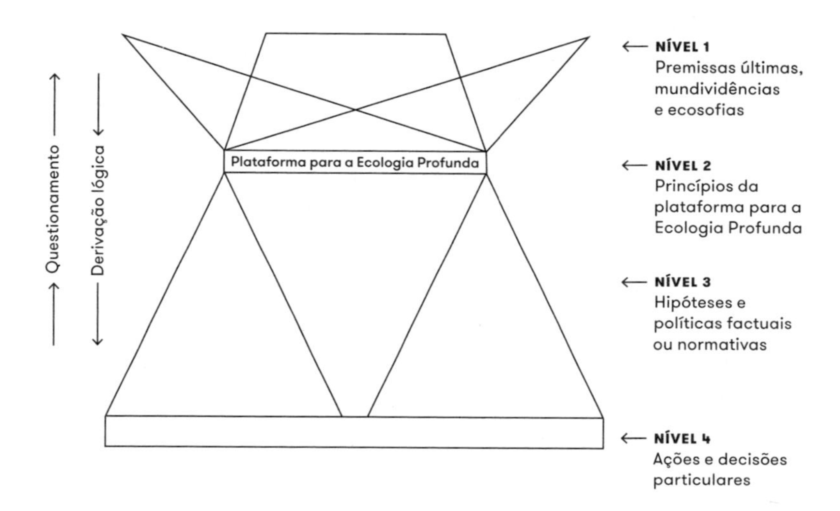

3.2.1 A abertura para a espiritualidade e seus problemas

Conforme se verificou, embora no primeiro nível do diagrama proposto por Naess não se faça necessária uma vinculação das premissas do movimento da ecologia profunda com a espiritualidade ou religiosidade, ela é, no entanto, bastante comum. O próprio Alan Drengson (2008, pp. 37-8), um dos principais nomes dessa corrente, afirma essa conexão:

> Os apoiadores do movimento da ecologia profunda, tal como mencionado anteriormente, têm articulado suas premissas filosóficas baseadas em concepções religiosas provenientes do budismo, do confucionismo, do *shinto*, do hinduísmo, do islã, do neopaganismo e do xamanismo. Para muitos, essas tradições espirituais enfatizam a humildade, o amor pelo outro e o tratamento respeitoso a todos os seres vivos. A *mahayana*, o budismo, o *shinto* e o taoísmo afirmam expressamente o respeito por outros seres e reafirmam o princípio segundo o qual devemos viver em harmonia e gratidão em relação à natureza.

O físico austríaco Fritjof Capra (1996, p. 26) também ressalta essa ligação da ecologia profunda com a "espiritualidade":

> Em última análise, a percepção da ecologia profunda é percepção espiritual ou religiosa. Quando a concepção de espírito humano é entendida como o modo de consciência no qual o indivíduo tem a percepção de pertinência, de conexão com o cosmos como um todo, torna-se claro que a percepção ecológica é espiritual na sua essência mais profunda. Não é, pois, de surpreender o fato de que a nova visão emergente da realidade baseada na percepção da ecologia profunda seja consistente com a chamada filosofia perene das tradições espirituais, quer falemos a respeito da espiritualidade dos místicos cristãos, da dos budistas, ou da filosofia e cosmologia subjacentes às tradições nativas norte-americanas.

O sentido primordial desta afirmação está no reconhecimento de que a divindade, seja qual ela for, seria um traço comum, um elo de ligação no âmbito de uma realidade interdependente de sistemas unificados.

Leonardo Boff (2008, p. 42) também parte dessa visão ao tratar do "universo autoconsciente e espiritual" como o ambiente em que todos estaríamos intrinsecamente relacionados:

> Por espírito se entende a capacidade das energias primordiais e da própria matéria interagirem entre si, de se autocriarem (autopoiese), de se auto-organizarem, de se constituírem em sistemas abertos, de se comunicarem e formarem teias cada vez mais complexas de inter-retro-relações que sustentam o universo inteiro. O espírito é fundamentalmente relação, interação e auto-organização em diferentes níveis de realização.

A atração dos ecologistas profundos pelos sistemas de crenças orientais se explica a partir de uma suposta rejeição do dualismo homem/natureza e, em alguma medida, do próprio antropocentrismo, por parte desses sistemas. O pressuposto de imersão do homem em um todo orgânico facilita o encaminhamento da maior parte das teses ecocêntricas. Todas as coisas, vivas ou não vivas, são interdependentes, são permeadas pelo poder divino (ou espiritual) e possuem relevância para todo o universo:

> Segundo o budismo, essencialmente ecológico, a interligação e a complexidade de todos os seres, bem como a interdependência de observador e observado, são algo natural e experimentável. [...]
> E mais, o budismo opera com a concepção de que, além da interdependência — própria da ecologia e do holismo (bom exemplo é o da ecologia profunda) —, o homem situa-se na inseparatividade, apesar de vivenciar percepções separadas entre as coisas e entre humanos, e entre os humanos e os outros seres e com o universo. (Pelizzoli, 2013, p. 95)

Capra (1996, pp. 28-9) ressalta esse aspecto da relevância do reconhecimento dos sistemas, dos processos, das relações de interdependência e interação ao afirmar, em uma passagem conhecida, que:

Todos os seres vivos são membros de comunidades ecológicas ligadas umas às outras numa rede de interdependência. Quando essa percepção ecológica profunda torna-se parte de nossa consciência cotidiana, emerge um sistema de ética radicalmente novo. [...] É de máxima urgência introduzir padrões "ecoéticos" na ciência. [...] Durante a Revolução Científica, os valores eram separados de fatos e desde essa época tendemos a acreditar que os fatos científicos são independentes daquilo que fazemos e são, portanto, independentes dos nossos valores. [...] Dentro do contexto da ecologia profunda, a visão segundo a qual esses valores são inerentes a toda a natureza viva está alicerçada na experiência profunda, ecológica ou espiritual, de que a natureza e o eu são um só. Essa expansão do eu até a identificação com a natureza é a instrução básica da ecologia profunda, como Arne Naess reconhece: o cuidado flui naturalmente se o "eu" é ampliado e aprofundado de modo que a proteção da natureza livre seja sentida e concebida como proteção de nós mesmos. [...] Assim como não precisamos de nenhuma moralidade para nos fazer respirar [...], se o seu eu abraça outro ser você não precisa de advertências morais para demonstrar cuidado e afeição. [...] Se a realidade é como é experimentada pelo eu ecológico, nosso comportamento, de modo natural e belo, segue normas de estrita ética ambientalista. O que isso implica é o fato de que o vínculo entre percepção ecológica do mundo e o comportamento correspondente não é uma conexão lógica, mas psicológica. [...] Se temos a [...] experiência de sermos parte da *teia da vida* [...] então estaremos inclinados a cuidar de toda a natureza viva.

Uma das grandes metas do budismo,[240] por exemplo, é a obliteração do ego e do mundo material por meio da meditação.[241]

240 Para muitos, o budismo não seria uma religião e sim um sistema ideológico/filosófico não centrado na figura de uma divindade (Queen, 1996).

241 Os acadêmicos geralmente apontam o início do budismo no noroeste da Índia há cerca de 2.500 anos. De acordo com a história do Buddha, Siddartha Gautama levava uma vida rica e reclusa, até que deixa seu palácio para encontrar a realidade do mundo. Nesse caminho, ele se depara com uma pessoa doente, com um idoso, um morto e um descrente. Sentindo profunda empatia por essas situações, Gautama

O denominado "caminho dos oito passos"[242] tem como uma de suas metas a não agressividade ou a não violência (ahimsa), em princípio dirigida a todas as formas de vida. Traçando um paralelo com os Dez Mandamentos, pode-se dizer que o "caminho dos oito passos" seria mais ampliativo em termos da considerabilidade moral de outros entes que não meramente os seres humanos. Os mandamentos judaico-cristãos, por sua vez, estão voltados unicamente às relações da humanidade com a divindade e às relações entre os próprios seres humanos.

Os ecologistas profundos tendem a adotar visões espirituais que os aproximam do panteísmo. Tal como Michael Zimmerman (2000, p. 169) explica, "o olhar para o neopaganismo se justifica a partir da busca por uma orientação espiritual que seja capaz de construir uma atitude de não dominação da natureza". Além do componente holístico presente na ecologia profunda, é comum que os autores tratem o ecossistema

• • •

inicia uma jornada em busca da compreensão a respeito do sofrimento no mundo. Em determinada ocasião, durante uma intensa sessão de meditação, teria alcançado o nirvana e se tornado, com isto, o Buddha. Neste momento, sob uma árvore, descobriu que somente por meio da cessação da ignorância, causada pelo vínculo com as coisas materiais, é que o sofrimento poderia ser diminuído. Naess em diversas passagens menciona a importância da reflexão profunda (ou meditação) como meio de romper as dualidades artificialmente construídas entre eu/outro, humanos/não humanos, sencientes/não sencientes, e social/natural.

242 O caminho do Buddha é geralmente associado ao reconhecimento de quatro grandes verdades. São elas: que existe o sofrimento; que existe uma causa para o sofrimento; que pode haver fim para o sofrimento (nirvana); e que o percurso para o fim do sofrimento envolve o denominado "caminho dos oito passos". Essas oito etapas seriam representadas da seguinte maneira: perfeita compreensão (estudo da doutrina budista), perfeita aspiração (firme intenção de alcançar a iluminação espiritual), perfeita fala (comunicação gentil e eficaz), perfeita conduta (não ser agressivo, não roubar, não mentir, não ser sensualmente impuro, não consumir substâncias intoxicantes), perfeito meio de subsistência (viver efetivamente segundo esse entendimento), perfeito esforço (engajamento real), perfeita atenção e perfeita contemplação. O Buddha significaria "aquele que desperta para esse caminho de iluminação espiritual".

como uma entidade divina que está constantemente ameaçada, motivo pelo qual seríamos chamados não só a aprender seus ensinamentos, como também a lutar para protegê-la de nós mesmos (da ação destrutiva/degradadora do homem). Ao buscar essa origem comum com as religiões orientais, em suas mais variadas vertentes, os ecologistas profundos, no entanto, costumam ignorar o fato de que esses mesmos sistemas religiosos consideram, em geral, o mundo material, físico, como uma mera ilusão, da qual a alma/espírito humano deve tentar se desvencilhar. A ecologia profunda, pelo contrário, enxerga no mundo real, fenomênico, e nas relações que dele derivam, o verdadeiro *locus* de atenção ontológica e moral.

Durante a década de 1950, nos Estados Unidos, a rejeição aos postulados do cristianismo em favor de religiões orientais se tornou um dos componentes do movimento *beatnik*.[243] As obras *On the Road* (1955) e *The Dharma Bums* [Os vagabundos iluminados] (1959), de Jack Kerouac, popularizaram esse grupo e seus ideais não conformistas. Gary Snyder foi um dos autores que adaptou o liberalismo individualista às relações com a natureza. Segundo informa Nash (1989, p. 115):

> Snyder declarou que, como poeta e budista, via seu papel como o de um porta-voz de um grupo que não era geralmente representado intelectualmente ou politicamente. Esse grupo foi intitulado por ele de *wilderness*, nomenclatura que abrangeria todo o mundo natural. Snyder chegou a essa extrapolação após uma viagem para o Oriente, mas alicerçava sua defesa da natureza na tradição política norte-americana. Os norte-americanos, que já estavam sendo chamados a observar as alterações do meio ambiente, ficaram impressionados com a lógica de Snyder. Suas constatações tornaram-se um livro, *Turtle Island*, que ganhou o prêmio Pulitzer de poesia em 1975.

243 Em 1948, Jack Kerouac introduziu o termo "geração beat" para designar uma parcela jovem da população americana que não se conformava com as ideias materialistas e individualistas do período pós-guerra. Em 1958, Harb Caen acresceu o sufixo russo *nik* (em homenagem ao satélite espacial Sputnik) para designar a cultura, a literatura e a atitude desse grupo.

Lembrando muito as lições do budismo, Naess distingue entre o "eu estreito" (correspondente ao ego) e o "eu ampliado", argumentando que, quando os cientistas pesquisam as formas de vida não humanas, devem romper com as fronteiras que cercam o "eu estreito" para conseguir perceber a alteridade. De acordo com Naess (1995a, p. 91), "Buddha ensinou a seus discípulos que a mente humana deveria abarcar todas as coisas vivas tal como uma mãe cuida de sua prole, de seu único filho".

No caso das tradições teístas, incluindo-se aqui as grandes vertentes do monoteísmo (judaísmo, cristianismo e islamismo), existe uma noção fundante segundo a qual Deus, a(s) divindade(s) ou as forças ou energias espirituais impõem determinadas regras que devemos obedecer. O modo adequado de vida, segundo esses sistemas de crença, é o modo de obediência aos mandamentos divinos (a ética é objetiva, pois não está sujeita a sentimentos pessoais, hábitos consolidados ou heranças culturais coletivas). Geralmente, quanto mais obediências a esses preceitos (que se tornam normalmente dogmas), mais perto estamos do mundo metafísico e maior nível de perfeição e pureza alcançamos. A denominada "teoria do mandamento divino" identifica, portanto, a correção ou a incorreção da conduta humana em relação ao que foi determinado previamente por Deus.

Todavia, a fundamentação da ética com base em preceitos normativos de origem metafísica ou religiosa[244] é extremamente complexa por variadas razões, principalmente porque, tal como sustentaremos: (1) a moralidade não depende da religião; (2) as normas religiosas podem eventualmente colidir com a moralidade; (3) as normas religiosas podem representar, no caso das discussões relativas ao valor da natureza, um

244 O cristianismo, conforme mencionado pelo próprio Naess, também é comumente relacionado ao movimento da ecologia profunda como uma de suas possíveis bases de sustentação. O teólogo Matthew Fox, por exemplo, constrói uma ecosofia utilizando as virtudes cristãs do amor, da compaixão e da humildade para encontrar o espírito de Cristo revelado na criação do mundo (Fox, 1991).

impedimento à ampliação moral fundamental pretendida pela ética ecológica em suas variadas vertentes.

Fábio de Oliveira alerta para a possibilidade de um tensionamento estrutural entre as posições religiosas e os postulados da própria ecologia profunda, o que faria com que a possibilidade de abertura pretendida por Naess não fosse factível:

> Segundo Naess, a *Plataforma comum da ecologia profunda* pode encontrar base em diferentes concepções filosóficas/éticas, inclusive religiosas. Naess e Devall, por exemplo, declararam filiação ao budismo.[245] É certo que a generalidade das posições religiosas oferece imensos obstáculos, mesmo insuperáveis, à ecologia profunda, porque antropocêntricas. Apesar de Naess assinalar que o cristianismo pode fundamentar a *Plataforma comum*, fato é que isso, se possível, não se dá sem traumas, sem abrir mão ou rever postulados centrais que identificam a religião cristã. (Oliveira, 2012, p. 219).

O primeiro ponto a ser discutido diz respeito à relação de dependência ou não da moralidade com religiosidade. Novamente, por uma questão de rigor intelectual, é sempre bom frisar que Naess não afirma a necessidade dessa vinculação, mas sustenta que a religião pode servir de alicerce da moralidade e isso é suficiente para justificar que nos detenhamos um momento sobre esse aspecto.

245 Um dos grandes propósitos da ecologia profunda é trabalhar com o conceito de “eu” (*self*). Como veremos, a autorrealização é um dos grandes projetos desta corrente. Para obter um resultado mais ampliado, normalmente os adeptos da ecologia profunda, tal como apontado por Capra e Oliveira, procuram o budismo como forma de apoio em uma filosofia que se pretende não dualista. A identificação do indivíduo com o todo facilitaria a eliminação da alienação que contribui decisivamente para a degradação da natureza. Vários ecologistas profundos foram, em alguma medida, influenciados pelas filosofias orientais e pelo panteísmo de Spinoza, tais como Naess, Devall, Aitkin, Fox, Carla Deicke, Joan Halifax, Dolores LaChapelle, Gary Snyder, John Seed, Jeremy Hayward, Andrew McLaughlin, entre outros.

Em especial, há que se dizer que a pretendida conexão entre a religiosidade e as teorias morais representa uma tese de difícil assimilação, sobretudo no caso da ética aplicada à natureza, pois torna o agir moral não só dependente da existência da(s) própria(s) divindade(s) como demanda toda uma gigantesca reinterpretação e adaptação dos mandamentos divinos, sejam eles quais forem, à pretensão de valor inerente do mundo natural (ou ao menos de alguns elementos do mundo natural).

A identificação da moralidade com a religião é bem ilustrada, a *contrario sensu*, com a frase apócrifa, comumente atribuída a Nietzsche ou a Dostoiévski, segundo a qual "se Deus está morto, então tudo está permitido". Essa linha retórica poderia conduzir às seguintes conclusões levantadas por Dale Jamieson (2010, p. 69): (a) se Deus não existe, então não somos motivados a agir moralmente; ou (b) se não acreditamos em Deus, então não somos motivados a agir moralmente. Essas afirmações são de difícil comprovação, pois, em sociedades em que as pessoas não acreditassem em Deus, seria muito provável que boa parte dos indivíduos estivesse efetivamente motivada a agir moralmente. Dito de outro modo, não há qualquer razão para acreditar que ateus não ajam moralmente. As crenças morais são distintas das motivações morais. O sentido de que a divindade preenche o conteúdo material da moralidade (a ação é correta porque foi "ordenada" por Deus, ou Deus só determina que façamos aquilo que é certo, não importa que ordens sejam; a "bondade" dos mandamentos divinos estaria garantida por definição) se choca com a necessidade de abertura da ética à descoberta racional da qualidade do agir:

> Suponhamos que Deus ordene que levemos a cabo os mais terríveis atos que se possa imaginar. Que seríamos forçados a realizá-los já é suficientemente ruim. Contudo, ainda pior é a ideia de que, por causa da sua ordem, esses atos terríveis de alguma forma se transformariam de más ações em atos de bondade. Se tivéssemos certeza de que nosso universo é governado por uma criatura desse tipo, a coisa certa a dizer seria que

> Deus é bom, mas que estamos nas mãos de um maníaco genocida onipotente, talvez até mesmo de um gênio maligno (*malignus genius*).[246] Consideremos a alternativa de que Deus nos manda fazer o que é certo de acordo com um critério independente de suas ordens. Segundo esse ponto de vista, é o critério de bondade independente, não as ordens de Deus, que fornece o conteúdo à moralidade. Deus ajusta seus mandamentos à moralidade; Ele não molda a moralidade através de seus mandamentos. O certo é algo independente de Deus, assim como é independente de nós. Mesmo se Deus existir e nos mandar fazer o que é certo, ainda depende de nós descobrir o que é o certo. Deus, nessa visão, em vez de propiciar objeção ao conceito de moralidade que desenhei, vê-se obrigado a segui-lo. Seu papel mais importante é providenciar um pouco mais de motivação, para agirem moralmente, àqueles que acreditam nele. (Jamieson, 2010, p. 70)

Talvez a mais clássica argumentação filosófica a respeito da independência da ética e da religiosidade possa ser encontrada em Platão (*c.* 429-347 a.C.), no diálogo conhecido como *Euthyphro*, supostamente ocorrido poucas semanas antes do julgamento de Sócrates. Nele, Sócrates debate com o próprio Euthyphro os conceitos de piedade e pureza. Fazendo uma analogia com a questão do bem e do mal, a ideia de Sócrates poderia ser resumida no seguinte dilema: alguma coisa é boa porque os deuses a aprovam ou os deuses a aprovam porque ela é boa? Em outras palavras, a conduta é certa porque Deus a ordenou ou Deus a ordenou porque ela é certa?

Para Sócrates, as definições baseadas nos textos religiosos precisam de fundamentação racional, pois, a menos que os próprios deuses sejam considerados arbitrários e, nesse sentido, possam fazer determinações que seriam em princípio imorais (por exemplo, ordenar que sempre mentíssemos), precisam encontrar critérios de julgamento para o agir tal

246 Conceito discutido por Descartes em *Meditações sobre filosofia primeira* (1641).

como os mortais o fazem.[247] Em um caso concreto, se dizemos que Deus aprova que ajudemos uma pessoa com problemas de visão a atravessar a rua e, de outro lado, desaprova que chutemos crianças por divertimento, é porque são coisas boas e más, respectivamente. Se se admite que são coisas boas e más, é porque existiria uma noção racional independente a respeito do bem e do mal (há um reconhecimento de um padrão do que é certo ou errado que é independente da vontade de Deus, o que faz com que a concepção teológica de certo ou errado possa ser descartada).

Na mesma linha, mesmo que eventualmente sejamos crentes, exercemos constantemente nosso próprio julgamento ao selecionar e interpretar as normas religiosas. Para o pensador grego, a obediência cega aos comandos com base meramente na sua origem metafísica tornaria os humanos autômatos, servis, preocupados unicamente com recompensas e castigos que estão além de seu entendimento.[248] Essas escolhas, motivadas por fatores de atribuição externos, ficam longe, por exemplo, do conceito de autênticas intenções morais, nos moldes da proposição de Kant. Para o filósofo alemão, os seres humanos estão aptos a realizar escolhas morais quando agem de maneira genuinamente desinteressada, ou seja, quando se afastam de suas motivações particulares e egoístas.

Na verdade, de acordo com Simon Blackburn (2006, p. 16), embora tenha um papel importante em muitas comunidades, a

247 Leibniz (citado por Rachels, 2006, p. 52), a esse respeito afirmou que: "Portanto, ao dizer que as coisas não são boas em razão de nenhuma regra de bondade, mas autoritariamente por causa da vontade de Deus, parece a mim que isso destrói, sem perceber, todo o amor de Deus e toda a sua glória. Por que louvá-lo pelo que ele fez, se ele seria louvado da mesma forma se fizesse exatamente o contrário?".

248 "A maioria das pessoas sensatas concorda que a moralidade na ausência de policiamento é mais verdadeiramente moral que o tipo de falsa moralidade que desaparece assim que a polícia entra em greve ou que a câmera de vigilância é desligada, seja a câmera de verdade, monitorada na delegacia, ou uma câmera imaginária no céu" (Dawkins, 2006, p. 300).

religião conferiria uma roupagem simbólica ou mítica a uma moralidade que lhe antecede:[249]

> Em outras palavras, vestimos nossos padrões morais com a roupagem da origem divina como uma forma de afirmar sua autoridade. A partir daí não temos somente um modelo de conduta que proíbe o homicídio, mas variados exemplos mitológicos por meio dos quais a divindade expressa seu descontentamento com os atos que conduzem à morte. Infelizmente, o mito e a religião podem ser utilizados como instrumento de uma moralidade bastante questionável.

Seria um insulto à tradição judaica imaginar que, somente a partir da formalização do decálogo, o assassinato, o adultério, o roubo e violência tenham passado a ser proibidos e coibidos. A própria parábola bíblica do "bom samaritano" relata a história de alguém que teria agido moralmente, demonstrando compaixão e generosidade, sem jamais ter ouvido falar do cristianismo, ou dos dez mandamentos (que, aliás, não falam de solidariedade e compaixão).

A independência entre a religiosidade e a ética pode ser também demonstrada com algumas hipóteses concretas, nas quais haveria a dimensão moral sem a existência de vinculação religiosa. A primeira delas diz respeito às sociedades humanas primitivas, que não contavam com sistemas de crença formados. Embora não exista propriamente consenso entre os antropólogos sobre o momento do surgimento do fenômeno religioso, estima-se que a consolidação de sistemas organizados com um aspecto público de regras morais determinadas por divindade(s) tenha surgido há cerca de

249 É curioso perceber que, ao mesmo tempo que o livro do Gênesis foi supostamente escrito, na Mesopotâmia, o homem já havia, há bastante tempo, iniciado ativamente a transformação da natureza, principalmente por meio dos processos de domesticação de plantas e animais. A humanidade do período não dominava a natureza porque o Gênesis assim determina, mas utilizava o Gênesis para justificar a dominação que é, portanto, antecedente a ele.

cinco mil anos na Mesopotâmia e no Egito, período que coincide com o surgimento da escrita.[250] Não parece crível que comunidades humanas surgidas muito antes deste período não tivessem códigos morais próprios.

O primatologista Frans De Waal, no artigo "Morals Without God" [Moralidade sem Deus] (2010), traz o exemplo do *moral sense* darwiniano como característica de cérebros desenvolvidos que podem não ser necessariamente humanos — levantando a tese da moralidade como fruto de instintos sociais.[251] Já foi comprovado que algumas espécies de animais demonstram comportamento altruístico em determinadas ocasiões. O cientista ilustra a hipótese com um exemplo bastante curioso:

> Vejo isso todos os dias. Uma velha fêmea, Peony, costuma passar seus dias na área externa do Yerkes Primate Center Field Station [Base de Campo do Centro Yerkes para Primatas]. Em dias ruins, quando a sua artrite está particularmente dolorosa e ela demonstra dificuldade para caminhar, outras fêmeas do grupo vêm em seu socorro e a ajudam na caminhada. [...] Também já observamos Peony se dirigir lentamente para o bebedouro, que se encontra razoavelmente longe dela. Fêmeas mais jovens geralmente correm em sua direção, apanham água e a trazem até Peony. [...] Essas observações se encaixam perfeitamente no campo da empatia animal, que lida não só com primatas, mas com cães, elefantes e até roedores. [...] Os mamíferos são especialmente sensíveis às emoções de outros animais, e reagem diretamente às necessidades alheias. (De Waal, 2010)

250 Parece razoável admitir a hipótese de que talvez a dificuldade de demonstrar a existência da religião antes desse período se deva justamente à ausência de uma cultura letrada. Alguns antropólogos estudam rituais de passagem como sepultamentos, que contêm indícios ritualísticos bastante antigos e anteriores a esse período.

251 "Todo e qualquer animal dotado de instintos sociais bem definidos [...] inevitavelmente adquirirá senso ou consciência moral assim que suas faculdades intelectuais tenham se tornado tão bem desenvolvidas, ou quase tão bem desenvolvidas, quanto no homem" (Darwin, 2006, p. 120).

O zoólogo Matt Ridley, em sua obra *As origens da virtude: um estudo biológico da solidariedade* (2000), também demonstra, por meio de variados exemplos, o comportamento moral em animais. Ao retratar a conduta de chimpanzés relativamente ao acesso e divisão de alimento, o autor afirma que:

> A primeira reação à aparência dos fardos foi o clima de celebração geral que os chimpanzés criam no mato quando encontram uma boa fonte de alimento. Beijaram-se, abraçaram-se e gritaram. [...] O que aconteceu a seguir foi um aumento de manifestações de confirmação de *status*. Em outras palavras, pouco antes de ser suspensa, a hierarquia de dominação do grupo é confirmada e reassegurada. [...] Todavia, a partilha é notavelmente igualitária. Como regra, indivíduos dominadores dão mais do que recebem. A patente é menos importante que a reciprocidade. Se A geralmente dá folhas a B, então B geralmente dará folhas a A. Cada um faz a sua parte, obedecendo a um padrão: é maior a probabilidade de A dar comida a B se recentemente B tiver ajudado A a fazer a higiene, mas o mesmo não acontece se quem ajudou na higiene foi A. Um chimpanzé punirá outro que tenha se mostrado mesquinho, atacando-o. [...] Eles não trocam comida só porque seriam incapazes de impedir que outros a tomassem — nesse caso, por que os dominadores dariam alimento aos subordinados? — mas repartem-na para fazer amizade, para receber benefícios iguais no futuro e, geralmente, para consolidar a reputação de virtuosos. (Ridley, 2000, p. 115)

De Waal (2009, pp. 134-5) traz outro curioso exemplo no qual primatas demonstraram a capacidade de colocar-se no lugar de um animal de uma espécie distinta:

> Certo dia, um casal de chimpanzés juvenis apanhou um filhote de pato e começou a competir para ver quem brincava com ele, arrancando a pobre ave das mãos do outro de forma bastante bruta. Quando tentavam apanhar um dos outros filhotes, que sabiamente fugiam de volta para a água, um macho adulto

> partiu para cima deles de maneira intimidadora, afugentando os dois chimpanzés. Antes de deixar a cena, aproximou-se do último patinho que ainda se encontrava fora d'água. Como uma criança jogando bolinha de gude, deu-lhe um rápido piparote, empurrando-o de volta para o fosso. Nesse caso, igualmente, foi como se o chimpanzé tivesse imaginado qual seria a melhor providência que ele poderia tomar em relação a um organismo de outra espécie, uma vez que, obviamente, ele havia aprendido a associar os patos com a água. Chamo esse tipo de comportamento de ajuda para necessidade específica (*targeted helping*), pois trata-se de uma forma de assistência apropriada à situação ou à necessidade específica do outro. A meu ver, os grandes primatas não humanos são mestres nesse tipo de ajuda.

Para o biólogo Marc Bekoff, alguns animais demonstram senso de justiça, cooperação, reciprocidade e auxílio, e reagem clara e diretamente ao comportamento desleal. Embora as pesquisas sobre moralidade em animais ainda estejam em andamento, tudo indica que há boas perspectivas para considerarmos que ao menos algumas espécies sejam capazes de comportamentos morais:

> Com base nos extensos e detalhados estudos sobre a brincadeira em carnívoros sociais — inclusive lobos, coiotes, raposas-vermelhas e cães domésticos —, acredito que possamos defender com mais veemência a ideia de que alguns animais podem ser seres morais. Outros etologistas (como o ganhador do prêmio Nobel Niko Tinbergen e o renomado biólogo de campo George Schaller) certamente enfatizam que poderíamos aprender mais sobre a evolução do comportamento humano com estudos sobre carnívoros sociais do que com estudos sobre outros primatas. Isso porque o comportamento social e a organização social de muitos carnívoros lembram a dos primeiros hominídeos de várias maneiras importantes (divisão de trabalho, divisão da comida, cuidado com os filhotes e hierarquia de dominação intrassexual e intersexual). (Bekoff, 2010, p. 105)

Além de animais não humanos, há estudos crescentes em psicologia sobre as origens da moralidade em bebês e crianças (que não teriam capacidade de formação ou entendimento de conceitos religiosos). A ideia geral é a de que certos aspectos da moralidade se apresentam naturalmente em seres humanos, incluindo a capacidade de distinguir entre ações gentis e cruéis, empatia e compaixão, um senso rudimentar de equidade que favorece a divisão igualitária de recursos e de justiça no sentido de reciprocidade (desejo de que as boas ações sejam recompensadas e as más, punidas) (Bloom, 2013).

O segundo ponto, já mencionado por Simon Blackburn, é o de que a obediência aos mandamentos religiosos não garante, por si só, a adequação à moralidade, ou seja, as normas religiosas podem eventualmente colidir com a moral.

Embora o texto não possa ser descontextualizado de sua época, no Velho Testamento há passagens problemáticas que corroboram a escravidão (Ex 21,7; Lv 25,44), reprimem rigorosamente as práticas homossexuais (Lv 18,22), são condescendentes com o abuso infantil (Pr 22,15; 23,14; 29,15), aprovam o castigo corporal de incapazes (Pr 26,3), entre outras:

> há a questão bastante importante do que os mandamentos não dizem. Seria moderno demais perceber que não há nada acerca da proteção das crianças contra a crueldade, nada sobre estupro, nada sobre escravidão e nada sobre genocídio? Ou seria rigorosamente "no contexto" perceber que alguns desses crimes são quase positivamente recomendados? No versículo 2 do capítulo imediatamente subsequente, Deus diz a Moisés para instruir seus seguidores sobre as condições nas quais eles podem comprar ou vender escravos (ou trespassar suas orelhas com um furador), e as regras referentes à venda de suas filhas. Isso é seguido por regulamentos loucamente detalhados sobre bois que chifram e são chifrados, incluindo os famosos versos estabelecendo "vida por vida, olho por olho, dente por dente". A macroadministração de disputas agrícolas é

> momentaneamente interrompida com o versículo abrupto (22,18): "Não deixareis viver a feiticeira". Esse foi durante séculos o mandato para a tortura e a morte na fogueira, pelos cristãos, de mulheres que não se conformaram. Eventualmente há injunções que são morais e também (pelo menos na adorável versão do rei James) memoravelmente redigidas: "Não tomarás o partido da maioria para fazer o mal" foi ensinado a Bertrand Russel por sua avó, e permaneceu toda vida com o velho herege. Contudo, há poucas palavras simpáticas aos esquecidos e apagados hivitas, cananeus e hititas, todos supostamente parte da criação original do Senhor [...]. (Hitchens, 2007, pp. 97-8)

No Novo Testamento, também há construções morais de difícil fundamentação, como é o caso da própria doutrina salvífica, que envolve o sacrifício de inocentes para expiar os pecados de terceiros. Há trechos em que Jesus, normalmente visto como um símbolo de humildade e tolerância, assume uma postura sectária (Mt 10,5-6), discriminatória (Mt 15,21-28; Mc 7,27; Mt 23,33), especista (Lc 8,27-33; Lc 12,6-7; Mt 5,26; Mt 12,12) e abusiva para com a natureza (Mc 11,12-21). A questão não é o que a religião significa, mas o que representou em um dado momento histórico para a construção do imaginário e dos valores que influenciaram uma visão de mundo que desfavorece claramente os entes naturais.

Por fim, além da questão relativa à independência da ética e da religião (que torna a identificação da fonte da moralidade na divindade algo bastante problemático), e da própria eventual antinomia entre religião e moralidade, a maior parte das tradições religiosas costuma, em maior ou menor medida, justificar a elevação simbólica do homem e a consequente reificação do mundo natural, o que torna, no mérito, bastante duvidosa a alteração do paradigma homocentrado. Não obstante o risco da generalização, existe, portanto, um grande debate sobre a possível adaptabilidade dos preceitos religiosos às demandas ampliativas da ética ecológica.

Wilfred Cantwell Smith (1962) afirmou que as religiões podem ser concebidas basicamente em torno de dois fatores fundantes: uma tradição cumulativa histórica (dados objetivos relativos ao passado religioso de determinada comunidade tais como sistemas ritualísticos, textos religiosos, instituições sociais e normativas, convenções, códigos de conduta e comportamento etc.) e a fé pessoal, individual. Embora os dois aspectos estejam em constante movimento, a mutabilidade do primeiro aspecto, da tradição religiosa, é menor, pois os processos de transmissão são relativamente estáveis ao longo do tempo, por conta da necessidade de manutenção da continuidade e da própria identidade de grupo. Nesse sentido, não há como conferir uma roupagem absolutamente inovadora para as tradições sem acarretar sua descaracterização como tal.

Como bem ressalta Fábio de Oliveira, não há como fazer uma leitura totalmente inovadora dos textos religiosos. As atitudes dominantes para com os animais e, de modo geral, para com a natureza, tendem à estabilidade no sentido da manutenção do valor inerente na figura do homem. Para ilustrar tal fato, o referido autor cita algumas normas bíblicas, do Velho ou mesmo do Novo Testamento, que traduzem essa visão e que seriam de difícil readaptação:

> Tem-se que reconhecer que a Bíblia, como um todo, independente do fragmento anterior, é refratária à filosofia dos direitos dos animais. Além de relatos de *consumo de carne*, são descritos detalhada e abundantemente *sacrifícios de animais* (o próprio Deus solicita, aceita); *roupas de pele animal*; *animais como propriedade*; ademais da noção expressa e sempre subjacente de que *a vida humana é, por si, a mais (ou a única realmente) valiosa*, bem como o sofrimento humano também. (Oliveira, 2011, p. 194, grifos nossos)

Lynn White Jr., no famoso artigo "The Historical Roots of Our Ecological Crisis" [As raízes históricas da nossa crise ambiental], anteriormente mencionado, publicado em 1967 pela revista *Science*, denunciava esse grave problema[252] em relação à cosmovisão judaico-cristã:[253]

> O que fazemos em relação ao mundo natural depende de nossas ideias sobre a relação homem-natureza. Mais ciência e mais tecnologia não conseguirão, por si só, retirar-nos da presente crise ecológica até que consigamos encontrar uma nova religião, ou consigamos repensar a antiga sob novas bases. [...] A crise ecológica permanecerá vigente enquanto não rejeitarmos o axioma cristão segundo o qual a natureza não possui outra razão para existir senão a de servir a própria humanidade. (Whitel, 1967, pp. 1206-7)

Para White, além do dualismo entre homem e mundo natural, outro grande problema do cristianismo teria sido a consolidação do processo de dessacralização da natureza associado à rejeição do animismo. Muitas culturas pré-cristãs sustentavam que cada parte da natureza, animada ou não, possuiria um espírito/alma. Os panteístas identificam e associam as divindades aos elementos e processos naturais,

252 A religiosidade não é o único motivador dessa atitude. Evidentemente, outros fatores se aliaram a essa cosmovisão religiosa no sentido de colaborar para a visão instrumental da natureza, tais como o próprio desenvolvimento do capitalismo, o estímulo à alta produtividade industrial, o crescimento populacional, entre outros.

253 Tem sido utilizada a referência à cosmovisão judaico-cristã por mera facilitação em razão da maior proximidade da cultura ocidental com esta tradição religiosa. O mesmo tipo de observação, no entanto, pode ser feita em relação a outros sistemas de crença. Problemas em tudo similares podem ser encontrados no âmbito do hinduísmo (envolvimento com o sistema de castas), do islamismo (sistema punitivo rigoroso em relação aos infiéis; posição da mulher) e de várias outras religiões. A esse respeito, conferir Tuan (1974, pp. 91-113) e Hughes (1975). O debate sobre o lugar dos entes não sencientes no âmbito do budismo é acalorado. A maior parte das linhas teóricas budistas venera a forma humana como a única capaz de efetivamente alcançar a iluminação.

tornando a natureza sagrada.[254] O monoteísmo estabelece uma hierarquia axiológica entre os "objetos" criados por Deus e a pessoa humana, destruindo o animismo, que passou a ser qualificado como uma prática pagã.[255]

254 No século v a.C., o filósofo Anaxágoras foi condenado por heresia e exilado de Atenas por caracterizar o Sol como uma pedra flamejante, negando sua divindade. A ciência moderna se desenvolveu com base no paradigma não sagrado da natureza. Robert Boyle (1627-1691), utilizando-se de referências hebraicas e da tradição grega, afirma que o mundo natural nada mais é que uma reunião de plantas, animais, rochas, águas, florestas e planícies. A ideia de uma natureza não sacralizada facilitou o processo de acesso, manipulação, controle e exploração da vida pelo homem. Em certo sentido, podemos dizer, há um lado positivo nessa dessacralização, no sentido de fuga das explicações míticas dos fenômenos naturais, mas há um lado de objetivação também presente nessa visão. Não há sacrilégio em, por exemplo, comer os animais. A natureza é uma coisa; Deus, outra.

255 O Deus hebraico é transcendente, não imanente. Cria e comanda a natureza, mas não é identificado diretamente com ela. Nesse mesmo sentido, a rejeição cristã da teoria da metempsicose (ou da transmigração das almas) também colaborou para eliminar maiores freios em relação à exploração da natureza. As aspirações cristãs não estavam canalizadas no mundo terreno. A natureza selvagem — incluindo aqui os próprios seres humanos — normalmente era vista como representativa de tentação, de pecado, de perigo, uma autêntica antítese do paraíso (em Jó 38,25-27, os versos são claros no sentido de estabelecer que a natureza selvagem é o local onde o homem não está: "Quem abriu um canal para o aguaceiro e o caminho para o relâmpago e o trovão, para que chova em terras despovoadas, na estepe inabitada pelo homem para que se sacie o deserto desolado e brote erva na estepe?"; ou Jó 39,5-6: "Quem pôs o asno selvagem em liberdade e soltou as rédeas do onagro? Dei-lhe por habitação a estepe e por morada o deserto salgado"). Por conta disso, ela deveria ser subjugada e convertida. A natureza seria apenas um meio de provação para se atingir a eternidade. A própria mensagem escatológica presente na noção do apocalipse corrobora essa visão instrumental do meio ambiente ao retratar a sua possível destruição final por um Deus vingativo.

Essa concepção possui raízes bastante remotas. Além do já citado Velho Testamento,[256] como exemplo, podemos citar a posição geral derivada dos estoicos (a partir do século IV a.C.) segundo a qual o design de determinados elementos da natureza indicava a sua criação com o propósito de atender às necessidades do homem (antropocentrismo teleológico). Na obra de Cícero (106-43 a.C.), *A propósito da natureza dos deuses*, Balbus (século I a.C.) é retratado como tendo afirmado que:

> o produto da terra era destinado somente aos que dele poderiam fazer uso; e ainda que alguns animais possam nos roubar alguma parcela desses elementos, não se segue deste fato que a terra os tenha produzido também para eles [...]. Os animais estão tão longe de serem participantes desse design que eles próprios foram feitos para o homem [...]. Seu pescoço [do gado] foi feito naturalmente para suportar a canga e seus ombros largos, para o arado. (Cícero, citado por Passmore, 1974, p. 14)

A noção de que o universo físico teria sido criado para o atendimento das demandas de seus componentes racionais[257] é conservada ao longo da história, passando pela visão hebraica pré-estoica, pelos próprios estoicos, e por pensadores

256 "De tuas moradas regas os montes, e a terra se sacia com o fruto de suas obras; fazer brotar relva para o rebanho e plantas úteis para o homem para que da terra ele tire o pão [...]" (Sl 104,14).

257 Essa noção de domínio e de finalidade presente na ideia geral de natureza poderia ser interpretada de maneira diferenciada. Uma primeira concepção seria a de que, se Deus fez tudo para o homem, seria contrário ao desígnio divino alterar a natureza, pois o homem, nesta hipótese, estaria alterando a criação divina, que seria perfeita em si mesma. O homem estaria dessa forma substituindo Deus em seu propósito criativo. Haveria um temor em relação à tecnologia como fruto de uma influência demoníaca. Uma segunda vertente postula que, já que tudo está sob o domínio do homem, há uma concessão divina para a liberdade de atuação. Bacon (1566-1621) e Descartes (1596-1650) são exemplos dessa visão, que preponderou historicamente, conduzindo à Revolução Científica e Industrial e a uma visão otimista em relação aos avanços tecnológicos.

influentes como Aristóteles, Agostinho, Aquino, Descartes e Kant, o que colaborou significativamente para um abrandamento dos supostos deveres morais para com a natureza.

Conforme destaca Roderick Frazier Nash, diante das implicações problemáticas que envolvem a afirmação de uma visão literalmente despótica (homem como dominador do mundo natural por força direta de um mandamento divino),[258] algumas alternativas foram abertas para aqueles que pretendiam postular uma visão menos agressiva em relação à natureza no âmbito da religiosidade/espiritualidade (construção da ecoteologia ou "esverdeamento da religião").[259]

A primeira delas foi voltar-se para o oriente, para determinados sistemas de crença menos centrados na figura humana (exemplo que pode ser encontrado em muitos dos fundadores do movimento da ecologia profunda, conforme já mencionado). É possível ainda se apoiar no animismo ameríndio, que também possui uma visão mais alargada do valor do meio ambiente e de seus elementos.[260] O transcendentalismo de

258 A tradicional passagem do livro do Gênesis que narra o mito de criação do homem faz alusão não só à elevação moral do homem frente às demais criaturas (por ter sido a única criada à imagem e semelhança de Deus) como também ao claro mandado de exploração do mundo natural: "Façamos o homem à nossa imagem, como nossa semelhança, e que eles dominem sobre os peixes do mar, as aves do céu, os animais domésticos, todas as feras e todos os répteis que rastejam sobre a terra" (Gn 1,26). As palavras *kabash* e *radah*, utilizadas na referida passagem em hebraico, possuem o significado de submissão forçada, de domínio ou assalto violento. O domínio é concedido ao homem que nomeia os animais (o ato de nomear alguém ou algo traduz implicitamente uma relação de posse e poder). A religiosidade ocidental estaria, portanto, inafastavelmente marcada por este dualismo entre homem e natureza e pela fabricação da matriz intelectual da exploração da natureza como instrumento para atendimento das finalidades humanas.

259 Título que Nash confere ao capítulo IV da sua obra *Rights of Nature*, já referenciada anteriormente.

260 Muito embora se deva ter todo o cuidado para não cair no mito do "bom selvagem", fato é que, de modo geral, os povos originários têm uma convivência menos predatória com a natureza, ao menos

Muir, por exemplo, remete a uma apreciação estética de caráter religioso que vê a natureza como espaço sagrado (Snyder, 1983). Outra alternativa seria permanecer na própria tradição judaico-cristã, tentando reinterpretá-la para permitir a acomodação de novas demandas éticas (caminho reformador que redundou na adoção da tese da gestão ou tutela da natureza — *stewardship*) (Nash, 1989, p. 92).

John Passmore, já em 1974, na sua obra *Man's Responsibility for Nature*, advogava em favor desta última visão a partir de uma sensação de desconforto com a legitimação religiosa da agressividade e da violência humana em relação à natureza. A imagem do bom pastor, que "conhece as necessidades do seu gado" (Pr 12,10), que não os deixa passar necessidade, auxilia a construção da simbologia de Jesus como um deles, ou tal como um Orfeu que encanta os animais com sua lira.

Essa concepção do homem como um gestor ou um cuidador do mundo natural (*caretaker*) foi resumida pelo magistrado inglês sir Matthew Hale no século XVII como aquela segundo a qual:

> a finalidade da criação do homem foi a de que fosse um representante de Deus neste mundo; seu serviçal, seu *villicus* [fazendeiro chefe]. Somente por esta razão foi o homem investido de poder, autoridade, direito, domínio, confiança e zelo, para, adequadamente, limitar e coibir os excessos e crueldades dos animais ferozes, para dar proteção e defesa aos animais mansos e úteis, para preservar as espécies de vegetais, melhorá-los e corrigir sua eventual redundância e para preservar a face da terra em sua beleza, utilidade e capacidade de suporte. (Hale, citado por Passmore, 1974, p. 30)

Essa ideia geral de que o homem está para a natureza assim como Deus para o homem (natureza como subserviente ao homem e o homem como servo/representante de Deus)

em termos quantitativos, de escala. A apropriação institucional do mundo natural é um conceito que não integra a cultura desses povos.

traduz uma noção evidentemente hierarquizada e paternalista, na qual o homem representaria o papel de um fiscal-transformador do mundo natural.[261] A partir desse paradigma, o que está em jogo não é o uso em si da natureza, mas a forma pela qual esse uso é tornado real, efetivo. A ideia geral é a de propor um uso que deixe de ser "destrutivo" para um essencialmente "gentil" ou "humanizado". Essa concepção traduz uma posição conservacionista de viés religioso (justificativa religiosa para a conservação ou tutela dos bens ambientais). O *ab*-uso passa a ser visto com um vício, como um sacrilégio, como um atentado à obra divina, já que o próprio mundo/universo pertence a Deus.

Os problemas dessa visão são, basicamente, os mesmos já levantados em relação à fundamentação do movimento conservacionista, e podem ser resumidos na passagem em que o sofista Trasímaco critica a sugestão de Sócrates de que um bom governante sempre deveria ter como objetivo o bem dos seus subordinados. Ele utiliza justamente a analogia do pastor e de seu rebanho, muito utilizada na simbologia cristã: "és tu que julgas que os pastores ou vaqueiros velam pelo bem das ovelhas ou dos bois, e que os engordam e tratam deles com outro fim em vista que não seja o bem dos patrões ou o próprio" (Platão, 2003, p. 30, 343-b).

O reconhecimento da comiseração e compaixão para com os animais possui correspondência direta em alguns sistemas religiosos. O manejo caridoso dos animais é sugerido como uma virtude cristã por vários pensadores antigos, tais como santo Isaac, são João Crisóstomo, são Basílio, são Benedito,[262]

261 Talvez aqui esteja o embrião do atual princípio da equidade intergeracional, na medida em que o homem deveria assumir a responsabilidade por legar uma natureza preservada na sua beleza, utilidade e capacidade de suporte para as futuras gerações.

262 René Dubos (1972) advoga a tese de que o eleito para representar as preocupações com a natureza seria são Benedito (muito mais conservador nesse quesito que Francisco de Assis).

entre tantos outros.[263] A hagiografia desses santos ligados ao cristianismo geralmente envolve padrões de animais representados simbolicamente como objetos da compaixão, como fontes de revelação (ou como portadores da própria encarnação do sagrado),[264] como mártires[265] ou como exemplos de fé e piedade.[266]

Dentro dessa tradição, são Francisco de Assis é normalmente apontado como a principal figura representativa de uma visão mais humanizada em relação à natureza. O próprio Lynn White (1967, p. 1 207) o qualifica como "o grande revolucionário espiritual na história ocidental" por conta de sua suposta contestação ao antropocentrismo cristão. White chegou a sugerir que são Francisco fosse aclamado como o santo patrono dos ecologistas, demanda posteriormente acolhida pelo Vaticano, em 1979.[267]

263 Em *The Political Animal*, Richard Ryder (1998, pp. 10-4) sustenta essa mesma posição quanto à existência de antecessores de Francisco de Assis na tradição cristã.

264 A narrativa envolvendo o soldado romano Placidus é um exemplo dessa situação. Placidus perseguia um cervo pela floresta quando subitamente percebeu a imagem de uma cruz com a imagem de Jesus entre os chifres do animal. A voz de Deus saiu então pela boca do cervo e disse: "Placidus, por que me persegues? Para sua graça me tornei visível por meio deste animal. Sou o Cristo, aquele que adora mesmo sem saber. A sua caridade chegou ao meu conhecimento e por meio deste ser que você caça eu caçarei você" (Hobgood-Oster, 2008, p. 69).

265 O cordeiro é um animal que usualmente simboliza o sacrifício, substituindo Jesus e seus discípulos de diversas formas. Jesus é o "cordeiro de Deus" e os seguidores são seu "rebanho".

266 Um dos exemplos mais tradicionais de piedade se encontra na clássica cena da natividade de Jesus, com animais reconhecendo e adorando o novo messias.

267 Embora já tivesse sido canonizado em 1228 pelo papa Gregório IX, somente em 1979 o papa João Paulo II formalizou seu patronato sobre a natureza e os animais. Ver *Apostolic Letter Inter Sanctos*: AAS 71 (1979, 1509f).

Embora as fontes históricas sobre Francisco sejam escassas e fragmentadas,[268] muitas vezes intercaladas com mitos,[269] tudo indica que sua imagem sempre esteve de algum modo associada a uma concepção de fato mais compassiva em relação ao mundo natural. Singer (2004, p. 223) relata uma passagem emblemática em que Assis teria afirmado que:

> Se ao menos eu pudesse ser apresentado ao imperador, rogaria, pelo amor de Deus, e por mim, que emitisse um edital proibindo a todos de pegar ou prender minhas irmãs, as cotovias, e ordenando a todos os que possuem um boi ou burro que os alimentassem particularmente bem no Natal.

Com base nisso, alguns autores chegam mesmo a afirmar que Francisco teria se antecipado a Schweitzer no sentido de estabelecer um igualitarismo biocêntrico de cunho espiritual[270] ou estaria próximo do ecocentrismo ao estabelecer uma relação de fraternidade para com entes coletivos inanimados (Unger,

268 Por sua grande reputação de compaixão para com os animais, talvez seja surpreendente para alguns perceber que Francisco escreveu muito pouco sobre eles, sendo mais conhecido pelos relatos de suas possíveis ações feitos por seus seguidores.

269 Um desses mitos sugere que Francisco tenha pacificado um lobo devorador de homens no vilarejo de Gubbio. Em outra ocasião, no vale de Spoleto, teria dirigido preces às aves que o ouviram com atenção e reverência. Há até mesmo episódios envolvendo insetos. Certo dia, Francisco teria acordado muito cedo para orar e descoberto que durante a noite havia nevado e tudo estava coberto de neve. Mesmo assim, sai para orar e, curiosamente, é acompanhado por um gafanhoto, o único que, diante do frio, também se anima a praticar tal atividade.

270 Com exceção do dever de compaixão baseado no respeito à criação divina, Francisco não constrói propriamente uma teoria normativa da ação em relação aos animais e à natureza, com delineamentos e delimitadores claros. Como tratar de organismos que podem eventualmente ser nocivos ao homem? Bactérias e vírus, ao matar pessoas, estariam cumprindo seu papel no sistema da criação, e por isso também deveriam merecer atenção moral?

1991). O "Cântico das Criaturas"[271] seria um exemplo bastante ilustrativo dessa posição ao louvar a natureza como um todo.

As conclusões acima expostas, segundo as quais Francisco teria sido uma figura emblemática no que se refere a um expresso rompimento com o antropocentrismo, são, no entanto, contestadas pelo próprio Singer, que afirma que o seu deleite com os animais e a natureza não o impedia, contudo, de afirmar que "toda criatura proclama: 'Deus fez-me para te servir, ó homem" (Singer, 2004, p. 223). Talvez seja por essa razão, continua Singer, que o seu amor pelos bichos não o impediu de comê-los.[272]

Embora todos esses pensadores tenham de alguma forma pretendido ampliar o alcance do amor a um âmbito "universal", propagando a "irmandade" entre todas as criaturas, eles faziam isso sob uma perspectiva teológica ortodoxa, no sentido que os animais, apesar de não poderem ser alvos de crueldade, deveriam ainda assim servir ao homem, tal como toda a realidade natural (a natureza não representaria a divindade, mas seria sagrada por ser produto dela e participaria, nesse sentido, do projeto de salvação).

O *Compêndio do Catecismo da Igreja Católica*, publicado em 1992 pelo então papa João Paulo II, estabelece quatro itens relativos ao denominado "respeito pela integridade da criação", nos seguintes termos:

271 O "Cântico das Criaturas" (*Laudes Creaturarum*), mencionado pela primeira vez na obra *Vita Prima*, de Tommaso Celano, de 1228, foi provavelmente escrito no final de 1224, quando Francisco se recuperava de uma doença em uma cabana em San Daminiano.

272 Quando elaborou as normas de conduta para os frades na ordem que fundou, Francisco não proibiu ou sequer regulamentou o consumo de produtos de origem animal, e essa preocupação alimentar não aparece como um problema moral para a ordem franciscana até os dias de hoje.

O RESPEITO PELA INTEGRIDADE DA CRIAÇÃO

[2415]. O sétimo mandamento exige o respeito pela integridade da criação. *Os animais, tal como as plantas e os seres inanimados, são naturalmente destinados ao bem comum da humanidade, passada, presente e futura* (Gn 1,28-31). O uso dos recursos minerais, vegetais e animais do universo não pode ser desvinculado do respeito pelas exigências morais. O domínio concedido pelo Criador ao homem sobre os seres inanimados e os outros seres vivos não é absoluto, mas regulado pela preocupação da qualidade de vida do próximo, inclusive das gerações futuras; exige um respeito religioso pela integridade da criação (cf. João Paulo II, Enc. *Centesimus annus*, 37-38: AAS 83 (1991) 840-841).

[2416]. Os animais são criaturas de Deus. Deus envolve-os na sua solicitude providencial (Mt 6,26). Pelo simples fato de existirem, eles O bendizem e Lhe dão glória (Dn 3,79-81). Por isso, os homens devem estimá-los. É de lembrar com que delicadeza os santos, como são Francisco de Assis ou são Filipe de Néri, tratavam os animais.

[2417]. Deus confiou os animais ao governo daquele que foi criado à Sua imagem (Gn 2,19-20; 9,1-4). *É, portanto, legítimo servirmo-nos dos animais para a alimentação e para a confecção do vestuário. Podemos domesticá-los para que sirvam o homem nos seus trabalhos e lazeres. As experiências médicas e científicas em animais são práticas moralmente admissíveis desde que não ultrapassem os limites do razoável e contribuam para curar ou poupar vidas humanas.*

[2418]. É contrário à dignidade humana fazer sofrer inutilmente os animais e dispor indiscriminadamente das suas vidas. É igualmente indigno gastar com eles somas que deveriam, prioritariamente, aliviar a miséria dos homens. *Pode-se amar os animais, mas não deveria desviar-se para eles o afecto só devido às pessoas*. (Santa Sé, 1992, grifos nossos).

Há vários componentes altamente problemáticos nestes preceitos interpretativos constantes do referido catecismo católico. Para tecer uma crítica genérica, são bastante claros dois pontos fundamentais: (1) a ênfase no *status* do humano (pertencimento de espécie) como fundante da inclusão moral (crença de que o conceito de humanidade é definido a partir de atributos que não teriam precedentes no restante do universo biológico); e (2) posição de que todos os outros seres não humanos estariam, por definição, alijados da comunidade moral. Não seriam titulares de demandas essenciais como o direito à própria vida, à liberdade (ou vedação de escravidão) e proteção contra danos intencionais desnecessários. São "destinados ao bem comum da humanidade". Podemos usá-los de variadas formas, torná-los comida, itens de vestuário e objetos de experimentos científicos. Para o catecismo, haveria um erro moral em destinar a eles o mesmo tipo de afeto que atribuímos a nossos semelhantes. Uma protetora de animais abandonados, por essa interpretação, conduz uma atividade ilegítima porque deveria canalizar sua energia, seu tempo e seus recursos para tratar prioritariamente da miséria humana.

A religiosidade ocidental católica, nesse sentido, reforça a importância do homem como gestor da obra divina (homem como depositário de um mundo que é de Deus)[273] e não provê bases adequadas para justificar como o uso do mundo natural pode ser compatível com a ideia de que este possui valor inerente. Na verdade, a visão do homem como um "gestor cuidadoso (ou caridoso)", que demandaria uma leitura dos textos religiosos voltada à determinação de uma conduta humana supostamente mais complacente em relação ao meio ambiente, renova sob a roupagem da doutrina da *stewardship*, a velha posição homocentrada:

> A maior parte do argumento cristão da *stewardship* (teoria do homem como gestor do mundo natural) era essencialmente antropocêntrica: cuide da Terra (geralmente compreendido como cuidado do solo produtivo) ou será castigado por um Deus vingativo ou perecerá por falta de recursos. (Nash, 1989, p. 111)

273 A hierarquia está mantida, com o homem controlando a natureza, mas sujeito a Deus. Uma forma de manter a noção de superioridade, mas com algum nível de responsabilidade.

Em diversos sentidos, no entanto, essa tese foi muito disseminada e deu origem a um autêntico filão de publicações que solidificaram essa visão de mundo no universo religioso monoteísta. John Ray, Alexander Pope, Henry David Thoureau, John Muir, Edward Evans, Liberty Hyde Bailey são, com variações, exemplos de pensadores que se apropriaram da doutrina do *stewardship* para justificar os deveres morais do homem para com o mundo natural.[274]

Baseada nessa concepção, surgiu nos Estados Unidos uma tendência de discussão conjunta de temas como degradação ambiental, sofrimento humano e retribuição espiritual. O teólogo Joseph Sittler talvez tenha sido um dos primeiros a tentar fundar a ética ambiental na fé cristã. Em 1954, escreveu o artigo "A Theology for Earth" [Uma teologia para a Terra], no qual procurou retirar o caráter dualista presente no cristianismo, advogando a tese da unidade entre Deus, homem e natureza. Em 1970, escreveu "Ecological Commitment as Theological Responsibility" [Comprometimento ecológico como responsabilidade teológica], artigo em que desenvolveu a ideia de que o propósito de Deus seria a redenção, que abraçaria não somente as almas humanas, mas todas as coisas.

Richard A. Baer, professor de ética ambiental de Cornell, chegou a afirmar que não somente indivíduos seriam parte da criação divina, mas também os sistemas e processos, que compõem a "teia da vida" (*web of life*): "destruir arbitrariamente

274 Nash cita o hidrologista Walter C. Lowdermilk (1888-1974) como exemplo de alguém que utilizou tal doutrina para fundamentar o então nascente movimento conservacionista. Lowdermilk teria chegado a propor o acréscimo do "11º Primeiro Mandamento", com o seguinte conteúdo: "XI. Habitarás a Terra como um guardião (*steward*) fiel, conservando seus recursos e sua produtividade para as futuras gerações. Guardarás os campos evitando a erosão do solo, as águas da seca, as florestas da desolação, e protegerás as colinas da sobreutilização de modo que seus descendentes possam viver em abundância. Se falhar nesta missão, os campos tornar-se-ão estéreis e as gerações vindouras diminuirão e viverão em pobreza sobre a face da Terra." (Lowdermilk, citado por Nash, 1989, pp. 97-8).

as propriedades holísticas do nosso ambiente é pecar contra a própria estrutura funcional do mundo, tal qual criado por Deus" (Baer, 1971, p. 49). A espoliação do mundo natural seria, nesse sentido, irreligiosa.[275]

Na esteira de Lynn White, surgiram, a partir da década de setenta, várias publicações que fizeram a conexão entre a religiosidade e o ambientalismo.[276] No Brasil, Leonardo Boff talvez seja o melhor exemplo de ecoteologia. O conhecido

275 Nos anos 1960, Baer ajudou a fundar nos Estados Unidos o Faith-Man-Nature Group [Grupo dos homens de fé pela natureza], que visava discutir as contribuições da religião para questões como controle populacional, poluição, consumo excessivo de recursos naturais, entre outros. Embora o grupo tenha cessado suas atividades em 1974, vários participantes publicaram obras a respeito da temática, tais como Philip Joranson (*Cry of The Environment: Rebuilding the Christian Creation Tradition* [O pranto do meio ambiente: reconstruindo a tradição cristã de criação], 1984), Paul Santmire (*Brother Earth: Nature, God and Ecology in a Time of Crisis* [Irmão Terra: natureza, Deus e ecologia em uma época de crise], 1970; e *The Ambiguous Ecological Promise of Christian Theology* [A promessa ecológica ambígua da teologia cristã], 1985). Santmire chega a falar em direitos da natureza, mas para se referir apenas aos entes vivos e em um contexto de *stewardship* — "domínio sem abuso". John B. Cobb Jr., na já citada obra *Is it Too Late? A Theology of Ecology* [É tarde demais? Uma teologia da ecologia] (1972), foi além para advogar a tese de que toda a matéria possui valor intrínseco aos olhos de Deus (possui potencial para a complexidade de experiências), embora ainda com a humanidade ocupando lugar de destaque (para Cobb, o fato de os humanos possuírem maior valor não implicava que o restante da criação não tivesse valor algum). Os ecossistemas que sustentam as formas de vida também deveriam ser considerados. Nos anos 1970, seguindo-se ao crescimento do movimento ambientalista, a revista *Christian Century* destinou uma edição inteira (edição de 7 de outubro de 1970) ao tema da "crise ambiental". A prestigiada *Time* cobriu a controvérsia envolvendo o artigo de Lynn White (edição de 2 de fevereiro de 1970). O jornal *The New York Times* publicou um ensaio intitulado "The Link Between Faith and Ecology" [A Ligação entre a fé e a ecologia], em 4 de janeiro de 1970.

276 Podem ser citados exemplificativamente: Sherrel (1970), Schaeffer (1970), Folsom (1971), Derrick (1972) e Elder (1970).

autor, adepto da teologia da libertação, tem dedicado boa parte do seu tempo ao tratamento dos problemas ambientais. Exemplo disso são as inúmeras publicações nesse âmbito, tais como *Ecologia, mundialização e espiritualidade* (1993); *Nova era: a civilização planetária* (1994); *Ecologia: grito da Terra, grito dos pobres* (1995); *Do iceberg à arca de Noé: o nascimento de uma ética planetária* (2002); *Ética e eco-espiritualidade* (2003); e *Sustentabilidade* (2012b).

Deriva da herança espiritual franciscana a teologia da libertação. Ela pretende conjugar a questão ecológica (justiça ecológica) com a social (justiça social) como forma de libertação dos oprimidos, pressupondo uma:

> nova aliança dos humanos com os demais seres, uma nova cortesia para com aquilo que fora criado e a gestação de uma ética e mística de fraternidade/sororidade para com a inteira comunidade cósmica. A Terra também grita sob a máquina depredadora e mortífera de nosso modelo de sociedade e de desenvolvimento. Atender a estes dois gritos de forma articulada, vendo a mesma causa-raiz que os produz, é realizar a libertação integral. (Boff, citado por Trigueiro, 2008, p. 156)

Utilizando a já existente categorização proposta por Naess entre ecologia profunda e ecologia rasa, Boff (2012b, p. 77) propõe que o novo paradigma ecológico deve ser fundado no que ele denomina de cosmologia da transformação, em contraposição à cosmologia da dominação:

> Hoje estão se enfrentando duramente dois paradigmas ou duas cosmologias: a chamada moderna, que nós denominamos de *cosmologia da dominação* porque o seu foco é a conquista e a dominação do mundo [...]. O outro paradigma ou cosmologia que nós denominamos de *cosmologia da transformação*, expressão da era do ecozoico.

Com base nessa ideia, Boff (1992, pp. 59-61) traz os seus princípios da ecoteologia, que coincidem em praticamente todos os pontos com os já apresentados pela ecologia profunda, a saber:

(1) Totalidade/diversidade: o universo, o sistema-Terra e o fenômeno humano, são totalidades orgânicas e dinâmicas. Junto com a análise, que dissocia, simplifica e universaliza, precisamos desta síntese, pela qual fazemos justiça a esta totalidade. O holismo quer representar esta atitude [...].
(2) Interdependência/religação/autonomia relativa: todos os seres estão interligados e por isso sempre re-ligados entre si; um precisa do outro para existir. Em razão deste fato há uma solidariedade cósmica de base. Mas cada um goza de autonomia relativa e possui sentido e valor em si mesmo.
(3) Relação/campos de força: todos os seres vivem numa rede de relações. Fora das relações nada existe. Mais do que os seres em si, importa captar a relação entre eles; a partir daí deve-se compreender os seres sempre relacionados e considerar como cada um entra na composição do universo [...].
(4) Complexidade/interioridade: tudo possui interioridade e quanto mais complexo um ser mais interioridade tem. [...] Tal dinamismo faz com que o universo possa ser visto como uma totalidade inteligente e auto-organizante [...].
(5) Complementaridade/reciprocidade/caos: toda realidade se dá sob forma de partícula e onda, de energia e matéria, ordem e desordem, caos e cosmos e no nível humano na forma *sapiens* (inteligente) e de *demens* (demente). São dimensões da mesma realidade. Elas são complementares e recíprocas [...].
(6) Seta do tempo/entropia: Tudo o que existe preexiste e coexiste. Portanto, a seta do tempo marca todas as relações e sistemas, dando-lhes o caráter da irreversibilidade. Estas marcas estão presentes e estão também em cada campo de força, por mais elementares que sejam. Quer dizer, nada pode ser compreendido sem uma referência à sua história relacional e ao seu percurso temporal. Este percurso está aberto para o futuro [...]. A história universal cai sob a seta da termodinâmica do tempo, quer dizer, deve tomar em conta a entropia

[perda de energia] ao lado da evolução temporal, nos sistemas fechados ou tomados em si mesmos [...].

(7) Destino comum/pessoal: pelo fato de termos uma origem comum e de estarmos todos interligados, temos, todos nós, um destino comum num futuro sempre aberto, também comum. É dentro dele que se deve situar o destino pessoal de cada ser, já que cada ser não entende por si mesmo sem o ecossistema [...].

(8) Bem comum cósmico/bem particular: o bem comum não apenas humano, mas de toda a comunidade cósmica. Tudo o que existe e vive merece existir, viver e conviver. O bem comum particular emerge a partir da sintonia e sinergia com a dinâmica do bem comum planetário e universal.

(9) Criatividade/destrutividade: o ser humano, como o cosmos, pode criar ordens mais inclusivas ou fechar-se num exclusivismo e interesse próprio, sem levar em consideração o bem dos demais seres. Por ser ético, pode conscientemente reforçar as potencialidades latentes do sistema-Terra como também destruí-lo.

(10) Atitude holístico-ecológica/negação do antropocentrismo: a atitude de abertura e inclusão irrestrita propicia uma cosmovisão radicalmente ecológica (de pan-relacionalidade e re-ligação de tudo); ajuda a superar o histórico antropocentrismo e propicia sermos cada vez mais singulares e ao mesmo tempo solidários, complementares e criadores [...].

Ao que tudo leva a crer, a proposta de uma ética de compaixão ilimitada e de corresponsabilidade levaria à extensão de "direitos" aos animais, pois "ela [moral convencional] é utilitarista e antropocêntrica e faz da terra um mero depósito de recursos para satisfazer aos desejos humanos, sem o sentido de respeito à alteridade e *dos direitos dos demais seres da natureza*" (Boff, 1992, p. 187).

Todavia, o alcance da teoria proposta por Boff parece comprometido pela falta de fundamentação e pela incoerência de suas afirmações. Para ilustrar esses problemas, basta conjugar os aludidos princípios (10) (negação taxativa do antropocentrismo), aos princípios (2) (todos os seres possuem valor intrínseco, independente de sua utilidade para o homem) e (8) (tudo aquilo que existe e vive merece existir e viver), com os princípios constantes da *Carta da Terra*,[277] documento que contou com a sua colaboração ativa e que afirma o valor instrumental (de mero recurso natural) da vida não humana, seja por meio da aceitação do direito de posse e uso desses elementos visando proteger os seres humanos (item 2, "a"), seja pela proposição de eliminação de espécies indesejadas que importem risco para os ecossistemas (item 5, "d" e "e"), ou, ainda, no foco restrito ao sofrimento "desnecessário", e não no uso em si dos animais[278] (item 15, "a", "b" e "c"), a saber:

> (2) Cuidar da comunidade da vida com compreensão, compaixão e amor.
>
> a. Aceitar que, com o direito de possuir, administrar e usar os recursos naturais vem o dever de impedir o dano causado ao meio ambiente e de proteger os direitos das pessoas.

277 No dia 14 de março de 2000, na Unesco, foi aprovada a *Carta da Terra*, depois de oito anos de discussões em todos os continentes, envolvendo 46 países e mais de cem mil pessoas, entre representantes indígenas, entidades da sociedade civil, centros de pesquisa, universidades de todo o mundo, empresas e representantes religiosos. Leonardo Boff foi o representante da América Latina na comissão redatora da *Carta da Terra*.

278 Embora tenha na sustentabilidade um dos focos principais de seu discurso, Boff não é vegetariano e nem parece considerar que o vegetarianismo seja um pilar ético em relação à proposição de valor inerente dos animais. Em artigo cujo próprio título é problemático, "Comensalidade: passagem do animal ao humano" (2012a), o autor destaca o sabor de diversos alimentos de origem animal como parte relevante das mais diversas culturas: "Não se trata nunca de apenas cozinhar os alimentos, mas de dar-lhes sabor. As várias culinárias criam hábitos culturais, não raro vinculados, entre nós, a certas festas como o Natal (o peru), a Páscoa (ovos de chocolate), primeiro do ano (carne suína), a festa de São João (milho assado) e outras".

(5) Proteger e restaurar a integridade dos sistemas ecológicos da Terra, com especial preocupação pela diversidade biológica e pelos processos naturais que sustentam a vida. [...]

d. Controlar e erradicar organismos não nativos ou modificados geneticamente que causem dano às espécies nativas, ao meio ambiente, e prevenir a introdução desses organismos daninhos.

e. Manejar o uso de recursos renováveis como água, solo, produtos florestais e vida marinha de forma que não excedam as taxas de regeneração e que protejam a sanidade dos ecossistemas.

(15) Tratar todos os seres vivos com respeito e consideração.

a. Impedir crueldades aos animais mantidos em sociedades humanas e protegê-los de sofrimentos.

b. Proteger animais selvagens de métodos de caça, armadilhas e pesca que causem sofrimento extremo, prolongado ou evitável.

c. Evitar ou eliminar ao máximo possível a captura ou destruição de espécies não visadas. (Carta da Terra, 2000)

Conforme já mencionado, Naess acreditava que a ecologia profunda não seria, em si mesma, uma religião. Embora o componente religioso não seja necessário para as ecosofias que partem dos princípios gerais da ecologia profunda, na realidade, a abertura que ela dá a esse aspecto favorece uma visão que, muitas vezes, é impregnada de elementos e conceitos espiritualizados, o que pode ser um problema em termos de mudança de consciência dos indivíduos e das políticas públicas relacionadas ao meio ambiente (pois se trata de um discurso permeado de razões privadas e não públicas).

3.2.2 A autorrealização, o igualitarismo biosférico e o componente holístico da ecologia profunda

O centro nevrálgico da tese da ecologia profunda gira em torno de três elementos, pressupostos ou características fundamentais: (a) holismo: a natureza é encarada do ponto de vista de um grande sistema, e não de um mero somatório de indivíduos ou entes. O mundo natural, nesse sentido, seria um todo orgânico, uma unidade interativa entre as diversas espécies e seus respectivos habitats. A diversidade, ou a biodiversidade, seria essencial para a saúde coletiva desse sistema; (b) igualitarismo biosférico: não haveria divisões ontológicas entre as espécies e o centro não seria ocupado pelos humanos (luta contra o antropocentrismo). Pelo contrário, os seres humanos, tal como os demais seres que habitam o planeta, são partes incindíveis dessa unidade (a interdependência entre as partes é a "cola", a "teia" que une o todo); e (c) autorrealização: individualmente, cada ente é apenas uma parte do todo e o objetivo final dessa união seria permitir que cada indivíduo pudesse se desenvolver plenamente[279] — biológica e psicologicamente — de modo a alcançar uma identificação plena com a natureza sem a perda da sua identidade individual (é o mergulho do *self* individual no *Self* maior, total).

A conjugação desses três fatores indica uma interpretação do ecossistema em termos de interdependência, de rede, de sistema. A importância central da teoria está no componente holístico que gira em torno do reconhecimento da importância e da totalidade dos processos orgânicos e inorgânicos. Quando Naess menciona a imagem total-relacional (*relational total field image*) ele indica essa importância das relações de interação

279 John Seed afirma que a frase "eu estou protegendo a Floresta Amazônica" deveria ser compreendida como "eu sou parte da Floresta Amazônica e estou protegendo a mim". Esse tipo de construção remete muito ao "pensando como uma montanha", de Leopold (Seed, citado por Devall e Sessions, 1985, p. 199).

como constituintes do próprio ser. A ligação vital entre os elementos bióticos e abióticos determinaria a biografia individual de cada ente que compõe o sistema:

> ecoando o holismo metafísico de Callicott [...], os ecologistas profundos negam a realidade dos indivíduos — ao menos tal como são usualmente compreendidos no âmbito da filosofia ocidental. Não há indivíduos isolados ou fora das relações a que estão vinculados no sistema global (no *total field*). A natureza humana é, nesse sentido, inseparável da natureza. Enxergar seres humanos meramente como indivíduos é como a visão predominante deseja que façamos e com isso nos desviamos da realidade [...]. (DesJardins, 2006, p. 210)

O biofísico Harold Morowitz sugere uma analogia para destacar este ponto:

> Do ponto de vista da moderna ecologia, cada ser vivo representa uma estrutura dissipativa, isto é, não se basta em si mesmo, mas como resultado de um fluxo contínuo de energia no sistema [...] Desse ponto de vista, a realidade dos indivíduos é problemática porque eles não existem por si mesmos, mas somente como perturbações nesse fluxo de energia universal [...]. Um exemplo pode ser bastante ilustrativo. Considere um redemoinho em um rio. O redemoinho é uma estrutura feita de moléculas de água em constante movimento. Ele não existe como uma entidade, no sentido clássico do termo, ele existe somente por conta do fluxo de água do rio. Se esse fluxo desaparece, desaparece o redemoinho. No mesmo sentido, as estruturas das quais são feitas as entidades biológicas são transitórias, com formações e estruturas variáveis conforme o fluxo de energia. (Morowitz, citado por DesJardins, 2006, p. 211)

Warwick Fox afirma que essa interconexão consiste na "ideia de que não podemos traçar nenhuma divisão ontológica na realidade entre a dimensão humana e as demais [...]. Na medida em que reconhecemos a existência de limites estanques, não alcançamos a consciência ecológica profunda" (Fox,

1984, p. 196). Essa interdependência, ou, segundo expressão cunhada pelo próprio Fox (1995), essa ecologia transpessoal, é atingida por meio da autorrealização (*self-realization*), em um processo de constante identificação do indivíduo com uma alteridade cada vez mais ampliada. As fronteiras do *self* individual são abertas à incorporação de novas realidades para a formação do *Self* global que projeta para si toda a vida do mundo. A esse respeito, Naess (1995a, pp. 13-4) afirma:

> Descartes parecia bastante imaturo na sua relação com os animais, Schopenhauer não era muito evoluído com sua própria família (ao chutar sua mãe escadaria abaixo), Heidegger era amador — para dizer o mínimo — em seu comportamento político. A identificação pobre com os não humanos é compatível com a maturidade em alguns grandes campos de relações, como é o caso das relações com amigos e das relações familiares. [...] Por conta do inescapável processo de identificação com os outros, com o incremento da maturidade, o *self* é ampliado e aprofundado. Enxergamo-nos nos demais. A autorrealização está vinculada, portanto, à realização dos outros, com os quais nos identificamos.

O processo de identificação envolve alto grau de empatia por todas as formas de vida, já que "animais e plantas possuem interesses no sentido de buscar realizar suas potencialidades próprias, inerentes" (Naess, 1995a, p. 18). Sobre este processo, George Sessions alude à abordagem aberta de Naess, para quem:

> A parte cinco da obra *Ética* [de Spinoza] representa, em minha opinião, a filosofia ocidental em sua excelência [...]. O ser humano verdadeiramente livre é um ser humano sábio, permanentemente aberto e atento a outros níveis mais amplos de liberdade. O maior grau de liberdade pessoal demonstra perfeita equidade, efetividade, riqueza e profundidade afetiva [...]. Essa imagem de sabedoria possui em comum com certa variedade do budismo Mahayana a ideia de que quanto maior o grau de liberdade alcançado por um indivíduo, mais difícil é aumentar esse nível de liberdade sem

> reconhecer a liberdade de todos os outros seres humanos e não humanos [...]. Novamente, o processo repousa em uma identificação com todos os seres. (Naess, citado por Sessions, 1995, p. 57)

Curiosamente, Naess (1995a, p. 15) narra um episódio envolvendo a morte de uma pulga por ácido, vista a partir de um microscópico. Segundo o autor, o sofrimento do pequeno inseto quando mergulhou acidentalmente na solução corrosiva, conjugado com sua expressiva e angustiante movimentação, fizeram com que sentisse por ele a mais profunda compaixão (Naess se viu no outro que sofria). Devall e Sessions (1985, p. 68) afirmam que o dano ao restante da natureza representa um dano a nós mesmos.

Na mesma linha, ao debater o paradigma "pessoal-planetário", Drengson (1995, p. 85) afirma que:

> Cada um de nós sabe que o mundo não é uma máquina. E que os nossos corpos não são mecanismos. Computadores não são inteligentes ou conscientes. A poesia é tão relevante quanto a matemática. As coisas mais valiosas na vida não podem ser quantificadas ou mensuradas. A amizade e a comunidade genuína são necessárias para o desenvolvimento de seres humanos integrais. A natureza não é algum monstro alienígena que precisamos a todo custo conquistar. Tigres e lobos não são apenas máquinas predadoras; até mesmo eles são capazes de ternura e afeto. A natureza não é completamente previsível. Humanos e ao menos algumas espécies de animais são capazes de identificar no outro um sujeito. A maioria de nós não odeia o mundo natural. Pelo contrário, somos profundamente tocados pela sua beleza, pela sua grandiosidade e poder. Não devemos degradá-lo gratuitamente. Sabemos que não somos separados dele.

Essa união incindível entre o indivíduo e o todo projeta efeitos sobre os julgamentos objetivos e subjetivos. As qualidades primárias dos objetos poderiam ser racionalmente percebidas (tamanho, forma, massa, movimento etc.), pois existem no objeto em si mesmo considerado (podem ser descritas física ou quimicamente). Seriam, nesse sentido, *objetivas*, e é a partir delas que o conhecimento científico é primariamente desenvolvido. De outro lado, outras qualidades, tidas como secundárias, passariam a depender da interação entre o objeto e o observador (cor, gosto, odor etc.), pois cada observador pode ter sobre elas uma percepção diferenciada. Estas qualidades seriam subjetivas justamente porque dependem do avaliador. Quanto mais longe se vai na análise do objeto, mais subjetivas suas qualidades se tornam. Julgamentos estéticos, por exemplo, são rotulados como demonstrações de qualidades terciárias dos objetos (determinada montanha é bela, grandiosa, majestosa etc.) e tidos epistemologicamente como julgamentos extremamente subjetivos, não racionais.

Para a corrente predominante, os valores seriam subjetivos, e os julgamentos subjetivos que envolvem a aplicação de valores em sentido normativo (dimensão do "dever ser") não poderiam ser apreendidos diretamente das descrições objetivas de fatos (dimensão do "ser"). Este entendimento é parte do debate sobre a já mencionada "falácia naturalística", segundo a qual os juízos valorativos não poderiam ser extraídos diretamente a partir do mundo fenomênico (a ideia geral, portanto, é a de que o mundo real, objetivo, possuiria existência independente dos seres humanos).

A esse respeito, a objeção naturalista afirma que, tal como na ética da terra, a confiança no papel da ecologia se faz notar também no âmbito da ecologia profunda, na medida em que a compreensão sobre os mecanismos funcionais dos ecossistemas serve de base para as avaliações e prescrições normativas dessa corrente. Para os críticos, a ecologia deveria ser, nesse sentido, apenas mais uma ferramenta para auxiliar a descoberta das questões de fundo que alimentam a degradação do mundo natural, não o meio de derivar conclusões normativas a seu respeito. Qual é a natureza humana? Qual a natureza da realidade? Qual é o valor do mundo natural e que princípios normativos devem pautar a relação eu-outro? Todas essas são questões metafísicas e ontológicas. As questões que dizem respeito aos temas tratados pela ecologia profunda estariam voltadas a questões éticas (ecologia metafísica), não propriamente técnicas (ecologia científica).

Conforme já se alertou, há que se ter um cuidado especial com as generalizações que o conhecimento ecológico pode trazer. Em seus extremos, há sempre um risco de que o ecologismo venha a substituir os modelos anteriores e centrar atenção somente nos sintomas e não nas causas dos problemas que afligem a natureza. Para DesJardins (2006, p. 209):

> nesse cenário, a ecologia seria apenas mais um meio de tratar as consequências dos problemas ambientais. Isso subverteria as tentativas de tratarmos das causas mais profundas da crise ecológica. A ecologia poderia se tornar uma distração, retirando o foco dessas questões mais complexas. O risco é que seja utilizada como parte de uma estratégia política de evitar os movimentos que efetivamente questionem posições arraigadas de nossa cultura. [...] A confiança na ecologia, por exemplo, poderia encorajar os cidadãos à passividade, deixando as decisões relevantes para os especialistas, ou mesmo alguns modelos ecológicos poderiam vir a reforçar mecanismos de *laissez-faire* similares aos presentes no darwinismo do século XIX.

Um ecologista profundo poderia argumentar em seu favor que essa distinção proposta entre objetividade e subjetividade só faria sentido em um contexto dualista (homem/natureza) que não está presente nas ecofilosofias profundas. O julgamento sobre o valor e a beleza de uma área selvagem poderia ser, nesse sentido, tão racionalmente justificável quanto os julgamentos que envolvem qualidades primárias desse sistema. O desafio permanece, no entanto, em demonstrar as condições que tornam tais julgamentos racionais ou ao menos racionalizáveis. Se isso não for minimamente atingido, o discurso permanecerá esvaziado de sentido, pois diversas visões do mundo poderão entrar em choque sem que haja um critério prévio de avaliação sobre qual delas é a mais adequada do ponto de vista moral. É justamente nesse ponto que a ecologia profunda se abre para diversos canais comunicativos que tentam tornar a sua mensagem inteligível, como é o caso do uso da literatura, da poesia, dos mitos, dos rituais e da própria espiritualidade/religiosidade, tal como analisado anteriormente.

Ao que tudo indica, embora os princípios-plataforma da ecologia profunda não sejam exatamente os mesmos da ética da terra, as mesmas objeções levantadas em relação à valorização do todo em detrimento do indivíduo (tese de que o todo seria anterior ao indivíduo e sem ele nenhum indivíduo poderia sobreviver) podem ser analogamente aplicadas também ao cenário da *deep ecology* nessa situação. Alan Drengson (1995, p. 74), um dos nomes referenciais do movimento, afirma essa relação de precedência ao estabelecer que "a ecologia profunda dá prioridade à comunidade e à integridade do ecossistema".

Ao tentar elucidar as razões pelas quais entende ser a *autorrealização* uma meta mais completa que o prazer ou a felicidade individual, Naess utiliza o exemplo do inseto conhecido como louva-a-deus. Para o ecólogo, embora o acasalamento seja uma das atividades de promoção da autorrealização desse ser, a maior parte dos machos são devorados pelas fêmeas após a relação, como meio de garantir mais condições de sobrevivência para a fêmea e para a prole vindoura. Certamente não diríamos que esse desfecho promove a felicidade daquele que é devorado, mas, para Naess (1995a, pp. 29-30), seria possível dizer que houve, nesse caso, autorrealização, na medida em que seria um ato em que se realizou plenamente um potencial. A passagem é confusa, mas fica clara a noção de que o sacrifício individual deve ser compreendido como um meio de promoção da autorrealização e do bem comum/sobrevivência da espécie.

Tal como adverte David Kinsley (1995, p. 188), a retórica que enuncia que o indivíduo deve se subordinar ao bem-estar do todo (do ecossistema, da biosfera etc.) é, em vários sentidos, bastante problemática:

> Isso é problemático porque, ao estabelecer essa regra de precedência dos direitos do todo sobre a parte, estaríamos automaticamente

estabelecendo uma hierarquia valorativa. Se os ecologistas profundos entendem que há uma impossibilidade de cisão entre a parte e o todo, não deveria haver uma relação de prioridade entre eles.

A partir de Ghandi e Spinoza, utilizando o já mencionado conceito de autorrealização, Naess menciona como um item de destaque da ecologia profunda a ideia de "igualitarismo biosférico" (ou igualitarismo ecocêntrico). Essa expressão aparece em seu artigo "The Shallow and the Deep, Long-Range Ecology Movement: A Summary", de 1973 (Naess, 1995b). A ideia de que todas as espécies deveriam ter acesso a seu florescimento ou à efetivação das suas potencialidades (a autorrealização de um é dependente da autorrealização do outro) foi reforçada pela influência do princípio oriental do *ahimsa*, ou a vedação de atos violentos ou que importem em sofrimento desnecessário. Os itens um e dois da plataforma de princípios do movimento ecológico profundo podem ser conjugados com o postulado do igualitarismo biosférico para, conjuntamente, afirmarem o valor inerente da vida humana e não humana, assim como da riqueza e diversidade das formas de vida (biodiversidade):

1. O bem-estar e o florescimento da vida humana e não humana na Terra possuem valor em si mesmos (sinônimos: valor intrínseco, valor inerente). Esses valores são independentes da utilidade do mundo não humano para propósitos humanos.
2. A riqueza e a diversidade das formas de vida contribuem para a realização desses valores e são valores em si mesmos [...]. (Devall & Sessions, 1985, p. 70)

Sobre item 1 é importante atentar para o fato de que esta formulação se refere à biosfera como um todo (como o próprio Naess indica, seria mais técnico fazer referência à ecosfera), o que inclui:

> *indivíduos, espécies, populações, habitats, e ainda culturas humanas e não humanas*. Do nosso conhecimento atual de relações íntimas

> por toda a parte presentes, decorre um empenho e um respeito fundamental profundo. Os processos ecológicos do planeta deveriam, na sua globalidade, permanecer intactos. "O ambiente mundial deveria permanecer natural" (Gary Snyder). *O termo "vida" é usado aqui de um modo mais global do que técnico, de maneira a se referir também àquilo que os biólogos classificam como "não vivo": os rios (bacias hidrográficas), as paisagens, os ecossistemas.* Para os apoiantes da ecologia profunda, palavras de ordem como "Deixem o rio viver" ilustram esse uso mais amplo, tão comum na maioria das culturas. O valor inerente como é usado em (1) é comum na literatura da ecologia profunda ("A presença do valor inerente num objeto natural é independente de qualquer consciência, interesse ou apreciação dele por um ser consciente"). (Naess, citado por Devall & Sessions, 1985, p. 91, grifos nossos)

A proposta seria a de estabelecer uma teoria do valor orientada ao reconhecimento do valor inerente[280] da natureza sem utilizar a estratégia do denominado extensionismo moral (atribuição de valor inerente para além da humanidade com base na posse de características ou atributos previamente determinados, como é o caso do critério tradicional da senciência). A lógica extensionista é criticada pelos ecologistas profundos, pois, segundo afirmam, ela traduziria, com variações mínimas, o mesmo modelo antropocêntrico clássico, uma vez que a medida para a inclusão moral continuaria a ser tomada a partir da aproximação com o ser humano. Nessa linha, o extensionismo consubstanciaria uma visão atomista, não holista, que implicaria que o ambiente, em sentido macro, tivesse somente valor reflexo, indireto ou instrumental. John Rodman (1995, p. 249) sintetiza essa crítica por parte da ecologia profunda na seguinte passagem:

> O *extensionismo moral* (a que denominei "moralismo natural" em artigos anteriores) é um termo genérico que designa uma série de posições cuja característica comum é estabelecer que os seres

280 Naess não traça uma distinção entre valor inerente e valor intrínseco.

> humanos possuem deveres diretos em relação a algumas entidades não humanas, que esses deveres derivam de direitos subjetivos que essas entidades possuem, e que esses direitos são fundamentados na posse de qualidades intrinsecamente valiosas, tais como a inteligência, a senciência ou a consciência. Diferentes versões dessa posição podem ser encontradas nos escritos de pensadores como John Lilly, Peter Singer, Christopher Stone, e de certos filósofos na tradição de Whitehead, notadamente, Charles Hartshorne e John Cobb. Todos eles parecem tentar romper com o paradigma antropocêntrico proveniente do conservacionismo e da ambiguidade da posição preservacionista por meio da atribuição de valor inerente a alguns entes naturais por seu próprio mérito. O fundamento para a autolimitação da conduta humana em relação aos não humanos é de ordem moral em sentido estrito (respeito a direitos) e não meramente prudencial. Ainda assim, ambientalistas mais radicais (Routley, Rodman, Callicott, Sessions, Devall, entre outros) afirmam que o rompimento com o antropocentrismo seria apenas parcial, incompleto, pois essas vertentes extensionistas apenas mitigam a ética convencional baseada no valor do humano e continuam vulneráveis à objeção levantada contra a posição conservacionista.

Bill Devall e George Sessions (2004, p. 70) confirmam essa visão ao afirmarem que as posições derivadas do (1) movimento de conservação e desenvolvimento de recursos; (2) da filosofia do humanismo; (3) do movimento de "libertação animal"; e (4) da resposta aos "limites do crescimento" seriam todas antropocêntricas. A passagem dos referidos autores sobre o animalismo é bastante ilustrativa:

> Como parte da resposta reformista, verificou-se recentemente uma virtual explosão de interesse dos filósofos pela questão dos direitos dos animais e da libertação animal. Grande parte desse interesse foi provocado pelo influente livro de Peter Singer, *Libertação animal* (1975), que denunciou o modo insensível como a sociedade tecnológica trata os seres não humanos. Os filósofos profissionais discutem hoje ativamente as questões morais implicadas em problemas como o vegetarianismo, a vivissecção, a caça desportiva, o

> tratamento desumano dos animais de criação, dos frangos industrializados, o aprisionamento de animais selvagens em zoológicos e circos para diversão dos seres humanos, e a inútil e frequentemente indescritível crueldade infligida a grande número de animais em nome da ciência e da testagem de produtos. Com base na teoria ética ocidental contemporânea, esses filósofos proclamam que outros animais além dos seres humanos, ou pelo menos os de consciência mais altamente evoluída, possuem alguns "direitos", ou seja, o utilitarismo concede significado moral àqueles animais capazes de sofrer ou experimentar dor. Os teóricos da ecologia profunda também estão empenhadíssimos em muitas das questões que os liberacionistas propõem, mas acreditam igualmente que muitos desses problemas são sobretudo sintomas de um mal mais fundamentalmente enraizado. A teoria ética humanista contemporânea é definitivamente antropocêntrica, elaborada especificamente para lidar com problemas da interação humana. Quando se tenta alargar essa teoria a outros animais (extensionismo moral), é-lhes dada muito menos consideração moral (valor intrínseco menor) do que aos seres humanos. Na ética contemporânea, alguns seres, considerados sem ou com pequena senciência (capacidade de percepção e/ou sensação), juntamente com a integralidade do mundo não vivo, não possuem qualquer espécie de estatuto moral. Por isso, a teorização dos direitos dos animais tende a violar a insistência da ecologia profunda no "igualitarismo ecológico em princípio". Tal como observa John Rodman: "Há uma ordem das bicadas nesse galinheiro moral". Rodman também nota que essa teorização é tímida ao não efetuar qualquer desafio ou exame dos pressupostos básicos do paradigma moderno convencional; por mais que rompa as fronteiras [...] [o movimento dos direitos dos animais], embora prometa transcender a perspectiva homocêntrica da cultura moderna, sutilmente legitima o projeto básico da modernidade — a conquista total da natureza pelo homem". (Devall & Sessions, 2004, pp. 72-3.)

As críticas endereçadas ao chamado extensionismo moral, no entanto, padecem de uma série de equívocos. O primeiro deles é identificar o movimento dos direitos dos animais como um movimento reformista. O reformismo se caracteriza como um movimento social que pretende transformar a sociedade por meio de modificações graduais, paulatinas e sucessivas, seja no âmbito legislativo, seja na esfera institucional. Embora na prática exista dissenso sobre os caminhos e alternativas para a implementação do reconhecimento de direitos subjetivos fundamentais para os animais não humanos, fato é que a teoria geral dos direitos dos animais, em si mesma, parte de um ponto de vista que representa uma ruptura radical em relação à visão de mundo prevalente. Não seria adequado tecnicamente dizer que a teoria dos direitos dos animais é, nesse sentido, reformista, como parece ser o caso do movimento de bem-estar animal que, conforme já se comentou, preocupa-se unicamente com o modo de tratamento dos animais, e não com o uso em si desses mesmos animais.

Parte dessa confusão conceitual, e mesmo, pode-se dizer, desse preconceito contra o animalismo, advém de tratar como equivalentes posições completamente distintas, como ocorre com as posições dos direitos dos animais e do liberacionismo animal. No primeiro caso, trata-se de uma teoria deontológica, e, no segundo, de uma construção consequencialista. Não há como unir essas duas posições sem marcar as distinções devidas entre elas. Essa mistura parece clara na passagem em que se fala de "direitos" e, logo em seguida, no critério da senciência como demarcador da inclusão moral no âmbito do utilitarismo.

O terceiro e, talvez, maior engano é o de identificar a teoria que informa os direitos dos animais com posições homocentradas ou antropocêntricas. Essa é uma crítica mal endereçada. Há um erro de avaliação sobre em que consiste o antropocentrismo e o que postulam as teorias ligadas ao individualismo moral animalista.

O antropocentrismo, por definição, é uma abordagem que toma a humanidade como padrão exclusivo para a alocação do valor inerente. A satisfação prioritária dos interesses humanos pode ser defendida: (a) a partir da ideia de que os seres humanos possuem um *status* moral diferenciado (a natureza humana é única) que não pode ser acessado ou verificado a partir de critérios objetivos; (b) por meio da postulação de que seres humanos possuem determinados atributos especiais ou únicos relacionados à sua capacidade cognitiva (razão, linguagem articulada, consciência etc.); e (c) através do apelo às características que marcam as relações intersubjetivas que travamos (solidariedade, fraternidade, altruísmo etc.), o que justificaria a prioridade do atendimento dos interesses humanos. Em todas essas situações há uma situação de discriminação em termos de exclusão moral.

Qualquer teoria dos direitos dos animais que se pretenda minimamente esclarecida não pode ser identificada com qualquer uma dessas posições. Ela não é baseada na natureza humana, na essência do que é ser humano ou nas relações humanas, como também não se baseia na natureza, essência ou relações mantidas por cães, patos ou rãs. Pelo contrário, a oposição consistente à exploração dos não humanos só pode ser construída a partir da rejeição dessas condições específicas como critérios de inclusão moral.

O pleito pelo reconhecimento dos interesses fundamentais dos animais por meio da linguagem dos direitos parte da necessidade da proteção de indivíduos em posição de vulnerabilidade (a danos, privações e morte). Ser um ente que experimenta o mundo como sujeito, que possui um bem-estar experimental, representa imediatamente a potencialidade dessa vulnerabilidade, e isso não significa impor uma visão homocentrada; pelo contrário, representa reconhecer que o que acontece aos seres sencientes, qualquer que seja a espécie a que pertençam, importa diretamente para eles. Como se viu, a relevância da senciência está em ser um bom demarcador dos seres que possuem interesses.

Parece evidente que, ao menos em alguma medida, as construções filosóficas geralmente partem da representação do humano, e, nesse sentido, nossas intuições morais sobre o que constitui a justiça podem estar parcialmente prejudicadas por esse fator, mas essa observação valeria tanto para uma visão tradicional quanto para a adoção de uma posição biocêntrica ou ecocêntrica. A teoria que informa o direito dos animais baseada na senciência não é, portanto, em nenhum sentido razoável, antropocêntrica.

Pelo contrário, ao estabelecer que todos os organismos possuem valor inerente, os ecologistas profundos é que deixam de esclarecer dois pontos fundamentais, que são: (a) o critério de atribuição de valor (pressupostos e condições necessárias ou suficientes para que um determinado ente/ser possua valor inerente); e (b) o critério de distribuição/alocação do valor inerente (se todos os organismos vivos possuem igual valor inerente ou se o valor inerente é distribuído de forma desigual entre os entes participantes da comunidade moral).

Em relação ao primeiro ponto (o não estabelecimento de um critério de atribuição de valor), pode-se dizer que Naess e Sessions enfatizaram tanto o caráter fenomenológico da ecologia profunda que deixaram em segundo plano a ética. O próprio Naess, a esse respeito, dizia que não estava muito interessado propriamente em ética ou moralidade: "estou interessado em como experimentar o mundo" (Naess, citado por Fox, 1995, p. 219). A autorrealização é a meta a ser alcançada, e seria, por esse motivo, a norma fundamental da ecologia profunda em torno da qual todas as outras ideias girariam. Uma vez atingido esse estado de "autoiluminação", "elimina-se a necessidade de construção de um sistema de obrigações morais" (Naess, citado por Katz, 2000, pp. 26-7), pois, conforme mencionado, a parte e o todo seriam unificados e lutariam conjuntamente contra os atos de opressão, em uma espécie de "legítima defesa coletiva". É curioso, todavia, que o objetivo central da autorrealização tenha ficado de fora da plataforma criada pelo próprio Naess.

Ao citar o exemplo de Ghandi, ele afirma que o pacifista indiano buscava atingir a autorrealização por meio da ação desinteressada, não egoísta (*selfless action*), ou seja, por meio da diminuição da influência da dominação do ego restrito, de cunho individualista. Para Naess, o alcance dessa dimensão não necessitava de suporte em nenhuma teoria moral, pois "a moral não nos faz respirar" (Naess, 1995a, p. 22).

Na mesma linha, para Sessions (citado por Fox, 1995, p. 225), "a busca [da ecologia profunda] não é pela ética ambiental, e sim pela consciência ecológica". A ética derivaria da ontologia, no sentido de que, uma vez atingida a autorrealização, o *Self* faria aquilo que ele é (o *Self* faz o que o *Self* é).

Essa estranha linha argumentativa faz com que esses autores negligenciem, muitas vezes de maneira proposital, os fundamentos ou balizamentos da conduta humana em relação ao mundo natural em termos de construção de uma teoria ética.

A ética é parte essencial das relações humanas com o intuito de esclarecer quais caminhos ou decisões devem ser tomados, principalmente quando está em jogo a integridade de terceiros. Nesse sentido somos, por essência, criaturas imbuídas de potencialidade ética e de criar fundamentos racionais para nossas escolhas morais. Essa divisão que propõe a ecologia profunda entre a ontologia e a normatividade ética, com um grande investimento na primeira e um esquecimento da segunda, é difícil de justificar, pois as duas dimensões são interdependentes e mutuamente interativas.[281]

Para muitos, portanto, a ausência desses critérios normativos torna a ecologia profunda ineficaz e pouco esclarecedora quanto a como os indivíduos devem efetivamente agir no mundo real. Richard Sylvan (citado por Grey, 2000, p. 50) critica a ecologia profunda em razão de sua "obscuridade e confusão conceitual".

A falta de uma maior fundamentação a respeito dos critérios atributivos de valor deixa a ecologia profunda esvaziada devido à ausência de uma teoria moral e política que efetivamente a sustente:

281 O termo *ontologia* designa um ramo da filosofia que lida com a natureza e a organização do ser. Foi introduzido por Aristóteles em *Metafísica*, IV, 1, como o estudo do "ser enquanto ser" no sentido de busca de uma identidade e de características essenciais, comuns, que uniriam todos os seres e que nos posicionariam na realidade, "O que é um ser?" e "Quais são as características comuns de todos os seres?" são exemplos, portanto, de perguntas-chave presentes na ontologia.

> Dada a diversidade de fundamentos, é até difícil oferecer uma crítica precisa à ecologia profunda. Uma crítica, por exemplo, às táticas de ação direta empregadas pelo grupo Earth First! poderia ser rechaçada pelos ecologistas profundos como sem sentido, visto que nem todos os ecologistas profundos concordam com essas práticas [...]. Evidentemente, a ambiguidade e vagueza podem, em si mesmas, dar margem a críticas. Em algumas situações as demandas da ecologia profunda são genéricas a ponto de se tornarem vazias. Um "movimento" que toma por inspiração fontes tão diversas quanto o taoísmo, Heráclito, Spinoza, Whitehead, Gandhi, budismo, culturas indígenas norte-americanas, Thomas Jefferson, Thoureau e Woody Guthrie deve ser, no mínimo, denominado de eclético. Para alguns, ininteligível. (DesJardins, 2006, p. 219)

Uma das críticas mais comuns afirma que o holismo implica um projeto de unificação, de incorporação, que nega a independência valorativa do outro como um indivíduo autônomo. Em razão da pouca ênfase nos aspectos éticos que a teoria oferece, a ecologia profunda acaba por repetir, com outros tons, o mesmo tipo de visão de mundo que procurou originariamente enfrentar.

A excessiva abertura da ecologia profunda às interpretações pessoais a tornam um alvo fácil para ser sequestrada até mesmo por grupos políticos com interesses opressivos. O que devemos fazer em nome da autorrealização, no sentido de defender a integridade e a estabilidade do ecossistema como um todo? Se a lesão à natureza ou a qualquer de seus elementos representa o mesmo que uma lesão a nós mesmos, até que ponto poderíamos agir em legítima defesa?

Embora os mentores da ecologia profunda evidentemente não cheguem a esse ponto, nada impediria que, em seu extremo, determinados grupos pudessem se apropriar desse discurso para defender a necessidade de promover práticas genocidas em nome da necessidade de redução da própria população humana (que é um dos postulados constantes da plataforma de princípios da ecologia profunda — princípio 4). Nessa linha, aqui também haveria margem para que se retomasse uma posição em certo sentido misantrópica.[282] Reside neste aspecto um desafio bastante difícil de ser solucionado pela ecologia profunda:

> Fox, por exemplo, aponta para o fato de que os ecologistas profundos criticam não os seres humanos pelo fato de serem humanos (i.e. uma crítica dirigida a uma classe de atores sociais), mas a mentalidade de centralidade no homem (homocentrismo como ideologia). [...] No entanto, o que deve ser feito quando interesses humanos entram em choque com interesses do mundo natural não humano, como de resto ocorre com a maior parte dos conflitos ambientais? Em tais casos, se favorecemos os seres humanos, estaremos em princípio abandonando o escopo principal do holismo não antropocêntrico. Se de outro lado favorecemos o mundo natural não humano, podemos assumir uma posição misantrópica que a maioria dos ecologistas profundos quer negar. Novamente, há necessidade de construção de uma teoria de valores no âmbito da ecologia profunda. (DesJardins, 2006, p. 219)

Se tudo é igual (igualitarismo biosférico) e se todos os seres devem poder realizar plenamente suas potencialidades (autorrealização), em uma situação em que a água fosse escassa e um humano e uma planta estivessem morrendo de desidratação, seria indiferente fornecer água a um ou a outro? A ecologia profunda dá uma resposta a esse tipo de conflito entre os interesses humanos e os do mundo não humano?

O problema relativo à distribuição do valor inerente fica ainda mais intensificado quando se afirma o postulado do

282 Edward Abbey, em *Desert Solitaire: A Season in the Wilderness* [Solitário do deserto: uma temporada na natureza selvagem] (1968), disse que preferia matar um ser humano que uma cobra. Em *Confessions of an Eco-Warrior* [Confissões de um ecoguerreiro] (1991), Dave Foreman sugere que uma vida individual humana não possui mais valor intrínseco que uma vida individual de um urso cinzento. Para Foreman, o sofrimento humano resultante da privação e fome na Etiópia seria trágico, mas a destruição de outras criaturas e de seu habitat seria ainda mais trágica.

denominado "igualitarismo biosférico". Naess sustentava que a ecologia profunda era essencialmente descritiva, consistindo em uma mera enunciação dos princípios gerais que comandam a apreensão do lugar das pessoas na natureza; não teria, para o autor, caráter valorativo. Essa afirmação, no entanto, é apenas parcialmente correta. É acertada no que diz respeito à ausência, como se mencionou anteriormente, de construção de uma teoria ética no âmbito da ecologia profunda para adjudicar conflitos de interesses, mas equivocada no que diz respeito a não possuir qualquer dimensão axiológica.

A afirmação segundo a qual todos os elementos naturais, sencientes ou não, possuem igual valor inerente, sem maiores detalhamentos, deixa uma grande margem de dúvida sobre a deliberação ética em casos reais, concretos. Como saber que tipos de alimentos ingerir se um repolho possui o mesmo valor que um coelho? Seria indiferente moralmente então comer uma vaca ou um abacate? Uma resposta positiva seria evidentemente contraintuitiva (o problema da ética alimentar no âmbito da ecologia profunda será enfrentado mais adiante neste trabalho). O próprio Warwick Fox (1984, pp. 198-9), filósofo australiano simpatizante da ecologia profunda, afirmou a esse respeito que:

> A ecologia profunda presta um desserviço a si mesma ao empregar uma definição tão excessivamente excludente de antropocentrismo que impossibilita qualquer teoria valorativa que tente pautar a vida real [...]. A menos que os ecologistas profundos enfrentem o desafio de empregar uma definição de antropocentrismo mais precisa, passarão a ser conhecidos como partidários de uma ética procrusteana,[283] pois tentam encaixar todos os diversos organismos numa única dimensão de valor inerente.

283 Procrusto, na mitologia grega, era um fora da lei que vivia na floresta. Oferecia refúgio a todos que passavam perto de sua casa. Colocava então os visitantes em um leito de um único tamanho e, se a pessoa fosse maior que a cama, cortava o que sobrava das pernas com um machado. Se a pessoa fosse menor, esticava-a com um sistema de cordas. O "leito de Procrusto" passou a ser uma metáfora a respeito

Respondendo a Fox, Naess (1984a, p. 202) afirma que provavelmente não estariam falando do mesmo conceito de valor intrínseco e reiterou a sua intuição segundo a qual "todos os seres vivos possuem um direito ou um valor intrínseco (ou inerente) em si que é igual para todos eles". O escalonamento de valor feito a partir de determinados atributos, como é o caso clássico da utilização do critério da senciência, não teria sentido para a ecologia profunda. Ao contrário, ele critica a sua adoção por implicar uma suposta negligência dos entes/seres não sencientes:

> A teoria ética humanista contemporânea é definitivamente antropocêntrica, elaborada especificamente para lidar com problemas da interação humana. Quando se tenta alargar essa teoria a outros animais (extensionismo moral), muito menos consideração moral lhes é dada (valor intrínseco menor) do que aos seres humanos. Na teoria ética contemporânea, alguns seres, considerados sem ou com pequena senciência (capacidade de percepção e ou sensação), juntamente com a integralidade do mundo não vivo, não possuem qualquer espécie de estatuto moral. Por isso, a teorização dos direitos dos animais tende a violar a insistência da ecologia profunda no "igualitarismo ecológico em princípio". (Devall & Sessions, 2004, p. 73)

Não há que se duvidar do fato de que o animalismo, por se apoiar em geral na senciência, valoriza de modo direto as experiências subjetivas dos seres que a possuem. Dito de outro modo, para o animalismo, indivíduos sencientes possuem valor inerente, enquanto que indivíduos não sencientes em princípio possuem apenas valoração moral indireta, que é medida a partir das propriedades relacionais que estes indivíduos possuem. Quando Devall e Sessions afirmam que o problema do animalismo está em desconsiderar o estatuto moral do mundo não senciente, parecem incorrer no equívoco de imaginar que tais entes estariam

• • •

da adoção de uma "medida única" para tratar casos diferentes: se sobrar, corta; se faltar, estica. É nesse sentido que Fox faz o alerta de que a ecologia profunda trataria todos com um único peso moral.

absolutamente despojados de qualquer grau de importância ou significação moral (estatuto moral). Não é isso, no entanto, o que propõe o animalismo. Embora entes sencientes e não sencientes possuam valoração distinta, tal fato não implica a indiferença moral para com a eliminação das formas de vida não sencientes (ainda que a preocupação seja apenas de ordem instrumental).

Igualmente, não se compreende bem a afirmação de que, no âmbito dos direitos dos animais, os não humanos sencientes gozariam sempre de menor valor moral. Embora possam existir situações específicas, os denominados casos-limite, nos quais se pode eventualmente justificar a preferência ou o privilégio do humano, na enorme maioria das hipóteses, o princípio da igualdade, ou da igual consideração de interesses, demandaria o tratamento isonômico em situações semelhantes.

O termo "igualitarismo biosférico", ou a menção genérica ao valor inerente de todas as formas de vida (embora, como se viu, a expressão abranja também seres inanimados), poderia, em uma primeira leitura, sugerir uma suposta aproximação de Naess com o biocentrismo, o que não se mostra, no entanto, acertado. Tal como destaca DesJardins (2006, p. 217):

> Em algum sentido, o igualitarismo pretendido pela ecologia profunda pode se aproximar daquele descrito no âmbito do biocentrismo. Em *Respect for Nature* [Respeito pela natureza], Taylor defende uma ética biocêntrica baseada na noção de igual distribuição de valor inerente. Todavia, o biocentrismo de Taylor é alicerçado em uma tradição filosófica tipicamente ocidental. Ele deriva de uma visão individualista, segundo a qual os próprios indivíduos seriam os centros de suas próprias vidas. O igualitarismo biosférico da ecologia profunda é resultado do holismo metafísico de raízes principalmente orientais. Os membros da comunidade biótica possuem igual valor inerente, mas não porque indivíduos possuem valor inerente, mas simplesmente porque compõem a comunidade na qual estão inseridos.

Curiosa e paradoxalmente, o terceiro princípio da plataforma criada por Naess sustenta que "os seres humanos não possuem o direito de reduzir esta riqueza e diversidade *exceto para satisfazer suas necessidades vitais*" (DesJardins 2006, p. 208, grifos nossos).

Naess afirma que "existe uma intuição básica na ecologia profunda segundo a qual não temos o direito de destruir outros seres vivos sem razão suficiente" (citado por Devall & Sessions, 2004, p. 96). Nessa linha, Naess e Sessions procuram esclarecer o que se deve entender por "necessidades vitais", afirmando que:

> O termo "necessidades vitais" deixa-se deliberadamente no vago para permitir uma grande latitude de juízos. As diferenças climáticas e de fatores semelhantes, juntamente com diferenças nas estruturas das sociedades tal como hoje existem, devem ser tidas em conta (para alguns esquimós, os veículos motorizados para a neve são hoje necessários para satisfazer necessidades vitais). Nos países materialmente mais ricos, não é de esperar que as pessoas reduzam de um dia para o outro a sua interferência excessiva com o mundo não humano até um nível moderado. A estabilização e redução da população humana levarão o seu tempo. É necessário desenvolver estratégias de transição. Mas isso de modo algum desculpa a atual complacência — é necessário começar por compreender a extrema seriedade da nossa situação presente. Mas quanto mais se esperar, mais drásticas terão que ser as medidas exigidas. Até que sejam realizadas mudanças profundas, são prováveis diminuições substanciais da riqueza e da diversidade: a taxa de extinção de espécies será de dez a cem vezes maior do que em qualquer outro período da história da Terra. (Devall & Sessions, 2004, p. 92)

Em outra passagem também explicativa da tormentosa terminologia "necessidades vitais", Naess (2008, p. 113) comenta sobre a proposital abertura da expressão às diferenças fáticas e culturais existentes entre as mais diversas sociedades, afirmando que:

> Também a diferença entre os meios para a satisfação das necessidades e a necessidade em si precisa ser considerada. Se um caçador de baleias abandona a sua atividade, poderá colocar em risco sua

subsistência por conta do desemprego na atual conjuntura econômica. A atividade de pesca de cetáceos é, para ele, um importante meio de satisfação das suas necessidades. Todavia, ele e seu barco são urgentemente importantes para o controle da sobrepesca e o uso de métodos cruéis de captura. As nações baleeiras são suficientemente ricas para financiar essa fiscalização, especialmente no litoral de nações em desenvolvimento. Então, não há uma questão de necessidade vital de matar baleias.

Se a exceção apontada na parte final do princípio 3 ("exceto para satisfazer suas necessidades vitais"), fosse interpretada como sendo uma janela permissiva de atos que configurassem efetiva e unicamente situações-limite, casos de tudo ou nada, como são as hipóteses tradicionalmente relacionadas à legítima defesa[284] ou ao estado de necessidade[285] (causas clássicas que em princípio excluem a ilicitude e a imoralidade do ato), nenhuma crítica mais contundente poderia ser dirigida à ecologia profunda quanto a esse ponto. Afinal, nos casos de real colisão de interesses, nos chamados casos-limite, em que a manutenção de interesses vitais de um indivíduo só pode ser alcançada por meio da lesão ou eliminação de um interesse alheio, poderiam ser construídas teses que validassem a preferência dos interesses humanos sobre os interesses de não humanos (tal como ocorre com a própria colisão de interesses entre seres humanos).

No entanto, ao que tudo indica, a exceção apontada por meio da alusão à expressão "necessidades vitais" não é interpretada restritivamente (como incidente somente nessas situações

284 Juridicamente, a legítima defesa é uma causa excludente da ilicitude e é definida no art. 25 do Código Penal Brasileiro da seguinte forma: "Entende-se em legítima defesa quem, usando moderadamente dos meios necessários, repele injusta agressão, atual ou iminente, a direito seu ou de outrem".

285 O estado de necessidade está previsto no art. 24 do Código Penal Brasileiro: "Considera-se em estado de necessidade quem pratica o fato para salvar de perigo atual, que não provocou por sua vontade, nem podia de outro modo evitar, direito próprio ou alheio, cujo sacrifício, nas circunstâncias, não era razoável exigir-se".

absolutamente excepcionais dos apontados casos-limite). Os interesses ou as necessidades vitais humanas a serem tutelados abarcariam, por exemplo, práticas meramente culturais, entendidas como importantes para determinadas comunidades:

> Devemos reconhecer que a plataforma da ecologia profunda permite que humanos "reduzam" a riqueza biocêntrica e a diversidade em razão da necessidade de satisfação dos "interesses vitais". [...] Por exemplo, Naess sugere que o desemprego em uma sociedade com um alto padrão de vida não violaria a necessidade vital. De outro lado, Devall e Sessions sugerem que interesses vitais incluiriam coisas tais como amor, lazer, expressão criativa, íntima relação com uma dada região ou paisagem (ou com a natureza como um todo), as relações entre seres humanos, e a necessidade vital de desenvolvimento espiritual no sentido de nos tornarmos seres humanos maduros. Assim, as implicações éticas e práticas do igualitarismo biosférico no âmbito da ecologia profunda se diferenciam daquelas geradas por uma abordagem de cunho individualista. (DesJardins, 2006, p. 218)

Para o filósofo norueguês, a experiência da vida selvagem (*wilderness*) usualmente inclui um componente de meditação, mas também de uso ativo dos "recursos naturais", geralmente em favor da fruição da autorrealização humana:

> podemos ser ativos em relação a uma flor sem jamais tocá-la. Podemos ser passivos quando pisoteamos a mesma flor. Na primavera, nos desertos, não se pode caminhar sem pisotear pequenas flores quase que em cada passo que se dá. Esta, no entanto, não é uma razão suficiente para não viver nessas regiões. Não há norma alguma geral na ecosofia contra a plenitude da vida, e isso implica na aceitação da dor e da morte. A ecosofia, tal qual a concebo, diz sim para a plenitude da autorrealização humana. (Naess, 1984b, p. 270)

Melhor seria reescrever a exceção prevista e, em vez de mencionar "necessidades vitais", falar talvez em "necessidades relevantes" ou algo do gênero. Tal compreensão afasta definitivamente a ecologia profunda de uma posição biocêntrica nos moldes tradicionais (e também de uma posição de defesa dos direitos dos animais). O valor inerente alocado na ecosfera e nos entes sencientes e não sencientes que a compõem é, nessa linha, extremamente tênue e relativo, pois permite que seja superado todas as vezes em que interesses (ou necessidades) humanos tidos como relevantes possam estar em jogo.

A passagem anteriormente referida sobre a delimitação conceitual da expressão "necessidades vitais" torna evidente que, embora, de forma abstrata, para utilizarmos uma expressão do próprio Naess, não haja uma necessidade (*a priori*) vital de matar baleias, ela passa a existir no momento em que se torna o meio para um indivíduo humano obter recursos próprios para a garantia de sua sobrevivência e de sua família. A questão central para a ecologia profunda não consiste, portanto, em não pescar ou não instrumentalizar os animais para fins humanos, mas sim em estabelecer limites para uma exploração excessiva ou desmedida da natureza. De acordo com essa concepção, para ficarmos no exemplo da pesca, o que de fato seria relevante é o comprometimento em evitar a prática de atos que importem a sobrepesca e/ou a utilização de métodos cruéis de captura e abate desses animais.

O ponto é sensível e o ecologista profundo tenta esclarecer a questão da instrumentalização dos animais com a seguinte, e confusa, construção:

> Se, por hipótese, o princípio segundo o qual "todos os seres possuem o igual direito à autorrealização" é derivado da norma fundamental "completa autorrealização", e se a sua filha está em estado de fome e a comida só pode ser obtida por meio da eliminação do último tigre, e mesmo assim dissermos que não se pode matar o animal, então algumas pessoas rejeitarão a norma fundamental. Isto é, poderíamos dizer: "é meu dever salvar a minha filha, sejam quais forem as consequências para os tigres" (mas não para os meus vizinhos seres humanos, ou seja, não é meu dever matar meu vizinho, mesmo que ele fosse a última

fonte de comida disponível para minha filha). [...] O princípio do igual direito de todos os seres vivos a florescer é atualmente controverso, mas o apoio a essa ideia parece estar aumentando. Para evitar consequências indesejadas, especialmente em um mundo marcado pela crescente fome, a necessidade de matar e lesar animais para alimentação deve ser admitida, embora mediante ressalvas de normas especiais. Essas normas especiais têm a ver com o sentido de mútua cooperação e ajuda entre seres da mesma espécie ou de espécies similares. Há óbvias vantagens para espécies cujos familiares sejam zelosos para com os filhos, e cujos membros consigam identificar os grupos perigosos. Exatamente onde a linha deve ser traçada? Não há possibilidade de acordo sobre isso e as tentativas de criação de normas especiais para lidar com situações de conflito são irrealistas e metodologicamente injustificadas. Existe, todavia, um movimento voltado a estabelecer uma norma contra a inflição de "sofrimento desnecessário ou dano desnecessário" aos animais. O que se entende por desnecessário? Isso dependerá de uma complexa estrutura de normas e hipóteses. (Naess, 2008, p. 178)

A explicação, redigida de forma extremamente truncada e de difícil compreensão, indica o estabelecimento de uma hierarquia entre a autorrealização humana e a das demais formas de vida — o mesmo problema anteriormente observado na ética da terra.

No artigo "Muerte entre las flores: el conflicto entre el ecologismo y la defensa de los animales no humanos" [Morte entre as flores: o conflito entre o ecologismo e a defesa dos animais não humanos], Catia Faria (2012, p. 67-76) resume esse problema anteriormente apontado. Segundo a autora, as correntes ligadas ao animalismo (baseadas no individualismo moral) e as vertentes do ecologismo (dentre as quais se inclui a ecologia profunda) partem de locais diversos e chegam a lugares também distintos. Essa oposição ficará claramente observável a partir de quatro exemplos concretos, que envolvem: (1) intervenções nos processos naturais prejudiciais aos animais; (2) intervenções nos processos naturais em benefício dos animais; (3) valor dos animais em vias de extinção; (4) contraposição entre animais selvagens e domésticos.

O primeiro deles diz respeito aos programas de restauração ecológica que se traduzem, em muitos casos, em estratégias de "limpeza biológica" ou, em outras palavras, na eliminação dos animais pertencentes a espécies não autóctones, chamadas de "invasoras", em nome da estabilidade de determinados ecossistemas. Uma dessas ações que se tornou conhecida foi a que ocorreu na Ilha de Santa Cruz, na Califórnia, onde se procedeu à eliminação de todas as cabras que ali viviam, acarretando a morte a mais de 37 mil indivíduos. Cenários similares a este podem ser igualmente observados em outros locais, como é o caso do próprio Brasil, onde a legislação ambiental permite a chamada "caça de controle" com vistas a eliminar as espécies de animais tidas como não desejadas.[286]

Em outras situações, a intervenção nos ecossistemas é orientada pela pauta da denominada "ecologia do medo". Essa

286 Na Lei nº 9.605/98, no art. 37, incisos I a IV, temos hipóteses que excluem a tipicidade do crime de abate de animais quando realizados em estado de necessidade para saciar a fome do agente ou de sua família, para proteger lavouras, pomares e rebanhos da ação predatória ou destruidora de animais, desde que legal e expressamente autorizado pela autoridade competente, ou por ser nocivo o animal, desde que assim caracterizado pelo órgão competente. Em relação a esta última hipótese, tivemos no Brasil um debate sobre a possibilidade de caça ao javali europeu (*Sus scrofa*) e a seu miscigenado conhecido como javali asselvajado, ou "java-porco". A Portaria Ibama nº 7, de 26 de janeiro de 1995, autorizou, em caráter experimental, a caça amadorista do javali no Rio Grande do Sul. Em 2010, a atividade foi proibida por meio da Portaria nº 8 e, em 2013, voltou a ser permitida por meio da Instrução Normativa nº 3, de 31 de janeiro de 2013. O "manejo da fauna exótica" em relação a esta espécie passa a ser permitido em virtude de seus supostos efeitos nocivos sobre os ecossistemas. No site do Ibama há a seguinte justificativa para a caça: "o escape de animais para ambientes naturais provoca impactos ambientais como a diminuição e morte de diversas espécies nativas da flora e risco à fauna, pois o javali é predador de ovos e filhotes de outras espécies; e ainda, a transmissão de doenças para os animais nativos, a aceleração do processo de erosão e o aumento do assoreamento dos rios" (Ibama, 2013). Os porcos do mato nativos não podem ser caçados.

prática consiste na introdução de predadores que não mais habitam a região, com vistas a controlar a presença de outras espécies de animais. Isso gera um ambiente de alerta permanente que conduz esses animais para fora dessas áreas.

Embora essas duas hipóteses de intervenção na natureza colidam de forma evidente contra os interesses dos animais envolvidos, a sua justificativa parte de um raciocínio tipicamente holístico, característico do ecologismo, de objetivar o bem-estar do ecossistema sobre os interesses individuais de seus membros.

É mesmo curioso perceber que esse tipo de intervenção não é sugerido quando são os seres humanos que representam uma grave ameaça ecossistêmica. Apesar dessa implicação, salvo raras exceções, o ecologismo rechaça a erradicação da presença humana como forma de preservar hábitats naturais. Seria como dizer que devemos intervir nos processos naturais se o bem-estar do ecossistema estiver em jogo, ainda que isso signifique sacrificar animais sencientes, sempre e quando esses indivíduos não pertençam à espécie humana. Esta conclusão leva à seguinte pergunta: por que razão os seres humanos estariam sendo beneficiados em vez das cabras?

Essa situação deixa clara a inconsistência do ecologismo ao relativizar a promoção da estabilidade ecossistêmica em nome da satisfação dos interesses humanos, sucumbindo à tentação antropocêntrica, que é, paradoxalmente, a posição que procura a todo custo evitar.

Outro ponto de tensão entre o animalismo e o ecologismo diz respeito ao estabelecimento do dever de intervenção para aliviar o sofrimento de outros indivíduos sempre que estiver ao nosso alcance fazê-lo (intervenção nos processos naturais em benefício dos animais).

Um bom exemplo trazido por Faria relativo a esta segunda situação é o caso da morte de animais selvagens em decorrência de enfermidades, inanição, condições climáticas extremas, entre tantas outras. Segundo a autora, o ecologismo rejeita que devêssemos intervir nessas situações. Para ilustrar, consideremos a seguinte situação real: no dia 1º de novembro de 2011, na cidade de Laguna Kapani, na Zâmbia, um bebê elefante atolou em um grande lago de barro. Sua mãe, ao tentar socorrê-lo, acabou por ficar também presa à lama. Os animais gritavam e lutavam por suas vidas, mas, impotentes e imobilizados, não poderiam se libertar sem ajuda. Deveríamos intervir? Do ponto de vista ecologista, a resposta é negativa, pois os seres humanos devem se abster de intervir nos processos naturais, os quais são intrinsecamente valiosos, independentemente das consequências negativas para os indivíduos afetados por eles. Todavia, tal como na primeira hipótese da intervenção para realizar a "limpeza biológica", essa noção não é a mesma quando aplicada a seres humanos. No mesmo ano de 2011, em um terremoto na Turquia, uma equipe de resgate não poupou esforços para resgatar um bebê humano e sua mãe então soterrados nos escombros. Evidentemente, ninguém alegaria que a equipe agiu mal neste caso.

A única exceção que os ecologistas abrem é para situações em que está em jogo a sobrevivência de um animal pertencente a uma espécie ameaçada de extinção. Se elefantes estivessem listados como espécies ameaçadas, e de fato, infelizmente, assim se encontram, então poderíamos ser chamados a agir para de evitar o comprometimento da biodiversidade. Como se verificou anteriormente, essa categorização do animal como "em vias de extinção" também representa um problema para o animalismo.

Ao que tudo indica, aqui também o ecologismo tem dificuldade de encontrar boas justificativas para privilegiar organismos de espécies ameaçadas. O animalismo sustenta que a situação concreta, particular, de cada indivíduo é que deve contar em termos morais, e não se o tipo do indivíduo é raro ou abundante. Em termos éticos, não importa a quantidade atual de cangurus na Austrália, de elefantes na África ou de pombos nas grandes cidades. Como afirma Carlos Naconecy, tal como já examinado por ocasião das críticas então endereçadas à ética da terra, o incomum e o vulgar, a escassez e a abundância deveriam ser critérios irrelevantes para a estipulação abstrata de como devemos tratar eticamente um canguru, um elefante ou um pombo. Seria, por exemplo, contraintuitivo afirmar que uma determinada espécie de foca não possui valoração moral hoje, mas se a quantidade total de focas começar a se reduzir drasticamente, então essa foca subitamente passaria a ser valorizada em termos morais.

Segundo afirma Keller (2009, p. 209), há uma tensão estrutural não solucionável entre o igualitarismo biosférico e o holismo metafísico:

> à luz das funções reais dos sistemas naturais, é impossível sequer chegar perto de afirmar simultaneamente a meta de florescimento individual, de modo que todos os indivíduos morram de velhice, e, de outro lado, a meta da estabilidade e integridade dos ecossistemas. A necessidade de exterminar ungulados tais como cabras e porcos pelo bem dos frágeis ecossistemas de determinadas ilhas tropicais é apenas um exemplo. A atenção ao bem-estar de todo o ecossistema requer que tratemos os indivíduos diferentemente, pois indivíduos de diferentes espécies teriam diferentes utilidades em relação ao todo. Se este for o caso, o igualitarismo biosférico e o holismo metafísico podem ser postulados como mutuamente excludentes e inconsistentes entre si, na medida em que pelo menos um, ou talvez os dois, tenha de ser abandonado.

O postulado do igualitarismo biosférico traduziria, na verdade, uma cláusula de valor apenas relativo, pois "qualquer práxis realista necessita de alguma morte, exploração e eliminação" (Naess, 1995b, p. 4). Não é por outra razão que, em várias passagens, os autores da ecologia profunda defendem expressamente a continuidade de atividades que implicam a eliminação de interesses fundamentais de outros seres vivos.

Naess (1995a, p. 19) lamenta a extinção da pesca "artesanal" por conta do estabelecimento da grande indústria pesqueira — ou seja, indiretamente, ele aceita a atividade da pesca, desde que seja feita em pequena escala, localmente:

> A escassa população da costa do ártico norueguês é tida como economicamente não ativa e de baixa renda do ponto de vista da política econômica do Estado de bem-estar social atual. As normas

> sociais determinam que cada família deve ter acesso aos serviços de telefonia (para o caso de alguma emergência). Isso custa uma quantidade significativa de dinheiro. O mesmo vale para a introdução de serviços como correios e outros. A atividade pesqueira local se encontra em declínio por conta da pesca realizada por grandes indústrias. O mercado de trabalho da pesca está em franco recesso.

No mesmo sentido, em outro momento, em depoimento dado para o documentário *The Call of the Mountain* [O chamado da montanha], Naess corrobora a necessidade da caça e da pesca para manutenção da economia de determinadas comunidades:

> *Entrevistador*: O senhor poderia dar alguns exemplos de não humanos que são afetados diretamente pela crise ecológica?
>
> *Arne Naess*: É bastante curioso observar que os não humanos aqui, que habitam essas pedras, pequenas criaturas que vivem nas sombras dessas rochas, são afetados muito intensamente e podemos até utilizá-los como indicadores de mensuração dos níveis de poluição local, já que não conseguem suportar o mesmo nível de degradação que nós suportamos. Da mesma forma, existem diversas espécies de plantas que, caso extintas, implicarão a redução de alimento disponível para as renas e, sem as renas, parte da população do ártico (os Sami) ficará com problemas e assim por diante. A interdependência que temos é muito mais abrangente do que usualmente compreendida. A ecologia, de acordo com meu entendimento, tem a ver com a interação de organismos no planeta.
>
> *Entrevistador*: Você poderia comentar um pouco mais a respeito dessa interconexão entre as espécies?
>
> *Arne Naess*: Claro. Utilizemos o exemplo da atividade da pesca, que tradicionalmente sempre desempenhou um importante papel no nordeste da Noruega. As indústrias de pescado são diretamente dependentes de certos tipos não comerciais de peixes. Esses peixes, por sua vez, são dependentes do plâncton, micro-organismos que povoam os oceanos. Se forem modificadas as condições de vida do plâncton, modificadas serão as condições desses peixes não comerciais que, por sua

> vez, afetam as populações de peixes extremamente importantes do ponto de vista comercial. Diante disso, nos últimos dez ou vinte anos, modificamos a política incidente sobre a pesca, adotando posturas mais cuidadosas não só em relação à pesca de determinadas espécies de peixes, mas com o próprio ecossistema do mar de Barentsz, no norte da Noruega e da União Soviética [...]. (Boeckel, 1995)

É evidente que, em termos quantitativos, a pesca em grande escala é mais nociva e prejudicial em função de uma maior eliminação da vida desses animais, mas mesmo a pesca local também impõe sacrifícios últimos aos interesses fundamentais desses animais, fato que aparentemente não é levado em consideração em razão da necessidade "vital" de garantia de postos de trabalho para os pescadores locais.

Em outra passagem, o mesmo autor enaltece Gandhi pelo seu cuidado e pela compaixão estendida aos animais, relatando, para tanto, a seguinte situação:

> Supreendentemente, Gandhi era radical em sua consideração pessoal para com a autorrealização de outros seres não humanos. Quando viajava, era comum levar consigo uma cabra para satisfazer sua necessidade de leite. Essa era uma clara demonstração, não violenta, contra alguns aspectos cruéis da ordenha de vacas pela cultura hindu. [...] Por conta disso, Gandhi reconhecia um direito básico de viver e florescer, de autorrealização, aplicável em um sentido amplo a todo ser que pudesse possuir interesses ou necessidades. (Naess, 1995a, p. 23)

Na verdade, na visão de um animalista, essa passagem poderia representar uma situação de aviltante abuso e exploração, caracterizada pela instrumentalização de outro ser senciente. No caso, ao que tudo indica, Gandhi passou a consumir o leite de cabra após uma grave doença (beber leite era uma indicação médica usual na época para os mais diversos problemas de saúde) e, em sua autobiografia, *The Story of My Experiments with Truth* [A história dos meus experimentos com a verdade]

(1957), descreve tal hábito como "uma das maiores tragédias da vida".

Em um simpósio de 1983, na Universidade de York, no Canadá, Naess apresentou um pequeno artigo intitulado "Deep Ecology and Lifestyle" [Ecologia profunda e estilo de vida], posteriormente modificado para "Lifestyle Trends within the Deep Ecology Movement" [Tendências de estilo de vida no movimento da ecologia profunda]. Neste trabalho, procurou apresentar 25 metas pragmáticas com as quais os partidários da ecologia profunda deveriam tentar se comprometer. São elas:

1. Valorize a simplicidade; evite utilizar instrumentos e meios desnecessários e complicados.
2. Escolha atividades que prestigiem e estimulem valores. Evite atividades meramente instrumentais, auxiliares, que não possuam valor intrínseco, ou que estejam a muitos passos de metas realmente relevantes.
3. Pratique o anticonsumismo. Essa atitude deriva das tendências 1 e 2.
4. Tente manter e aumentar a sensibilidade e a apreciação dos bens que sejam necessários ao aproveitamento coletivo.
5. Elimine a neofilia — o amor pelo que é novo pelo mero motivo da novidade.
6. Tente viver plenamente as situações que reflitam valores intrínsecos e não assuma uma postura omissa.
7. Aprecie as diferenças étnicas e culturais entre as pessoas; não veja as diferenças como ameaças.
8. Mantenha-se atento à situação dos países em desenvolvimento, e tente não adotar um padrão de vida muito mais elevado que o estritamente necessário (mantenha um estilo de vida solidário).
9. Aprecie estilos de vida que possam se manter universalmente — estilos de vida que não sejam evidentemente impossíveis de serem praticados ou que imponham injustiça a outros seres humanos e outras espécies.
10. Procure valorizar a riqueza e a profundidade de suas

experiências e não a intensidade.

11. Aprecie e escolha, sempre que possível, um trabalho que possua relevância ao invés de somente torná-lo um meio para a subsistência.
12. Leve uma vida complexa, mas não complicada, tentando realizar o maior número de experiências positivas possíveis.
13. Cultive a vida em comunidade (*Gemeinschaft*) ao invés de uma vida global, em sociedade (*Gesellschaft*).
14. Participe e estimule atividades no âmbito local — agricultura, silvicultura e pesca.
15. Tente valorizar satisfações vitais no lugar de meros desejos.
16. Tente viver na natureza. Não se contente em apenas visitar locais bonitos. Evite o turismo (mas ocasionalmente utilize as estruturas turísticas disponíveis).
17. Quando no ambiente natural, viva de forma leve e não deixe rastros.
18. Aprecie todas as formas de vida e não apenas aquelas consideradas belas, importantes ou úteis.
19. Nunca utilize as formas de vida como instrumentos. Permaneça consciente a respeito do seu valor intrínseco e da sua dignidade, mesmo quando utilizar essas formas de vida como recursos.
20. Quando houver um conflito entre os interesses de cães e gatos (e outros animais de estimação) e animais selvagens, tente proteger os últimos.
21. Tente proteger os ecossistemas locais, não somente formas de vida individualmente consideradas, e pense a sua comunidade como parte deste ecossistema.
22. Além de lamentar a excessiva interferência humana na natureza como desnecessária, não razoável e desrespeitosa, condene-a como insolente, inadmissível e criminosa — sem condenar as pessoas responsáveis pela interferência.
23. Tente agir com firmeza e sem covardia nos conflitos, sempre com palavras e ações não violentas.
24. Participe ou apoie ações diretas não violentas quando os outros meios de ação não se mostrarem suficientes.
25. Pratique o vegetarianismo. (Naess, 2008, pp. 140-1)

São, portanto, bastante variados os problemas que constam nesses itens, muitos decorrentes da já citada falta de esclarecimento sobre o fundamento do valor inerente e das suas condições de atribuição e distribuição na ecologia profunda.

O principal problema talvez consista na tentativa frustrada de conjugação, em uma mesma situação, de duas categorias valorativas bastante distintas: o valor inerente e o valor instrumental. Em várias passagens, de forma inicialmente coerente com os próprios postulados gerais da ecologia profunda, fica clara a intenção de valorizar todas as formas de vida como detentoras de valor próprio, inerente. Todavia, nessas mesmas passagens em que se atribui valor inerente, admite-se que essas entidades poderiam ser utilizadas como recursos, como instrumentos, o que, em princípio, violaria essa atribuição axiológica inicial.

O item 19 é especialmente elucidativo a esse respeito. Determina Naess que nunca utilizemos as formas de vida como instrumentos. Devemos permanecer plenamente conscientes a respeito do seu valor intrínseco e da sua dignidade, mesmo quando venhamos a utilizar essas formas de vida como recursos. A mensagem é para que se admita que seres com valoração própria possam ser utilizados como meios para saciar as necessidades tidas como relevantes para os seres humanos. Tal inconsistência coloca um problema sobre a fundamentação e a natureza do próprio valor inerente no âmbito da ecologia profunda. Poderia um mesmo ser titularizar valor autônomo e ser simultaneamente utilizado como um mero recurso, como uma coisa, como um objeto (excetuando-se, evidentemente, as hipóteses que caracterizam os casos-limite)? Pessoalmente, acreditamos que a resposta deve ser negativa, principalmente nas situações em que o uso trouxer dano ou prejuízo aos interesses ou ao bem-estar experimental daquele que é utilizado.

Embora esteja presente nesse rol a meta de comprometimento com o vegetarianismo (item 22 — tendência não prevista na primeira versão do artigo, que deu origem à referida listagem), ela se torna um tanto quanto destituída de sentido quando conjugada, por exemplo, com a valorização da pesca local, atividade que, evidentemente, implica a instrumentalização de outros seres vivos para finalidade alimentar (item 14). Como postular que devemos adotar o vegetarianismo se, no mesmo elenco, valoriza-se a pesca, ainda que supostamente artesanal?

Conforme mencionamos, tudo indica que a preocupação de Naess estaria voltada aos métodos cruéis de criação e abate de animais, e não propriamente ao questionamento do uso em si desses seres: "A política verde se preocupa com a dignidade tanto quanto com os padrões materiais de sobrevivência. A dignidade é essencial à qualidade de vida. É extensível aos animais. O sistema de criação intensivo nas fazendas industriais interfere com a dignidade dos porcos" (Naess, 1999, p. 61).

Em entrevista ao jornal sueco *Miljomagasinet*, Naess enfatiza que todos os seres vivos têm o direito à autorrealização, mas podem surgir conflitos entre humanos e animais:

> Bosquímanos do deserto africano, por exemplo, têm de caçar para sobreviver. Sua cultura estará fatalmente ameaçada se demarcarmos reservas naturais tão grandes que impeçam as pessoas de exercer essa atividade: "As pessoas lá têm o direito de matar outros animais e os santuários da natureza devem ser adaptados à sua realidade cultural", diz ele. No entanto, em princípio, ele é contra a caça, porque as baleias são animais extremamente inteligentes que se assemelham a nós em muitos sentidos. Opõe-se especialmente à prática quando se trata de espécies em perigo de extinção ou quando a atividade envolva tormento excessivo aos animais antes de serem mortos. Ele também acredita que é um passo positivo em relação às fábricas de animais o fato de se comer carne de animais criados soltos, "felizes", mas idealmente ainda seria melhor se não comêssemos carne. Ele mesmo é na maior parte do tempo vegetariano, embora não seja raro que se permita algumas exceções. (Stridbeck, 2002)

Não se sabe ao certo qual seria o real fundamento para a apontada tendência ao vegetarianismo. Pode ser o caso de que, além desse referido incômodo com a forma de manejo industrial dos animais, Naess estivesse também — ou até mesmo mais — preocupado com os impactos ambientais derivados da produção animal.[287] De algum modo, para os ecologistas profundos, a adoção do vegetarianismo faria mais sentido nesse contexto de preocupação com a qualidade ambiental.

No entanto, tal como menciona Waller, não nos comprometermos com o vegetarianismo significa não nos comprometermos com o uso racional da terra, com a disponibilidade de alimentos e com a própria qualidade da vida humana. Tudo indica, no entanto, que não podem ser deixadas de lado as relações entre humanos e não humanos: "essas interações (entre humanos e não humanos), apesar de todas as respostas evasivas da ecologia profunda, sempre ocorreram e sempre ocorrerão entre os constituintes particulares da natureza" (Waller, 1997, p. 196).

David Orton, no artigo "Deep Ecology and Animals" [Ecologia profunda e animais], publicado por ocasião da conferência Representing Animals [Representando os animais], na Brock University, realizada em novembro de 2003, trata de eventuais conflitos encarados do ponto de vista da ecologia profunda. Em um dos exempos citados, estava em questão como lidar com a população de focas, especialmente quando há alegações por parte dos pescadores de que elas supostamente provocariam a diminuição dos "estoques marinhos" de pescado. Para o autor:

> Focas possuem beleza e valor intrínseco a despeito do uso que os humanos possam delas fazer. [...] Aqueles que subscreverem

287 O relatório *Livestock Longshadow* [A grande sombra da pecuária], publicado em 2006 pela Organização das Nações Unidas para a Agricultura e a Alimentação (FAO) lista a pecuária como uma das atividades mais nocivas ao meio ambiente (devido à utilização e poluição de recursos hídricos, contribuição para a devastação de vegetação nativa com o avanço da fronteira agropecuária, emissão de gases responsáveis pelo aquecimento global, perda da biodiversidade etc.).

> essas crenças, embora ainda em minoria na região atlântica, estão colaborando para modificar a consciência humana de uma concepção homocentrada que olha esses seres como meros recursos. [...] Eu apoio o uso de subsistência das focas por povos indígenas e não indígenas desde que com limitação do número de animais abatidos. [...] Essa posição também ilustra uma das frases célebres de Naess, de que o igualitarismo biosférico necessita de algum grau de morte, exploração e supressão. (Orton, 2003)

Embora a maior parte dos ecologistas profundos se oponha à crueldade contra os animais, eles não compartilham, evidentemente, conforme já mencionado, da agenda animalista. Tal como elucida Orton (2003):

> nem todos os partidários da ecologia profunda, incluindo eu mesmo, são vegetarianos ou se opõem totalmente à caça. [...]. Consideramos a contradição primária ser a visão de mundo antropocêntrica fruto da sociedade capitalista de cunho industrial [...]. Não acredito que a maioria dos ecologistas profundos concorde com uma asserção usual por parte dos defensores dos direitos dos animais, encontrada no importante e progressista livro de Rod Preece, *Animals and Nature: Cultural Myths, Cultural Realities* [Animais e natureza: mitos culturais, realidades culturais], de que: "Toda a domesticação dos animais, esteja ela inserida no âmbito do modelo ocidental de criação intensiva de animais, na sociedade hindu que venera os bovinos, ou na criação de cães para caça nas sociedades indígenas, representa formas de escravidão". Os ecologistas profundos fazem uma clara distinção entre animais selvagens e aqueles animais que evoluíram em contato próximo com os seres humanos. Os últimos devem, claro, ser tratados humanamente, mas não são nossos "escravos". Não podemos ignorar a evolução compartilhada entre humanos e animais domésticos. Sempre dependemos historicamente da manutenção desses animais em grandes números e em grandes densidades.

Tudo indica, portanto, que há um grave problema na real compreensão do conceito de igualdade (quando aplicado à questão do denominado igualitarismo biocêntrico) por parte da ecologia profunda.

Outra questão presente naqueles itens apresentados por Naess é a hierarquia estabelecida previamente em favor dos animais selvagens, também mencionada por Orton e igualmente presente na ética da terra de Leopold, conforme já verificado. No item 20, o ecologista profundo afirma que, no caso de eventual conflito entre os interesses de animais domésticos e animais selvagens, deve-se privilegiar a proteção dos interesses dos últimos. Essa é uma concepção hierarquizante que toma o critério de pertencimento de espécie como atributivo de valoração moral destacada. Representa uma forma de especismo eletivo. Um cão possui menos valor inerente que um lobo pelo mero fato de ter sido historicamente domesticado? A própria domesticação não implicaria, em certo sentido, justamente o estabelecimento de uma maior responsabilidade para com seres tornados artificialmente nossos dependentes?

O fato é que a preservação do que seria considerado "natural", isto é, daquilo que não tenha sofrido uma interferência artificial por parte dos humanos, é o que, para eles, importa: "Nossa relação com cães e gatos domésticos é extremamente importante para muitas pessoas, mas é pálida e unidimensional quando comparada com as relações que nossos ancestrais tiveram com animais selvagens" (Devall, 1995, p. 115).

No caso dos animais, pode-se dizer que os selvagens devem contar com proteção prioritária em detrimento dos domésticos. Este aspecto teleológico cumpre um papel decisivo na argumentação ambientalista: organismos selvagens não possuiriam a função natural de servir ao homem, enquanto os domésticos, sim.

Manter ursos em zoológicos seria um crime contra o que é natural; manter porcos confinados para criação em fazendas industriais, não. A ideia subjacente é a de que "criamos" entidades que de outro modo não existiriam naturalmente. Por essa razão, estaríamos autorizados a utilizá-las e explorá-las de acordo com nossos interesses. Seriam como "artefatos naturais".

Os animalistas, evidentemente, não se preocupam com a apontada distinção entre animais selvagens e domésticos ou domesticados. A senciência torna um búfalo e uma vaca titulares de consideração moral equivalente.

Esse talvez seja um dos principais problemas a serem enfrentados pela teoria que orienta a ecologia profunda: o do estabelecimento de hierarquias valorativas tanto no que diz respeito à relação entre a parte e o todo, conforme já abordado, quanto como entre humanos e não humanos. Para Naess, portanto, apesar de os animais possuírem igual direito à autorrealização, eles não teriam exatamente o mesmo valor que os seres humanos:

> Não afirmamos que todos os seres vivos possuem o mesmo valor que os seres humanos, mas que possuem uma espécie de valor intrínseco que não é quantificável. Não se trata de uma questão de igualdade ou desigualdade, e sim do direito de viver e florescer. Posso matar um mosquito que está no rosto de meu bebê, mas nunca diria que, por conta disso, possuo um direito maior a viver que o inseto. (Naess, citado por Schwarz, 2009)

O exemplo que Naess utiliza é impreciso, pois o fato de matar um mosquito que efetivamente pode me trazer problemas de saúde poderia ser equiparado a uma situação de legítima defesa que, como se viu, em tese, é aplicável também a seres humanos. Quando alguém repudia uma agressão injusta com os meios necessários e de modo proporcional, não fica sujeito a qualquer tipo de sanção formal do Estado. Da primeira parte da sua afirmação a respeito de um suposto valor desigual entre humanos e não humanos não decorre, logicamente, o exemplo da eliminação do inseto. São situações distintas que traduzem contextos diferenciados.

A ideia original do denominado igualitarismo biosférico (ou ecológico) possui, em tese, o objetivo de negar a considerabilidade moral especial dos seres humanos, mas erra seu alvo. Na verdade, ao contrário do que postulam os ecologistas profundos, essa concepção corrobora um escalonamento valorativo bastante claro, no qual a ideia de igualdade não encontra assoalho firme.

Peter Singer (1998, pp. 297-8) critica a afirmação de Devall e Sessions de que a "intuição básica" da igualdade biocêntrica seria a de que, na biosfera, as coisas têm o mesmo direito de viver e florescer, bem como de alcançar as suas formas individuais de desenvolvimento e autorrealização:

> Se, como esta citação parece sugerir, essa igualdade biocêntrica se funda numa "intuição básica", ela se defronta com algumas intuições muito fortes que apontam para a direção oposta — por exemplo, a intuição de que os direitos de "viver" e "florescer" dos adultos normais devem ser preferidos aos dos fermentos, e os dos gorilas devem ter precedência sobre os das folhas da relva. Se, por outro lado, a questão for que seres humanos, gorilas, fermentos e relva são, todos, partes de um todo inter-relacionado, ainda assim se poderá perguntar de que modo isso determina que tenham o mesmo valor intrínseco. Será porque todas as coisas vivas têm um papel a desempenhar num ecossistema do qual dependem para a sua sobrevivência? Em primeiro lugar, porém, mesmo que isso mostrasse que existe um valor intrínseco nos micro-organismos e nas plantas como um todo, não diz absolutamente nada sobre o valor de micro-organismos ou plantas considerados individualmente, já que nenhum indivíduo é necessário para a sobrevivência do ecossistema como um todo. Em segundo lugar, o fato de todos os organismos serem parte de um todo inter-relacionado não sugere que tenham, todos, um valor intrínseco, muitos menos um valor intrínseco igual. Talvez só tenham valor por serem necessários à existência do todo, e o todo só tenha valor porque sustenta a existência de seres conscientes.

Carol Adams também chama atenção para a falta de maior fundamentação sobre o valor inerente do todo sobre as partes que o compõem, afirmando que as formas de destruição da vida animal representam sempre simbolicamente algum tipo de dominação sobre a natureza, da qual todos os seres vivos são parte. Nesse sentido, a complacência com a exploração animal significa, em determinado sentido, cumplicidade para com a postura de dominação do mundo natural, algo que, ao menos em tese, os ecologistas profundos tentam evitar.

O ecofeminismo alega que tanto o ambientalismo tradicional quanto as formas ditas profundas ou radicais padeceriam de um mal comum, o de ignorar em suas formulações o fenômeno do patriarcalismo e do androcentrismo. As noções de opressão das mulheres e de degradação ecológica seriam questões conexas entre si, marcadas pela vulnerabilidade frente ao projeto masculino de dominação do mundo. Ariel Kay Salleh (1984, p. 344) assevera, a esse respeito, que:

> Há um esforço planejado para repensar a metafísica, a epistemologia e ética ocidentais [...], mas essa modificação permanece como um ideal fechado em si mesmo em razão da falha em encarar de frente as origens psicossexuais da nossa crise cultural [...]. Infelizmente, do ponto de vista do ecofeminismo, a ecologia profunda é apenas mais um movimento de cunho reformista: a novidade em termos de estabelecimentos de novos valores que ela clama é periférica [...]. O movimento da ecologia profunda não irá realmente ocorrer até que os homens sejam corajosos o suficiente para redescobrir e amar a mulher dentro deles próprios.

No caso específico da ecologia profunda, a autorrealização, conjugada com a meta proveniente do holismo, corroboraria um impulso de subordinação da parte ao todo que desconsideraria os projetos individuais de bem viver. Sem maior comprometimento teórico, a ecologia profunda consubstanciaria uma forma de filosofia imperialista do *Self*.[288]

As feministas consideram que a maior parte das teorias morais está vinculada a projetos patriarcais que, por sua vez, estão intimamente relacionados à dominação da natureza.

288 A própria meta de redução populacional presente na plataforma da ecologia profunda é criticada por supostamente representar uma intervenção racionalista que procura eliminar a dependência dos homens em relação às mulheres no que se refere à potência natural das mulheres como fontes geradoras de vidas.

A imagem da Terra como uma grande mãe foi gradualmente substituída pela ciência que enxerga no mundo natural um mundo de desordem, que necessita ser subjugado:

> O projeto tecnológico relaciona-se intimamente à Revolução Científica iniciada por pensadores como Descartes. O racionalismo cartesiano e seu dualismo sujeito-objeto são produtos de uma visão da realidade extremamente masculinizada, uma visão que ainda hoje é compartilhada por muitos homens na sociedade moderna. Extirpados de seus sentimentos, os homens se tornam isolados, rígidos, excessivamente racionais e comprometidos com princípios abstratos, à custa de suas relações pessoais concretas. Como resultado desse comprometimento com doutrinas abstratas, os homens desenvolveram filosofias morais altamente baseadas no papel da razão. Tal modo de ver o mundo deixa pouco ou nenhum espaço para o cuidado e a sensibilidade como precondição para o agir ético, incluindo a relação do homem para com a natureza. (Zimmerman, 1995a, p. 173)

A crítica proveniente do ecofeminismo é, no entanto, apenas parcialmente verdadeira. Não há como negar que as construções ideológicas nas relações de gênero influenciaram historicamente uma visão de mundo mecanicista. O patriarcado configura, de fato, um sistema social e cultural de dominação do feminino que reflete, nesse sentido, uma mesma lógica operacional de opressão que é normalmente utilizada para fundamentar a exploração da natureza. Embora essas constatações sejam acertadas, há, por parte do feminismo e do ecofeminismo, um investimento excessivo na dualidade homem-mulher. Em outras palavras, o pressuposto de que as mulheres, pelo mero fato de serem mulheres, seriam mais generosas ou sensíveis para com o mundo natural é desprovido de maior sentido e comprovação, já que tanto os homens como as próprias mulheres são contaminados pela visão patriarcalista. Demarcar em fronteiras estanques o homem (ou o masculino) como símbolo da razão instrumentalizadora e a mulher como manifestação da sensibilidade e da emoção é algo bastante simplista:

> O fato de se conceber esses traços (sensibilidade, emoção e cuidado) como essencialmente femininos parece sugerir uma doutrina essencialista e/ou genética das diferenças entre homens e mulheres: o homem como pensador, racional; a mulher como uma cuidadora sensível. É essa doutrina consistente com a convicção de muitas feministas de que homens e mulheres são produtos distorcidos das práticas psicológicas, culturais e sociais do patriarcalismo? Se nós, seres humanos, somos essencialmente ou naturalmente divididos por traços ligados ao pertencimento de gênero (razão vs. emoção), então não há sentido real em tentar modificar nossas práticas culturais. [...] Se os ecologistas profundos não podem chegar ao centro da questão por conta de ser a sua experiência de mundo distorcida pelo patriarcalismo, não poderíamos dizer o mesmo sobre as mulheres? Como a expressão autêntica da experiência feminina é possível sob o patriarcado? E o que poderíamos entender por expressão autêntica da experiência feminina? (Zimmerman, 1995a, p. 186)

Há que se ter muito cuidado com afirmações genéricas que colocam na identidade de gênero a explicação para diferenças comportamentais em relação ao valor da natureza. A necessidade de redirecionamento das trajetórias dos movimentos sociais deve ser inclusiva e não dualista ou hierarquizante em relação a seus atores.

3.2.3 A aproximação das posições ecocêntricas com o organicismo e os "direitos da natureza"

O holismo metafísico presente nas teses ecocêntricas, ao menos em alguns momentos, se aproxima de um organicismo que compreende os sistemas naturais como verdadeiras entidades autônomas, independentes. As espécies, os ecossistemas e a própria Terra possuiriam formas de autorrealização próprias, seriam entidades globais com interesses próprios, distintos dos de seus componentes:

> O movimento aqui se apoia sobre uma tese metafísica, ou pelo menos ganha força dela se tiver êxito, segundo a qual esses grandes sistemas exibem organização e integração suficientes para serem considerados como vivos, como tendo um bem por si mesmos, ou, de modo menos controverso, como possuindo valor intrínseco. (Elliot, 1995, citado por Naconecy, 2003, p. 110)

Em "A Morally Deep World" [Um mundo moralmente profundo] (1982), Lawrence Johnson afirma que as entidades coletivas representam "entidades/processos vitais" e não apenas somatórios agregados de seus elementos. As espécies, por exemplo, seriam compreendidas como autênticos organismos individuais (todos orgânicos unificados e contínuos no tempo e espaço), com propriedades e demandas/interesses próprios. Os processos sistêmicos com suas entidades naturais coletivas teriam, nesse sentido, precedência e valor moral superior ao valor individual.

John Gillroy (citado por Naconecy, 2003, p. 110) sustenta que, embora a natureza em si mesma não possua moralidade, poderia ter valor próprio se compreendida como uma rede de componentes naturais autogerada e autoperpetuante (autopoiese natural):

> A natureza, em seus próprios termos, é uma entidade funcional que nos preda, nos produz, e tem a probabilidade de continuar

> a existir muito depois de nós. Essa interdependência funcional é um fato, mas um fato que nos compete a um dever moral de agir por parte da humanidade. Em virtude de que podemos romper esse funcionamento independente, e também porque dependemos dele, se temos quaisquer deveres direcionados a nós mesmos e aos outros, então temos deveres para com a natureza, tanto em termos do bem de nós mesmos quanto do "bem" da natureza como um "outro".

Historicamente, houve diversas manifestações culturais que valorizaram o organicismo como uma forma de explicar cosmológica, social e ecologicamente a realidade. Henry More, por exemplo, professor de filosofia da Universidade de Cambridge no século XVII, falava em uma "alma do mundo" ou "espírito da natureza" (*anima mundi*) traduzindo uma espécie de animismo que tudo conectava. Leibnitz foi outro pensador da época que sustentava a interligação de tudo, assim como o já referido Spinoza, muito citado pelos próprios ecologistas profundos:

> o pensador holandês afirmava que o panteísmo — noção segundo a qual todos os seres ou objetos, como lobos, macieiras, humanos, rochas e estrelas — seria uma manifestação única de uma mesma substância criada por Deus. Quando alguém morre, a matéria presente em seu corpo se tornaria alguma outra coisa: solo e alimento para os vegetais, por exemplo, que, por sua vez, alimentariam os cervos e daí por diante. A compreensão de Spinoza sobre essas inter-relações tornou possível que construísse uma teoria que privilegiava o valor do sistema em detrimento de qualquer de suas partes, fossem elas permanentes ou transitórias. (Nash, 1989, p. 20)

Outros autores também trabalharam em maior ou menor grau com essa noção de organicidade, tais como o botânico inglês John Ray e o poeta, também inglês, Alexander Pope, que em seu *An Essay on Man* [Um ensaio sobre o homem] (1733) escreveu que:

Are all but parts of one stupendous whole,
Whose body Nature is, and God the soul.
[...]
Has God, thou fool! Work'd solely for good,
Thy job, thy pastime, attire, thy food?
[...]
Know, Nature's children all divide her care;
The fur that warms a monarch, warm'd a bear.[289]

O sentido de comunidade expandida se fez presente também entre os transcendentalistas[290] do século XIX, como Ralph Waldo Emerson, Henry David Thoureau e John Muir. Thoureau (citado por Nash, 1989, pp. 36-7) chegou a afirmar que a sua percepção de uma alma universal envolvia a compreensão de que: "A Terra de que falo não é uma massa inerte; mas um corpo, possui um espírito, é orgânica e fluida à influência do seu espírito". Outros pensadores, como Alfred North Whitehead, Herbert Spencer e Hegel também foram simpatizantes de teses holistas, embora nem sempre (ou quase nunca) de cunho antiantropocêntrico.

O vocábulo "biosfera", muito utilizado neste trabalho, foi cunhado pelo geólogo Eduard Suess em 1875, na obra *Die Entstehung der Alpen* [O surgimento dos Alpes], para designar o local físico onde a vida realiza seus processos essenciais. Esse conceito foi posteriormente reelaborado pelo geoquímico russo Vladimir Ivanovich Vernadsky em seu trabalho pioneiro *The*

289 "Todos os seres não são mais que partes de um admirável todo/ Cujo corpo é a Natureza, e Deus a alma./ [...] Se Deus trabalhou, homem tolo, apenas para o teu bem/ Tua ocupação, teu gosto, teus ornamentos, teu alimento?/ [...] Saiba: por seus filhos a Natureza se reparte;/ A pele que veste um rei já cobriu um urso" (Pope, citado por Nash, 1989, p. 21).

290 Os transcendentalistas pregam a existência de um estado espiritual que transcende o plano físico. A realidade só seria adequadamente percebida e compreendida a partir de princípios derivados da experiência espiritual e não física.

Biosphere [A biosfera], publicado originalmente em 1926,[291] mas não disponível em inglês até 1986. Vernadsky argumentava que a vida é a representação de uma força essencial geológica ativa (a função primária da matéria viva seria colonizar e transformar a realidade), e essa ideia serviu de pano de fundo para que Lovelock pudesse mais tarde desenvolver a conhecida hipótese Gaia.[292]

Como se viu, paralelamente e de modo praticamente simultâneo a Vernadsky, no âmbito das construções ecológicas, Aldo Leopold (1991, p. 95), influenciado por Ouspensky, afirmou em 1923 que a Terra é "um organismo que possui certo nível e grau de vida". No artigo "Some Fundamentals of Conservation in the Southwest",[293] ele expressa a sua filiação ao organicismo:

> Não parece de todo impossível considerar as partes da Terra — solo, montanhas, rios, atmosfera etc. — como órgãos de um todo coordenado, cada qual com uma função bem definida. E se pudéssemos ver esse todo como de fato um todo, durante um bom período de tempo, perceberíamos não só órgãos com funções coordenadas, mas possivelmente um processo de consumo e

291 Vernadsky utilizou o termo pela primeira vez em 1924, em artigo intitulado "La Géochimie", resultante de uma série de palestras proferidas na Sorbonne, França, entre 1922 e 1923.

292 Na verdade, Lovelock não foi o primeiro a utilizar a palavra "Gaia" para se referir à biosfera como um organismo vivo. Em 1931, o biólogo holandês Lourens G. M. Baas Becking (1895-1963) usou o vocábulo em sua aula inaugural "Gaia or Life and Earth" [Gaia ou a vida na Terra], na Universidade de Leidein, Holanda. No caso de Lovelock, o nome que havia pensado originalmente para denominar sua hipótese era "Tendência Universal Homeostática do Sistema Biocibernético". Posteriormente, em conversa com o escritor William Golding, seu vizinho na época, ficou convencido a utilizar o nome Gaia.

293 Este artigo de Leopold permaneceu não publicado até 1979, quando apareceu no volume inaugural da prestigiada revista *Environmental Ethics*, no mesmo ano em que, coincidentemente, Lovelock publicou *Gaia: A New Look at Life on Earth* [Gaia: um novo olhar para a vida na Terra].

substituição que na biologia denominamos de metabolismo do crescimento. Nesse caso, teríamos todos os atributos visíveis de algo que é vivo, que normalmente não reconhecemos como tal em razão de seu grande tamanho e da lentidão de seus processos. E desse reconhecimento decorreria o atributo invisível chamado de alma ou consciência, que muitos filósofos de todas as idades prescrevem às criaturas vivas [...]. (Leopold, 1991, p. 95)

Na década de 1960 a Nasa, agência espacial norte-americana, pediu a James Lovelock, um químico inglês, para pensar nos tipos de experimentos que poderiam ser incluídos na espaçonave Viking para testar a presença de vida em Marte. Lovelock, no entanto, sugeriu que poderíamos inferir a existência de vida no planeta vermelho sem ter de ir até lá, bastando para tanto a análise dos processos químicos que abrigam a vida.[294] A ideia geral de sua teoria é que a biosfera como um todo tende à homeostase, produzindo e mantendo condições propícias para sua própria existência (abrigando ou não a vida tal qual a conhecemos).

Em certo sentido, essa conclusão de Lovelock não é propriamente original, mas traduz um caminho para a afirmação de que a biosfera poderia ser vista, não só metaforicamente, mas de fato, como um organismo individual. Em sua visão, a Terra estaria "viva", pois:

todo o espectro da vida na Terra, das baleias aos vírus, dos carvalhos às algas, pode ser considerado como constituindo uma única entidade viva, capaz de manipular a atmosfera da Terra para acomodar suas demandas e possuidora de faculdades e poderes muito superiores aos de suas partes constituintes. (Lovelock, 1979, p. 9)

294 Outra figura importante para a hipótese Gaia foi a bióloga norte-americana Lynn Margulis. Ela publicou em 1998 a obra *Symbiotic Planet: A New Look on Evolution* [Planeta simbiótico: um novo olhar para a evolução].

No mesmo período, as imagens obtidas da Terra e vistas do espaço pela sonda Apollo (a principal delas ficou conhecida como *blue marble*, ou "mármore azul") foram responsáveis pelo ressurgimento de uma preocupação com as modificações antrópicas do planeta. Na visão de Lovelock (1979, p. 148):

> a evolução do *Homo sapiens*, com toda a sua inventividade tecnológica e sua crescente capacidade de comunicação em rede, aumentou consideravelmente o alcance da percepção da existência de Gaia. Ela está agora acordada e consciente de si mesma. Ela viu o reflexo de sua bela face através dos olhos dos astronautas e das câmeras de TV da espaçonave. Nossas sensações de espanto e maravilhamento, nossa capacidade para o pensamento crítico e especulativo, nossa curiosidade incansável são compartilhadas com ela.

A hipótese Gaia, que consiste em tratar a biosfera como um organismo vivo, autônomo, recupera a intuição holista com uma pitada espiritual, na medida em que há referência a uma entidade divina, Gaia.[295] No entanto, ao que tudo indica, a alusão à figura de Gaia possui como pano de fundo o destaque de seus poderes e não propriamente de nossas responsabilidades para com sua integridade. A tese envolve a ideia de que a biosfera (Gaia) é muito mais resiliente que a maior parte dos ambientalistas normalmente imaginam. O próprio conceito de poluição seria "antropocêntrico e irrelevante em um contexto de Gaia. Muitos dos poluentes estão naturalmente presentes no ambiente e parece ser extremamente complexo afirmar a partir de qual nível seria legítimo considerá-los, de fato, poluentes" (Lovelock, 1979, p. 110). A mensagem, por mais paradoxal que possa soar, é de que a natureza como um todo não seria frágil, e que muitas das

295 Na mitologia grega, Gaia representa a mãe universal de todos os seres. Com o desenvolvimento do mito, passou a ser confundida com Vênus, Ceres, Cibele ou Juno. É normalmente representada pela figura de uma mulher gigantesca, de formas pronunciadas e seios volumosos.

nossas medidas de salvaguarda, atualmente presentes no âmbito do direito ambiental, seriam desnecessárias.

Todavia, Gaia teria "órgãos vitais", e esses órgãos seriam o seu ponto fraco. As áreas pantanosas, as florestas tropicais e as plataformas continentais, para Lovelock, seriam exemplos de sistemas que poderiam colocar em risco a estabilidade do todo.

Na hipótese lovelockiana não há lugar para preocupações ecológicas, ou muito menos éticas, com locais que não sejam esses sistemas considerados relevantes. Tampouco há, na construção da hipótese Gaia, lugar para a consideração de interesses individuais das partes ou "órgãos" constituintes. O que importa é o bom funcionamento e a "saúde" do planeta como um todo. Deve-se observar que Lovelock não enxerga grandes problemas nas intervenções ambientais voltadas a garantir a homeostase de Gaia, ou até nas que visam criar condições para a vida em locais onde ela não mais existe. No livro *The Greening of Mars* [O florescer de Marte] (Lovelock & Allaby, 1985), escrito em parceria com Michael Allaby, o autor preconiza a intervenção humana no planeta vermelho com vistas à recomposição da atmosfera marciana (instrumentalização de um objeto extraterreno para finalidades humanas), ou, em outros termos, a levar Gaia conosco para além da própria Terra.[296]

É ao menos curioso perceber que uma das interpretações possíveis para a hipótese Gaia, que nasce na esteira de valorização holística dos sistemas naturais, é a de que, em seu extremo, chegaria ao ponto de retornar a uma ideia ligada a uma posição individualista (individualismo moral). Gaia não seria apenas mais um organismo qualquer, ela possuiria demandas, interesses e formas específicas de interação que a qualificariam praticamente como um autêntico sujeito moral. Embora não chegue a afirmar que a biosfera seja, de fato,

296 Essa é uma ideia presente no filme *Interestelar* (2014), dirigido por Christopher Nolan, cujo pano de fundo consiste na busca de uma nova Terra.

equiparável a uma pessoa, Kenneth Goodpaster (1979, p. 21) deixa clara essa possível analogia:

> O nosso universo moral pode conter estruturas inclusivas de pessoas às quais devemos respeito (da mesma ordem que o respeito pelas pessoas). Tal constatação se aplica à biosfera como um todo: não como uma mera coleção de partículas bióticas, mas como uma unidade integrada e autossustentável que utiliza primariamente a energia solar a serviço do florescimento e manutenção. A história da evolução traduz o drama dos sistemas biológicos na luta pela sobrevivência.

Da mesma observação parece compartilhar o filósofo Anthony Weston (1987, p. 223), para quem:

> Gaia não é somente um organismo. Está mais para uma pessoa. A biosfera pode ser vista como um ser integrado de acordo com a hipótese Gaia, e ela monitora seus próprios estados e se adapta de acordo com as suas necessidades. Personificá-la, chamando-a por um nome, pode, portanto, ser totalmente apropriado. Se esse for o caso, podemos invocar em sua defesa a já estabelecida defesa do valor inerente das pessoas. Podemos ser chamados a repensar nossa concepção acerca do conceito de pessoa e a presunção de que somente seres humanos (ou organismos que se assemelham a nós) contam como pessoas.

Essa analogia, no entanto, deixa em aberto questões fundamentais previamente levantadas, relativas à atribuição de interesses e de valor inerente a um ente coletivo, como a biosfera, além das dificuldades científicas em justificar a reunião das partes em função das metas coletivas.[297]

297 A teoria evolutiva tradicional, de matriz darwiniana, embora possa, em algumas situações específicas, reconhecer o papel de mecanismos de cooperação, não elimina o caráter competitivo que conduz à seleção natural dos indivíduos melhor adaptados. Em princípio, não haveria espaço para a conciliação desse tipo de competição com as metas cooperativas de larga escala pretendidas pela hipótese Gaia.

Como se percebe, a ideia central da hipótese Gaia não é propriamente nova. O organicismo e o animismo, principalmente de cunho panteísta, estão presentes nas mais diversas culturas. Diversos povos, dentre eles os povos nativos do continente americano, possuem uma tradição ou cosmovisão relacionada a esse modo de perceber a natureza e os fenômenos naturais.

Muito por conta desse legado, em 2008, no âmbito do denominado novo constitucionalismo latino-americano (Oliveira & Gomes, 2011, pp. 333-51), a nova Constituição equatoriana tratou de fazer referência em seu texto aos chamados "direitos da natureza" (*derechos de la naturaleza*), seguida pela Bolívia, com a Constituição de 2009, com a Lei dos Direitos da Mãe Terra (Ley de Derechos de la Madre Tierra) de 2010, e com a Lei Marco da Mãe Terra e Desenvolvimento Integral para Viver Bem (Ley de la Madre Tierra y Desarollo Integral para Vivir Bien), de 2012.[298]

O preâmbulo da Constituição do Equador é bastante elucidativo a esse respeito ao celebrar "a natureza, a Pachamama,[299] da qual somos parte e que é vital para nossa existência". O art. 10 faz referência à suposta existência de direitos para além da humanidade ao estabelecer que: "A natureza será sujeito daqueles direitos que a Constituição reconheça". O capítulo

298 Alguns outros documentos relevantes sobre direitos da natureza podem ser mencionados: (a) *Carta mundial da natureza*: aprovada pela Assembleia Geral da ONU em 1982, afirma que a espécie humana é parte da natureza e que todos os seres vivos possuem valor intrínseco e merecem respeito; (b) Convenção mundial da diversidade biológica (DL nº 2/1992): estabelece em seu preâmbulo o valor intrínseco da diversidade biológica; (c) Declaração universal dos direitos da mãe Terra: aprovada por ocasião da Conferência Mundial dos Povos sobre Mudança Climática e os Direitos da Mãe Terra, realizada em abril de 2010, em Tiquipaya, Cochabamba, Bolívia; (d) Declaração do foro alternativo mundial da água: celebrado em Marselha, França, em 2012, reconhece os direitos do ecossistema e das espécies a existência, desenvolvimento, reprodução e perpetuação.

299 Pacha Mama ou Pachamama é a divindade que representa a vinculação à terra, a mãe, o feminino, o cuidado, a fertilidade e fecundidade, enfim, a sustentação dos processos vitais. Assemelha-se à deusa Gaia.

sétimo, intitulado "Direitos da natureza", estabelece em seu art. 71 que: "A natureza ou Pachamama, onde se reproduz e realiza a vida, possui o direito a que se respeite integralmente sua existência e a manutenção e regeneração de seus ciclos vitais, estrutura, funções e processos evolutivos".

A Bolívia trilhou um caminho similar,[300] fazendo menção à Pachamama no preâmbulo de sua Constituição e mencionando expressamente o direito de outros seres vivos, além da humanidade, ao pleno e normal desenvolvimento (art. 33).[301] Publicou em 2010 a mencionada Lei dos Direitos da Mãe Terra, que define, em seu art. 3º, que "A Mãe Terra é o sistema vivente dinâmico formado pela comunidade indivisível de todos os sistemas de vida e dos seres vivos, inter-relacionados, interdependentes e complementares, que compartem um destino comum", com direitos assegurados à vida, ao equilíbrio e à recuperação.

Alberto Acosta (2010, pp. 19-20), ex-presidente da Assembleia Constituinte responsável pela nova Constituição equatoriana, afirma que a concepção antropocentrada que recai sobre a natureza deve ser combatida, reconhecendo-se que está em curso um verdadeiro processo histórico de ampliação dos direitos subjetivos:

> Ao longo da história, cada ampliação dos direitos foi tida como anteriormente improvável. A emancipação dos escravos ou a extensão dos direitos civis aos afro-americanos, às mulheres e às crianças foram negadas pelos grupos dominantes por serem consideradas um absurdo. Para a abolição da escravidão, era um pressuposto se reconhecer o "direito a ter direitos", o que exigia um esforço político para modificar as leis que negavam

300 Subjacente a esse debate se encontra o conceito de "bem viver" (*sumak kawsay*), traduzido, entre outras maneiras, pela ideia de direito a viver em um ambiente ecologicamente equilibrado.

301 "Art. 33 — As pessoas têm direito a um meio ambiente saudável, protegido e equilibrado. O exercício desse direito deve permitir aos indivíduos e coletividades, das presentes e futuras gerações, além de a outros seres vivos, desenvolverem-se de maneira normal e plena".

> aqueles direitos. Para libertar a natureza dessa condição de sujeito sem direitos ou de simples objeto de apropriação, é necessário um esforço político que reconheça que a natureza é sujeito de direitos. Esse aspecto é fundamental se aceitamos que todos os seres vivos possuem o mesmo direito ontológico à vida. Do atual antropocentrismo devemos transitar, tal como afirma Gudynas, ao biocentrismo. Isso implica organizar a economia preservando a integridade dos processos naturais, garantindo os fluxos de energia e de matéria na biosfera, sem deixar de preservar a biodiversidade.

Três problemas especialmente sensíveis podem ser diagnosticados na passagem de Acosta acima referida: (a) o primeiro deles diz respeito a caracterizar o reconhecimento dos direitos da natureza como parte de um processo de expansão dos direitos individuais, tal como ocorreu com a emancipação dos escravizados, das mulheres e das crianças, entre outros; (b) o segundo é relativo ao enquadramento conceitual do fenômeno dos direitos da natureza no âmbito do biocentrismo; e (c) o terceiro diz respeito ao real conteúdo material da expressão direitos da natureza, ou o real sentido em que o termo "direito" é empregado no âmbito desse movimento.

Em relação ao primeiro ponto supramencionado, a lógica de ampliação dos direitos naturais, tidos como essenciais ou fundamentais, que normalmente toma como marco a Magna Carta de 1215, girou sempre em torno da garantia da proteção a indivíduos ou categoria de indivíduos em condição de vulnerabilidade. A afirmação segundo a qual a implementação ou o reconhecimento dos direitos da natureza fariam parte desse movimento como uma última fronteira a ser conquistada é duvidosa no sentido de que, conforme já se destacou ao longo do presente trabalho, os pontos de partida das visões lastreadas no individualismo moral e no holismo metafísico são bastante diferenciados, bem como as conclusões a que chegam. Corre-se o risco de imaginar, por exemplo, que o alcance dos direitos da natureza seria uma etapa final, mais completa, dos movimentos anteriores, por abarcar não só os seres sencientes, como também os demais seres vivos não sencientes e até mesmo entes inanimados coletivamente considerados. Como se destacou, embora quantitativamente o número de destinatários de "direitos" possa eventualmente ser maior no âmbito do discurso dos direitos da natureza, qualitativamente a sua proteção é bem menos incisiva quando comparada com outras correntes da ética ambiental.

O segundo ponto destacado é a suposta identificação do tema dos direitos da natureza com as posições biocentradas, ou, em outras palavras, estabelecer que os direitos da natureza possuam fundamentação biocêntrica: "No âmbito dos direitos da natureza, o centro está no valor da natureza. Esta vale por si mesma, independentemente de sua utilidade ou uso para o ser humano, que, por sua vez, é parte da natureza. É isso que representa uma visão biocêntrica" (Acosta, 2010, p. 22).

Evidentemente, esta é uma simplificação grosseira e equivocada do que vem a constituir o biocentrismo. A assunção de que a natureza como um todo possa ser titular de direitos está muito mais próxima, por certo, de uma posição ecocentrada, holista. Não é por outra razão que o próprio Acosta, em discurso na Assembleia Nacional Constituinte, reproduzido na revista *Peripecias*, fez menção expressa à figura de Aldo Leopold, transcrevendo expressamente a máxima constante da ética da terra:

> Qualquer sistema legal sensível aos desastres ambientais que hoje em dia conhecemos, e ao conhecimento científico moderno — ou aos conhecimentos antigos das culturas originárias — sobre como funciona o universo, teria que proibir os humanos de levar à extinção outras espécies ou destruir intencionalmente o funcionamento dos ecossistemas naturais. Como declara a famosa ética da terra de Aldo Leopold, "uma coisa é certa quando tende a preservar a integridade, a estabilidade e a beleza da comunidade biótica. É errada quando tende ao contrário". (Acosta, 2010)

Essa linha de reflexão, segundo Acosta (2010), possuiria algumas premissas fundamentais que conformam a denominada "democracia da Terra", todas relacionadas direta e indiretamente a uma visão tipicamente ecocêntrica, a saber:

(a) os direitos humanos individuais e coletivos devem estar em harmonia com outras comunidades naturais da Terra;
(b) os ecossistemas possuem direito de existir e de seguir seus próprios processos vitais;
(c) a diversidade da vida expressada na natureza é um valor em si mesmo;
(d) os ecossistemas possuem valores próprios que são independentes da utilidade para o ser humano.

Uma das referências teóricas utilizadas por Acosta para fundamentar os direitos da natureza é Eduardo Gudynas. O ecologista uruguaio também demonstra a mesma confusão conceitual de Acosta ao alocar a ecologia profunda como representativa da corrente biocêntrica:

> uma das expressões mais conhecidas do biocentrismo é a corrente da ecologia profunda, que representa tanto uma postura acadêmica quanto uma corrente dentro dos movimentos sociais ambientalistas. Surgida no final da década de 1970, seu representante mais conhecido é o filósofo norueguês Arne Naess, que sustenta que a "vida na Terra possui valor em si mesma (sinônimos: valor intrínseco, valor inerente)", e que esses valores são "independentes da utilidade do mundo não humano para os propósitos humanos" (Gudynas, 2010, p. 50).

Dessa forma, no mesmo equívoco incorre o autor ao mencionar a ética da terra como biocêntrica — talvez esteja aqui a origem da percepção errônea, já referida, de Acosta:

> As correntes biocêntricas apresentam como um de seus principais expoentes a chamada ética da terra, postulada em meados do século XX por Aldo Leopold. Sua posição era simples, porém elegante [...]. Ao longo dos anos seguintes, esta corrente se confirmou com a ecologia profunda e outras posturas que defendem os valores intrínsecos que os seres vivos possuem de se desenvolver de acordo com seus próprios programas de vida. (Gudynas, 2010, p. 63)

Ou na seguinte passagem,

> Chegado a esse ponto, é conveniente abordar um aspecto mencionado na seção anterior: os direitos da natureza por sua defesa de valores intrínsecos e, em especial, ao considerar a vida, seja humana ou não humana, é um valor em si mesmo, é denominado biocentrismo. (Gudynas, 2011, pp. 258-9)

No entanto, conforme destaca acertadamente Fábio Corrêa Souza de Oliveira (2013, pp. 11339-40):

> A leitura do texto constitucional equatoriano não deixa dúvida quanto à filiação ao ecocentrismo. Em nenhuma passagem assenta que indivíduos não humanos são sujeitos de direito. Tão somente a natureza é titular de direitos. O que se busca proteger são seus ciclos vitais, estrutura, função e processos evolutivos. Alberto Acosta não deixa dúvidas ao explicar a percepção de estilo da constitucionalização dos direitos da natureza (e o mesmo se pode afirmar para a lei boliviana): "*Estos derechos defienden el mantenimiento de los sistemas de vida, los conjuntos de vida. Sua atención se fija en los ecossistemas, en las colectividades, no en los indivíduos*" [Estes direitos defendem a manutenção dos sistemas de vida, dos conjuntos de vida. Sua atenção se fixa nos ecossistemas, nas coletividades, não nos indivíduos]. O conceito de Mãe Terra, disposto pelo já citado art. 3o da Ley de Derechos de la Madre Tierra, lei boliviana, é sumamente evidente de qual sujeito está a se tratar. O art. 73 da Carta Constitucional do Equador é também emblemático: "*El Estado aplicará medidas de precaución y restricción para las actividades que puedan conducir a la extinción de espécies, la destrucción de ecosistemas o la alteración permanente de los ciclos naturales*" [O Estado aplicará medidas de prevenção e restrição das atividades que possam conduzir à extinção de espécies, à destruição de ecossistemas ou à alteração permanente dos ciclos naturais]. A preocupação é com a espécie enquanto tal, com os ecossistemas, com os ciclos naturais. Assim, garante-se a natureza, são direitos da natureza. Reitere-se: não é o indivíduo que compõe a espécie — ele, singularmente, não é titular de direitos (seria, então, direitos do animal) —, é

> a espécie enquanto totalidade. A perda para a natureza (*richness and diversity* [riqueza e diversidade]) é a extinção de uma espécie. Para ser mais preciso: o valor do indivíduo, apesar das afirmações (Acosta, Gudynas) de que os direitos da natureza acolhem a Ética Biocêntrica, é medido em função do seu impacto no conjunto, no todo (em linha com a máxima da Ética da Terra), isto é, o valor de alguém é maior ou menor de acordo com o efeito global que produz, o que, portanto, traduz valor instrumental e não valor intrínseco.

Oliveira destaca ainda, com precisão, dois precedentes judiciais em que fica clara a luta pela integridade dos sistemas ecológicos no âmbito dos direitos da natureza: (1) o caso Vilcabamba; e (2) o caso dos direitos do mar.

Em 30 de março de 2011, a Secção Penal da Corte Provincial de Loja decidiu em segunda e última instância a ação de proteção nº 1121-2011-0010, interposta por Richard Frederick Wheeler e Eleanor Geer Huddle a favor da natureza, particularmente a favor do rio Vilcabamba, perante o governo da província de Loja, com base na legitimação difusa prevista no art. 71 da Constituição equatoriana ("toda pessoa, comunidade, povo ou nacionalidade poderá exigir à autoridade pública o cumprimento dos direitos da natureza").

Os fatos que motivaram a demanda se relacionam à ampliação de uma rodovia (Vilcabamba-Quinara) realizada pelo governo provincial de Loja. Durante as obras de expansão, realizadas sem prévio estudo de impacto ambiental, foram depositadas grandes quantidades de rochas e material de escavação no leito do rio Vilcabamba, provocando grande dano ao ecossistema.

O tribunal equatoriano conheceu e deu provimento à ação de reparação promovida em favor do rio, reconhecendo o direito que a natureza possui de que se respeite integralmente a sua existência, manutenção e regeneração de seus ciclos vitais, estrutura, funções e processos evolutivos, bem como para condenar o governo provincial a pedir desculpas publicamente pela omissão do devido licenciamento ambiental e a realizar todas as medidas de recuperação, sob pena de suspensão das obras.

O caso dos direitos do mar envolveu a interposição de uma demanda em 2010, em Quito, por um grupo de ambientalistas (dentre os quais se encontrava Acosta), com base no art. 71 da Constituição do Equador (que garante os direitos da natureza) em face da empresa British Petroleum pelo grande derramamento de petróleo no golfo do México no mesmo ano.[302]

Há que se abrir espaço para mencionar a importante contribuição do professor Christopher D. Stone no que se refere à construção da tese que procurou fundamentar a possibilidade de judicialização de demandas relacionadas aos direitos da natureza. Segundo Stone narra em sua obra *Should Trees Have Standing? And Other Essays on Law, Morals and the Environment*, quando lecionava *property law* (direitos reais), dizia aos alunos que as sociedades modificavam sua sensibilidade diante das novas demandas de novos titulares de direitos subjetivos e ao próprio modo de lidar com o patrimônio. Para chamar a atenção sobre este ponto, fazia uma pergunta, à qual ele mesmo respondia: "do que um sistema jurídico radicalmente diferente trataria? [...] de uma realidade onde a natureza possuísse direitos. Sim, rios, lagos, árvores, animais [...]" (Stone, 1996, p. VIII).

A partir daí, Stone solicitou à sua assistente que procurasse uma demanda que pudesse ser reinterpretada no sentido de permitir que a própria natureza fosse parte ativa na lide. Pouco tempo depois, a assistente lhe encaminhava o caso Sierra Club vs. Hieckel, posteriormente Sierra Club vs. Morton, decidido

302 As informações sobre o andamento processual desta lide são bastante desencontradas. Na página da Corte Constitucional Equatoriana, não se conseguiu identificar o processo. Em outras páginas, informa-se que a ação teria sido redistribuída, sob o nº 0523-2012, para o 2º Tribunal do Trabalho de Pichincha. Cabe observar que há ainda dois outros casos envolvendo a discussão sobre a tutela dos direitos da natureza no Equador. Um deles foi uma ação de proteção movida em janeiro de 2013 contra o projeto de mineração Mirador, na Cordilheira do Condor, na província de Zamora-Chinchipe (esta demanda, no entanto, não teve êxito). Outra diz respeito à contestação de atividade de aproveitamento florestal no bosque da província de Esmeralda (processo nº 0003-2012, Corte Constitucinal do Equador).

pelo Nono Circuito da Corte de Apelações, nos Estados Unidos. O Serviço Florestal dos Estados Unidos havia autorizado a Walt Disney Enterprises Inc. a desenvolver um grande resort em uma área na Sierra Nevada, na Califórnia, denominada Mineral King Valley. O Sierra Club, associação civil ambientalista criada por Muir, por meio de uma lide coletiva (*class action*), sustentou, na ocasião, que o empreendimento, embora autorizado, afetaria significativamente o equilíbrio ecológico e paisagístico da região. O tribunal californiano entendeu, no entanto, que o Sierra Club não preenchia os requisitos para ser admitido no polo ativo da demanda.

Se a questão era meramente processual, por que não tentar construir uma tese para legitimar a própria região, o Mineral King Valley, como o autor da demanda? No caso concreto, curiosamente, a apelação do Sierra Club dirigida à Suprema Corte dos Estados Unidos já havia sido protocolada (em outubro de 1971, e as audiências, já previstas para o final do ano).[303] Stone então publica o artigo "Should Trees Have Standing? Toward Legal Rights for Natural Objects" (1972) na *Southern California Law Review*, como meio de tentar sensibilizar os julgadores para a legitimidade ativa dos próprios entes naturais. Quando do julgamento, o artigo foi citado pelo juiz William O. Douglas em seu voto de dissenso[304] (o resultado final foi de quatro votos a três no sentido de não dar provimento à demanda).

O ponto central da tese de Stone (1972, p. 453) é de que "a história legal demonstra que cada expansão de direitos

303 Sierra Club vs. Morton, 405 U.S. 727 (1972).

304 Em trecho do voto de Douglas, o magistrado afirma: "A crítica questão da legitimação processual seria simplificada e colocada em seu devido lugar se permitíssemos que os interesses do meio ambiente fossem trazidos a juízo em nome dos próprios entes naturais a serem prejudicados, invadidos ou lesados. [...] As preocupações públicas relativas à conservação do equilíbrio ecológico deveriam garantir a possibilidade de legitimação ativa para estes entes naturais buscarem sua própria preservação. A esse respeito, confira-se 'Should Trees Have Standing?' [...]. Essa demanda seria melhor intitulada como Mineral King vs. Morton (em vez de Sierra Club vs. Morton)".

subjetivos a novas entidades foi antecedida por grandes debates e normalmente tida como impensável". Ele dá como exemplo dessa realidade a concessão de direitos a determinadas categorias de seres humanos, tais como escravizados, mulheres, crianças, estrangeiros e povos nativos. O autor chama a atenção para o fato de o sistema jurídico já reconhecer direitos a entidades não humanas de forma bastante tranquila, tal como ocorre no caso das pessoas jurídicas, *trusts*, *joint ventures*, estados e até, na Common Law, embarcações. Se isso é verdadeiro, por que criar um impedimento para que a natureza seja também titular de direitos?

Fazendo menção aos casos marginais, Stone (1972, p. 462) afirma que:

> Não é uma resposta razoável dizer simplesmente que rios e florestas não podem litigar em nome próprio pelo mero fato de não poderem expressar sua vontade de uma maneira inteligível para nós. Pessoas jurídicas também não podem falar, nem mesmo estados, crianças, enfermos e incapazes. Representantes legais, advogados legalmente constituídos, podem falar por eles tal como ocorre usualmente com demandas provenientes de cidadãos comuns.

A ideia é estabelecer a possibilidade de tutores ou representantes legais suprirem essa deficiência no âmbito de uma legitimação ordinária para a própria natureza.[305] O jurista cita casos interessantes em que demandas em nome de entes naturais, de alguma forma, já tinham sido anteriormente formuladas: (a) caso do rio Byram, em 1974 (Byram River vs. Village of Port Chester, 12 E.L.R. 20186); (b) caso do pântano

305 Embora Stone não deixe clara sua vinculação a uma posição ecocêntrica, vários indícios levam a essa conclusão. No seu livro *Should Trees Have Standing? And Other Essays on Law, Morals and the Environment* (1996), ele menciona em diversas passagens a importância da garantia da biodiversidade, dos oceanos, da atmosfera e da luta contra a extinção de espécies. O autor cita expressamente Aldo Leopold, pai da ética da terra, como um de seus inspiradores.

No Bottom Marsh, em 1976 (Sun Enterprises vs. Train, 394 F. Supp. 211 — S.D.N.Y., aff'd, 532 F.2d 280, 2d Cir.); (c) caso da praia de Makena, em 1975 (Life of the Land, Inc. vs. Bd. of Water Supply, 2d Cir. Hawaii); (d) caso do monumento nacional de Death Valley, em 1976 (Death Valley Nat'l Monument vs. Dept. of Interior, N.D. Cal.), e (e) casos envolvendo espécies ameaçadas de extinção, como os: (e.1) da palila-do-havaí, em 1979, 1986 e 1988 (Palila vs. Hawaiian Dept. of Land and Natural Resources, 417, F. Supp. 985, Dist. Court, D. Hawaii, 1979; 852F. 2d. 1106, Court of Appeals, 9th Circuit, 1988; e 649 F. Supp. 1070, Dist. Court, D. Hawaii, 1986); (e.2) da coruja-pintada do norte, em 1988 e 1991 (Northern Spotted Owl vs. Hodel, 716 F. Supp. 479, 1988; e Northern Spotted Owl vs. Lujan, 758 F. Supp. 621, 1991); (e.3) do esquilo-vermelho do monte Graham, em 1991 (Mt. Graham Red Squirrel vs. Yeutter, 930 F.2d 703, 1991); (e.4) do corvo-do-havaí, em 1991 (Hawaiian Crow vs. Lujan, 906 F. Supp. 549, 1991); (e.5) do veado dos Keys, em 1994 (Florida Key Deer vs. Stickney, 864 F. Supp. 1222, 1994); (e.6) da torda-miúda-marmorada, também em 1995 (Marbled Murrelet vs. Pacific Lumber Co., 880 F. Supp 1343, 1995), e (e.7) do lobo-marinho-do-norte, na Alemanha, em 1988 (Seehunde vs. Bundesrepublik Deutschland, Verwaltungsgericht, Hamburg, 1995).

O mencionado terceiro problema envolvendo a adoção da concepção dos direitos da natureza se refere à utilização da palavra "direitos" e sua real significação. O termo "direito", no contexto dos direitos da natureza, estaria sendo empregado em um sentido técnico/filosófico/legal (compreensão da natureza como um autêntico sujeito de direito, com valoração inerente em sentido moral) ou somente para simbolicamente reforçar a ideia de que a natureza teria um valor especial, destacado, que os humanos deveriam respeitar? Qual o efetivo alcance dessa expressão? Ela reflete um modo realmente distinto de pensar a relação homem-mundo natural?

Embora não admita expressamente, Acosta deixa claro que o sentido de direitos da natureza é apenas e tão somente figurativo, simbólico. Não traduziria a ideia de que a natureza em si possui um direito subjetivo à não instrumentalização. Nas palavras do economista:

> *Esses direitos não defendem uma natureza intocada, que nos leve, por exemplo, a deixar de manter cultivos agrícolas, a pesca ou a pecuária.* Esses direitos defendem a manutenção dos sistemas de vida, dos conjuntos de vida. Sua atenção se fixa nos ecossistemas, nas coletividades, não nos indivíduos. Pode-se comer carne, peixes e grãos, por exemplo, desde que se assegure que os ecossistemas continuem operando com suas espécies nativas. (Acosta, 2010, p. 22, grifos nossos)

No mesmo sentido argumenta Gudynas (2010, p. 66, grifos nossos), para quem, em princípio, não haveria problema moral na instrumentalização dos animais para finalidades humanas:

> *A defesa dos direitos da natureza não implica renunciar, por exemplo, à agricultura, à pecuária ou a qualquer outra atividade humana que esteja inserida nos ecossistemas*, e muito menos significa um pacto que conduzirá à pobreza toda uma nação. Todavia, indica-se a modificação substancial do modelo de desenvolvimento. São os seres humanos que possuem a capacidade de se adaptar aos contextos ecológicos, e não se pode esperar que as plantas e os animais se adaptem às necessidades de consumo das pessoas. Consequentemente, teremos uma "outra" agricultura e uma "outra" pecuária, que possam assegurar a qualidade de vida e a conservação dos conjuntos de espécies e ecossistemas.

Para utilizar o exemplo já mencionado de Naess, que é simpatizante das técnicas artesanais de pesca, Gudynas apenas indica um incômodo e uma sinalização apontando para a necessidade de modificação do padrão de criação industrial de animais para outro menos "agressivo".

Fica bastante claro que a preocupação não é com o uso em si dos animais e da natureza de modo geral, mas sim com o modo de utilizá-los (ou seja, como utilizar racional e razoavelmente os ditos "recursos" naturais). Ao comentar sobre as novas constituições latino-americanas, Eugenio Raúl Zaffaroni (2012, pp. 36-7) deixa clara a limitação do discurso ecocentrista, que em muito se assemelha (ou é em tudo identificado) com uma posição homocentrada, apenas, talvez, com uma roupagem mais *light* ou branda:

> A ética derivada da hipótese Gaia, como culminação do reconhecimento de obrigações provenientes do ecologismo do tipo profundo, inclui as do animalismo e impede que caiamos em contradições acerca das quais alguns animalistas se perdem em discussões sem sentido, como: por que não considerar que é contrário à ética animalista que um pescador ponha uma minhoca viva como isca, ou permitir que o peixe a engula e sofra morrendo cravado no anzol? Por que não extremar as coisas e estabelecer que deveríamos andar descalços atentos para não pisotear formigas, e com máscaras na boca para evitar engolir pequenas vidas, ao estilo jainista radical? A ética derivada de Gaia não exclui a satisfação das necessidades vitais, pois a vida é um contínuo em que todos sobrevivemos, mas de certo que exclui a crueldade por simples comodidade, bem como o abuso supérfluo e desnecessário. Explica que não é o mesmo sacrificar animais para fabricar casacos de peles ou pescar com iscas vivas, e que é preferível mesmo fazê-lo com tais iscas do que com redes e desperdiçar a metade dos exemplares recolhidos para ficar somente com os mais valiosos em termos de mercado.

Há aqui uma tentativa frustrada de conciliação entre a categoria de valor instrumental e a de valor inerente, já que, se algo possui valor inerente, esse valor é derivado de suas propriedades não relacionais, ou seja, a eliminação ou lesão de uma entidade com valor inerente não poderia ser justificada com base nas consequências dessa eliminação em relação a terceiros. Veja-se que esta dificuldade teórica não é percebida pela doutrina dos direitos da natureza:

> Em outras palavras, *a postura* BIOCÊNTRICA *dos direitos da natureza não invalida, senão acompanha e reforça, a perspectiva*

antropocêntrica clássica dos direitos humanos que se estendem sobre o meio ambiente. Estes incluem, por exemplo, o direito a um ambiente sadio e ecologicamente equilibrado (art. 14 da Constituição do Equador). (Gudynas, 2010, p. 52, grifos nossos)

Parece-nos que o valor inerente, excepcionalmente, e especialmente nas situações em que não esteja envolvida a lesão a interesses fundamentais, poderia conviver com o valor instrumental. Em outras palavras, valor inerente e valor instrumental poderiam por vezes coexistir. O próprio ser humano, embora represente o caso paradigmático de um ente com valor inerente, poderia, em alguns casos, ser utilizado como um meio para os fins de terceiros, a depender do que efetivamente se compreende por "meio".

Singer, em suas apresentações, costuma ilustrar essa possibilidade com alguns exemplos bastante elucidativos: (a) o primeiro deles diz respeito ao caso do carteiro. Quando envio uma encomenda pelo serviço de correio, alguém certamente será encarregado de fisicamente entregar essa encomenda. Em sentido amplo, servirá como um meio de execução do serviço. Poucas pessoas, no entanto, diriam que haveria um problema moral nesta situação, pois o funcionário dos correios aceitou voluntariamente participar desta atividade e é por ela remunerado. O consentimento, nesta hipótese, desempenha um papel relevante. O trabalho, em condições normais, não é escravidão; (b) o segundo exemplo traduz a denominada "hipótese da estação de trem". Imagine que você esteja aguardando a chegada do trem em uma estação e que as condições climáticas estejam especialmente desfavoráveis: venta e faz muito frio. Imagine ainda que você não está devidamente agasalhado, mas vê à sua frente um time de rúgbi parado, também à espera do mesmo trem. Os jogadores, todos altos, estão com pesados agasalhos e fazem uma barreira natural contra o vento frio. Sem que eles percebam, você se coloca atrás desses jogadores, sem pedir seu consentimento, utilizando-os como um meio de diminuir a sensação de frio. Também aqui poucos diriam que há maiores problemas, pois, embora não haja o elemento do consentimento (presente na hipótese anterior), não há qualquer lesão a qualquer interesse importante desses indivíduos. A ausência de lesão desempenha também um papel relevante para a discussão sobre o valor instrumental; (c) o último caso, mais delicado, envolve uma situação de um terremoto. Após o tremor de terra, você e seu filho estão presos em um edifício que está ruindo. O único modo de você evitar que uma pesada placa de cimento caia sobre seu filho é empurrando uma terceira pessoa, que está desacordada, para que sirva de escudo, protegendo seu filho contra a queda da placa. Isso fará com que esse indivíduo seja lesado em sua perna, mas tal ação salvará a vida de seu filho. Esse uso de alguém como um verdadeiro escudo natural seria justificável? Nesse cenário em que se machuca alguém (causando grave lesão) sem o elemento do consentimento, podem surgir opiniões divergentes sobre a legitimidade da sua conduta, especialmente nos casos em que o dano a ser provocado é relevante. Estaríamos autorizados a ponderar lesões em uma espécie de cálculo utilitário?[306]

Esses exemplos demonstram que, em alguns casos, podemos cogitar a utilização de um indivíduo com valor inerente como meio para nossos fins, mas esta utilização instrumental deste indivíduo é, via de regra, absolutamente excepcional, e deve ao menos conformar situações em que exista o consentimento ou, caso esteja ausente o consentimento, que não haja lesão a interesses fundamentais. Esse não é, evidentemente, o caso mencionado por Acosta ou Gudynas quando admitem a prática da pecuária, ainda que não nos moldes intensivos ou industriais. A pecuária, mesmo extensiva, local e de pequeno porte, causa lesões a interesses fundamentais dos animais em contextos em que não estão envolvidas escolhas decisivas, de tudo ou nada, como seria o caso de realizarmos tal atividade ou morrermos.

Em outra passagem, utilizando a terminologia proveniente da ecologia profunda "necessidades vitais", Gudynas (2010,

306 Este último exemplo mencionado por Singer é extraído da obra *On What Matters* [Sobre o que importa], de Derek Partif, que expõe o caso como o *caso do sr. Black* (Partif, 2011, p. 222).

pp. 55-6, grifos nossos) indica, mais uma vez equivocadamente, que não haveria mal em instrumentalizar outras formas de vida, pois isso faria parte de um "ciclo natural" presente na própria natureza:

> Esse reconhecimento de valores próprios em todas as formas de vida não significa negligenciar que as dinâmicas ecológicas implicam relações que também são tróficas, que envolvem a predação etc. *Seguindo esse raciocínio, a adoção dos direitos da natureza não requer que deixemos de criar animais para abate ou que abandonemos cultivos agrícolas, ou, ainda, que mantenhamos uma natureza intocada.* Pelo contrário, reconhece-se e defende-se a necessidade de intervenção no meio ambiente para aproveitar os recursos necessários para satisfazer as "necessidades vitais" e garantir a "qualidade de vida" (segundo suas formulações originais). Tampouco impede nos defendermos de vírus ou bactérias. Portanto, o reconhecimento de valores intrínsecos presentes na natureza não significa mantê-la intocada. [...] Finalmente, o reconhecimento dos valores intrínsecos e dos direitos da natureza tampouco implica negar ou anular os direitos dos cidadãos a um ambiente sadio. De fato, na nova Constituição do Equador, esses direitos são mantidos em paralelo aos direitos da natureza. O direito a um ambiente equilibrado está voltado às pessoas e, portanto, sua concepção é antropocêntrica. Protege-se o ambiente como sendo importante para a saúde das pessoas ou por ser uma propriedade dos humanos. Boa parte da institucionalidade e normatividade ambiental dos países latino-americanos se baseia nessa perspectiva.

Do fato de que na natureza exista a predação de alguns animais sobre outros não decorre que, com base nessa constatação meramente empírica, estejamos autorizados a fazer o mesmo. Este argumento, denominado de "argumento ecológico", falha por duas razões fundamentais, ao sugerir que: (a) deveríamos extrair do mundo fenomênico (ser) o dever ser (comandos normativos). Essa questão ilustra o já referido problema da "falácia naturalística", que afirma que nem sempre o que é factualmente natural será automaticamente ou necessariamente bom/correto no sentido moral. A adoção de comportamentos tendo por base o modelo animal, por exemplo, poderia trazer problemas morais quando aplicados a seres humanos (por exemplo, alguns animais roubam comida uns dos outros e estabelecem ordens de precedência para o acesso ao alimento com base na hierarquia do grupo). Ao contrário, entendemos ser adequado e mesmo desejável intervir nos processos naturais quando eles não se mostram, por algum motivo, convenientes (por exemplo, quando adoecemos seriamente, buscamos intervir no curso natural da doença por meio de medicamentos); e (b) busquemos orientação moral no comportamento em princípio amoral do mundo natural. Animais, via de regra, não são considerados agentes morais no sentido de que não seriam capazes de empreender uma reflexão ética ao agir (por exemplo, quando um leão se alimenta de uma zebra, ele não reflete sobre o fato de ser seu comportamento justificável do ponto de vista da moralidade, além do que, fisiologicamente, no caso concreto, por ser um carnívoro estrito, não teria sequer alternativas dietéticas disponíveis, ao contrário do que ocorre com os seres humanos).

O que se percebe é que a expressão "direitos da natureza" não carrega o mesmo sentido epistemológico de direitos humanos ou mesmo de direitos dos animais.

Oliveira (2013, pp. 11. 357-9), novamente com precisão, aponta para o fato de que:

> [direito dos animais] não emprega a expressão "direito" no mesmo sentido de Arne Naess, Acosta ou Gudynas. Dizer que os animais têm direito à vida importa dizer que os seres humanos não podem matá-los (obrigação negativa) a não ser em legítima defesa ou estado de necessidade, além de poderem ter para com eles deveres de agir (obrigação positiva). Daí porque o Direito dos Animais não vai afirmar que as plantas têm direito à vida, vez que comer uma alface ou uma cenoura não é o mesmo que comer um coelho ou um pato. Assim, a vida animal é superior (e não igual) à vida vegetal, razão pela qual deve-se comer vegetais e não animais. [...] A preocupação de Alberto Acosta é com o bem-estar dos animais,

> condena a crueldade, os maus-tratos, a experimentação cruel com animais, a utilização agressiva de hormônios, *la existencia de mataderos en condiciones deplorables* [a existência de matadouros em condições deploráveis] ou as touradas. No mesmo sentido, Gudynas propõe *outra pecuária*. Traduzindo: *el respeto al valor intrínseco de todo ser vivente* [o respeito ao valor intrínseco de todo ser vivo] se traduz em bem-estarismo, o que está muito aquém da plataforma do Direito dos Animais. Repita-se: a vaca não tem direito à vida diante da vontade humana de comê-la. O valor intrínseco da vaca a protege apenas de maus-tratos. [...] Os autores em referência estão indubitavelmente a defender, em nome dos direitos da natureza, a chamada pecuária sustentável (carne orgânica, boi verde) ou a pesca sustentável. A fundamentação não é animalista e sim ambientalista. É possível afirmar que a concepção de valor intrínseco no campo dos Direitos dos Animais é bem mais robusta do que na noção que a mesma expressão enverga na dimensão filosófica que embala os direitos da natureza.

Os ecocentristas, incluindo-se aqui os adeptos da ecologia profunda, da ética da terra, da hipótese Gaia e dos direitos da natureza, geralmente se preocupam em dizer quem possui valor inerente ou intrínseco, mas não em esclarecer, previamente, em que consiste o valor intrínseco ou os seus critérios atributivos. Tal como já destacado em outra oportunidade, como conciliar a afirmação de que um determinado ente possuiria valor inerente e, ao mesmo tempo, estarmos autorizados a comê-lo, que talvez seja a forma mais radical de instrumentalização (valor instrumental) do outro? De que tipo de teoria do valor tratam esses autores? Quais os critérios para a adjudicação de conflitos de interesses de seres que possuem valoração inerente?

Da mesma forma, em que sentido a incorporação do vocábulo "direito(s)" ao discurso ecocêntrico importou efetivamente uma modificação estrutural, em termos de adoção de um paradigma não homocentrado, nessas sociedades? A natureza passou a ser encarada de forma diferente a partir das previsões normativas mencionadas?

Tudo indica que a resposta é negativa. A natureza continua a receber o mesmo tipo de tratamento e atenção que, via de regra, já recebia anteriormente. Equatorianos e bolivianos continuam explorando recursos florestais, consumindo combustíveis fósseis, exercendo a pecuária e utilizando os animais para alimentação, bem como instrumentalizando-os para as mais diversas finalidades. Em outras palavras, há um descompasso gigantesco entre a afirmação constitucional de uma cosmovisão que pretensamente encampa a natureza como titular de direitos subjetivos, ou seja, como um autêntico sujeito de direitos (retórica dos direitos da natureza), e a realidade subjacente.

Embora o direito possua um inegável papel transformador, e não se possa desprezar o caráter normativo de previsões como essas, a inserção dos chamados direitos da natureza no sistema jurídico pode gerar um efeito reverso consistente na vulgarização excessiva da terminologia. Essa popularização da terminologia, que possui um lado positivo, pode acabar por prejudicar e esvaziar o próprio conteúdo material da proposta ética que lhe dá sustento. Nesse sentido, não funcionaria como uma alavanca, mas como uma âncora, no que se refere ao efetivo rompimento do antropocentrismo. Todos poderiam passar a defender a ideia de direitos na natureza, porque ela é simpática, mas sem alterar, de maneira significativa ou substancial, o seu modo de interagir com o mundo natural. Seria uma proposta confortável. Tal como destaca Oliveira (2013, p. 11 364):

> No início deste artigo, afirmou-se uma sensação de estranhamento pela normatização, em primeiro lugar, dos direitos da natureza e não dos direitos dos animais, estes ainda aguardando a sua vez. Mas, bem percebido, não há nada de estranho. É que é mais palatável para o gosto geral dizer que os Andes têm direito à manutenção do seu ecossistema, da sua biodiversidade, do que dizer que os animais têm direito à liberdade e por isto não podem ser trancafiados em gaiolas ou jaulas. Menos estranho defender que um cão possui direitos do que a tese de que um rio possui

> direitos. É mais fácil ser contra a mercantilização da natureza, a privatização da água, defender *la eliminación de criterios mercantiles para utilizar los servicios ambientales* [a eliminação de critérios mercantis para utilizar os serviços ambientais] (Acosta), do que ser contra a comercialização de animais (um dos setores mais rentáveis do mundo), do que defender que animais não são propriedades. É menos problemático sustentar que o rio São Francisco não deve ser contaminado do que sustentar que os animais não devem sofrer experimentações, vivissecção, ainda que tais experimentos tragam proveito para demandas humanas. Mais fácil aceitar que a Floresta Amazônica tem direito ao seu ciclo natural, ao seu bioma, do que aceitar que os animais têm direito aos seus corpos. Com menor resistência se depara a assertiva de que não se deve derrubar mais árvores de pau-brasil do que a assertiva de que não se deve continuar a matar animais para alimentação, salvo estado de necessidade. Mais provável convencer de que é preciso proteger os ursos pandas em função da ameaça de extinção do que convencer a não matar frangos ou porcos, multiplicados e criados aos milhares para comida.

Tal como falar em sustentabilidade ou desenvolvimento sustentável se tornou lugar comum no discurso político e jurídico, o fato de falar em direitos da natureza poderá se tornar, da mesma forma, apenas uma conveniência ou comodidade, nada mais. Os direitos da natureza, tal qual concretizados na experiência constitucional latino-americana, são pretensiosos no sentido de sugerir, num primeiro momento, um projeto muito maior do que realmente abarcam.

4. Conclusão

A ideia fundamental que orientou a elaboração do presente trabalho foi percorrer as principais correntes teóricas que alicerçam a ética ambiental. Esta abordagem é fundamental no campo do direito, principalmente no caso do direito ambiental, pois as soluções jurídico-normativas para os problemas que tanto nos afligem passam necessariamente pela análise e reformulação da relação do homem com o mundo natural. Infelizmente, ao menos no âmbito jurídico, o tema vem sendo continuamente negligenciado, sendo facilmente constatável a existência de um déficit teórico nessa área no país.

A depender dos pressupostos, condições e princípios adotados (ponto de partida teórico) chegaremos necessariamente a conclusões bastante diversas sobre como devemos proceder, ou mesmo sobre quais são os limites éticos para a intervenção humana na natureza. A esse respeito, verificou-se que a ética, compreendida como filosofia moral, possui como um de seus elementos centrais a alteridade. A ética se ocupa com os critérios de correção ou incorreção da conduta dos sujeitos morais, critérios estes estabelecidos não meramente em sentido técnico ou instrumental, mas, principalmente, como consideração pelos interesses e demandas relevantes de terceiros. O próprio debate prévio sobre a definição do "outro", ou onde residiria a fonte do valor intrínseco/inerente, perpassa de maneira intensa e contínua as correntes abordadas. O tratamento justo desse outro, com a necessária justificação de nossos comportamentos (fornecimento das melhores razões para a ação/omissão) e limitação da liberdade dos agentes morais, é, portanto, tema central do empreendimento ético.

A ética verdadeiramente ambiental é antiantropocêntrica,[307] no sentido de afirmar a considerabilidade moral da dimensão não humana. Ela indica que o valor da dimensão não humana não se reduz à sua utilidade e não seria, nesse sentido, meramente relacional. As grandes perguntas da ética aplicada ao meio ambiente, além do preenchimento dos seus requisitos lógicos internos (exigências formais de consistência, não vacuidade e decidibilidade), dizem respeito a investigar a estrutura da alteridade, no sentido de desvelar quem são os outros e qual é o seu valor (intrínseco ou instrumental). O grau da importância moral (estatuto moral) determinará o surgimento de obrigações morais diretas para com esses entes.

No capítulo I, intitulado "A posição ambientalista tradicional", procurou-se demonstrar a insuficiência da posição clássica conservacionista, que limita a considerabilidade moral à própria humanidade e, nesse sentido, pode ser considerada como uma posição claramente centrada no valor exclusivo da experiência humana. Em outras palavras, ela afirma axiologicamente uma posição humanocentrada/antropocêntrica (ou seja, considera o valor próprio do humano em detrimento do valor apenas instrumental da natureza como um todo). Embora com subdivisões internas mais fortes e mais fracas, a alteridade não ultrapassa a figura do próprio homem, e se torna complexo sustentar que essa posição pode refletir uma vertente da ética aplicada ao mundo natural se este possui apenas valor reflexo, indireto. As teorias antropocêntricas não refletem mais as intuições morais no sentido de que devemos efetivamente nos importar com a natureza de forma mais direta. O senso comum indica ser moralmente condenável atear fogo a uma floresta, cortar uma árvore sem boas justificativas ou maltratar os animais. Não é preciso ir muito longe para diagnosticar que os critérios fundantes da cosmovisão antropocentrada são excessivamente restritivos, e

307 Evidentemente, deve-se ter cautela para evitar que a posição antiantropocêntrica redunde em misantropia, em condenação de interesses humanos legítimos, e mesmo em negar a preferência por demandas humanas em eventuais casos-limite.

ignoram a dimensão da vulnerabilidade presente no mundo natural, embora a perspectiva de alteração desse caminho não esteja, na prática, evidente.

Nos capítulos subsequentes, 2 e 3, foram trazidos dois grandes projetos éticos alternativos à visão tradicional, com propostas abertamente expansionistas: o biocentrismo e o ecocentrismo. Optou-se por começar pelo biocentrismo, por este supostamente possuir uma abrangência menor do que a posição baseada no holismo metafísico (ecocentrismo), em termos quantitativos, de entes naturais beneficiados com valoração própria.

O biocentrismo se apresenta preocupado com a proteção da vida como tal. Todos os seres vivos, individualmente considerados (individualismo moral), possuem valor moral em função de serem centros teleológicos de vida, orientados para a busca da realização de suas potencialidades biológicas (por exemplo, crescimento, sobrevivência e reprodução). O assoalho moral é, portanto, a própria vida. Sustentamos, no entanto, que há um problema do ponto de vista filosófico em afirmar que esse bem biológico seria suficiente para gerar interesses que demandem proteção ética direta. O fato de que muitos seres vivos, a maior parte deles, não podem ter uma perspectiva subjetiva influi decisivamente para a falta de plausibilidade e consistência de uma posição biocêntrica de tipo global.

A partir dessa crítica, a ética animal (animalismo) adota a premissa de que apenas algumas espécies de seres vivos estariam habilitados à considerabilidade moral. As vidas e as experiências dos animais, individualmente considerados, possuiriam valor moral em função da sua subjetividade (ponto de partida relacionado ao individualismo moral). A senciência, na maior parte das vezes, é o critério utilizado para demarcar a inclusão na comunidade moral (condição necessária para a considerabilidade moral). Os animais sencientes contam moralmente (embora exista um debate sobre onde traçar a linha que separa sencientes de não sencientes, é razoável afirmar que ao menos os vertebrados e algumas espécies de invertebrados preencheriam os requisitos da senciência). A analogia possível com o humano facilita a difusão teórica do animalismo, pois as experiências dos animais não humanos, sua capacidade de vivenciar subjetivamente o mundo e seus processos interativos são, na maioria dos casos, muito similares às nossas, traduzindo uma teoria do valor que é plausível e aceitável em razão de ser comum à humanidade. Apresentamos ilustrativamente as visões encampadas pelo utilitarismo e pela deontologia para demonstrar de que maneira ocorre a inclusão dos animais em nossas deliberações morais, a partir de Singer e Regan.

As visões ecocêntricas tomam um ponto de partida bastante diverso das provenientes do biocentrismo ao adotarem o holismo como concepção metafísica que valoriza a integridade de coletividades naturais (por exemplo, espécies, ecossistemas, processos naturais e a própria biosfera como um todo). Como marcos teóricos dessa corrente, analisamos a ética da terra, proposta por Aldo Leopold, e a ecologia profunda, de Arne Naess.

No entanto, três grandes problemas ou questões se apresentam no campo do ecocentrismo. O primeiro deles, comum ao biocentrismo de tipo global, é a dificuldade de fundamentação teórica do valor intrínseco dos sistemas naturais, em razão de estes não atenderem à característica da subjetividade. Entidades inanimadas coletivas não são moralmente valiosas somente pelo fato de serem importantes para a manutenção das condições pelas quais a vida individual dos seres vivos é tornada possível. Admitir tal fato seria, na verdade, admitir que o pano de fundo moral, que é o que realmente importa, é a vida individual. Há, de fato, uma grande dificuldade em associar a manutenção da estabilidade desses conjuntos naturais a conceitos normativos que sejam relevantes do ponto de vista moral.

Além disso, há ainda o problema da ultrapassagem do todo pela parte, ou seja, os indivíduos possuiriam valor apenas instrumental em relação à manutenção da viabilidade do todo. Como as consequências dessa visão poderiam ser desfavoráveis à própria humanidade, a terceira questão é a de que, na verdade, as éticas que se pretendem ecocentradas traduzem uma forma de atender ao interesse dos indivíduos humanos que participam desses entes coletivos. A esse respeito, o ecocentrismo, tal qual hoje se apresenta, está muito mais próximo do antropocentrismo do que talvez desejaria.

A conclusão a que chegamos é a de que, entre as propostas apresentadas, aquela mais consistente e plausível é a centrada no valor dos animais. Embora o critério da senciência possa merecer ressalvas em alguns aspectos, ele oferece uma base segura para fundar uma teoria moral não antropocêntrica. A premissa de que os animais possuem uma existência subjetiva e são sujeitos morais, ou seja, de que são alvos de obrigações morais diretas e que possuem direitos fundamentais em princípio invioláveis, consubstancia uma visão robusta do valor intrínseco para além da humanidade e traduz implicações de ordem prática que exigem alterações comportamentais significativas (com imposição de obrigações negativas e positivas) que, em última análise, beneficiarão não só os animais, mas também toda a natureza. Talvez o reconhecimento dessa dimensão e o remodelamento da relação homem-animal represente, a longo prazo, a abertura de um caminho moral, de uma "força constrangedora", que poderá se projetar para além da própria animalidade.

Para alguns, para citar o exemplo de Bruno Latour, nossa era é o Antropoceno,[308] mas esse tempo seria um presente

308 O Antropoceno (Antroceno ou Antroposfera) é um termo consolidado por Crutzen e Stoermer (2000), que representa um período relacionado ao domínio absoluto do homem sobre o planeta. Termos anteriores procuravam designar períodos semelhantes, como é o caso de Holoceno, que se refere ao período pós-glacial (o criador do termo teria sido Charles Lyell, em 1833), em que as atividades humanas passaram a ter uma força geológica. Outros termos correlatos ao Antropoceno seriam a Era Antropozoica (o criador do termo teria sido Stopanni, em 1873), ou Noosfera (os criadores do termo teriam sido Vernadsky, Teilhard de Chardin e E. Le Roy, em 1924), que designam um mundo marcado pelo conhecimento científico e pela tecnologia.

sem porvir, que já está fora de nosso alcance modificar.[309] Temos pouco tempo e pouco mundo (*too little, too late*) para dar conta de nossos múltiplos e graves problemas (acidificação dos oceanos, uso inadequado da água, mudanças climáticas, depleção do ozônio, perda dramática da biodiversidade, mau uso do solo, poluição química, uso de substâncias nocivas na alimentação, alteração dos ciclos globais de nitrogênio, entre outros). As medidas de mitigação e adaptação parecem não dar conta da magnitude das mudanças em curso, que envolvem não somente um crescimento vertiginoso da exploração da natureza, mas também um uso com aceleração quase sempre positiva.[310]

O grande problema que perpassa todas essas discussões, quando aplicadas ao mundo do direito, é saber de que forma o sistema jurídico poderia se abrir a essas dimensões mais sensíveis, deixando de lado um ambientalismo tradicional, meramente gerencial, rumo a uma análise de teor mais crítico e reflexivo.

A ordem constitucional poderia ser reinterpretada, ou teríamos que reescrever uma nova história jurídica capaz de

309 "Os eventos com que temos de lidar não estão no futuro, mas em grande parte no passado [...]. o que quer que façamos, a ameaça permanecerá conosco por séculos, ou milênios" (Latour, citado por Danowski & Viveiros de Castro, 2014, p. 16).

310 "Há vários ícones impressionantes desse fenômeno de aceleração das alterações ambientais em uma taxa perceptível no intervalo de uma ou duas gerações humanas, como os gráficos em forma de bastão de hóquei que mostram o aumento vertiginoso de diversos parâmetros críticos — temperaturas médias globais, crescimento populacional, consumo de energia *per capita*, taxa de extinção de espécies etc. — a partir do final do século XIX, ou como a curva de Keeling, que descreve a evolução da taxa de concentração de CO_2 na atmosfera desde 1960, a qual atingiu pela primeira vez a marca de 400 ppm no dia 9 de maio de 2013. Não se trata apenas, portanto, da magnitude das mudanças em relação a algum valor de referência (por exemplo, os 280 ppm de CO_2 de antes da Revolução Industrial), mas de sua aceleração crescente — a intensificação da variação, e a consequente perda de qualquer valor de referência" (Danowski & Viveiros de Castro, 2014, p. 24).

comportar as novas demandas éticas? Em outras palavras, parafraseando o elemento hermenêutico da integridade trazido por Dworkin (1986, p. 229), que demanda que o direito guarde uma coerência lógica interna (sistema íntegro de Justiça), o direito, metaforicamente, seria como um "romance em cadeia" (*chain novel*) no qual novos capítulos e personagens podem ser acrescidos, modificados ou retirados da história, mas sempre a partir de uma tradição, de uma trama, previamente estabelecida. Analogamente, seria como imaginar um grande romance escrito por vários autores, no qual, idealmente, o leitor conseguisse captar um fio condutor da história que é contada como se fosse a obra de um só autor. Para Dworkin, o intérprete poderá ser colocado em situações em que haverá escolhas difíceis a fazer, e diferentes romancistas tomarão decisões eventualmente diferentes sobre os mesmos problemas, mas as suas posições devem estar vinculadas ao romance em andamento, devem guardar uma relação de coerência e integridade com a narrativa já existente.

Para citar um exemplo dessa dificuldade, poderíamos lembrar do próprio caso dos direitos dos animais. Animais, ou, ao menos num primeiro momento, aqueles pertencentes a espécies tidas por sencientes, poderiam ser alçados à condição de sujeitos de direito diante do arcabouço normativo existente? A regra constitucional que determina ao poder público e à coletividade a não submissão dos animais à crueldade conteria, em si, essa janela permissiva para uma nova interpretação? Como conjugar e compor tal norma e outra, também presente no mesmo texto constitucional, que estabelece o poder-dever das pessoas jurídicas de direito público interno de fomentar a atividade agropecuária? Como animais poderiam, ao mesmo tempo, ser sujeitos, a partir da reinterpretação do art. 225, §1º, VII, da Constituição Federal, e, simultaneamente, objetos, no âmbito do art. 23, VIII do mesmo diploma legal, para ficar somente com este exemplo dentre tantos outros?

Essa questão da existência de um ponto de abertura do direito parece ser apenas um exemplo de um embate complexo e difícil a ser travado no âmbito da fronteira da ética aplicada e do mundo jurídico. Outras perguntas tormentosas, que não foram integralmente abordadas no presente trabalho, poderiam ser legitimamente levantadas: (a) quais são as obrigações morais com o mundo natural não senciente (inclusive em relação aos entes naturais inanimados)? Seriam mesmo obrigações apenas de ordem indireta, reflexa, ou instrumental?; (b) de que forma e em que medida podem ser feitas analogias válidas entre a opressão humana e a não humana?; (c) as emoções/sentimentos desempenham algum papel na formação e na estrutura dos juízos éticos e devem ser recuperados pela ética ambiental?; (d) como estabelecer critérios de hierarquia e prioridade entre sujeitos morais em casos-limite?; (e) como se dão as relações conceituais e normativas entre o antropocentrismo e o especismo?; (f) devemos intervir na natureza para beneficiar entes naturais ou aliviar o sofrimento do "mundo selvagem"? Devemos intervir na predação?; e (g) como lidar com o excesso de indeterminações normativas (crítica proveniente do pragmatismo)? Estes são apenas alguns dos muitos questionamentos a serem enfrentados.

O que a ética ambiental pode ainda realizar é, portanto, algo que está aberto no cenário do debate contemporâneo das teorias da justiça da própria filosofia moral. A expectativa é que este trabalho, embora deliberadamente simplificado, tenha contribuído para uma aproximação e mapeamento de alguns dos importantes temas provenientes da ética aplicada à natureza, ressaltando-se, novamente, o seu caráter não exauriente. Esperamos também ter demonstrado o quão instigantes, relevantes e controversos são os diálogos que surgem a partir desse estudo. Se algum desconforto moral foi produzido a partir da leitura do texto, ainda que mínimo, a obra se revela justificada, pois, tal como Kant assinalava, somente pode estar descontente com a sua vida moral o virtuoso que está a caminho de sê-lo. Que esse esforço intelectual seja continuado, complementado e criticado a partir de novas leituras e abordagens.

Bibliografia

AALTOLA; Elisa; HADLEY John (Orgs.) (2015). *Animal Ethics and Philosophy: Questioning the Orthodoxy*. Londres: Rowman & Littlefield.

ABBEY, Edward (1968). *Desert Solitaire: A Season in the Wilderness*. Nova York: McGraw-Hill.

ACOSTA, Alberto (2008). "La naturaleza como sujeto de derechos". *Peripecias*, n. 87.

______ (2010). "Hacia la declaración universal de los derechos de la naturaliza". *Asociación de Funcionarios y Empleados del Servicio Exterior Ecuatoriano*, n. 54, pp. 11-32 Disponível em: <https://therightsofnature.org/wp-content/uploads/pdfs/Espanol/Acosta_DDN_2008.pdf>. Acesso em: 22 de abril de 2017.

ACOSTA, Alberto; MARTÍNEZ, Esperanza (2011). *La naturaleza con derechos*. Quito: Ediciones Abya-Yala.

ACSELRAD, Henri; HERCULANO, Selene; PÁDUA, José Augusto (Orgs.) (2004). *Justiça ambiental e cidadania*. Rio de Janeiro: Relume Dumará.

ADORNO, Theodor W.; HORKHEIMER, Max (1986). *Dialética do esclarecimento: fragmentos filosóficos*. Rio de Janeiro: Jorge Zahar.

AGAMBEM, Giorgio (2004). *The Open: Man and Animal*. Redwood City: Stanford University Press.

AGAR, Nicholas (2001). *Life's Intrinsic Value: Science, Ethics and Nature*. Nova York: Columbia University Press.

AIKEN, William (1984). "Ethical Issues in Agriculture". In: REGAN, Tom (Org.). *Earthbound*, Nova York: Random House.

AMADO, Frederico (2013). *Direito ambiental esquematizado*. São Paulo: Método.

ANTUNES, Paulo de Bessa (2011). *Direito ambiental*. Rio de Janeiro: Lumen Juris.

ARALDI, Claudemir Luís (2008). "Nietzsche como crítico da moral". *Revista Dissertatio*, Pelotas: Universidade Federal de Pelotas, v. 28, pp. 33-51.

ARAÚJO, Fernando (2003). *A hora dos direitos dos animais*. Lisboa: Almedina.

ARISTÓTELES (1985). *Ética a Nicômaco*. Brasília: Editora UnB.

ATTFIELD, Robin (1981). "The Good of Trees". *Journal of Value Inquiry*, Basel: Springer, v. 15, n. 1, pp. 35-54.

______ (1991). *The Ethics of Environmental Concern*. Athens: The University of Georgia Press.

______ (2014). *Environmental Ethics*. Cambridge: Polity.

AYALA, Patryck de Araújo (2011). "Direito ambiental da sustentabilidade: os imperativos de um direito ambiental de segunda geração na lei de política nacional do meio ambiente". In: SAMPAIO, Rômulo S. R.; LEAL, Guilherme J.S.; REIS, Antonio Augusto (orgs.). *Tópicos de direito ambiental: 30 anos da política nacional do meio ambiente*. Rio de Janeiro: Lumen Juris.

BAER, Richard A. (1971). "Ecology, Religion and the American Dream". *American Ecclesiastical Review*, Washington: Catholic University of America, n. 165, pp. 43-51.

BALCOMBE, Jonathan (2006). *Pleasurable Kingdom: Animals and The Nature of Feeling Good*. Londres: Macmillan.

BARBOUR, Ian G. (1973). *Western Man and Environmental Ethics*. Reading: Addison-Wesley.

BARNHILL, David Landis; GOTTLIEB, Roger S. (2001). *Deep Ecology and World Religions: New Essays on Sacred Grounds*. Albany: State University of New York Press.

BARROSO, Luís Roberto (1996). *O direito constitucional e a efetividade de suas normas: limites e possibilidades da Constituição brasileira*. Rio de Janeiro: Renovar.

BARRETO, Vicente de Paulo (2010). *O fetiche dos direitos humanos e outros temas*. Rio de Janeiro: Lumen Juris.

BAUMAN, Zygmunt (2007). *Tempos líquidos*. Rio de Janeiro: Zahar.

______(2011). *A ética é possível num mundo de consumidores?* Rio de Janeiro: Zahar.

BEAUCHAMP, Tom L.; FREY, R.G. (2011) *The Oxford Handbook of Animal Ethics*. Oxford: Oxford University Press.

BECHARA, Érika (2003). *A proteção da fauna sob a ótica constitucional*. São Paulo: Juarez de Oliveira.

BECK, Ulrich (1992). *Risk Society: Towards a New Modernity*. Londres: Sage.

BECK, Ulrich; GIDDENS, Anthony; LASH, Scott (1994). *Reflexive Modernization: Politics, Traditions and Aesthetics in the Modern Social Order*. Cambridge: Polity.

BEKOFF, Marc (2010). *A vida emocional dos animais*. São Paulo: Cultrix.

BENJAMIN, Antônio Herman (1998). "Responsabilidade civil pelo dano ambiental". *Revista de Direito Ambiental*. São Paulo: Thomson Reuters, n. 9.

______(2001). "A natureza no direito brasileiro: coisa, sujeito ou nada disso". *Caderno Jurídico*. São Paulo: Escola Superior do Ministério Público, n. 2, jul., pp. 149-172.

BERNSTEIN, Mark H. (1998). *On Moral Considerability: An Essay on Who Morally Matters*. Oxford: Oxford University Press.

BERRY, Lynn (2004). *Hitler: Neither Vegetarian Nor Animal Lover*. Londres: Pythagorean Pub.

BÍBLIA Sagrada de Jerusalém (1986). São Paulo: Paulinas.

BIRCH, Thomas (1993). "Moral Considerability and Universal Consideration". *Environmental Ethics*, Denton: Center for Environmental Philosophy, n. 15, pp. 313-332.

BIRNBACHER, Dieter (1987) "Ethical Principles *versus* Guiding Principles in Environmental Ethics". *Philosophica*, Ghent: Universidade de Ghent, n. 39, pp. 59-75.

BHASKAR, Roy (1989). *Reclaiming Reality*. Londres: Verso.
BLACKBURN, Simon (2006). *Ethics: A Very Short Introduction*. Oxford: Oxford University Press.
BLACKSTONE, William (Org.) (1974). *Philosophy and Environmental Crisis*. Athens: University of Georgia Press.
BLOCK, Ned (1991). "Evidence Against Epiphenomenalism". *Behavioral and Brain Sciences*, Cambridge: Cambridge University Press, v. 14, n. 4, pp. 670-672.
BLOOM, Paul (2013). *Just Babies: The Origins of Good and Evil*. Nova York: Crown Publishers.
BOECKEL, Jan Van (1995). "Interview with Arne Naess". Disponível em: http://www.naturearteducation.org/R/Interviews/Naess8.htm. Acesso em: 9 mai. 2014.
BOFF, Leonardo (1992). *Dignitas terrae: ecologia: grito da Terra, grito dos pobres*. Rio de Janeiro: Ática.
______(1993). *Ecologia, mundialização e espiritualidade*. São Paulo: Ática.
______(1994). *Nova era: a civilização planetária*. São Paulo: Ática.
______(1995). *Ecologia: grito da Terra, grito dos pobres*. São Paulo: Ática.
______(2002). *Do iceberg à arca de Noé: o nascimento de uma ética planetária*. Rio de Janeiro: Garamond.
______(2003). *Ética e eco-espiritualidade*. Campinas: Verus.
______(2008). "Espiritualidade". In: TRIGUEIRO, André (Org.). *Meio ambiente no século 21*. São Paulo: Autores Associados.
______(2011). "Compaixão: a mais humana das virtudes". Disponível em: <http://leonardoboff.wordpress.com/2011/03/20/compaixao-a-mais-humana-das-virtudes>. Acesso em: 1 fev. 2014.
______(2012a). "Comensalidade: passagem do animal ao humano". Disponível em: <https://leonardoboff.wordpress.com/2012/10/15/comensalidade-passagem-do-animal-ao-humano/>. Acesso em: 22 fev. 2019.
______(2012b). *Sustentabilidade: o que é — o que não é*. Petropolis: Vozes.
BOTKIN, Daniel (1992). *Discordant Harmonies: A New Ecology for the Twenty-First Century*. Nova York: Oxford University Press.
BRAITHWAITE, V.; HUNTINGFORD, F. (2004). "Fish and Welfare: Do Fish Have the Capacity for Pain Perception and Suffering?". *Animal Welfare*, Wheathampstead: Universities Federation for Animal Welfare, n. 13, pp. 87-92.
BURROUGHS, John (2010). *Accepting the Universe*. Whitefish: Kessinger.
BUTLER, Ann B. (2008). "Brain Evolution and Comparative Neuroanatomy". In *Encyclopedia of Life Sciences (ELS)*. Chichester: John Wiley and Sons. Disponível em: <http://www.els.net>. Acesso em: 8 jul. 2014.
BUTLER, Ann B.; HODOS, William. (2005). *Comparative Neuroanatomy: Evolution and Adaptation*. Nova Jersey: John Wiley and Sons.

CAHEN, Harley (1988). "Against the Moral Considerability to Ecosystems". *Environmental Ethics*, Denton: Center for Environmental Philosophy, v. 10, n. 3, pp. 195-216.

CALLICOTT, J. Baird (1980). "Animal Liberation: A Triangular Affair". *Environmental Ethics*, Denton: Center for Environmental Philosophy, n. 2, pp. 311-338.

______(1986). "The Search for an Environmental Ethics". In: REGAN, Tom (Org.). *Matters of Life and Death*. Nova York: Random House.

______(1987). "The Scientific Substance of the Land Ethic". In: *Aldo Leopold: The Man and His Legacy*. Ankeny: T. Tanner, pp. 87-104.

______(1988). "Animal Liberation and Environmental Ethics: Back Together Again". *Between the Species*, San Luis Obispo: California Polytechnic State University, v. 4, n. 3, pp. 163-169.

______(1989a). "The Conceptual Foundations of the Land Ethic". In: ______. *In Defense of the Land Ethic: Essays in Environmental Philosophy*. Albany: State University Press, pp. 75-100.

______ (1989b). "Hume's Is/Ought Dichotomy and the Relation of Ecology to Leopold's Land Ethic". In: _______. *In Defense of the Land Ethic: Essays in Environmental Philosophy*. Albany: State University of New York Press, pp. 117-128.

______(1989c). *In Defense of the Land Ethic: Essays in Environmental Philosophy*. Albany, NY: State University of New York Press.

______(1989d). "Elements of an Environmental Ethic: Moral Considerability and the Biotic Community". In: ______. *In Defense of the Land Ethic: Essays in Environmental Philosophy*. Albany: State University of New York Press, pp. 63-74.

______(1992). "Rolston on Intrinsic Value: A Deconstruction". *Environmental Ethics*, Denton: Center for Environmental Philosophy, v. 14, n. 2, pp. 129-143.

______(1998a). "A Critical Examination of 'Another Look at Leopold's Land Ethic'". *Journal of Forestry*, Bethesda: Society of American Foresters, v. 96, n.1, pp. 20-26.

______(1998b). "The Wilderness Idea Revisited: The Sustainable Development Alternative". In: ______; NELSON, Michael P. *The Great New Wilderness Debate: An Expansive Collection of Writings Defining Wilderness from John Muir to Gary Snyder*. Athens: University of Georgia Press.

______(1999a). "Can a Theory of Moral Sentiments Support a Genuinely Normative Environmental Ethic?" In: ______. *Beyond the Land Ethic: Three Essays in Environmental Philosophy*. Albany: State University of New York Press, pp. 99-116.

______(1999b). "Do Desconstructive Ecology and Sociobiology Undermine the Leopold Land Ethic?". In: ______. *Beyond the Land Ethic: Three Essays in Environmental Philosophy*. Albany: State University of New York Press, pp. 117-142.

______(1999c). *Beyond the Land Ethic: Three Essays in Environmental Philosophy*. Albany: State University Press.

______(1999d). "Holistic Environmental Ethics and the Problem of Ecofacism". In: ______. *Beyond the Land Ethic: Three Essays in Environmental Philosophy*. Albany: State University of New York Press, pp. 59-76.

______(2002). "The Pragmatic Power and Promise of Theoretical Environmental Ethics: Forging a New Discourse". *Environmental Values*, Cambridgeshire: White Horse, v. 11, n. 1, pp. 3-25.

______(2010). "Libertação dos animais e ética ambiental: novamente juntas". In: GALVÃO, Pedro. *Os animais têm direitos? Perspectivas e argumentos*. Lisboa: Dinalivros.

CALLICOTT, J. Baird; FRODEMAN, Robert (Orgs.) (2009). *Enciclopedia of Environmental Ethics And Philosophy*. Nova York: Macmillan.

CAPRA, Fritjof (1996). *A teia da vida*. São Paulo: Cultrix.

CARROLL, Lewis (2009). *Alice: aventuras de Alice no país das maravilhas*. Rio de Janeiro: Zahar.

CARSON, Rachel (2010). *Primavera silenciosa*. São Paulo: Gaia.

CARTA da Terra (2000). Disponível em: <http://www.mma.gov.br/estruturas/agenda21/_arquivos/carta_terra.pdf>. Acesso em: 22 fev. 2019.

CARRUTHERS, Peter (1992). *The Animal Issue: Moral Theory in Practice*. Cambridge: Cambridge University Press.

CHANDROO, Kris P.; DUNCAN, Ian J. H.; MOCCIA, Richard D. (2004). "Can Fish Suffer? Perspectives on Sentience, Pain, Fear and Stress". *Applied Animal Behaviour Science*, Amsterdam: Elsevier, v. 86, n. 3-4, pp. 225-250.

CLARK, Stephen R. (1977) *The Moral Status of Animals*. Oxford: Oxford University Press.

COBB, J.B. Jr. (1972). *Is It Too Late? A Theology of Ecology*. Philadelphia: Westminister.

COETZEE, J.M. (2002). *A vida dos animais*. São Paulo: Companhia das Letras.

COMISSÃO MUNDIAL SOBRE MEIO AMBIENTE E DESENVOLVIMENTO (1988). *Nosso futuro comum*. Rio de Janeiro: FGV.

COMMONER, Barry (1971). *The Closing Circle: Nature, Man and Technology*. Nova York: Knopf.

COOPER, Gregory (1998). "Teleology and Environmental Ethics". *American Philosophical Quarterly*, Champaign: University of Illinois Press, v. 35, n. 2, pp. 195-207.

CORNWALL, Andrea; EADE, Deborah (2010). *Desconstructing Development Discourse*. Nova York: Practical Action.

COSTA, Flávio Moreira (Org.) (2007). *Os melhores contos de cães e gatos*. Rio de Janeiro: Ediouro.

CRAIG, Winston J.; MANGELS, Ann Reed (2009). "Position of the American Dietetic Association: Vegetarian Diets". *Journal of the American Dietetic Association*, Chicago: American Dietetic Association, v. 109, n. 7, pp. 1266-1282. Disponível em: <https://www.eatrightpro.org/~/media/eatrightpro%20files/practice/position%20and%20practice%20papers/position%20papers/vegetarian-diet.ashx>. Acesso em: 24 fev. 2019.

CRONON, William (1996). *Uncommon Ground: Rethinking the Human Place in Nature*. Nova York: W.W. Norton.

CRUTZEN, Paul J.; STOERMER, Eugene F. (2000). "The Anthropocene". *IGBP Newsletter*, n. 17.

CUNHA, Luciano (2011). "O princípio da beneficência e os animais não humanos: uma discussão sobre o problema da predação e outros danos naturais". *Ágora*, Vitória: Universidade Federal do Espírito Santo, v. 30, n. 2, pp. 99-131.

CURRY, Patrick (2011). *Ecological Ethics: An Introduction*. Cambridge: Polity.

DAIBERT, Arlindo (2009). "Historical Views on Environment and Environmental Law In Brazil". *George Washington International Law Review*, n. 40, pp. 779-840.

DAMASIO, Antonio (2001). "Fundamental Feelings". *Nature*, Londres: Springer Nature, v. 413, n. 6858, pp. 781.

DANOWSKI, Déborah; VIVEIROS DE CASTRO, Eduardo (2014). *Há mundo por vir? Ensaio sobre os medos e os fins*. Florianópolis: Instituto Socioambiental.

DARWIN, Charles (1985). *A origem das espécies*. São Paulo: Edusp.

______(2006). *The Descent of Man*. Londres: Penguin.

DAWKINS, Richard (2006). *Deus, um delírio*. São Paulo: Companhia das Letras.

DEGRAZIA, David (1996). *Taking Animals Seriously: Mental Life and Moral Status*. Cambridge: Cambridge University Press.

______(2008). "Moral Status as a Matter of Degree?". *Southern Journal of Philosophy*, Memphis: Wiley-Blackwell, v. 46, n. 2, pp. 181-198.

DELON, Nicolas (2015). "Against Moral Intrinsicalism". In: AALTOLA; Elisa; HADLEY John (Orgs.). *Animal Ethics and Philosophy: Questioning the Orthodoxy*. Londres: Rowman & Littlefield.

DENNET, Daniel (1997). *Tipos de mentes*. Rio de Janeiro: Rocco.

DERANI, Cristiane (1997). *Direito ambiental econômico*. São Paulo: Max Limonad.

DERRICK, Christopher (1972). *The Delicate Creation: Towards a Theology of the Environment*. Old Greenwich: Devin-Adair Co.

DERRIDA, Jacques (2002). *O animal que logo sou*. São Paulo: Unesp.

DERRIDA, Jacques; ROUDINESCO, Elisabeth (2004). *De que amanhã: diálogo*. Rio de Janeiro: Jorge Zahar.

DESJARDINS, Joseph R. (2006). *Environmental Ethics: An Introduction to Environmental Philosophy*. 4 ed. Boston: Wadsworth.

DESMOND, Adrian; MOORE, James (2009). *A causa sagrada de Darwin: raça, escravidão e a busca pelas origens da humanidade*. Rio de Janeiro: Record.

DEVALL, Bill (1995). "The Ecological Self". In: DRENGSON, Alan; INOUE, Yuichi (Orgs.). *The Deep Ecology Movement: An Introductory Anthology*. Berkeley: North Atlantic, pp. 101-123.

______(2001). "The Deep, Long-Range Ecology Movement 1960-2000: A Review". *Ethics & the Environment*, v. 6, n. 1, Bloomington: Indiana University Press, pp. 18-41.

DEVALL, Bill; SESSIONS, George (1985). *Deep Ecology: Living as if Nature Mattered*. Salt Lake City: Gibbs Smith.

______(2004). *Ecologia profunda: uma nova filosofia para o nosso tempo numa época de catástrofes tecnológicas*. Águas Santas: Edições Sempre-Em-Pé.

DE WAAL, Frans (2005). "The Evolution of Empathy". *Greater Good*, Berkeley: Greater Good Science Center, n. 6, 2005, pp. 6-9.

______(2007). *Eu, primata*. São Paulo: Companhia das Letras.

______(2009). *A era da empatia: lições da natureza para uma sociedade mais gentil*. São Paulo: Companhia das Letras.

______(2010). "Morals without God?". *The New York Times*. 17 out. Disponível em: <http://opinionator.blogs.nytimes.com/2010/10/17/morals-without-god/>. Acesso em: 22 fev. 2019.

DIAMOND, Jared (2010). *Colapso: como as sociedades escolhem o fracasso ou o sucesso*. 7ª ed. Rio de Janeiro, São Paulo: Record.

DOSTOIÉVSKI, Fiódor (2008). *Os irmãos Karamázov*. São Paulo: Editora 34.

DOUZINAS, Costas. (2009). *O fim dos direitos humanos*. São Leopoldo: Editora Unisinos.

DRENGSON, Alan (1995). "Shifting Paradigms: From Technocrat to Planetary Person". In: DRENGSON, Alan; INOUE, Yuichi (Orgs.). *The Deep Ecology Movement: An Introductory Anthology*. Berkeley: North Atlantic, pp. 74-100.

______(2008). "Introduction". In: ______; DEVALL, Bill (Orgs.). *The Ecology of Wisdom: Writings of Arne Naess*. Berkeley: Counterpoint, pp. 3-42.

DRENGSON, Alan; INOUE, Yuichi (Orgs.) (1995). *The Deep Ecology Movement: An Introductory Anthology*. Berkeley: North Atlantic.

DRYZEK, John S. (1990). "Green Reason: Communicative Ethics for the Biosphere". *Environmental Ethics*, Denton: Center for Environmental Philosophy, v. 12, n. 3, pp. 195-210.

______(2009). *Domínio da vida: aborto, eutanásia e liberdades individuais*. São Paulo: Martins Fontes.

DUBOS, René (1972). *A God Within*. Nova York: Scribner.

DUNAYER, Joan (2001). *Animal Equality: Language and Liberation*. Derwood: Ryce.

DWORKIN, Ronald (1986). *Law's Empire*. Cambridge: Harvard University Press.

EDWARDS, Rem B. (1993). "Tom Regan's Seafaring Dog and (Un)Equal Inherent Worth". *Between the Species*, San Luis Obispo: California Polytechnic State University, v. 9, n. 4, outono, pp. 231-235.

ELDER, Frederick (1970). *Crisis in Eden: A Religious Study of Man and Environment*. Nashville: Abingdon.

ELLIOT, Robert. (1982). "Faking Nature". *Inquiry*, Londres: Taylor & Francis, v. 25, n. 1, pp. 81-93.

______(1984). "Rawlsian Justice and Nonhuman Animals". *Journal of Applied Philosophy*, Hobiken: Wiley-Blackwell, n. 1, pp. 95-106.

______(1995). "Introduction". In: ELLIOT, Robert (Org.). *Environmental Ethics*. Oxford: Oxford University Press, pp. 1-20.

ELLIOT, Robert; GARE, Arran (Orgs.) (1983). *Environmental Philosophy: A Collection of Readings*. University Park: Pennsylvania State University Press.

EVERNDEN, Neil (1985). *The Natural Alien: Humankind and Environment*. Toronto: Toronto University Press.

FARIA, Catia (2012). "Muerte entre las flores: el conflicto entre el ecologismo y la defensa de los animales no humanos". *Viento Sur*, n. 125, pp. 67-76.

FEINBERG, Joel (1974). "The Rights of Animals and Unborn Generations". In: BLACKSTONE, William (Org.). *Philosophy and Environmental Crisis*. Athens: University of Georgia Press, pp. 55-56.

FELIPE, Sônia T. (2004). *Crítica ao especismo na ética contemporânea: a proposta do princípio da igual consideração de interesses*. Disponível em: <https://www.vegetarianismo.com.br/conferencia-em-%C3%A9tica-global-2-sonia-t-felipe/>. Acesso em: 8 nov. 2005.

FERRAZ, Sergio (1972). "Direito ecológico: perspectivas e sugestões". *Revista da Consultoria-Geral do Estado do Rio Grande do Sul*. Porto Alegre: PGERS, n. 4, pp. 2-44.

FERRÉ, Frederick (1996). "Persons in Nature: Toward an Applicable and Unified Environmental Ethics". *Ethics and the Environment*, Bloomington: Indiana University Press, v. 1, n. 1, pp. 15-25.

FERRY, Luc (2009). *A nova ordem ecológica: a árvore, o animal e o homem*. Rio de Janeiro: Difel.

FIGUEIREDO, Orlando (2013). "Ecologia e espiritualidade: do contrato social ao contrato natural". *Biosofia*, Lisboa: Centro Lusitano de Unificação Cultural, n. 42, pp. 44-52.

FINKMOORE, Richard J. (2010). *Environmental Law and the Values of Nature*. Durham: Carolina Academic Press.

FIORILLO, Celso Antonio Pacheco (2002). *Curso de direito ambiental brasileiro*. São Paulo: Saraiva.

______(2013). *Curso de direito ambiental brasileiro*. São Paulo: Saraiva.

FISHER, John A. (1987). "Taking Sympathy Seriously: A Defense of Our Moral Psychology toward Animals". *Environmental Ethics*, Denton: Center for Environmental Philosophy, v. 9, n. 3, pp. 197-215.

FLADER, Susan L. (1994). *Thinking Like a Mountain: Aldo Leopold and the Evolution of an Ecological Attitude toward Deer, Wolves and Forests*. Madison: University of Wisconsin Press.

FLEMING, Donald (1972). "Roots of the New Conservation Movement". *Perspectives in American History*, Cambridge: Harvard University Press, v. 6, pp. 7-91.

FOLSOM, Paul (1971). *And Thou Shalt Die in a Polluted Land*. Nova York: Liguorian.

FOOD AND AGRICULTURE ORGANIZATION (2006). *Livestock Longshadow*. Disponível em: <http://www.fao.org/docrep/010/a0701e/a0701e00.HTM>. Acesso em: 25 fev. 2019.

FOOT, Philippa (2002). *Virtues and Vices*. Oxford: Oxford University Press.

FOREMAN, Dave (1991). *Confessions of an Eco-Warrior*. Nova York: Crown.

FOX, Matthew (1991). *Creative Spirituality: Liberating Gifts for the Peoples of the Earth*. São Francisco: Harper Collins.

FOX, Warwick (1984). "Deep Ecology: A New Philosophy of Our Time?". *The Ecologist*, Londres: Resurgence Trust, v. 14, n. 5/6, pp. 194-200.

______(1995). *Toward a Transpersonal Ecology: Developing New Foundations for Environmentalism*. Albany: University of Nova York Press.

FRANCIONE, Gary L. (1995a). *Animals, Property and the Law*. Philadelphia: Temple University Press.

______(1995b). "Comparable Harm and Equal Inherent Value: The Problem of the Dog in the Lifeboat". *Between the Species*, San Luis Obispo: California Polytechnic State University, v. 11, n. 3, pp. 81-89.

______(1996). *Rain without Thunder: The Ideology of the Animal Rights Movement*. Philadelphia: Temple University Press.

______(2000). *Introduction to Animal Rights: Your Child or the Dog?* Philadelphia: Temple University Press.

______(2008). *Animals as Persons: Essays on the Abolition of Animal Exploitation*. Nova York: Columbia University Press.

______(2013). *Introdução aos direitos animais: seu filho ou o cachorro?* Campinas: Editora da Unicamp.

FRANKLIN, Julian H. (2005). *Animal Rights and Moral Philosophy*. Nova York: Columbia University Press.

FREE, Ann Cottrell (Org.) (2000). *Animals, Nature and Albert Schweitzer*. Washington: The Flying Fox, Kindle Edition.

FREITAS, Juarez (2011). *Sustentabilidade: direito ao futuro*. Belo Horizonte: Fórum.

FREY, R. G. (1980). *Interests and Rights: The Case Against Animals*. Oxford: Clarendon.

GALVÃO, Pedro (2006). "O dilema da ética da terra". *Análise*, série II, pp. 1-14.

______. *Os animais têm direitos? Perspectivas e argumentos*. Lisboa: Dinalivros, 2010.

GANDHI, Mahatma (1957). *The Story of My Experiments with Truth*. Boston: Beacon.

GASSET, José Ortega y (1972). *Meditations on Hunting*. Nova York: Charles Scribner's Sons.

GIOVANINI, Dener (2015). "Crise hídrica? Que crise? Não existe nenhuma crise hídrica". *O Estado de São Paulo*, São Paulo, 31 jan. 2015. Disponível em: <https://sustentabilidade.estadao.com.br/blogs/dener-giovanini/crise-hidrica-que-crise-nao-existe-nenhuma-crise-hidrica>. Acesso em: 11 fev. 2019.

GODLOVITCH, Stanley; GODLOVITCH, Roslind; HARRIS John (Orgs.) (1971). *Animals, Men and Morals: An Inquiry into the Maltreatment of Nonhuman*. Londres: Grove.

GOODPASTER, Kenneth (1978). "On being morally considerable". *The Journal of Philosophy*, Nova York: Philosophy Documentation Center, v. 75, n. 6, pp. 308-325.

______(1979). "From Egoism to Environmentalism". In: ______; SAYRE, Kenneth M. (Orgs.). *Ethics and Problems of the 21st Century*. Londres: University of Notre Dame Press.

GREY, William (2000). "A Critique of Deep Green Ecology". In: KAZT, Eric; LIGHT, Andrew; ROTHENBERG, David (Orgs.). *Beneath the Surface: Critical Essays in the Philosophy of Deep Ecology*. Londres: MIT Press.

GRIFFIN, Donald R. (1976). *The Question of Animal Awareness: Evolutionary Continuity of Animal Experience*. Nova York: Rockfeller University Press.

GROBER, Ulrich (2012). *Sustainability: A Cultural History*. Devon: Green Books.

GUDYNAS, Eduardo (2010). "La senda biocéntrica: valores intrínsecos, derechos de la naturaleza y justicia ecológica". *Tabula Rasa*, Bogotá: Universidade Colegio Mayor de Cundinamarca, n. 13, pp. 45-71.

______(2011). "Los derechos de la naturaleza en serio". In: ACOSTA, Alberto; MARTÍNEZ, Esperanza. *La naturaleza con derechos*. Quito: Abya-Yala, pp. 239-286.

HADOT, Pierre (2006). *O véu de Ísis: ensaio sobre a história da ideia de natureza*. São Paulo: Edições Loyola.

HARAWAY, Donna (2009). "Manifesto ciborgue: ciência, tecnologia e feminismo-socialista no final do século XX". In: HARAWAY, Donna; KUNZRU, Hari; TADEU, Tomaz. *Antropologia do ciborgue: As vertigens do pós-humano*. Belo Horizonte: Autêntica.

______(2008). *When Species Meet*. Minneapolis: University of Minnesota Press.

HARRISON, Ruth (1964). *Animal Machines: The New Factory Farming Industry*. Nova York: Ballantine.

HAYWARD, Tim (1997). "Anthropocentrism: A Misunderstood Problem". *Environmental Values*. Cambridge: The White Horse, v. 6, n. 1, pp. 49-63.

HEFFERNAN, James D. (1982). "Land Ethic: A Critical Appraisal". *Environmental Ethics*, Denton: Center for Environmental Philosophy, v. 4, n. 3, pp. 235-247.

HITCHENS, Christopher (2007). *Deus não é grande: como a religião envenena tudo*. Rio de Janeiro: Ediouro.

HOBGOOD-OSTER, Laura (2008). *Holy Dogs an Asses: Animals in the Christian Tradition*. Chicago: University of Illinois Press.

HORTA, Oscar (2010). "Disvalue in Nature and Intervention". *Pensata Animal*, v. 34, pp. 1-5.

HOUAISS, Antônio; VILLAR, Mauro de Salles (2009). *Dicionário Houaiss da Língua Portuguesa*. Rio de Janeiro: Objetiva.

HUGHES, Donald J. (1975). *Ecology in Ancient Civilizations*. Albuquerque: University of New Mexico Press

HUME, David (1913). *An Enquiry Concerning the Principles of Morals*. Leipzig: Felix Meiner.

_______ (1969). *A Treatise of Human Nature*. Oxford: Clarendon.

HURSTHOUSE, Rosalind (2000). *Ethics, Humans and Other Animals*. Londres: Routledge.

HUTCHESON, Francis (2002). *An Essay on the Nature and Conduct of the Passions and Affections, with Illustrations on the Moral Sense*. Indianapolis: Liberty Fund.

HUTCHINGS, Monica M.; CAVER, Mavis (1970). *Man's Dominion*. Londres: Harper Collins.

IBAMA (2013). *O javali asselvajado: norma e medidas de controle*. Disponível em: <http://www.ibama.gov.br/phocadownload/biodiversidade/javali/ibama-cartilha-javali_asselvajado.pdf>. Acesso em: 25 fev. 2019.

INGOLD, Tim (1995). "Humanidade e animalidade". *Revista Brasileira de Ciências Sociais*, São Paulo: Anpocs, v. 28, n. 10.

JAMIESON, Dale (1990). "Rights, Justice, and Duties to Provide Assistance: A Critique of Regan's Theory of Rights". *Ethics*, Chicago: University of Chicago Press, v. 100, n. 2, pp. 349-362.

_______ (2002). *Morality Progress*. Oxford: Oxford University Press.

_______ (2010). *Ética e meio ambiente: uma introdução*. São Paulo: Senac.

JOHNSON, Lawrence (1982). *A Morally Deep World: An Essay on Moral Significance and Environmental Ethics*. Cambridge: Cambridge University Press.

JORANSON, Philip (1984). *Cry of the Environment: Rebuilding the Christian Creation Tradition*. Santa Fé: Bear and Co..

JUNGES, José Roque (2004). *Ética ambiental*. São Leopoldo: Editora Unisinos.

KAMM, Francis M. (2006). "Moral Status". In: *Intricate Ethics: Rights, Responsibilities, and Permissible Harm*. Nova York: Oxford University Press.

KANT, Immanuel (1948). *The Moral Law: Kant's Groundwork of the Metaphysics of Morals*. Londres: Hutchinson.

KATZ, Eric (1983). "Is There a Place for Animals in the Moral Consideration of Nature?". *Ethics and Animals*, San Luis Obispo: California Polytechnic State University, v. 4, n. 3, pp. 74-87.

_______ (1985). "Organism, Community and the Substitution Problem". *Environmental Ethics*, Denton: Center for Environmental Philosophy, v. 7, n. 3, pp. 241-256.

_______ (1991). *The Metaphysics of Morals*. Cambridge: Cambridge University Press.

______(2000). "Against the Inevitability". In: KATZ; LIGHT, ROTHENBERG (Orgs.). *Beneath the Surface: Critical Essays in the Philosophy of Deep Ecology*. Londres: MIT Press.

______(2004). *Crítica da razão prática*. São Paulo: Martin Claret.

KELLER, David Richard (2009). "Deep Ecology". In: CALLICOTT, J. Baird; FRODEMAN, Robert (Orgs.). *Encyclopedia of Environmental Ethics and Philosophy*, v. 1. Michigan: Macmillan, pp. 206-211.

KHEEL, Marti (1985). "The Liberation of Nature: A Circular Affair". *Environmental Ethics*, Denton: Center for Environmental Philosophy, v. 7, n. 2, pp. 135-149.

______(2008). *Nature Ethics: An Ecofeminist Perspective*. Rowman & Littlefield.

KING, Roger J. H. (1991). "Environmental Ethics and the Case for Hunting". *Environmental Ethics*, Denton: Center for Environmental Philosophy, v. 13, n. 1, pp. 59-85.

KINSLEY, David. (1995) *Ecology and Religion: Ecological Spirituality in Cross-Cultural Perspective*. Upper Saddle River: Prentice Hall.

KOHÁK, Erazim (2000). *The Green Halo: A Bird's-Eye View of Ecological Ethics*. Chicago: Open Court.

KORSGAARD, Christine (1983). "Two Distinctions in Goodness". *The Philosophical Review*, Durham: Duke University Press, v. 92, n. 2, pp. 169-195.

KUNDERA, Milan (2008). *A insustentável leveza do ser*. São Paulo: Companhia das Letras.

KYMLICKA, Will; DONALDSON, Sue (2011). *Zoopolis: A Political Theory of Animal Rights*. Oxford: Oxford University Press.

LABERGE, Fred (2006). "Evolution of the Amygdala: New Insights from Studies in Amphibians". *Brain Behaviour and Evolution*, Basel: Karger, v. 67, n. 4, pp.177-187.

LA CHAPELLE, Dolores (1978). *Earth Wisdom*. Los Angeles: The Guild of Tutors.

LAU, D.C. (trad.) (1970). *The Works of Mencius*. Londres: Penguin Classics.

LEAKE, Chaunce D. (1945). "Ethicogenesis". *Scientific Monthly*, Nova York: The Science Press, v. 60, n. 4, pp. 245-253.

LEE, Keekok (1999). *The Natural and the Artefactual: The Implications of Deep Science and Deep Technology for Environmental Philosophy*. Lanham: Lexington.

LEHMANN, Scott (1981). "Do Wildernesses Have Rights?". *Environmental Ethics*, Denton: Center for Environmental Philosophy, v. 3, n. 2, pp. 129-146.

LEOPOLD, Aldo (1919). "Varmints". *Pine Cone*, Albuquerque: Albuquerque Game Protective Association, n. 12.

______(1933). "The Conservation Ethic". *Journal of Forestry*, Bethesda: Society of American Foresters, n. 31, out.

______(1934). "An Outline Plan for Game Management in Wisconsin". In: *A Study of Wisconsin: Its Resources, Its Physical, Social and Economic Background; First Annual Report*. Madison: University Regional Planning Committee.

______(1986). *Game Management*. Madison: University of Wisconsin Press.

______(1991). *The River of the Mother of God and Other Essays by Aldo Leopold*. Org. de Susan L. Flader e J. Baird Callicott. Madison: University of Wisconsin Press.

______(1993). "Goose Music". In: LEOPOLD, Luna B. (Org.). *Round River: From the Journals of Aldo Leopold*. Nova York: Oxford University Press.

______(2001). *A Sand County Almanac*. Nova York: Oxford University Press.

LIBRARY OF CONGRESS (2002). "Documentary Chronology of Selected Events in the Development of the American Conservation Movement, 1847-1920". *American Memory*, Washington: Library of Congress. Disponível em: <http://memory.loc.gov/ammem/amrvhtml/cnchron5.html>. Acesso em: 14 dez. 2013.

LIGHT, Andrew (2002). "Contemporary Environmental Ethics: From Metaethics to Public Philosophy". *Metaphilosophy*, Oxford: Wiley: v. 33, n. 4, pp. 426-449.

LINZEY, Andrew (1976). *Animal Rights: A Christian Assessment of Man's Treatment of Animals*. Londres: SCM.

LO, Yeuk-Sze. (2001). "The Land Ethic and Callicott's Ethical System (1980-2001): An Overview and Critique". *Inquiry*, Londres: Taylor & Francis, v. 44, n. 3, pp. 331-358.

LOURENÇO, Daniel Braga (2008). *Direito dos animais: fundamentação e novas perspectivas*. Porto Alegre: Sergio Antonio Fabris.

LOURENÇO, Daniel Braga; OLIVEIRA, Fábio Corrêa Souza de (2012). "Sustentabilidade insustentável". In: FLORES, Nilton Cesar (Org.). *A sustentabilidade ambiental em suas múltiplas faces*. Campinas: Millenium, pp. 285-306.

______(2013). "Reduzir animal a meio para propósitos humanos é intolerável". *Revista Consultor Jurídico*, 1 nov. Disponível em: <http://www.conjur.com.br/2013-nov-01/reduzir-animal-meio-propositos-humanos-intoleravel>. Acesso em: 19 fev. 2019.

LOVELOCK, James (1979). *Gaia: A New Look at Life on Earth*. Nova York: Oxford University Press.

LOVELOCK, James; ALLABY, Michael (1985). *The Greening of Mars*. Saint Martin: Warner.

LOW, Philip (Org.) (2012). "Declaração de Cambridge sobre Consciência Anima". *Revista do Instituto Humanitas Unisinos*, São Leopoldo: Unisinos, 31 jul. Disponível em: <http://www.ihu.unisinos.br/noticias/511936-declaracao-de-cambridge-sobre-a-consciencia-em-animais-humanos-e-nao-humanos>. Acesso em: 3 jun. 2014.

LYNCH, Joseph J. (1994). "Is Animal Pain Conscious?". *Between the Species*, San Luis Obispo: California Polytechnic State University, v. 10, n. 1.

MACINTYRE, Alasdair (1984). "The Virtue in Heroic Societies". In: ______. *After Virtue*. Notre Dame: Notre Dame University Press, pp. 121-145.
MACKEY, Brendan (2004). "The Earth Charter and Ecological Integrity: Some Policy Implications". *Worldviews*, Leiden: Brill, v. 8, n. 1, pp. 76-92.
MALLORY, Chaone (2001). "Acts of Objetification and the Repudiation of Dominance: Leopold, Ecofeminism, and the Ecological Narrative". *Ethics and the Environment*, Bloomington: Indiana University Press, v. 6, n. 2, pp. 58-89.
MANKIW, Gregory (2001). *Introdução à economia: princípios de micro e macroeconomia*. Rio de Janeiro: Campus.
MARGULIS, Lynn (1998). *Symbiotic Planet: A New Look on Evolution*. Londres: Weidenfeld & Nicholson
MARIETTA, Don E. (1988). "Environmental Holism and Individuals". *Environmental* Ethics, Denton: Center for Environmental Philosophy, n. 10, pp. 251-258.
MARTIN, Mike W. (2007). *Albert Schweitzer's Reverence for Life: Ethical Idealism And Self-Realization*. Burlington: Ashgate, 2007.
MATHER, J. (2001). "Animal Suffering: An Invertebrate Perspective". *Journal of Applied Animal Welfare Science*, Londres: Taylor & Francis, v. 4, n. 2, pp. 151-156.
MAY, Robert (1978). "The Evolution of Ecological Systems". *Scientific American*, Nova York: Springer Nature, v. 239, n. 3, pp. 160-175.
MAYES, G. Randolph (2009). "Naturalizing Cruelty". *Biology and Philosophy*, Londres: Springer Nature, v. 24, n. 1, pp. 21-34.
MCMAHAN, Jeff (2002). *The Ethics of Killing: Problems at the Margins of Life*. Oxford: Oxford University Press.
______ (2005). "Our Fellow Creatures". *Journal of Ethics*. Dordrecht: Springer Netherlands, v.9, n. 3-4, pp. 353-380.
MEINE, Curt (1988). *Aldo Leopold: His Life and Work*. Madison: University of Wisconsin Press.
MICHAEL, Mark A. (1996) "To Swat or Not to Swat: Pesky Flies, Environmental Ethics and the Supererogatory". *Environmental Ethics*, Denton: Center for Environmental Philosophy, v. 18, n. 2, pp. 165-180.
MIDGLEY, Mary (1998). *Animals and Why They Matter*. Athens: Georgia University Press.
MIGHETTO, Lisa (Org.) (1989). "John Muir and the Rights of Animals". In: MUIR, John. *Muir among the animals: The Wildlife Writings of John Muir*. Org. de Lisa Mighetto. San Francisco: Sierra Club.
MILLER, G. Tyler Jr. (1979). *Living in the Environment*. Belmont, California: Wadsworth.
MIRANDA, Jorge (1993). *Manual de direito constitucional*. Coimbra: Coimbra Editorial.

MISH'ALANI, James K. (1982). "The Limits of Moral Community and the Limits of Moral Thought". *Journal of Value Inquiry*, Basel: Springer, v. 16, n. 2, pp. 131-141.
MOLINE, Jon N. (1986). "Aldo Leopold and the Moral Community". *Environmental Ethics*, Denton: Center for Environmental Philosophy, v. 8, n. 2, pp. 99-120.
MOORE, George E. (1998). *Principia Ethica*. São Paulo: Ícone.
MORRIS, Christopher W. (2011). "The Idea of Moral Standing". In: BEAUCHAMP, Tom L.; FREY, R. G. *The Oxford Handbook of Animal Ethics*. Oxford: Oxford University Press, pp. 255-275.
MORRIS, Desmond (1990). *O Contrato animal*. Rio de Janeiro: Record.
MUIR, John (1916). *A Thousand-Mile to the Gulf*. Nova York: Houghton Mifflin Company.
NACONECY, Carlos M. (2003). *Um panorama crítico da ética ambiental contemporânea*. Porto Alegre: PUC-rs, dissertação de mestrado.
______(2006). *Ética & animais: um guia de argumentação filosófica*. Porto Alegre: EDIPUCRS.
______(2007). "Ética animal ou uma 'ética para vertebrados'?: ou o animalista também pratica especismo?". *Revista Brasileira de Direito Animal*, Salvador: UFBA, v. 2, n. 3.
______(2010). "As (des)analogias entre o racismo e o especismo". *Revista Brasileira de Direito Animal*, Salvador: UFBA, v. 5, n. 6, pp. 169-208.
NAESS, Arne (1978). "Through Spinoza to Mahayana Buddhism, or through Mahayana Buddhism to Spinoza". In: WETLESEN, Jon. *Spinoza's Philosophy of Man: Proceedings of the Scandinavian Spinoza Symposium*. Oslo: Universitetsforlaget, pp. 136-158.
______(1984a). "Intuition, Intrinsic Value and Deep Ecology". *The Ecologist*, v. 14, n. 5-6, Cambridge: MIT Press, pp. 201-203.
______(1984b). "A Defense of the Deep Ecology Movement". *Environmental Ethics*, Denton: Center for Environmental Philosophy, n. 6, pp. 265-270.
______(1986). "Deep Ecology in Good Conceptual Health". *The Trumpeter*, Athabasca: Athabasca University Press, v. 3, n. 4.
______(1989). *Ecology, Community and Lifestyle: Outline of an Ecosophy*. Cambridge: Cambridge University Press.
______(1995a). "Self-Realization: An Ecological Approach to Being in the World". In: DRENGSON, Alan; INOUE, Yuichi. (Orgs.). *The Deep Ecology Movement: An Introductory Anthology*. Berkeley: North Atlantic, pp. 13-30.
______(1995b). "The Shallow and the Deep, Long-Range Ecology Movement: A Summary". In: DRENGSON, Alan; INOUE, Yuichi (Orgs.). *The Deep Ecology Movement: An Introductory Anthology*. Berkeley: North Atlantic, pp. 3-9.
______(1995c). "The Apron Diagram". In: DRENGSON, Alan; INOUE, Yuichi (Orgs.). *The Deep Ecology Movement: An Introductory Anthology*. Berkeley: North Atlantic, pp. 11-12.

______(1999). "Paul Feyerabend: A Green Hero?". In: WITOSZEK, Nina; BRENNAN, Andrew (Orgs.). *Philosophical Dialogues: Arne Naess and the Progress of Ecophilosophy*. Oxford: Rowman & Littlefield, pp. 57-68.
______(2008). *The Ecology of Wisdom: Writings of Arne Naess*. Org. de Alan Drengson e Bill Devall. Berkeley: Counterpoint.
NAGEL, Ernest (1961). *The Structure of Science*. Indianapolis: Hackett.
NAGEL, Thomas (1974). "What Is Like to Be a Bat?". *Philosophical Review*, Durham: Duke University Press, v. 83, n. 4, pp. 435-450.
NALINI, José Renato (2001). *Ética ambiental*. Campinas: Millennium.
NASH, Roderick Frazier (1989). *The Rights of Nature: A History of Environmental Ethics*. Madison: University of Wisconsin Press.
NAVERSON, Jan (2010). "Moralidade e animais". In: GALVÃO, Pedro. *Os animais têm direitos? Perspectivas e argumentos*. Lisboa: Dinalivros, pp. 83-96.
NETO, Diogo de Figueiredo Moreira (1975). *Introdução ao direito ecológico e ao direito urbanístico*. Rio de Janeiro: Forense.
NORCROSS, Alastair (2004). "Puppies, Pigs, and People: Eating Meat and Marginal Cases". *Philosophical Perspectives*, Atascadero: Ridgeview, v. 18, n. 1, pp. 229-245.
NORTON, Bryan (1982). "Environmental Ethics and Nonhuman Rights". *Environmental Ethics*. Denton: Center for Environmental Philosophy, v. 4, n. 1, pp. 17-36.
______(1984). "Environmental Ethics and Weak Anthropocentrism". *Environmental Ethics*. Denton: Center for Environmental Philosophy, n. 6, pp. 131-148.
______(1991). *Toward Unity Among Environmentalists*. Oxford: Oxford University Press.
NUSSBAUM, Martha (2004). "Beyond Compassion and Humanity: Justice for Nonhuman Animals". In: SUSTEIN, Cass; NUSSBAUM, Martha (Orgs.). *Animal Rights: Current Debates and New Directions*. Nova York: Oxford University Press, pp. 299-320.
______(2006). *Frontiers of Justice: Disability, Nationality, Species Membership*. Cambridge: Belknap.
ODUM, Eugene P. (1971). *Fundamentals of Ecology*. Philadelphia: W. B. Saunders.
OLIVEIRA, Fábio Corrêa Souza de; GOMES, Camila Beatriz Sardo (2011). "O novo constitucionalismo latino-americano". In: CARVALHO, Flávia Martins de; RIBAS, José (Orgs.). *Desafios da Constituição: democracia e Estado no século XXI*. Rio de Janeiro: FAPERJ, UFRJ, pp. 333-351.
OLIVEIRA, Fábio Corrêa Souza de (2011). "Especismo religioso". *Revista Brasileira de Direito Animal*, n. 8, Salvador: Evolução, pp. 161-220.
______(2012). "Direitos da natureza e direito dos animais: um enquadramento". *Jurispoiesis*, ano 15, n. 15, pp. 213-238.
______(2013). "Direitos da natureza e direito dos animais: um enquadramento". *Revista do Instituto do Direito Brasileiro*, Lisboa: Faculdade de Direito da Universidade de Lisboa, v. 10, p. 11325-11370.

O'NEILL, John (1986). *Ecology, Policy and Politics: Human Well-Being and the Natural World*. Londres: Routledge.

ONU. *Nosso futuro comum*. Comissão Mundial sobre Meio Ambiente e Desenvolvimento. Rio de Janeiro: FGV, 1988.

______(2011). "Rumo a uma economia verde: caminhos para o desenvolvimento sustentável e a erradicação da pobreza". Programa das Nações Unidas para o Desenvolvimento (PNUMA).

ORTON, David (2003). "Deep Ecology and Animals". *Green Web Bulletin*, Saltsprings, Green Web, n. 74. Disponível em: <http://home.ca.inter.net/~greenweb/DE-Animals.html>. Acesso em: 25 fev. 2019.

OST, François (1995). *A natureza à margem da lei: a ecologia à prova do direito*. Lisboa: Piaget.

OUSPENSKY, Peter D. (1981). *Tertium Organum: The Third Canon of Thought, a Key to the Enigmas of the World*. Nova York: Kessinger.

PAIXÃO, Rita Leal; SCHRAMM, Fermin Roland (2008). *Experimentação animal: razões e emoções para uma ética*. Niterói: Eduff.

PANKSEEP, Jan (2005). "Affective-Social Neuroscience Approaches to Understanding Core Emotional Feelings in Animals". In: MCMILLAN, D. (Org.). *Mental Health and Well-Being in Animals*. Nova York: Wiley- Blackwell.

PARTIF, Derek (2011). *On What Matters*. Oxford: Oxford University Press.

PARTRIDGE, Ernest (1984). "Three Wrong Leads in a Search for an Environmental Ethic: Tom Regan on Animal Rights, Inherent Values and Deep Ecology". *Ethics & Animals*, San Luis Obispo: California Polytechnic State University, v. 5, n. 3.

PASSMORE, John (1974). *Man's Responsibility for Nature*. Londres: Duckworth.

PATTERSON, Charles (2002). *Eternal Treblinka: Our Treatment of Animals and the Holocaust*. Nova York: Lantern.

PATERSON, David; RYDER, Richard (1979). *Animal Rights: A Symposium*. Londres: Centaur.

PAYNE, Robert (1973). *The Life and Death of Adolf Hitler*. Nova York: Praeger.

PELIZZOLI, M.L. (2013) *Ética e meio ambiente para uma sociedade sustentável*. Petrópolis: Vozes.

PICKETT, Steward T.A. (1992). "The New Paradigm in Ecology: Implications for Conservation Biology above the Species Level". In: FIEDLER, P.L. (Org.). *Conservation Biology*. Nova York: Chapman & Hall, p 65-88.

PINKER, Steven (2007). "The Mystery of Consciousness". *Time*, Nova York: Time Inc. 19 jan., pp. 1-9. Disponível em: <http://www.time.com/time/magazine/article/0,9171,1580394,00.html>. Acesso em: 7 mai. 2014.

PLATÃO (2003). *A república*. São Paulo: Martin Claret.

PLUHAR, Evelyn (1983). "Two Conceptions of an Environmental Ethic and Their Implications". *Ethics & Animals*, San Luis Obispo: California Polytechnic State University, v. 4, n. 4.

______(1998). "Animal Rights. In: CHADWICK, R. (Org.) *Encyclopedia of Applied Ethics*. San Diego: Academic Press, v.1., pp. 161-172.

PLUMWOOD, Val (1993). *Feminism and the Mastery of Nature*. Londres: Routledge.

POSSAMAI, Fábio Valenti (2010). *O ser humano, a técnica e o paradigma ambiental: por uma Ética da Terra*. Porto Alegre: PUC-rs, dissertação de mestrado.

PREECE, Rod (2002). *Awe for the Tiger Love for the Lamb: A Chronicle of Sensibility to Animals*. Londres: Routledge.

QUEEN, Christopher (Org.) (1996). *Engaged Buddhism: Buddhist Liberation Movements in Asia*. Nova York: State University Press.

RACHELS, James (1990). *Created from Animals: The Moral Implications of Darwinism*. Oxford: Oxford University Press.

______(2006). *Os elementos da filosofia moral*. São Paulo: Manole.

RAWLS, John (1971). *A Theory of Justice*. Cambridge: Harvard University Press.

______(2002). *Uma teoria da justiça*. São Paulo: Martins Fontes.

REGAN, Tom (1981). "The Nature and Possibility of a New Environmental Ethic". *Environmental Ethics*, Denton: Center for Environmental Philosophy, n. 3, pp. 19-34.

______(1983). *The Case for Animal Rights*. Los Angeles: University of California Press.

______(1984). *Earthbound*, Nova York: Random House.

______(1986). *Matters of Life and Death*. Nova York: Random House.

______(1995). "Animal Welfare and Rights: Ethical Perspectives on the Treatment and Status of Animals". In: WARREN, Thomas (Org.). *Encyclopedia of Bioethics*. Nova York: Simon & Schuster MacMillan.

______(2003). *Animal Rights, Human Wrongs: An Introduction to Moral Philosophy*. Lanham: Rowman & Littlefield.

______(2006). *Jaulas vazias*. Porto Alegre: Lugano.

RICKLEFS, Robert (1976). *The Economy of Nature*. Portland: Chiron.

RIDLEY, Matt (2000). *As origens da virtude: um estudo biológico sobre a solidariedade*. Rio de Janeiro: Record.

ROCHA, Jefferson Marçal da (2011). *Sustentabilidade em questão: economia, sociedade e meio ambiente*. Jundiaí: Paco Editorial.

RODMAN, John (1977). "The Liberation of Nature?". *Inquiry*, Londres: Taylor & Francis, v. 20, n. 1-4, pp. 83-131.

______(1995). "Four Forms of Ecological Consciousness Reconsidered". In: DRENGSON, Alan; INOUE, Yuichi (Orgs.). *The Deep Ecology Movement: An Introductory Anthology*. Berkeley: North Atlantic, pp. 242-256.

ROLLIN, Bernard E. (1989). *The Unheeded Cry: Animal Consciousnes, Animal Pain, and Science*. Oxford: Oxford University Press.

ROLSTON III, Holmes (1975). "Is There an Ecological Ethic?". *Ethics: An International Journal of Social, Political and Legal Philosophy*, Chicago: University of Chicago Press, v. 85, n. 2, pp. 93-109.

______(1982). "Are Values in Nature Subjective or Objective?". *Environmental Ethics*, Denton: Center for Environmental Philosophy, v. 4, n. 2, pp. 125-151.
______(1983). *Environmental Ethics, Duties to and Values in the Natural World.* Philadelphia: Temple University Press.
RORTY, Richard (1969). "Mind-Body Identity, Privacy and Categories". In: OCONNOR, John (Org.). *Modern Materialism: Readings on Mind-Body Identity.* Nova York: Harcourt, pp. 165-198.
ROSZAK, Theodore (2003). *Person/Planet: The Creative Disintegration of Industrial Society.* Lincoln: Universe.
ROTHENBERG, David (1995). "A Plataform of Deep Ecology". In: DRENGSON, Alan; INOUE, Yuichi (Orgs.). *The Deep Ecology Movement: An Introductory Anthology.* Berkeley: North Atlantic, pp. 155-168.
ROWLANDS, Mark (2009). *Animal Rights: Moral Theory and Practice.* Nova York: Palgrave Macmillan.
RYDER, Richard (1976). *Victims of Science: The Use of Animals in Science.* Londres: Davis-Poynter.
______(1998). *The Political Animal: The Conquest of Speciesism.* Londres: McFarland.
______(2001). *Painism: A Modern Morality.* Londres: Centaur.
SAGOFF, Mark (1997). "Muddle or Muddle Through? Takings Jurisprudence Meets the Endangered Species Act". *William and Mary Law Review*, Williamsburg: William and Mary Law School, n. 38, pp. 825-993.
SALLEH, Ariel Kay (1984). "Deeper than Deep Ecology: The Eco-Feminist Connection". *Environmental Ethics*, Denton: Center for Environmental Philosophy, v. 6, n. 4, pp. 339-345.
SAMPAIO, Rômulo Silveira da Rocha (2011). *Direito ambiental: doutrina e casos práticos.* Rio de Janeiro: Elsevier.
SAMPAIO, R. S. R.; LEAL, G. J. S.; REIS, A. A. (Orgs.) (2011). *Tópicos de direito ambiental: 30 anos da Política Nacional do Meio Ambiente.* Rio de Janeiro: Lumen Juris.
SANDEL, Michael J. (2012). *Justiça: o que é fazer a coisa certa.* Rio de Janeiro: Civilização Brasileira.
SANTA SÉ (1992). *Compêndio do Catecismo da Igreja Católica.* Vaticano. Disponível em: <http://www.vatican.va/archive/compendium_ccc/documents/archive_2005_compendium-ccc_po.html>. Acesso em: 22 fev. 2019.
SANTMIRE, H. Paul (1970). *Brother Earth: Nature, God and Ecology in a Time of Crisis.* Nova York e Camden: Thomas Nelson.
______(1985). *The Ambigous Ecological Promise of Christian Theology.* Philadelphia: Fortress.
SAPONTZIS, Steven F. (1992). *Morals, Reason and Animals.* Philadelphia: Temple University Press.
SCHAEFFER, Francis A. (1970). *Pollution and the Death of Man: The Christian View of Ecology.* Wheaton: Tyndale House.

SCHMIDTZ, David; WILLOT, Elizabeth (Orgs.) (2012). *Environmental Ethics: What Really Matters, What Really Works*. Oxford: Oxford University Press.

SCHMIDTZ, David (2012a). "Are All Species Equal?". In: SCHMIDTZ, David; WILLOT, Elizabeth. *Environmental Ethics: What Really Matters, What Really Works*. Oxford: Oxford University Press, pp. 114-122.

______(2012b). "When Preservationism Doesn't Preserve". In: SCHMIDTZ, David; WILLOT, Elizabeth (Orgs.). *Environmental Ethics: What Really Matters, What Really Works*. Oxford: Oxford University Press, pp. 449-458.

SCHOLTMEIJER, Marian (1993). *Animal Victims in Modern Fiction: From Sanctity to Sacrifice*. Toronto: University of Toronto Press.

SCHRADER-FRECHETTE, Kristin (1996). "Individualism, Holism and Environmental Ethics". *Ethics and the Environment*, v. 1, n. 1, pp. 55-69.

SCHWARZ, Walter (2009). "Arne Naess". *The Guardian*, 15 jan. Disponível em: <http://www.theguardian.com/environment/2009/jan/15/obituary-arne-naess>. Acesso em: 12 mai. 2014.

SCHWEITZER, Albert (1990). *Out of My Life and Thoughts*. Nova York: Holt.

SCRUTON, Roger (1996). *Animal Rights and Wrongs*. Londres: Demos.

SERRES, Michel (1990). *Le Contrat naturel*. Paris: François Bourin.

SESSIONS, George (1977). "Spinoza and Jeffers on Man in Nature". *Inquiry*, Londres: Taylor & Francis, v. 20, n. 1-4, pp. 481-528.

______(1985). "Western Process Metaphysics: Heraclitus, Whitehead and Spinoza". In: DEVALL, Bill; ______. *Deep Ecology: Living as if Nature Mattered*. Salt Lake City: Gibbs Smith.

______(1995). "Arne Naess and the Union of Theory and Practice". In: DRENGSON, Alan; INOUE, Yuichi (Orgs.). *The Deep Ecology Movement: An Introductory Anthology*. Berkeley: North Altantic, pp. 54-63.

SINGER, Peter (1985). "Ten Years of Animal Liberation". *New York Review of Books*, Nova York: NYREV, v. 17, jan., pp. 46-52.

______(1998). *Ética prática*. São Paulo: Martins Fontes.

______(1999). "A Response". In: JAMIESON, Dale (Org.) *Singer and His Critics*. Oxford: Blackwell, pp. 327-332.

______(2002). *Ética prática*. São Paulo: Martins Fontes.

______(2004). *Libertação animal*. Porto Alegre: Lugano.

______(2010). *Libertação animal*. São Paulo: Martins Fontes [edição sem o prefácio de 1975].

______(2011). *Practical Ethics*. 3 ed. Nova York: Cambridge University Press.

SINGER, Peter; REGAN, Tom (1985). "The Dog in the Lifeboat". *New York Review of Books*, Nova York: NYREV, v. 32, n. 7, pp. 56-57.

SIRVINSKAS, Luís Paulo (2010). *Manual de direito ambiental*. São Paulo: Saraiva.

SITTLER, Joseph (1954). "A Theology for Earth". *Christian Scholar*, State College: Penn State University Press, n. 37, pp. 367-374.

______(1970). "Ecological Commitment as Theological Responsibility". *Zygon*, Chicago: Wiley-Blackwell, n. 5, pp. 172-181.
SHEPARD, Paul (1969). "Ecology and Man: A Viewpoint". In: SHEPARD, Paul; MCKINLEY, Daniel (Orgs.). *The Subversive Science*. Boston: Houghton Mifflin.
______(1973). *The Tender Carnivore and The Sacred Game*. Nova York: Charles Scribner's Sons.
SHEPARD, Paul; MCKINLEY, Daniel (Orgs.) (1969). *The Subversive Science*. Boston: Houghton Mifflin.
SHERREL, Richard (Org.) (1970). *Ecology: Crisis and New Vision*. Richmond: John Knox.
SIDGWICK, Henry (1966). *The Methods of Ethics*. Nova York: Dover.
SMITH, Wilfred Cantwell (1962). *The Meaning and End of Religion: A New Approach to the Religious Traditions of Mankind*. Nova York: Macmillan.
SMUTS, Jan (1927). *Holism and Evolution*. Londres: MacMillan.
______(1994). "The Holist Doctrine of Ecology". In: WALL, Derek. *A Reader in Environmental Literature, Philosophy and Politics*. Londres: Routledge.
SNEEDON, L. (2002). "Anatomical and Electrophysiological Analysis of the Trigeminal Nerve in a Teleost Fish, Oncorhynchus mykiss". *Neuroscience Letters*, Amsterdam: Elsevier, v. 319, n. 3, pp. 167-171.
SNYDER, Gary (1983). "Wild, Sacred, Good Land". *Coevolution Quaterly*, Sausalito: Point Foundation, n. 39, pp. 8-17.
SOBER, E. (1995). "Philosophical Poblems for Environmentalism". In: ELLIOT, R. (Org.). *Environmental Ethics*. Oxford: Oxford University Press.
SOUZA, Ricardo Timm de (2007). "Bases filosóficas atuais da bioética e seu conceito fundamental". In: PELIZZOLI, Marcelo (Org.). *Bioética como novo paradigma: por um novo modelo biomédico e biotecnológico*. Porto Alegre: EDIPUCRS.
SPIEGEL, Marjorie (1996). *The Dreaded Comparison: Human and Animal Slavery*. Nova York: Mirror.
SPIM, Anne Whiston (1996). "Constructing Nature: The Legacy of Frederick Law Olmsted". In: CRONON, William. *Uncommon Ground: Rethinking the Human Place in Nature*. Nova York: Norton & Company, pp. 91-113.
STAUFFER, Robert C. (1957). "Haeckel, Darwin and Ecology". *The Quarterly Review of Biology*, Chicago: University of Chicago Press, v. 32, n. 2, pp. 138-144.
STEIGLEDER, Annelise Monteiro (2002). "Discricionariedade administrativa e dever de proteção do ambiente". *Revista do Ministério Público do Estado do Rio Grande do Sul*, Porto Alegre: MP-RS, n. 48.
STEINER, Gary (2005). *Anthropocentrism and its Discontents: The Moral Status of Animals in the History of Western Philosophy*. Pittsburgh: University of Pittsburgh Press.

STEINMETZ, Wilson (2009). "'Farra do boi', fauna e manifestação cultural: uma colisão de princípios constitucionais? Estudo de um acórdão do Supremo Tribunal Federal". *Revista Brasileira de Direitos Fundamentais & Justiça*, Porto Alegre: PUC-RS, v. 3, n. 9, pp.260-273.

STERBA, James (1995). "From Biocentric Individualism to Biocentric Pluralism". *Environmental Ethics*, Denton: Center for Environmental Philosophy, v. 17, n. 2, pp. 191-207.

______(1998). "A Biocentrist Strikes Back". *Environmental Ethics*, Denton: Center for Environmental Philosophy, v. 20, n. 4, pp. 361-376.

STONE, Cristopher D (1972). "Should Trees Have Standing? Towards Legal Rights for Natural Objects". *Southern California Law Review*, n. 45, pp. 450-501.

______(1996). *Should Trees Have Standing? And Other Essays on Law, Morals and the Environment*. Nova York: Oceana.

STRECK, Lenio (2013). "O pamprincipiologismo e a flambagem do direito". *Consultor Jurídico*, São Paulo: Conjur, 10 out. Disponível em: <http://www.conjur.com.br/2013-out-10/senso-incomum-pamprincipiologismo--flambagem-direito>. Acesso em: 10 out. 2013.

STRIDBECK, Bolof (2002). "Vi önskar oss mycket som vi inte behöver". *Miljomagasinet*, 11 out. Disponível em: <http://www.miljomagasinet.se/dokument/nytt/naess.html>. Acesso em: 10 mai. 2014.

SÜSSEKIND, Felipe (2014). *O rastro da onça: relações entre humanos e animais no Pantanal*. Rio de Janeiro: 7 Letras.

SUSTEIN, Cass; NUSSBAUM, Martha (Orgs.) (2004). *Animal Rights: Current Debates and New Directions*. Nova York: Oxford University Press.

SYLVAN, Richard; BENNET, David (1994). *The Greening of Ethics: From Human Chauvinism to Deep Green Theory*. Cambridge: White Horse.

SYLVAN, Richard (2005). *Is There a Need For a New Environmental Ethic?* In ZIMMERMAN, Michael (Org.). *Environmental Philosophy: From Animal Rights to Radical Ecology*. Upper Saddle River: Prentice Hall, pp. 16-23.

TANNER, Julia (2009). "The Epistemic Irresponsibility of the Subject-of-a-Life Account". *Between the Species*, San Luis Obispo: California Polytechnic State University, v. 13, n. 9, pp. 1-31.

TAYLOR, A.; WEARY, D. (2000) "Vocal Responses of Piglets to Castration: Identifying Procedural Sources of Pain". *Applied Animal Behaviour Science*, Amsterdam: Elsevier, v. 70, n. 1, pp. 17-26.

TAYLOR, Paul (1981). "The Ethics of Respect for Nature". *Environmental Ethics*, Denton: Center for Environmental Philosophy, v. 3, n. 3, pp. 197-218.

______(1986). *Respect for Nature: A Theory of Environmental Ethics*. Princeton: Princeton University Press.

THOMAS, Keith (2010). *O homem e o mundo natural*. São Paulo: Companhia das Letras.

THOMÉ, Romeu (2014). *Manual de direito ambiental*. Salvador: Juspodivm.

TORRES, Ricardo Lobo (1997). *Curso de direito financeiro e tributário*. 4. ed. Rio de Janeiro: Renovar.

TRIGUEIRO, André (Org.) (2008). *Meio ambiente no século 21*. São Paulo: Autores Associados.

TRINDADE, Gabriel Garmendia da (2014). *Animais como pessoas: a abordagem abolicionista de Gary L. Francione*. Judiaí: Paco.

TUAN, Yi-Fy (1974). "Discrepancies between Environmental Atitude and Behaviour: Examples from Europe and China". In: SPRING, David; SPRING, Eileen (Orgs.). *Ecology and Religion in History*. Nova York: Harper and Row, 1974, pp. 91-113.

UNGER, Nancy Mangabeira (1991). *O encantamento do humano: ecologia e espiritualidade*. São Paulo: Loyola.

VANDEVEER, Donald; PIERCE, Christine (1986). *People, Penguins and Plastic Trees*. Belmont: Wadsworth.

VARNER, Gary E. (1998). *In Nature's Interests? Interests, Animal Rights And Environmental Ethics*. Nova York: Oxford University Press.

______ (2012). "Biocentric Individualism". In: SCHMIDTZ, David; WILLOT, Elizabeth (Orgs.). *Environmental Ethics: What Really Matters, What Really Works*. Oxford: Oxford University Press, pp. 90-101.

VASCONCELLOS, Marco Antônio Sandoval (2000). *Economia: micro e macro*. São Paulo: Atlas.

VERNADSKY, Vladimir I. (1986). *The Biosphere*. Santa Fe: Synergetic.

VESILIND, P. A.; GUNN, A. S. (1998). *Engineering, Ethics and the Environment*. Cambridge: Cambridge University Press.

VISSER, Wayne (2012). *Os 50 + importantes livros em sustentabilidade*. São Paulo: Petrópolis.

VOGEL, Steven (2002). "Environmental Philosophy After the End of Nature". *Environmental Ethics*, Denton: Center for Environmental Philosophy, v. 24, n.1, pp. 23-39.

WAINER, Ann Helen (1999). *Legislação ambiental brasileira: subsídios para a história do direito*. Rio de Janeiro: Forense.

WALL, Derek (1994). *A Reader in Environmental Literature, Philosophy and Politics*. Londres: Routledge.

WALLER, D. (1997). "A Vegetarian Critique of Deep and Social Ecology". *Ethics and the Environment*, Bloomington: Indiana University Press, v. 2, n. 2, pp. 187-197.

WARREN, Mary Anne (1983). "The Rights of the Nonhuman World". In: ELLIOT, Robert; GARE, Arran (Orgs.). *Environmental Philosophy: A Collection of Readings*. University Park: Pennsylvania State University Press, pp. 109-131.

______ (1997). *Moral Status: Obligations to Persons and Other Living Things*. Oxford: Oxford University Press.

WEBSTER Encyclopedic Unabridged Dictionary (1996). Nova York: Gramecy.

WEBSTER, J. (2005). "Sentience, Sense, and Suffering". In: WEBSTER, J. *Animal Welfare: Limping Toward Eden*. Oxford: Universities Federation for Animal Welfare, pp. 46-76.

WESTON, Anthony (1987). "Forms of Gaian Ethics". *Environmental Ethics*, Denton: Center for Environmental Philosophy, v. 9, n. 3, p. 217-230.

WHITE, Lynn (1967). "Historical Roots of Our Ecological Crisis". *Science*, Washington: American Association for the Advancement of Science, n. 155, pp. 1203-1207.

WILLIAMS, George (1966). *Adaptation and Natural Selection: A Critique of Some Current Evolutionary Thought*. Princeton: Princeton University Press.

WILSON, Scott (2001). "Carruthers and the Argument from Marginal Cases". *The Journal of Applied Philosophy*, Hobiken: Wiley-Blackwell, v. 18, n. 2, pp. 135-147.

WITOSZEK, Nina; BRENNAN, Andrew (Orgs.) (1999). *Philosophical Dialogues: Arne Naess and the Progress of Ecophilosophy*. Oxford: Rowman & Littlefield.

WOLFE, Linnie Marsh (Org.) (1979). *John of the Mountains: The Unpublished Journals of John Muir.* Wisconsin: University of Wisconsin Press.

WRIGHT, Larry (1972). "Explanation and Teleology". *Philosophy of Science*, Chicago: The University of Chicago Press, v. 39, n. 2, pp. 204-218.

ZAFFARONI, Raúl Eugenio (2012). *La Pachamama y el humano*. Buenos Aires: Madres de la Plaza de Mayo.

ZIMMERMAN, Michael E. (1986). "Implications of Heidegger's Thought for Deep Ecology". *The Modern Schoolman*, Saint Louis: Saint Louis University, n. 64, pp. 19-43.

______(1995a). "Feminism, Deep Ecology, and Environmental Ethics". In: DRENGSON, Alan; INOUE, Yuichi (Orgs.). *The Deep Ecology Movement: An Introductory Anthology*. Berkeley: North Atlantic, pp. 169-197.

______(1995b). "The Threat of Ecofascism". *Social Theory and Practice*, Tallahassee: Florida State University, v. 21, n. 2, pp. 207-238.

______(2000). "Possible Political Problems of Earth-Based Religiosity". In: KATZ, Eric; LIGHT, A.; ROTHENBERG, D. (Orgs.). *Beneath the Surface: Critical Essays in the Philosophy of Deep Ecology*. Londres: MIT Press.

ZIMMERMAN, Michael E.; CALLICOTT, J. Baird; WARREN, Karen J. (Orgs.) (2005). *Environmental Philosophy: From Animal Rights to Radical Ecology*. Upper Saddle River: Prentice Hall.

Agradecimentos

A presente obra é fruto de minhas pesquisas e reflexões no âmbito do doutorado em direito realizado na Universidade Estácio de Sá entre os anos de 2011 e 2014. Evidentemente, a realização de um trabalho como este não seria possível sem a colaboração e a assistência de muitas pessoas. Gostaria de agradecer à Capes/PROSUP pela bolsa concedida durante a pesquisa, bem como ao corpo docente, aos funcionários e aos colegas da pós-graduação pelo fundamental apoio e incentivo durante esses quatro anos. Em especial, gostaria de cumprimentar o prof. dr. Fábio Corrêa Souza de Oliveira, meu orientador, pela ajuda, pelo entusiasmo, pelos constantes debates e, principalmente, pela amizade. Ao prof. dr. Carlos Naconecy, deixo consignada minha gratidão pela pronta disponibilidade e pela valorosa troca de ideias. Aos colegas do Centro de Ética Ambiental da UFRJ/UFF e aos meus alunos, da UFRJ, do Ibmec, do PPGD da UniFG (onde coordeno o Antilaboratório de Direito Animal), do FGV Law Program e da PUC-Rio, sou grato pelos encontros estimulantes e pela oportunidade de aprender. À minha família, em especial à minha esposa, Ana Paula, e aos meus pais, Evandro e Maria Ângela, a gratidão mais sincera por terem sempre me apoiado incondicionalmente, mesmo nos momentos mais difíceis. Muitas das ideias mais interessantes e sugestões para a obra surgiram em conversas informais com amigos, colegas, professores e alunos. Sou imensamente grato a todos.

Acervo pessoal

Daniel Braga Lourenço é professor de Direito Ambiental e coordenador do Laboratório de Ética Ambiental da Universidade Federal do Rio de Janeiro (UFRJ). É membro do Oxford Centre for Animal Ethics [Centro Oxford para a Ética Animal] e leciona em cursos de graduação e pós-graduação nas universidades Estácio de Sá, Ibmec, Fundação Getúlio Vargas e Pontifícia Universidade Católica, no Rio de Janeiro, e UniFG, na Bahia.

Primeira edição, agosto de 2019
Segunda reimpressão, junho de 2024
São Paulo, Brasil

Dados Internacionais de Catalogação na Publicação (CIP)
Angélica Ilacqua CRB-8/7057

Lourenço, Daniel Braga
Qual o valor da natureza? Uma introdução à ética ambiental / Daniel Braga Lourenço. – São Paulo: Elefante, 2019.
448 p.

ISBN 978-85-93115-32-5

Título original: Anthropocene or Capitalocene? Nature, History, and the Crisis of Capitalism

1. Ética ambiental 2. Ecologia 3. Relação homem – natureza – Aspectos éticos I. Título

19-1107 CDD 179.1

Índices para catálogo sistemático:
1. Ética ambiental

---

elefante

editoraelefante.com.br
contato@editoraelefante.com.br
fb.com/editoraelefante
@editoraelefante

Aline Tieme [comercial]
Samanta Marinho [financeiro]
Sidney Schunck [design]
Teresa Cristina Silva [redes]

fontes GT Walsheim Pro & Fournier MT Std

papel Kraft 240 g/m² & Lux cream 60 g/m²

impressão BMF Gráfica